Formelzeichen

A	binäre Variable, Adreßsignal, Gleichstromverstärkung in Basisschaltung
B	binäre Variable, Gleichstromverstärkung in Emitterschaltung
C	Kapazität, Speicherkapazität
C^*	normierte Kapazität
CMR	Gleichtaktunterdrückung in dB
D	Datensignal
E	binäres Eingangssignal
G	Gleichtaktunterdrückung, Übertragungsfunktion
I	Stromstärke
K	Rückkopplungsfaktor, Konversionsfaktor
L	Schleifentransmission
M	statische Störsicherheit, Spaltenzahl bei Speichern
N	Lastfaktor, Zeilenzahl bei Speichern, Normierungsprodukt, Teilerverhältnis
P	Leistung, Übertrag, Pfadübertragung, Gyrationsverhältnis
Q	Ausgangssignal von sequentiellen Schaltungen, Gütefaktor
R	Widerstand, Rücksetzsignal, Redundanz
R^*	normierter Widerstand
S	Setzsignal, Summe, Steilheit
S_L	Slew-Rate
S_p	Spiegelverhältnis
T	Periodendauer, Transmission
TK	Temperaturkoeffizient, Temperaturdrift
U	Spannung
V	Verstärkung
V^x	Verstärkung bei Rückkopplung
X	analoges Signal (allgemein)
Y	Scheinleitwert (Admittanz)
Z	Scheinwiderstand (Impedanz)
a	Kettenparameter bei Vierpolen, Dämpfungsmaß, Filterkoeffizient
b	Basis des Zahlensystems
c	Zählkapazität
d	Differential, Dachabfall
exp	e-Funktion
f	Frequenz
f_G	Großsignalbandbreite
g	Gyrationsleitwert, «generate»-Signal
h	Hybridparameter bei Vierpolen
i	Anschlußzahl, Momentanwert der Stromstärke
j	imaginäre Einheit
k	Zahl der übersprungenen Zählerzustände, Vierpolparameter (allgemein), Anschlußzahl
l	Vierpolparameter (allgemein), Länge
m	Übersteuerungsfaktor, Stellenzahl, Zustandszahl
n	Gatterzahl, Ordnungszahl bei Filtern
p	komplexe Frequenz, «propagate»-Signal, Übertrag
p_0	Nullstelle
p_x	Polstelle
q	Spannungsteilerverhältnis
r	dynamischer Widerstand
t	Zeit
u	Momentanwert der Spannung
v	Zahl der Zeichenkombinationen, Verstärkung in dB
w	Steuerfunktion, Übertragungsweite
x	binärer Eingangssignalwert
y	binärer Ausgangssignalwert, Leitwertparameter bei Vierpolen
z	Zahlenwert, Widerstandsparameter bei Vierpolen, Schaltzustand
z^+	[illegible]

β	Kurzschlußstromverstärkung in Emitterschaltung
Δ	Differenz
δ	partielles Differential
ϑ	Temperatur
σ	Realteil der komplexen Frequenz
τ	Zeitkonstante
Φ	Taktsignal
φ	Phasenwinkel
Ω	normierte Frequenz
ω	Winkelfrequenz

Indizes

B	Basis-, Betriebs-, Bezugs-
BE	Basis-Emitter-
C	Kollektor-, Gleichtakt-
CE	Kollektor-Emitter-
D	Verzögerungs-, Differenz-, Drain-
E	Emitter-
ES	Emitter-Sättigungs-
F	Fluß-
G	Gate-, Generator-
GS	Gate-Source-
H	High-, Hysterese-
I	Eingangs-
K	Koppel-, Kompensations-
L	Low-, Last-
M	Meß-
N	im Normalbetrieb
O	Ausgangs-, Oszillator-
R	Referenz-, Sperr-
S	Sättigungs-
T	Temperatur-, Transit-, Schwell-
X	im leitenden Zustand
Y	im gesperrten Zustand
a	Abschluß-
b	Basis-
c	Kollektor-, Takt-
d	dynamisch, Verzögerungs-
e	Emitter-
g	Grenz-
go	obere Grenz-
gu	untere Grenz-
h	hohe
i	Injektor-, Impuls-, Strom-, Zählindex
m	mittlere
max	Maximal-
min	Minimal-
n	Zählindex
p	Parallel-, Leistungs-, Abschnür-
r	Resonanz-
s	Schnitt-, Schalt-
t	tiefe
u	Spannungs-
uo	Spannungs- (bei offener Schleife), Spannungs- (bei Leerlauf)
v	Verlust-
w	Wellen-
z	Zieh-

1	bei Vierpolen: Eingangs-
2	bei Vierpolen: Ausgangs-
~	als Index: Wechsel-

BRAUER/LEHMANN
Elektronik-Aufgaben

Harry Brauer · Constans Lehmann

Elektronik-Aufgaben

Bauelemente — Analoge Schaltungen — Digitale Schaltungen

Mit 352 Bildern, 32 Tabellen, 7 Tafeln
und 343 Aufgaben mit Lösungen

VEB FACHBUCHVERLAG LEIPZIG

Abschnitt 1.: Dozent Dr.-Ing. HARRY BRAUER,
Technische Hochschule Leipzig

Abschnitte 2. und 3.: Fachschuldozent Dr.-Ing. CONSTANS LEHMANN,
Technische Hochschule Leipzig

ISBN-13: 978-3-322-86506-9 e-ISBN-13: 978-3-322-86505-2
DOI: 10.1007/978-3-322-86505-2

Softcover reprint of the hardcover 1st edition 1985

1. Auflage
Lizenznummer 114-210/12/85
LSV 3503
Verlagslektor: Dipl.-Phys. Klaus Vogelsang

Gesamtherstellung: VEB Druckhaus „Maxim Gorki“, Altenburg
Redaktionsschluß: 15. 5. 1985
Bestellnummer: 546 923 2
02500

Vorwort

Nahezu alle Bereiche der Technik und der Wissenschaft bedienen sich entweder vorrangig oder als Mittel zur Rationalisierung, Automatisierung und Perfektionierung der Elektronik. Die Entwicklung elektronischer Halbleiterbauelemente, ihrer Schaltungstechnik und der Schaltungsintegration hat heute einen Stand erreicht, der der Realisierung anspruchsvoller technischer Konzeptionen weder von den materiell-technischen Möglichkeiten noch vom ökonomischen Aufwand her Grenzen setzt. Dabei ist die Entwicklung hochintegrierter Schaltungssysteme keineswegs abgeschlossen.

Es ist deshalb nur natürlich, daß sich jeder Techniker, ganz gleich welcher Fachrichtung, mit der Elektronik befassen und in seiner Aus- oder Weiterbildung bis hin zum Selbststudium die erforderlichen Kenntnisse, Fähigkeiten und Fertigkeiten aneignen und weiter vervollständigen muß. Das Buch wendet sich deshalb gleichermaßen an den Praktiker wie an den Studierenden. Durch die vorwiegend auf die Belange des Praktikers und des in der Ausbildung stehenden Technikers zugeschnittenen Aufgaben werden Kenntnisse und Fertigkeiten in der Analyse vorgegebener elektronischer Schaltungen und ihrer Dimensionierung vermittelt.

Vom Benutzer des Buches wird vorausgesetzt, daß er Kenntnisse in der Halbleitertechnik, der prinzipiellen Wirkungsweise der wichtigsten Halbleiterbauelemente und in den Grundlagen der Elektrotechnik in einem solchen Umfang besitzt, wie sie heute in der ingenieurtechnischen oder der einschlägigen fachspezifischen Berufsausbildung vermittelt werden.

Jedem Kapitel sind die zur Lösung der Aufgaben erforderlichen Formeln, wichtige Merksätze und kurze Erläuterungen vorangestellt. Auf theoretische Begründungen wird verzichtet; diese findet der interessierte Leser in der angegebenen Literatur. Der Schwierigkeitsgrad der Aufgaben ist unterschiedlich, er steigt in jedem Kapitel mit der Aufgabennummer, so daß sich der Leser schrittweise bis zu dem von ihm angestrebten Niveau einarbeiten kann.

Die Einbeziehung moderner Methoden der Schaltungsanalyse und des Schaltungsentwurfs bietet auch dem mathematisch versierten Benutzer des Buches einen Anreiz, sich mit den entsprechenden Aufgaben zu befassen. Der mathematisch weniger Interessierte kann diese Aufgaben überspringen, ohne befürchten zu müssen, daß ihm das Verständnis für die folgenden Kapitel verlorengeht.

Die Fülle elektronischer Problemstellungen machte eine Beschränkung und Auswahl auf typische, häufig wiederkehrende Anwendungsfälle erforderlich. Einige Aufgaben bauen aufeinander auf. Beides war notwendig, um den vorgesehenen Umfang des Buches nicht zu sprengen.

An Hand der angegebenen Lösungen und der Lösungsansätze kann der Leser die Richtigkeit seiner eigenen Ergebnisse nachprüfen und die gewonnenen Erkenntnisse auf ähnlich gelagerte Probleme übertragen.

Die Autoren möchten an dieser Stelle dem Verlag für die Unterstützung bei der Erarbeitung des Manuskriptes und den Herren Dr.-Ing. K. Hotho und Dr.-Ing. S. Mersiowsky für die wertvollen Hinweise und Vorschläge recht herzlich danken.

Für Kritik, Vorschläge und Anregungen zur Verbesserung des fachlichen Inhalts und der Darlegungen sind Verlag und Autoren jederzeit dankbar.

Inhaltsverzeichnis

1. Elektronische Bauelemente

1.1. Widerstände

1.1.1. Lineare Widerstände

1.1.1.1. Widerstandswerte und Belastbarkeit

Handelsübliche Widerstände sind in ihren Werten nach geometrischen Folgen abgestuft (Tabelle 1.1).
Ihre Kennzeichnung erfolgt gemäß Tabelle 1.2.

Tabelle 1.1. Widerstandswerte der E-Reihen

1	2	3	4	5	6	7	8
1,00	1,05	1,10	1,15	1,20	1,25	1,30	1,40
1,50	1,55	1,60	1,70	1,80	1,90	2,00	2,10
2,20	2,30	2,40	2,55	2,70	2,85	3,00	3,15
3,30	3,45	3,60	3,75	3,90	4,10	4,30	4,50
4,70	4,90	5,10	5,35	5,60	5,90	6,20	6,50
6,80	7,15	7,50	7,85	8,20	8,60	9,10	9,55

(E 24: Spalten 1, 3, 5, 7; E 12: Spalten 1, 5; E 6: Spalte 1)

Auslieferungstoleranzen:

E 48: ±2%; E 24: ±5%; E 12: ±10%; E 6: ±20%.

Tabelle 1.2. Kennzeichnung der Widerstandswerte

Nennwert		Toleranz		Beispiele	
Buchstabe	Bedeutung	Buchstabe	%		
R	Ohm	ohne	±20	R3 J	0,3 (1 ± 5%) Ω
K	Kiloohm	K	±10	47R	47 (1 ± 20%) Ω
M	Megaohm	J	±5	3K9 K	3,9 (1 ± 10%) kΩ
G	Gigaohm	G	±2	1M5 G	1,5 (1 ± 2%) MΩ
T	Teraohm	F	±1		
		D	±0,5		
		C	±0,25		

Zwischen der aus der zugeführten elektrischen Leistung P entstandenen Wärmeleistung, dem Wärmewiderstand R_{th} und der sich zwischen Widerstandsoberfläche und Umgebung eintstellenden Temperaturdifferenz ΔT besteht folgende Beziehung:

$$P = \Delta T / R_{th} \tag{1.1}$$

Wärmeleitwert und Wärmewiderstand

$$G_{th} = 1/R_{th} = \lambda A \tag{1.2}$$

A Oberfläche des Widerstandes
λ Wärmeaustauschkoeffizient

zulässige Verlustleistung bei höherer Umgebungstemperatur (Lastminderung, Bild 1.1)

$$P_z = \frac{\vartheta_{max} - \vartheta_a}{\vartheta_{max} - \vartheta_N} P_N \tag{1.3}$$

ϑ_a Umgebungstemperatur
ϑ_N Nenntemperatur
P_N Nennleistung; sie ist zulässig bis $\vartheta_a \leqq \vartheta_N$.

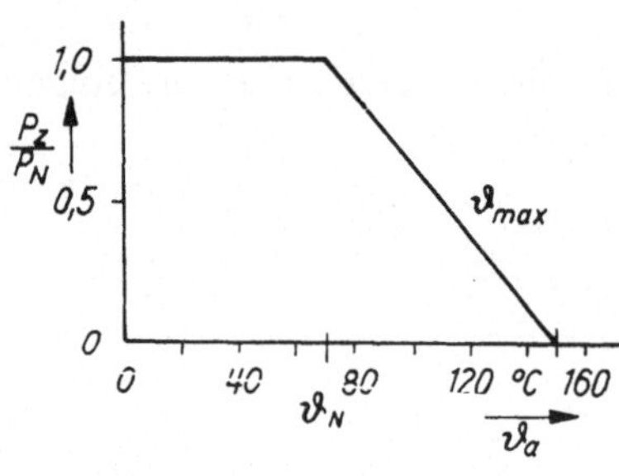

Bild 1.1. Lastminderungskurve für Widerstände

Aufgaben

A 1.1. Entnehmen Sie der IEC-Reihe E 48 (Tab. 1.1) die Widerstandswerte der Reihen E 24, E 12, E 6!

A 1.2. Welche Bedeutung haben die folgenden Angaben auf Schichtwiderstände? 18 K; 5K6 G; 2M3 F; R3 G.

A 1.3. Zeichnen Sie die Lastminderungskurve für Schichtwiderstände, deren maximale Schichttemperatur 150 °C betragen darf und deren Nennleistung bis zu einer Umgebungstemperatur von 70 °C zulässig ist!

A 1.4. Lesen Sie aus der in Aufgabe 1.3 gewonnenen Kurve die zulässige relative Belastung der Widerstände bei Umgebungstemperaturen von 150 °C; 120 °C; 80 °C; 70 °C und 40 °C ab!

A 1.5. Aus der Lastminderungskurve eines Widerstandes liest man für Temperaturen bis 40 °C eine zulässige Belastung von 2 W ab. Die Schichttemperatur darf 125 °C nicht überschreiten.
Wie groß sind der Wärmewiderstand und die zulässige Belastung bei einer Umgebungstemperatur von 80 °C?

A 1.6. Der Widerstand in Aufg. 1.5 hat eine Länge von 30 mm und einen Durchmesser von 8,5 mm.
Wie groß ist der Wärmeaustauschkoeffizient?

1.1.1.2. Temperaturkoeffizient des Widerstandes

Temperaturkoeffizient

$$TK_R = \frac{\Delta R}{R\,\Delta T} \tag{1.4}$$

Reihenschaltung

$$R_{ges} = R_1 + R_2 \tag{1.5}$$

$$TK_R = \frac{R_1 TK_{R1} + R_2 TK_{R2}}{R_1 + R_2} \tag{1.6}$$

Parallelschaltung

$$R_{ges} = \frac{R_1 R_2}{R_1 + R_2} \quad (1.7)$$

$$TK_R = \frac{R_1 TK_{R2} + R_2 TK_{R1}}{R_1 + R_2} \quad (1.8)$$

A 1.7. Für Kohleschichtwiderstände einer bestimmten Baureihe wird ein $TK_R = -500 \cdot 10^{-6}\,\mathrm{K}^{-1}$ angegeben.
Wie groß sind die relative und die absolute Widerstandsänderung bei einem Nennwert von 47 kΩ, wenn die Temperatur von 25 °C auf 65 °C erhöht wird?

A 1.8. Gegeben sind ein Kohleschichtwiderstand R_1 mit einem TK_{R1} von $-400 \cdot 10^{-6}\,\mathrm{K}^{-1}$ und ein Metallschichtwiderstand R_2 mit einem TK_{R2} von $100 \cdot 10^{-6}\,\mathrm{K}^{-1}$.
Wie groß werden bei Reihen- und bei Parallelschaltung der Gesamtwiderstand und der resultierende Temperaturkoeffizient, wenn

a) $R_1 = 270\,\Omega$ und $R_2 = 1\,\mathrm{k}\Omega$;
b) $R_1 = 1\,\mathrm{k}\Omega$ und $R_2 = 270\,\Omega$?

A 1.9. Durch Kombination zweier Widerstände R_1 und R_2 mit den Temperaturkoeffizienten $TK_{R1} = -200 \cdot 10^{-6}\,\mathrm{K}^{-1}$ und $TK_{R2} = 50 \cdot 10^{-6}\,\mathrm{K}^{-1}$ soll ein Gesamtwiderstand von 1 kΩ mit einem resultierenden $TK_R = 0$ gebildet werden. Welche Widerstandswerte sind dazu bei

a) Reihenschaltung,
b) Parallelschaltung zu verwenden?

1.1.1.3. Einstellbare Widerstände

maximal zulässige Schleiferbelastung

$$I_{max} = \sqrt{\frac{P_z}{R_{max}}} \quad (1.9)$$

Spannungsteilung bei Belastung (Bild 1.2)

$$\frac{U_2}{U_1} = \frac{x}{1 + \frac{R_{max}}{R_L} x(1 - x)} \quad (1.10)$$

mit

$$x = (R_x R_{max} - R_x^2)/R_{max}$$

Ersatzinnenwiderstand des Spannungsteilers

$$R_{i\,ers} = \frac{R_x R_{max} - R_x^2}{R_{max}} \quad (1.11)$$

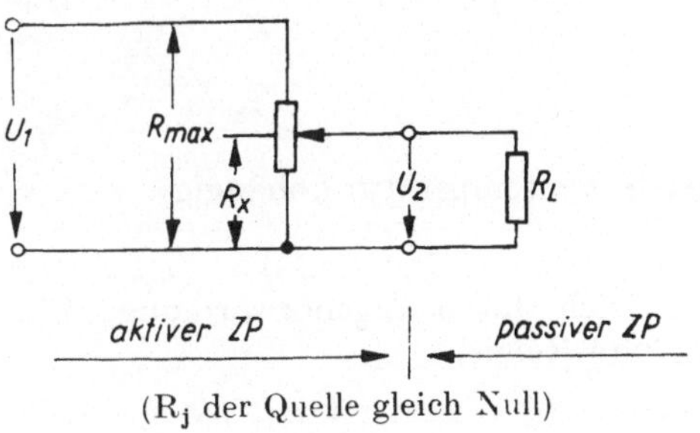

Bild 1.2. Spannungsteilerschaltung

A 1.10. Für ein Potentiometer mit einem Gesamtwiderstand von 2,5 kΩ ist eine Belastung bis 3 W zulässig.
Welche Stromstärke darf unabhängig von der Schleifereinstellung nicht überschritten werden?

A 1.11. Bei welcher Einstellung R_x hat ein Potentiometer mit dem Gesamtwiderstand R_{max} seinen minimalen und bei welcher Einstellung seinen maximalen Zweipol-Ersatzwiderstand?

A 1.12. Stellen Sie für die Fälle $R_L = \infty$; $R_L/R_{max} = 0{,}5$ und $R_L/R_{max} = 0{,}1$ die Funktion $U_2/U_1 = f(R_x/R_{max})$ grafisch dar!

1.1.2. Nichtlineare Widerstände

1.1.2.1. Heißleiter (NTC-Widerstände)

Steuergleichung $\qquad R_T = a\,e^{b/t} \qquad (1.12)$

Temperaturabhängigkeit des Widerstandes $\qquad R_I = R_0\,e^{-b\left(\frac{1}{T_0}-\frac{1}{T}\right)} \qquad (1.13)$

R_T Widerstand bei der Temperatur T (in K)
R_0 Bezugswiderstand bei der Temperatur T_0 (in K) (wird meist für $\vartheta_0 = 20\,°C$ oder $25\,°C$ angegeben)
b Energiekonstante (Herstellerangabe)

Temperaturerhöhung durch Eigenerwärmung $\qquad \Delta T = R_{th}P = P/G_{th} \qquad (1.14)$

R_{th} Wärmewiderstand,
G_{th} Wärmeleitwert

Temperaturkoeffizient innerhalb eines kleinen Temperaturintervalls $\qquad TK_R = -(b/T^2) \qquad (1.15)$

Grenzleistung mit vernachlässigbar kleiner Eigenerwärmung $\qquad P_{gr} = U_{gr}I_{gr}$ (Bild 1.3) $\qquad (1.16)$

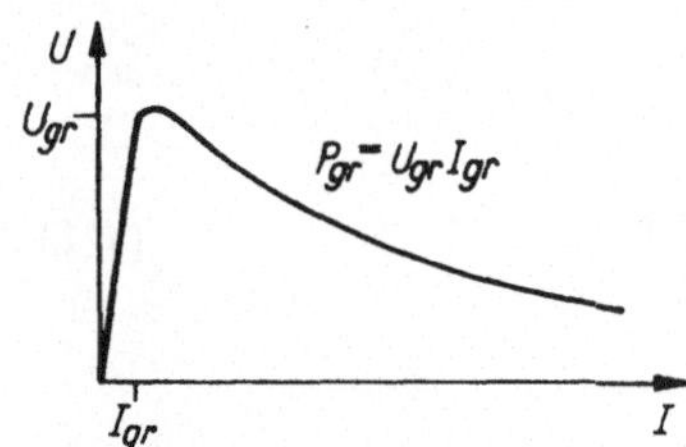

Bild 1.3. Strom-Spannungs-Kennlinie eines Heißleiters

Anwendung als
Meßfühler (Thermistorwiderstand nur von der Außentemperatur abhängig)

$P \leqq P_{gr}$,

Anlaßheißleiter (Thermistorwiderstand ändert sich durch Eigenerwärmung; Einschaltstrombegrenzung; Einschaltverzögerung von Relais)

$P \gg P_{gr}$.

A 1.13. Ein Meßheißleiter in Perlenform hat einen Wärmeleitwert von 0,6 mW/K. Welche Leistung darf am Thermistor nicht überschritten werden, wenn eine Übertemperatur von 0,5 K noch zulässig ist?

A 1.14. Von einem Meßheißleiter sind bekannt $R_0 = 4{,}7\ \mathrm{k\Omega}$ bei $\vartheta_0 = 20\,°\mathrm{C}$ und $b = 3250\ \mathrm{K}$.
Wie groß ist der Heißleiterwiderstand bei den Temperaturen 0 °C; 20 °C; 40 °C; 60 °C; 80 °C; 100 °C; 120 °C?
Die Abhängigkeit des Thermistorwiderstandes von der Temperatur ist grafisch darzustellen. (Es empfiehlt sich eine logarithmische Teilung für R_T.)

A 1.15. Stellen Sie für den Heißleiter der Aufg. 1.14 den Temperaturkoeffizienten als Funktion der Temperatur für $0\,°\mathrm{C} \leqq \vartheta \leqq 120\,°\mathrm{C}$ grafisch dar!

A 1.16. In einer einfachen Temperaturmeßschaltung nach Bild 1.4 ist $U_\mathrm{B} = 1\ \mathrm{V}$, der Endausschlag des Meßinstruments 1 mA und dessen Innenwiderstand 100 Ω. Als Meßfühler dient ein Heißleiter gemäß Aufg. 1.14.

a) Welchen Wert muß R_v erhalten, damit bei einer Meßtemperatur von 100 °C Endausschlag am Instrument auftritt?

b) Stellen Sie $I = f(\vartheta)$ grafisch dar für $0\,°\mathrm{C} \leqq \vartheta \leqq 100\,°\mathrm{C}$!

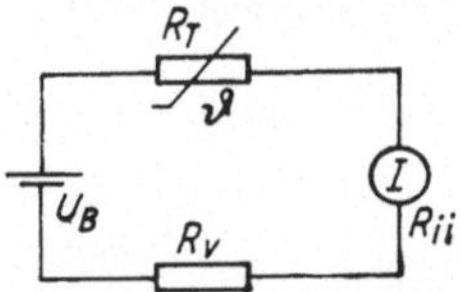

Bild 1.4. Temperaturmeßschaltung mit Thermistor

A 1.17. Wie groß ist die am Thermistor der Aufg. 1.16 auftretende maximale Leistung?

A 1.18. Bei welcher Temperatur tritt am Thermistor der Aufgabe 1.16 die maximale Leistung auf?

A 1.19. Gegeben ist die in Bild 1.5 dargestellte Brückenschaltung zur Temperaturmessung.
Auf welchen Wert muß der Abgleichwiderstand R_1 eingestellt werden, damit bei einer Temperatur von 60 °C am Thermistor das Instrument stromlos ist?

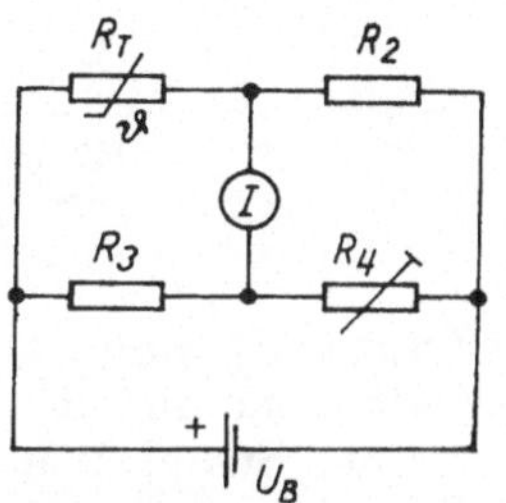

Bild 1.5. Brückenschaltung zur Temperaturmessung
$R_2 = R_3 = 1\ \mathrm{k\Omega}$; R_T: siehe A 1.14;
I: $R_{\mathrm{ii}} = 500\ \Omega$; $U_\mathrm{B} = 1\ \mathrm{V}$

A 1.20. Welche Stromstärke tritt in der Brückenschaltung der Aufg. 1.19 am Meßinstrument bei einer Temperatur von 100 °C auf, und wie groß ist die am Thermistor auftretende elektrische Leistung?

A 1.21. Gegeben ist ein Anlaßheißleiter mit der in Bild 1.6 für eine Umgebungstemperatur von 20 °C dargestellten Strom-Spannungs-Kennlinie. Sein Wärmeleitwert beträgt 10 mW/K. Ermitteln Sie aus der Kennlinie den Kaltwiderstand R_{20} und den statischen Widerstand des Thermistors bei den Stromstärken 10 mA, 20 mA, 40 mA und 100 mA!

A 1.22. Wie groß sind am Thermistor der Aufg. 1.21 bei $I = 100\ \mathrm{mA}$ die Leistung und die sich einstellende Übertemperatur?

A 1.23. Einem elektromagnetischen Relais wird zur Anzugverzögerung der Thermistor der Aufg. 1.21 vorgeschaltet (Bild 1.7). Das Relais hat einen Wicklungswiderstand von 650 Ω und einen Anzugstrom von 20 mA.

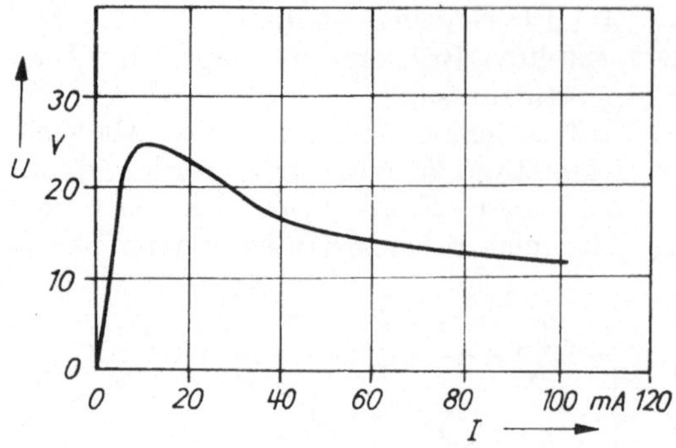

Bild 1.6. Strom-Spannungs-Kennlinie des Heißleiters aus Aufgabe 1.21

Ermitteln Sie aus der Strom-Spannungs-Kennlinie den Einschaltstrom und den sich einstellenden statischen Strom. Welcher Spannungsabfall und welche Leistung treten im statischen Zustand am Thermistor und am Relais auf? (Lösungshinweis: Thermistor als passiven Zweipol; U_B und R_{rel} als aktiven Zweipol betrachten; Kennlinie des aktiven ZP in die Strom-Spannungs-Kennlinie des Thermistors einzeichnen.)

A 1.24. Wie groß ist die am Thermistor der Aufg. 1.23 im statischen Zustand auftretende Übertemperatur, und wie groß ist dabei etwa sein Temperaturkoeffizient?

A 1.25. Die Schaltung der Aufg. 1.23 wird so verändert, daß nach dem Anziehen des Relaisankers dem Thermistor durch einen Relaiskontakt ein Widerstand von 300 Ω parallel geschaltet wird (Bild 1.8). Welche stationären Strom- und Spannungswerte stellen sich am Relais und am Thermistor ein? Wie groß ist die am Thermistor auftretende Leistung?

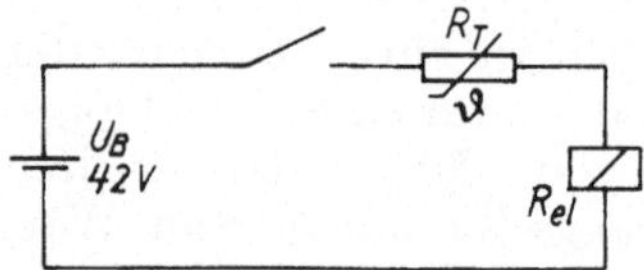

Bild 1.7. Schaltung zur Anzugverzögerung eines Relais mittels Heißleiters

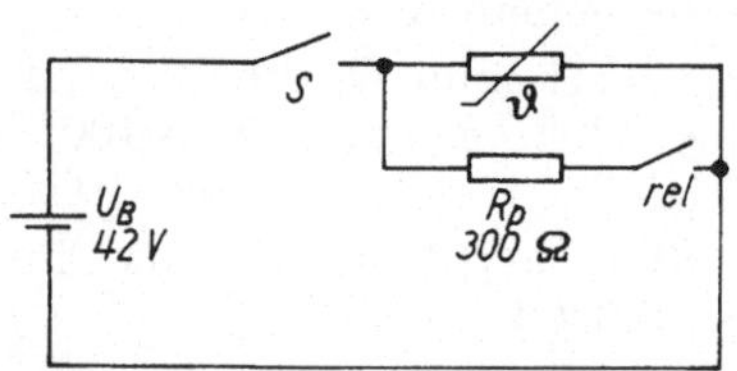

Bild 1.8. Erweiterte Verzögerungsschaltung für Relais

1.1.2.2. Varistoren

Varistoren sind spannungsabhängige Widerstände, deren Widerstandswert mit steigender Spannung abnimmt.
Der Zusammenhang zwischen Spannung, Stromstärke, Widerstand und Leistung wird durch folgende Beziehungen beschrieben:

$$U = CI^{\beta} \tag{1.17}$$

$$R = CI^{(\beta-1)} \tag{1.18}$$

$$P = CI^{(\beta+1)} \tag{1.19}$$

(U in V; I in A; R in Ω; P in W)

C: Formkonstante; sie gibt den bei 1 A am Varistor auftretenden Spannungsabfall an.

β: Materialkonstante; bei Siliziumkarbid-Varistoren 0,15...0,25; bei Zinkoxid-Varistoren etwa 0,05.

A 1.26. Von einem Varistor sind bekannt $C = 240$; $\beta = 0{,}2$.

a) Bei welcher Spannung am Varistor tritt eine Stromstärke von 2 A; 1 A; 0,3 A; 0,1 A; 30 mA; 10 mA; 3 mA; 1 mA auf?

b) Wie groß sind bei den angegebenen Stromstärken der Varistorwiderstand und die im Varistor umgesetzte Leistung?

A 1.27. Stellen Sie für den in Aufg. 1.26 angegebenen Varistor grafisch dar

a) $I = f(U)$; b) $R = f(U)$!

(Wählen Sie für die x-Achse eine lineare, für die y-Achse eine logarithmische Teilung!)

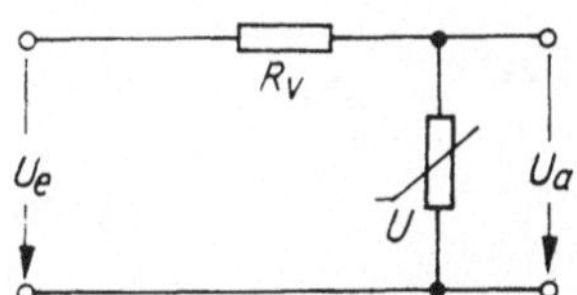

Bild 1.9. Schaltung zur Spannungsstabilisierung mittels Varistors

A 1.28. Stellen Sie für einen Varistor mit $C = 22$; $\beta = 0{,}22$ in linearem Maßstab die Funktion $I = f(U)$ für einen Spannungsbereich $-12\ \mathrm{V} \leqq U \leqq +12\ \mathrm{V}$ grafisch dar!

A 1.29. Gegeben ist die in Bild 1.9 dargestellte Schaltung zur Spannungsstabilisierung mit einem Varistor als Stellglied. Die Eingangsspannung beträgt $15\ \mathrm{V} \pm 5\ \mathrm{V}$; $R_v = 500\ \Omega$; als Varistor dient der in Aufg. 1.28 angegebene Typ. Ermitteln Sie die Ausgangsspannung U_a und vergleichen Sie die prozentualen Spannungsschwankungen am Eingang und am Ausgang der Schaltung miteinander!

Anleitung: Kennlinie aus Aufg. 1.28 verwenden; Kennlinie des Widerstandes R_v einzeichnen. (U_e und R_v bilden den aktiven, der Varistor den passiven Zweipol eines Grundstromkreises.)

A 1.30. In der in Bild 1.10 dargestellten Schaltung ist dem Verbraucherwiderstand R_a der Varistor aus Aufg. 1.26 zur Dämpfung von Überspannungsspitzen parallel geschaltet; $R_a = 2\ \mathrm{k\Omega}$; $R_v = 2\ \mathrm{k\Omega}$; $U_e = 200\ \mathrm{V}$.

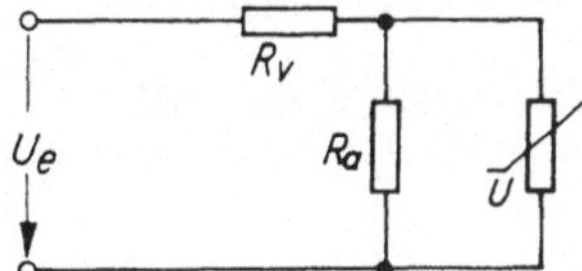

Bild 1.10. Überspannungsschutzschaltung mittels Varistors

a) Wie groß ist U_a, wenn $U_e = 200\ \mathrm{V}$ beträgt, und wie groß, wenn eine Eingangsspannungsspitze von $\hat{U}_e = 800\ \mathrm{V}$ auftritt?

b) Welche Spannungswerte würden an R_a auftreten, wenn der Varistor nicht vorhanden wäre?

1.2. Kondensatoren

Definitionsgleichung $C = Q/U$ $\quad 1\ \mathrm{A\,s/V} = 1\ \mathrm{F}$ (1.20)

Dimensionierungsgleichungen (Bild 1.11; Tabelle 1.3)

Plattenkondensator mit n Platten $\quad C = \varepsilon_0 \varepsilon_r (n-1)\,\dfrac{A}{d}$ (1.21)

Tabelle 1.3. Eigenschaften verschiedener Dielektrika für technische Kondensatoren

Elektrische Feldkonstante $\varepsilon_0 = 8{,}86 \cdot 10^{-12}$ A s/(V m)			
Dielektrizitätszahlen ε_r			
Vakuum	1	Luft	1,0006
Glas	5...10	Papier	1,8...3
Glimmer	6...8	Polyurethan	3,5
Gummi	2,7	Polystyrol	2,5
Hartpapier	5...6	Porzellan	4,5...5
keramische Massen für Kondensatoren:			
NDK-Typen	10...130	HDK-Typen	2000...10000

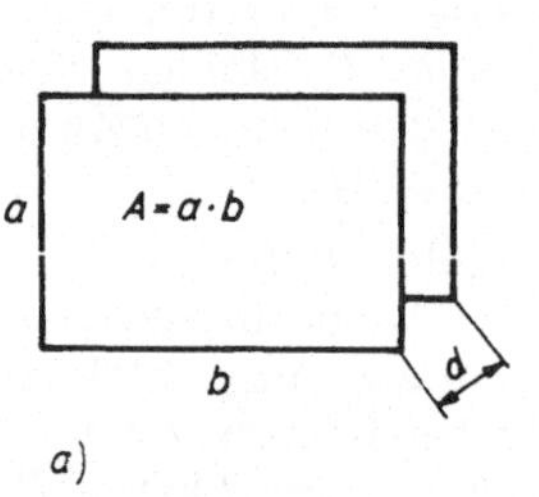

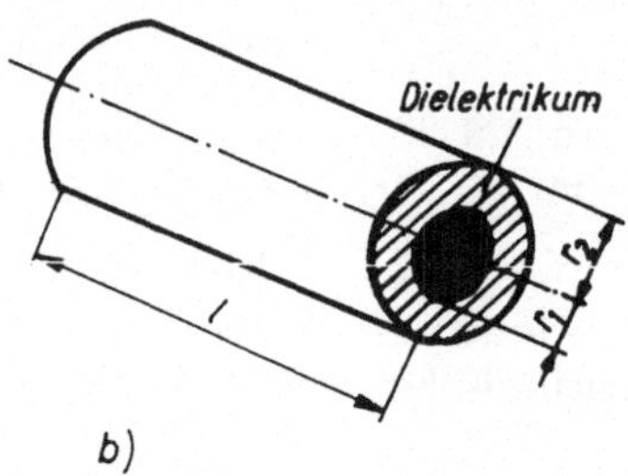

Bild 1.11. Prinzip des Platten- und Zylinderkondensators

Zylinderkondensator (Rohrkondensator, Koaxialkabel)

$$C = \varepsilon_0 \varepsilon_r 2\pi l / (\ln r_2/r_1) \tag{1.22}$$

Temperaturkoeffizient der Kapazität

$$TK_C = \frac{\Delta C}{\Delta T} \frac{1}{C} \tag{1.23}$$

gespeicherte Energie

$$W = \frac{C}{2} U_C^2 \tag{1.24}$$

Reihenschaltung (Bild 1.12)

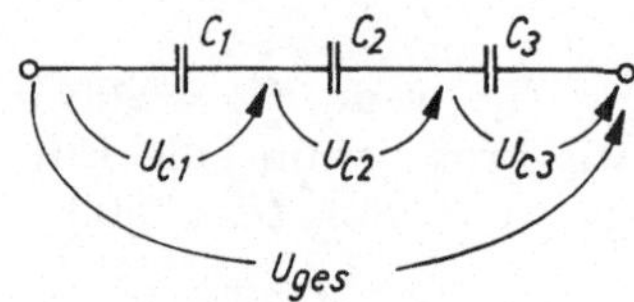

Bild 1.12. Reihenschaltung von Kondensatoren

Gesamtkapazität

$$\frac{1}{C_{\text{ges}}} = \frac{1}{C_1} + \frac{1}{C_2} + \frac{1}{C_3} \tag{1.25}$$

Temperaturkoeffizient

$$TK_{\text{ges}} = \frac{C_1 TK_2 + C_2 TK_1}{C_1 + C_2} \tag{1.26}$$

Ladespannungen

$$U_{\text{ges}} = U_{C1} + U_{C2} + U_{C3} \tag{1.27}$$

$$C_{\text{ges}} : C_1 : C_2 : C_3 = \frac{1}{U_{\text{ges}}} : \frac{1}{U_{C1}} : \frac{1}{U_{C2}} : \frac{1}{U_{C3}} \tag{1.28}$$

Elektrizitätsmengen $Q_{ges} = Q_{C1} = Q_{C2} = Q_{C3}$ (1.29)

Parallelschaltung (Bild 1.13)

Gesamtkapazität $C_{ges} = C_1 + C_2 + C_3$ (1.30)

Temperaturkoeffizient $TK_{ges} = \frac{C_1 TK_1 + C_2 TK_2}{C_1 + C_2}$ (1.31)

Ladespannungen $U_{ges} = U_{C1} = U_{C2} = U_{C3}$ (1.32)

Elektrizitätsmengen $Q_{ges} = Q_{C1} + Q_{C2} + Q_{C3}$ (1.33)

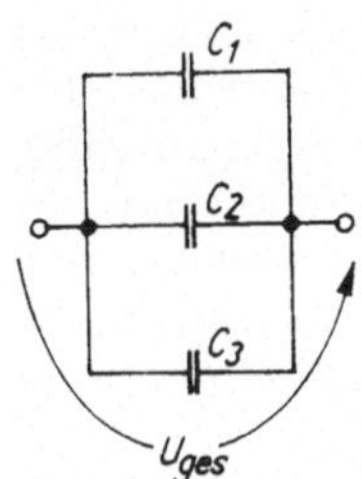

Bild 1.13. Parallelschaltung von Kondensatoren

A 1.31. Zwei Kondensatoren $C_1 = 100\,\text{nF}$ und $C_2 = 47\,\text{nF}$ werden a) parallel, b) in Reihe geschaltet an eine Gleichspannung von 250 V gelegt.
Wie groß sind jeweils die resultierende Kapazität, die insgesamt gespeicherte Elektrizitätsmenge und Energie sowie die an jedem Kondensator auftretende Ladespannung?

A 1.32. Drei Kondensatoren $C_1 = 10\,\mu\text{F}$, $C_2 = 47\,\mu\text{F}$ und $C_3 = 20\,\mu\text{F}$ liegen in Reihenschaltung an einer Gleichspannung von 800 V. Wie groß sind die resultierende Kapazität, die in jedem Kondensator gespeicherte Elektrizitätsmenge und die Ladespannungen der Kondensatoren?

A 1.33. Der Kondensator eines Elektronenblitzgerätes wird auf eine Spannung von 360 V aufgeladen. Nach dem Auslösen des Blitzes verbleibt wegen der Löschspannung der Blitzröhre im Kondensator eine Restspannung von 70 V. Welche Kapazität ist nötig, damit die Blitzenergie 60 W s beträgt?

A 1.34. In einem computergesteuerten Elektronenblitzgerät wird der Kondensator, der eine Kapazität von 660 µF besitzt, auf eine Spannung von 470 V aufgeladen. Bei welcher Restspannung muß nach der Blitzauslösung automatisch abgeschaltet werden, wenn die Blitzenergie a) 60 W s, b) 25 W s, c) 10 W s betragen soll?

A 1.35. Ein keramischer Rohrkondensator mit einer Kapazität von 2200 pF hat die in Bild 1.14 angegebenen Abmessungen.

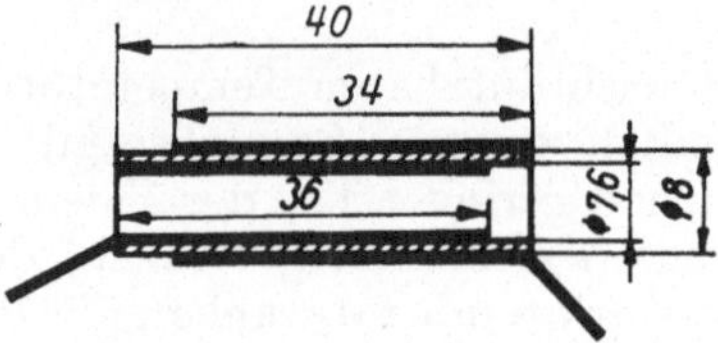

Bild 1.14. Keramischer Rohrkondensator

Bei einer Temperaturänderung von 30 °C auf 60 °C verringert sich die Kapazität auf 2152 pF.
Wie groß sind a) die Dielektrizitätskonstante des Dielektrikums und b) der Temperaturkoeffizient der Kapazität?

A 1.36. Durch Parallelschaltung zweier Kondensatoren soll eine Kapazität von 270 pF mit einem *TK*-Wert von Null gebildet werden. Verfügbar sind Kondensatoren mit *TK*-Werten von $+80 \cdot 10^{-6}\,\text{K}^{-1}$ und von $-400 \cdot 10^{-6}\,\text{K}^{-1}$.
Welche Einzelkondensatoren sind zu wählen?

1.3. Physikalische Grundlagen der Halbleitertechnik

1.3.1. Reine und dotierte Halbleiter

Elementhalbleiter (Elementegruppe IV):

Germanium Ge, Silizium Si.

Verbindungshalbleiter (binäre und ternäre Verbindungen):

Gallium-Arsenid GaAs, Gallium-Phosphid GaP.

Ge und Si sind vierwertig. Im absoluten Nullpunkt liegen alle Valenzelektronen in Paarbindungen fest (kovalente Bindung), so daß keine freien Elektronen für den Leitungsvorgang zur Verfügung stehen (Isolator). Durch Energieanregung (z. B. Wärme) werden einige der Valenzbindungen aufgebrochen: es kommt zur Bildung (Generation) freier Ladungsträgerpaare (Elektronen und Defektelektronen oder Löcher). Jedes frei gewordene Elektron hinterläßt an seinem ursprünglichen Platz ein Loch. Die freien Ladungsträger verschwinden wieder (Rekombination). Generation und Rekombination halten sich das Gleichgewicht.
In einem **reinen, ungestörten Halbleiterkristall** ist die Elektronendichte n_0 gleich der Löcherdichte p_0 gleich der **Inversionsdichte** n_i:

$$n_i = n_0 = p_0. \tag{1.34}$$

Die **verfügbare thermische Energie**

$$W = kT \tag{1.35}$$

ist im technisch nutzbaren Temperaturbereich (−50 °C ... +150 °C) sehr viel kleiner als die Bindungsenergie (Bandabstand) ΔW der Valenzelektronen (Tab. 1.4), so daß nur ein äußerst geringer Teil der Valenzelektronen frei beweglich ist.
Die Ladungsträgerdichte n_i (Anzahl der Ladungsträger n_0 oder p_0 je Volumeneinheit) ist stark temperaturabhängig (Bild 1.15). Die freien Ladungsträger bewegen

Tabelle 1.4. Einige wichtige Parameter von Halbleitermaterialien bei $T = 300$ K

		Ge	Si	GaAs
Effektive Zustandsdichte im Leitungsband	N_C in cm^{-3}	$1{,}04 \cdot 10^{19}$	$2{,}8 \cdot 10^{19}$	$4{,}7 \cdot 10^{17}$
Effektive Zustandsdichte im Valenzband	N_V in cm^{-3}	$6{,}1 \cdot 10^{18}$	$1{,}02 \cdot 10^{19}$	$7{,}0 \cdot 10^{18}$
Bandabstand	ΔW in eV	0,67	1,11	1,43
Inversionsdichte	n_i in cm^{-3}	$2{,}33 \cdot 10^{13}$	$1{,}6 \cdot 10^{10}$	$1{,}3 \cdot 10^{6}$
Beweglichkeit der Elektronen	μ_n in $cm^2/(V\,s)$	3900	1500	8500
der Löcher	μ_p in $cm^2/(V\,s)$	1900	600	400
Dielektrizitätszahl	ε_r	16	11,8	10,9
Atome je cm^3		$4{,}42 \cdot 10^{22}$	$5 \cdot 10^{22}$	$4{,}43 \cdot 10^{22}$
Schmelzpunkt	T_S in °C	937	1420	1235

sich in einer Wimmelbewegung mit der **Geschwindigkeit** v im Gittergefüge:

$$v = \sqrt{\frac{3kT}{m_0}}. \tag{1.36}$$

Unter dem Einfluß eines äußeren elektrischen Feldes erhalten die freien Ladungsträger eine von der Feldstärke E und der Beweglichkeit μ der Ladungsträger abhängige Driftgeschwindigkeit v_D:

$$v_D = \mu E. \tag{1.37}$$

Die Beweglichkeit ist für Elektronen (μ_n) und für Löcher (μ_p) unterschiedlich groß (Tab. 1.4).

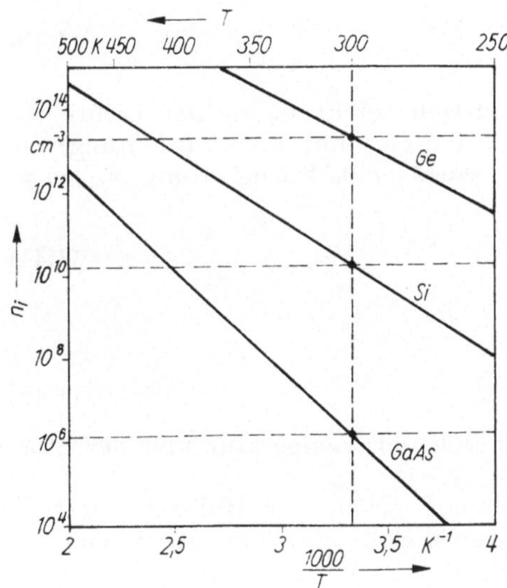

Bild 1.15. Inversionsdichte verschiedener Halbleitermaterialien in Abhängigkeit von der Temperatur

Die **Leitfähigkeit** eines reinen Halbleiters wird durch die Ladungsträgerdichte und die Beweglichkeit der Elektronen und Löcher bestimmt:

$$\varkappa = e_0 n_i (\mu_n + \mu_p). \tag{1.38}$$

Durch **Dotierung des Halbleiterkristalls** mit Fremdatomen ($10^{10} \ldots 10^{18}$ Atome/cm^3) erhöht sich die Leitfähigkeit.

Fünfwertige Elemente **(Donatoren)** bewirken einen Elektronenüberschuß, der Halbleiter wird n-leitend.

Dreiwertige Elemente **(Akzeptoren)** bewirken einen Löcherüberschuß, der Halbleiter wird p-leitend.

Es gilt das **Massenwirkungsgesetz für Halbleiter:**

$$n_i^2 = n_0 p_0. \tag{1.39}$$

Zur Ionisierung der Dotierungselemente reicht eine sehr kleine thermische Energie (Tab. 1.5). Im technisch nutzbaren Temperaturbereich ist deshalb bei n-Leitung die Dichte der freien Elektronen n_n gleich der Dichte der Donatoratome N_D^-; bei

Tabelle 1.5. Bandabstand von Donatoren und Akzeptoren in Halbleitermaterialien

	Donatoren W_D in eV	Akzeptoren W_A in eV
in Germanium	0,006	0,015
in Silizium	0,03	0,05
in Gallium-Arsenid	0,007	0,05

p-Leitung ist die Dichte der freien Löcher p_p gleich der Dichte der Akzeptoratome N_A^- (Störstellenerschöpfung). Damit gilt:

$$\text{n-Leitung: } n_n \approx N_D^+, \qquad \text{p-Leitung: } p_p \approx N_A^-. \tag{1.40}$$

Entsprechend dem Massenwirkungsgesetz muß sich bei Erhöhung der Dichte der einen Ladungsträgerart (Majoritätsträger n_n bei n-Leitung; p_p bei p-Leitung) die Dichte der anderen Ladungsträgerart (Minoritätsträger p_n bei n-Leitung, n_p bei p-Leitung) vermindern. Es ist:

$$n_i^2 = n_n p_n = p_p n_p. \tag{1.41}$$

Entsprechend Gl. (1.38) ergibt sich für die

Leitfähigkeit dotierter Halbleiter

$$\varkappa = e_0(n_0\mu_n + p_0\mu_p). \tag{1.42}$$

Die Elektronen- und Löcherbeweglichkeit ist von der Temperatur und der Störstellendichte abhängig (Bild 1.16).

Bei Dotierungen über etwa 10^{19} Fremdatome/cm³ erhält der Halbleiter metallähnliche Eigenschaften; dann gelten die bisherigen Modellvorstellungen nicht mehr.

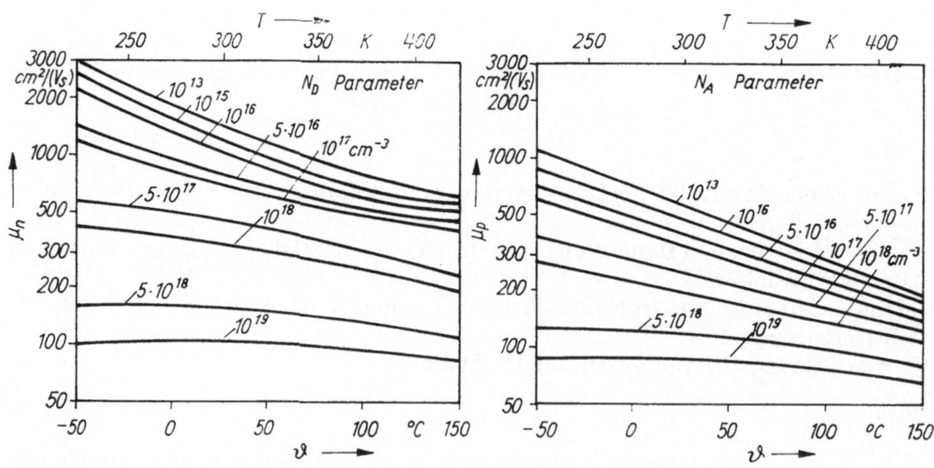

Bild 1.16. Abhängigkeit der Elektronen- und Löcherbeweglichkeit von Temperatur und Störstellendichte

Konstanten und Umrechnungen:

Elementarladung	e_0	$= 1{,}6 \cdot 10^{-19}$ A s
Elektronenruhmasse	m_0	$= 9{,}11 \cdot 10^{-31}$ kg
BOLTZMANN-Konstante	k	$= 1{,}38 \cdot 10^{-23}$ W s/K
		$= 8{,}625 \cdot 10^{-5}$ eV/K
Elektronenvolt und Wattsekunde	1 eV	$= 1{,}6 \cdot 10^{-19}$ W s
	1 W s	$= 6{,}25 \cdot 10^{18}$ eV
Wattsekunde	1 W s	$= 1$ N m $= 1$ kg m^2 s^{-2}

A 1.37. In welchem Verhältnis steht bei a) 27 °C, b) 147 °C die Aktivierungsenergie des Siliziums zur verfügbaren thermischen Energie?

A 1.38. Wie groß ist die in einem reinen Halbleiter thermisch bedingte Geschwindigkeit eines Elektrons bei 300 K?

A 1.39. Welcher spezifische Widerstand läßt sich für reines a) Silizium, b) Germanium aus der Inversionsdichte und der Beweglichkeit der Ladungsträger bei einer Temperatur von 300 K berechnen?

A 1.40. Die Inversionsdichte für Germanium betrage bei 300 K $2{,}2 \cdot 10^{13}$ cm^{-3}. Wie groß sind die Elektronen- und die Löcherdichte, wenn mit $2 \cdot 10^{16}$ Akzeptoratomen je cm^3 dotiert worden ist?

A 1.41. Wie groß wird der spezifische Widerstand eines Siliziumkristalls bei 300 K, wenn er mit 10^{14} Phosphoratomen je cm^3 dotiert wurde?

A 1.42. In Kupfer ist die Elektronendichte $n = 8{,}4 \cdot 10^{22}$ cm^{-3}.

a) Wie groß ist die Beweglichkeit der Elektronen?

b) Vergleichen Sie diesen Wert mit der Beweglichkeit der Elektronen bei 300 K in Ge und Si!

A 1.43. Eine Siliziumprobe wird mit 10^{16} Akzeptoratomen je cm^3 dotiert. In welchem Verhältnis zueinander stehen die freien Löcher und Elektronen und wie groß ist der spezifische Widerstand bei a) 300 K, b) 400 K?

1.3.2. pn-Übergänge

Durch Diffusion und Rekombination von Ladungsträgern verbleiben im n-Gebiet positiv und im p-Gebiet negativ ionisierte Störstellen. Die so entstandenen Raumladungen haben im pn-Übergang einen Feldstärkeverlauf und ein Potentialgefälle mit positivem Potential im n-Gebiet zur Folge. Innerhalb des Potentialgefälles bildet sich eine BOLTZMANN-Verteilung der Elektronen- und Löcherkonzentration aus:

$$p_{(x)} = p_{(n)}\, \mathrm{e}^{-e_0 U_{(x)}/(kT)} \qquad (1.43\,\mathrm{a})$$

$$n_{(x)} = n_{\mathrm{n}}\, \mathrm{e}^{-e_0 U_{(x)}/(kT)}. \qquad (1.43\,\mathrm{b})$$

Daraus ergibt sich die Höhe des Potentialgefälles, die

Diffusionsspannung

$$U_{\mathrm{D}} = \frac{kT}{e} \cdot \ln \frac{n_{\mathrm{n}}}{n_{\mathrm{p}}} \qquad (1.44\,\mathrm{a}) \qquad U_{\mathrm{D}} = \frac{kT}{e} \cdot \ln \frac{p_{\mathrm{p}}}{p_{\mathrm{n}}}. \qquad (1.44\,\mathrm{b})$$

Der Ausdruck kT/e in Gl. (1.44) heißt **Temperaturspannung**

$$U_T = \frac{kT}{e}. \tag{1.45}$$

Mit Gl. (1.40) und (1.41) wird die Diffusionsspannung

$$U_D = U_T \cdot \ln \frac{N_D N_A}{n_i^2}. \tag{1.46}$$

An einem **stromdurchflossenen pn-Übergang** überlagern sich die Diffusionsspannung U_D und die von außen am n- und p-Gebiet anliegende Spannung U_a (positiv vom p- zum n-Gebiet gezählt). Es gilt für die

Durchlaßpolung $U_a = U_{pn}$: $U = U_D - U_a$. (1.47a)

Die Sperrschichtbreite wird kleiner; in der Grenzschicht ist $pn > n_i^2$.

Sperrpolung $U_a = U_{np}$: $U = U_D + U_a$. (1.47b)

Die Sperrschichtbreite wird größer; in der Grenzschicht ist $pn < n_i^2$.
Die **Breite der Sperrschicht** ist ferner abhängig von der Art des pn-Übergangs.
Für **abrupte pn-Übergänge** (in der Sperrschicht des p-Gebietes ist $N_D = \text{const}$; $N_A = 0$; im Sperrbereich des n-Gebietes ist $N_A = \text{const}$ und $N_D = 0$) gilt

$$d_s = \sqrt{\frac{2\varepsilon_H(N_A + N_D)(U_D - U_a)}{e_0 N_A N_D}}; \quad U_a < 0 \text{ (Sperrpolung)}. \tag{1.48}$$

Für **lineare pn-Übergänge** (in der Sperrschicht ist $N_A - N_D = \eta x$; η ist der Störstellengradient, der etwa zwischen $10^{22} \ldots 10^{24}$ cm^{-4} liegt) wird

$$d_s = \sqrt[3]{\frac{12\varepsilon_H(U_D - U_a)}{\eta e_0}}; \quad U_a < 0 \text{ (Sperrpolung)} \tag{1.49}$$

$\varepsilon_H = \varepsilon_0 \varepsilon_r$ (Tabellen 1.3 und 1.4).
Bei Feldstärken $E = U_a/d_s$ über $2 \cdot 10^4$ V/mm in der Grenzschicht muß mit einem **Durchschlag** gerechnet werden.
Die durch die Sperrschicht voneinander isolierten n- und p-Gebiete stellen einen Kondensator mit der **Sperrschichtkapazität** C_s dar:

$$C_s = A\varepsilon_H/d_s. \tag{1.50}$$

In Durchlaßpolung fließt der Flußstrom I_F, in Sperrpolung der Sperrstrom I_R, der mit zunehmender Sperrspannung einen **Sättigungswert** I_S erreicht. Allgemein gilt:

$$I = I_S(e^{U_a/(mU_T)} - 1). \tag{1.51}$$

$m = 1$: normale pn-Strukturen; $m = 2$: pin-Strukturen; zwischen p- und n-Gebiet ist ein kurzes eigenleitendes Gebiet (Intrinsicschicht) eingefügt.

Der **Sättigungsstrom ist temperaturabhängig:**

$$I_S = I_{S0}\, e^{C(T - T_0)}; \quad I_{S0} \text{ Sättigungsstrom bei } T_0. \tag{1.52}$$

$C = 0{,}065 \ldots 0{,}09$ K^{-1} für Ge; $C = 0{,}12 \ldots 0{,}14$ K^{-1} für Si.

A 1.44. Wie groß ist die Temperaturspannung bei den Temperaturen 250 K; 300 K; 350 K; 400 K?

A 1.45. An einem pn-Übergang sei $n_n = 10^{16}\ \text{cm}^{-3}$ und $n_p = 10^{10}\ \text{cm}^{-3}$. Wie groß ist die Diffusionsspannung bei 300 K?

A 1.46. Die Dotierungen in einem abrupten Silizium-pn-Übergang betragen 10^{17} Akzeptor- und 10^{15} Donatoratome je cm^3. Berechnen Sie für eine Temperatur von 300 K

a) die Diffusionsspannung,

b) die Breite der Sperrschicht bei Spannungen U_a von 0 V; −10 V; −30 V; −100 V und −1000 V!

A 1.47. Wie groß sind die in der Sperrschicht des pn-Übergangs der Aufg. 1.46 auftretenden Feldstärken?

A 1.48. Der Querschnitt der in Aufg. 1.46 gegebenen pn-Struktur betrage 0,5 mm².

a) Berechnen Sie die Sperrschichtkapazität des pn-Übergangs im spannungslosen Zustand!

b) Stellen Sie die Abhängigkeit der Sperrschichtkapazität von der Sperrspannung zwischen 0 und 35 V in doppeltlogarithmischer Teilung grafisch dar!

A 1.49. Um welchen Faktor erhöht sich der Sperrstrom einer pn-Struktur aus Silizium ($C = 0{,}12$), wenn die Temperatur der Sperrschicht a) um 20 K, b) um 60 K ansteigt?

1.4. Halbleiterdioden

1.4.1. Gleichrichter- und Schaltdioden

1.4.1.1. Kennlinien und Kennwerte

Die Eigenschaften von Dioden werden durch ihre Strom-Spannungs-Kennlinien (Bild 1.17) und die vom Hersteller der Dioden angegebenen Kenn- und Grenzwerte beschrieben (Tabelle 1.6 und Bild 1.18). Aus den Kennlinien lassen sich ableiten

statischer Flußwiderstand $R_D = U_F/I_F$ (1.53)

differentieller Flußwiderstand $r_F = dU_F/dI_F$ (1.54)

differentieller Sperrleitwert $g_R = dI_R/dU_R$ (1.55)

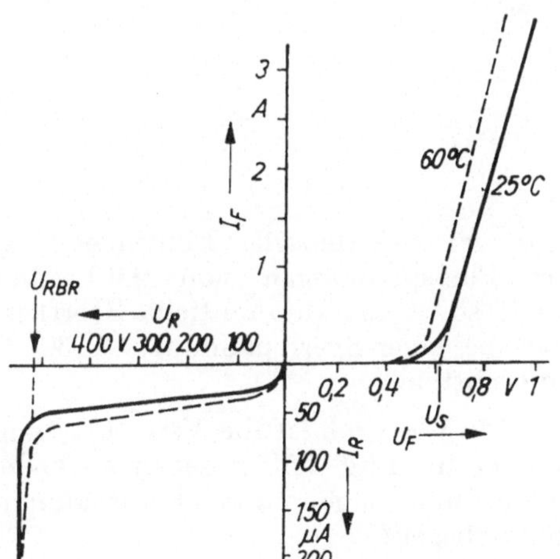

Bild 1.17. Strom-Spannungs-Kennlinien eines pn-Übergangs in Silizium

Tabelle 1.6. Kenn- und Grenzwerte von Halbleiterdioden

I_F	Strom in Durchlaßpolung (allgemein)
I_R	Strom in Sperrpolung (allgemein)
U_F	Flußspannung (allgemein)
U_R	Sperrspannung (allgemein)
U_S	Schleusenspannung
I_{FAV}	Mittelwert des Stromes in Durchlaßpolung (Dauergrenzstrom)
I_{FRM}	maximaler periodisch auftretender Durchlaßstrom
I_{FRMS}	effektiver Durchlaßstrom (Grenzeffektivstrom)
I_{FSM}	Stoßstromgrenzwert
U_{RWM}	höchstzulässige Sperrgleich- oder Scheitelsperrspannung
U_{RRM}	höchstzulässige periodisch auftretende Sperrspannung
U_{RSM}	höchstzulässige nichtperiodische Stoßspitzenspannung
U_{RBR}	Durchbruchspannung (wird als Kennwert nicht angegeben)
t_{rr}	Sperrerholungszeit
$\int i^2\,dt$	Grenzlastintegral
ϑ_j	höchstzulässige Kristalltemperatur

Beispiele:

Typ	U_{RWM} V	U_{RRM} V	U_{RSM} V	I_{FAV} A	I_{FRMS} A	I_{FRM} A	I_{FSM} A	$\int i^2\,dt$ A^2s	I_R mA	t_{rr} µs
1	200	260	300	1	3	8	35	8	0,15	20
2	800	1040	1200	1	3	8	35	8	0,15	20
3	700	1000	1000	16	30	47	250	226	5	35

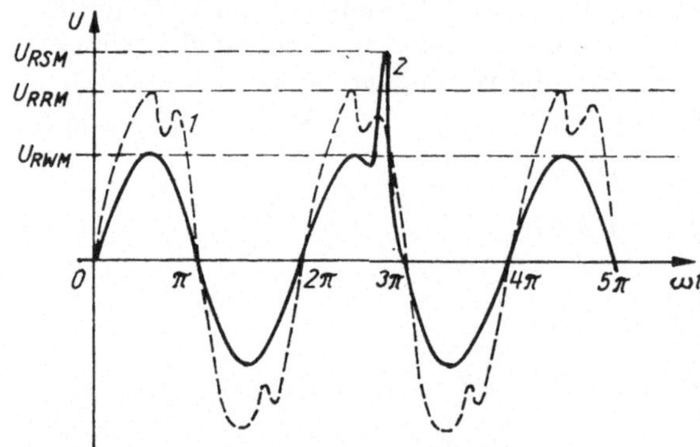

Bild 1.18. Darstellung zur Erklärung der Kenn- und Grenzwertspannungen von Dioden.
1: tritt periodisch auf;
2: tritt nur einmal auf.

A 1.50. Lesen Sie aus der Kennlinie einer Siliziumdiode (Bild 1.19) die Schleusenspannung, die Durchbruchspannung, den Flußstrom bei den Flußspannungen 0,4 V; 0,5 V; 0,6 V; 0,7 V und 0,8 V sowie den Sperrstrom bei den Sperrspannungen 100 V; 200 V und 400 V ab!

A 1.51. Aus der Kennlinie der Siliziumdiode der Aufg. 1.50 sind der statische und der differentielle Flußwiderstand bei Flußspannungen von 0,6 V und 0,8 V sowie der differentielle Sperrleitwert bei einer Sperrspannung von 300 V zu ermitteln.

A 1.52. Wie groß ist die Verlustleistung an der in Aufg. 1.50 gegebenen Diode, wenn die dort genannten Flußspannungen anliegen?

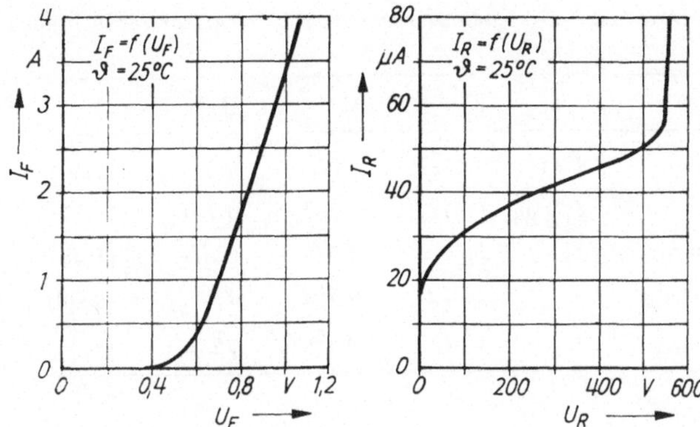

Bild 1.19. Durchlaß- und Sperrkennlinie der Siliziumdiode aus Aufgabe 1.53

A 1.53. Eine Siliziumdiode mit der in Bild 1.19 dargestellten Kennlinie liegt in Durchlaßpolung in Reihe mit einem zwischen 1 Ω und 4 Ω veränderlichen Widerstand an einer Gleichspannung von 4 V. Berechnen Sie die minimalen und maximalen Werte der Stromstärke sowie der Spannungsabfälle und Leistungen an der Diode und am Widerstand!

1.4.1.2. Gleichrichterschaltungen

In Bild 1.20 sind die Einweggleichrichterschaltung (E) und die als Zweiweggleichrichter wirkende Mittelpunkt- (M) und Brückengleichrichterschaltung (B) dargestellt. Bei **Gleichrichtung ohne Ladekondensator** und ohne Gegenspannung entstehen die in Bild 1.21 dargestellten Spannungsverläufe.
Die zur Dimensionierung der Schaltungen notwendigen Ströme und Spannungen sind in Tabelle 1.7 zusammengestellt.

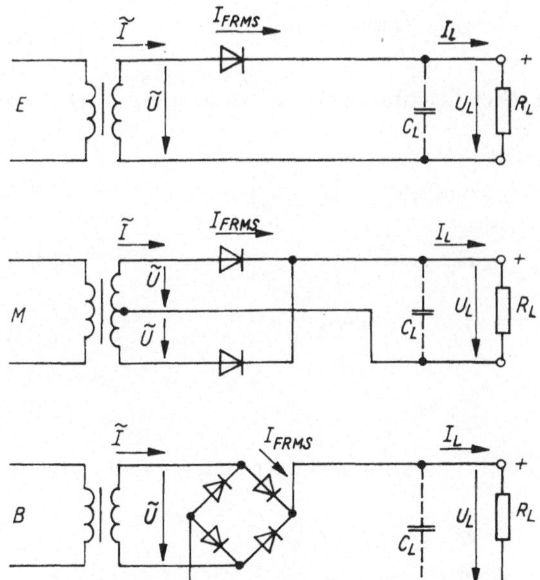

Bild 1.20. Gleichrichterschaltungen für Einphasen-Wechselstrom

Tabelle 1.7. Strom- und Spannungswerte zur Dimensionierung von Gleichrichterschaltungen ohne Ladekondensator

Schaltung		E	M	B	
arithm. Mittelwert der Gleichspannung	U_{AV}	$0{,}45\tilde{U}$	$0{,}9\tilde{U}$	$0{,}9\tilde{U}$	(1.56)
Strom im Gleichrichterzweig	I_{FRMS}	$1{,}57 I_L$	$0{,}79 I_L$	$0{,}79 I_L$	(1.57)
arithm. Mittelwert des Gleichrichterstromes	I_{FAV}	I_L	$0{,}5 I_L$	$0{,}5 I_L$	(1.58)
Effektivwert des Trafostromes	$\tilde{I}$	$1{,}57 I_L$	$0{,}79 I_L$	$1{,}11 I_L$	(1.59)
Sperrspannung am Gleichrichter	U_R	$\sqrt{2}\,\tilde{U}$	$2\sqrt{2}\,\tilde{U}$	$\sqrt{2}\,\tilde{U}$	(1.60)

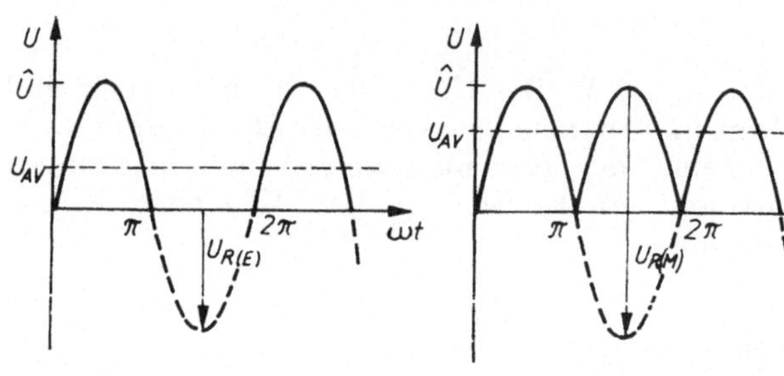

Bild 1.21. Spannungsverläufe an Gleichrichter-Dioden ohne Gegenspannung

Die Verlustleistung an der Diode setzt sich aus der

Durchlaßverlustleistung $$P_F = U_S I_{FAV} + r_F F^2 I_{FAV}^2 \quad (1.61)$$

und der Sperrverlustleistung $$P_R = I_R U_R + F^2 U_R{}^2 \frac{\Delta I_R}{\Delta U_R} \quad (1.62)$$

zusammen.

Formfaktor $$F = \frac{I_{FRMS}}{I_{FAV}} = 1{,}57. \quad (1.63)$$

Zur **Erhöhung der Sperrspannung im Gleichrichterzweig** schaltet man n Dioden gleichen Typs in Reihe (Bild 1.22).

Dioden und Kondensatoren
(β: Toleranz der Widerstände) $$n \geqq \frac{U_R}{U_{RWM}} \left(\frac{1+\beta}{1-\beta}\right) \quad (1.64)$$

Parallelwiderstand $$R_p \approx \frac{U_{RWM}}{7 I_{R\,max}} \quad (1.65)$$

Leistung am Parallelwiderstand $$P_{Rp} = \frac{U_{RWM}^2}{R_p} \quad (1.66)$$

Parallelkapazität $$C_p \approx \frac{n t_{rr}}{R_L} \quad (1.67)$$

Zur **Erhöhung der Strombelastung des Gleichrichterzweiges** darf man Dioden gleichen Typs parallel schalten (Bild 1.23).

Serienwiderstand $$R_S \approx 0{,}5 U_S / I_{FAV} \quad (1.68)$$

Leistung am Serienwiderstand $$P_{RS} = I_{FAV}^2 R_S \quad (1.69)$$

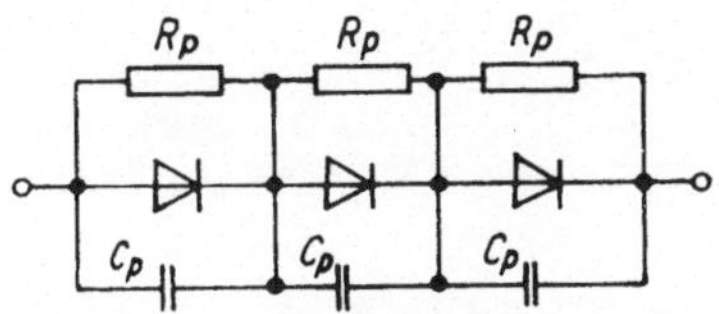

Bild 1.22. Reihenschaltung von Dioden

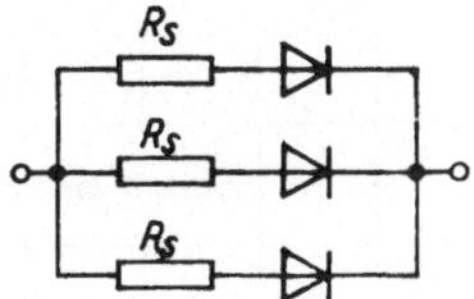

Bild 1.23. Parallelschaltung von Dioden

Bei **Gleichrichtung mit Ladekondensator** treten die in Bild 1.24 dargestellten Spannungsverläufe auf. 2α ist der Stromflußwinkel, für dessen Bestimmung das *Diagramm Bild 1.25* verwendbar ist.
Der **Unsymmetriewinkel** δ wird mit *Gl. (1.74)* berechnet, sofern C_L bekannt ist, oder er wird aus den *Diagrammen Bild 1.26* ermittelt.
Die *Berechnungsgrundlagen* für Gleichrichterschaltungen mit Ladekondensator sind mit den Gln. (1.70) bis (1.77) und den Diagrammen Bild 1.25 und 1.26 gegeben.

Arithmetischer Mittelwert der Gleichspannung $$U_{AV} = \sqrt{2}\,\tilde{U} \cos\alpha \cos\delta \qquad (1.70)$$

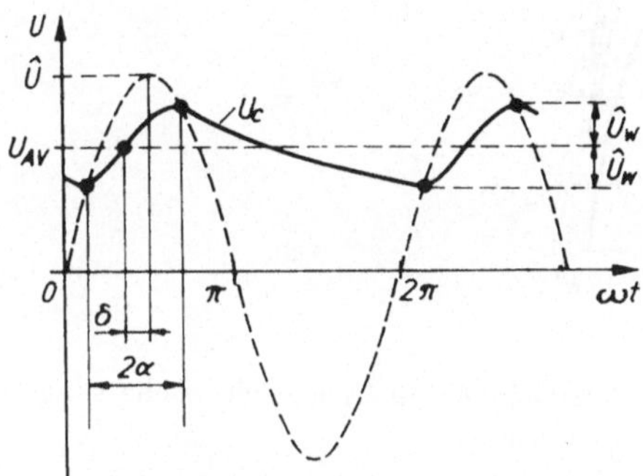

Bild 1.24. Spannungsverläufe an Gleichrichter-Dioden mit Ladekondensator

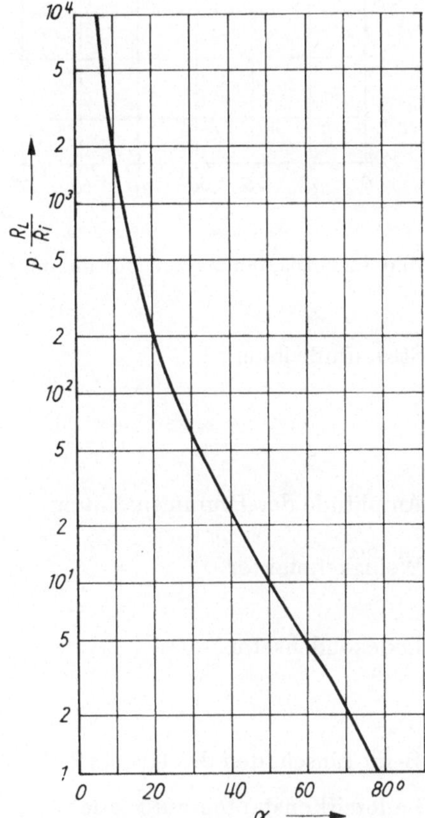

Bild 1.25. Diagramm zur Bestimmung des Stromflußwinkels in Gleichrichterschaltungen

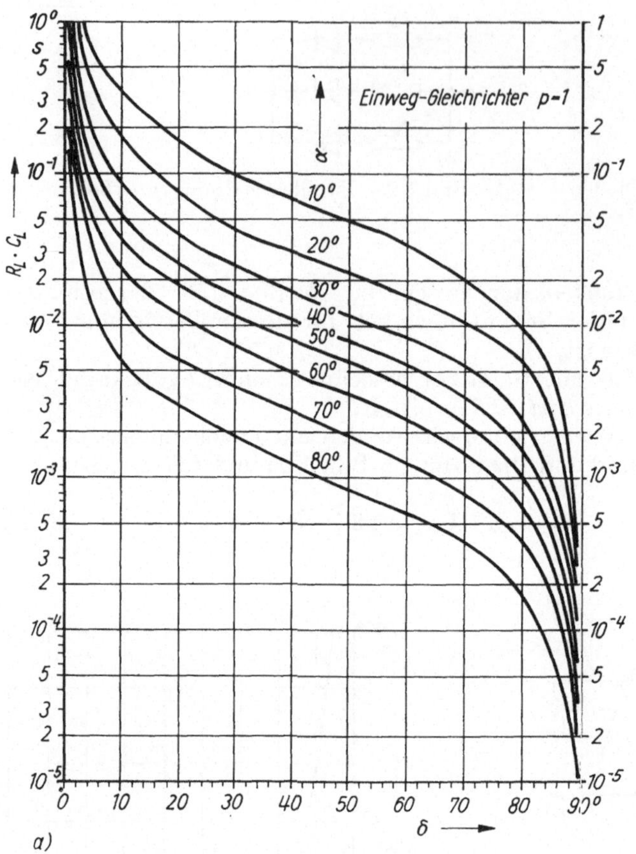

Bild 1.26. Diagramme zur Bestimmung des Unsymmetriewinkels in Gleichrichterschaltungen

Stromflußwinkel $$\tan \alpha - \alpha = \frac{\pi R_i}{p R_L} \tag{1.71}$$

$p = 1$: Einweggleichrichter

$p = 2$: Zweiweggleichrichter

Amplitude der Brummspannung $$\hat{U}_w = \sqrt{2}\,\tilde{U} \sin \alpha \sin \delta \tag{1.72}$$

Welligkeitsfaktor $$k_w = \frac{\hat{U}_w}{U_{AV}} = \tan \alpha \tan \delta \tag{1.73}$$

Ladekondensator $$C_L = \frac{\pi/p - \alpha}{R_L \omega \tan \alpha \tan \delta} \tag{1.74}$$

(α im Bogenmaß)

Beim Einschalten des Gleichrichters wird C_L mit der Ladezeitkonstanten aufgeladen. $$\tau = R_i C_L \tag{1.75}$$

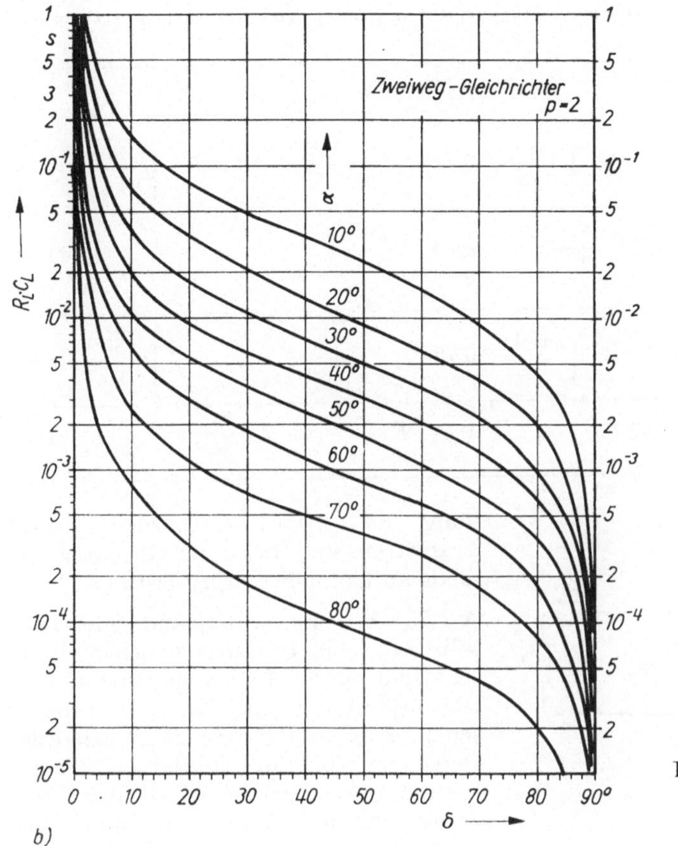

Bild 1.26

R_{i} ist der Innenwiderstand der Gleichrichterschaltung. Er setzt sich aus dem Trafowiderstand R_{T}, dem Flußwiderstand der Dioden R_{D} und einem eventuellen Schutzwiderstand R_{v} zur Begrenzung des Ladestromstoßes zusammen. Es gilt für den

Ladestromstoß $$I_{\mathrm{CM}} = \frac{\sqrt{2}\,\tilde{U}}{R_{\mathrm{i}}}. \quad (1.76)$$

Ist $I_{\mathrm{CM}} > I_{\mathrm{FSM}}$, muß das vorhandene

Grenzlastintegral $$\int_0^\tau i^2\,\mathrm{d}t = 0{,}5\tau I_{\mathrm{CM}}^2 \quad (1.77)$$

berechnet werden. Dieses darf höchstens gleich dem vom Hersteller der Diode angegebenen Wert des Grenzlastintegrals sein. In Tabelle 1.8 sind die zur Dimensionierung der Gleichrichterschaltungen erforderlichen Ströme und Spannungen zusammengestellt.

Für größere Gleichrichterleistungen werden Dreiphasen-Gleichrichter in Sternschaltung (S) oder als Drehstrom-Brückenschaltung (DB) bevorzugt (Bild 1.27).

Bei ihnen ist der Welligkeitsfaktor und damit der Aufwand an Siebmitteln geringer.

Tabelle 1.8. Strom- und Spannungswerte zur Dimensionierung von Gleichrichterschaltungen mit Ladekondensator

Schaltung		E	M	B	
Strom im Gleichrichterzweig	I_{FRMS}	$1{,}57 \cdot I_L \cdot \sqrt{\frac{180°}{2\alpha}}$	$0{,}79 \cdot I_L \cdot \sqrt{\frac{180°}{2\alpha}}$	$0{,}79 \cdot I_L \cdot \sqrt{\frac{180°}{2\alpha}}$	(1.78)
Spitzenwert des Gleichrichterstromes	I_{FRM}	$\pi \cdot I_L \cdot \frac{180°}{2\alpha}$	$\pi \cdot I_L \cdot \frac{90°}{2\alpha}$	$\pi \cdot I_L \cdot \frac{90°}{2\alpha}$	(1.79)
Effektivwert des Trafostromes	$\tilde{I}$	$1{,}57 \cdot I_L \cdot \sqrt{\frac{180°}{2\alpha}}$	$0{,}79 \cdot I_L \cdot \sqrt{\frac{180°}{2\alpha}}$	$1{,}11 \cdot I_L \cdot \sqrt{\frac{180°}{2\alpha}}$	(1.80)
Sperrspannung am Gleichrichter	U_R	$2 \cdot \sqrt{2}\,\tilde{U}$	$2 \cdot \sqrt{2}\,\tilde{U}$	$\sqrt{2}\,\tilde{U}$	(1.81)

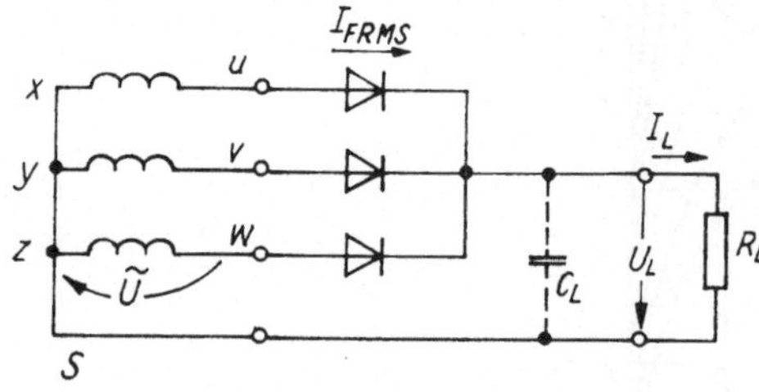

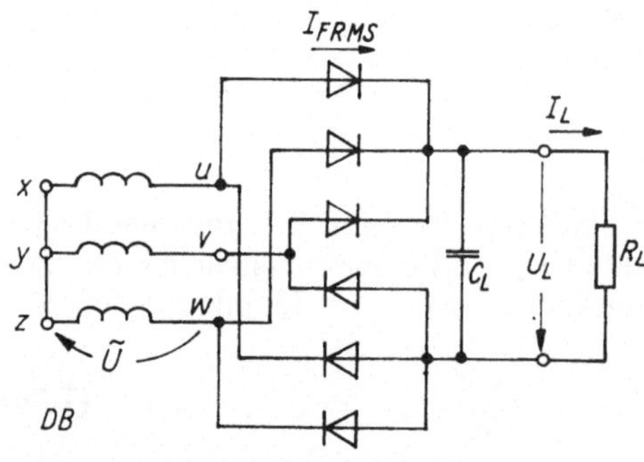

Bild 1.27. Gleichrichterschaltungen für Dreiphasen-Wechselstrom

A 1.54. Eine Siliziumdiode mit der in Bild 1.17 dargestellten Kennlinie liege in Reihe mit einem Widerstand von 100 Ω an einer sinusförmigen Wechselspannung von 120 V. Berechnen Sie den am Lastwiderstand auftretenden arithmetischen Mittelwert der Gleichspannung, den Last-, Gleichrichter- und Trafostrom und die in der Gleichrichterdiode auftretende Verlustleistung!

A 1.55. Ein Lastwiderstand von 12 Ω soll aus einer Einweg-Gleichrichterschaltung ohne Ladekondensator eine Gleichspannung mit einem arithmetischen Mittelwert von 24 V erhalten. Berechnen Sie die erforderliche Trafospannung, die Ströme im Gleichrichterzweig, in der Sekundärwicklung des Trafos und die in der Diode auftretende Verlustleistung! Die Diodenkennlinie ist in Bild 1.19 dargestellt.

Anmerkung: Bei relativ kleinen Spannungen am Gleichrichter muß die Flußspannung der Diode berücksichtigt werden.

A 1.56. Wie Aufg. 1.55, aber für die a) Mittelpunkt-, b) Brückenschaltung.

A 1.57. Durch eine Einweg-Gleichrichterschaltung mit Ladekondensator soll ein Lastwiderstand von 675 Ω mit einer Gleichspannung von 270 V versorgt werden. Die Amplitude der Brummspannung darf 15 V nicht überschreiten. Der Innenwiderstand der Gleichrichterschaltung (Trafo und Diode) wird mit 50 Ω angenommen. Es sind zu berechnen:

Kapazität des Ladekondensators, Trafospannung, Effektiv- und Spitzenwert des Gleichrichterstromes, Ladestromstoß, vorhandenes Grenzlastintegral und die Sperrbelastung der Diode.

A 1.58. Wie Aufg. 1.57, aber für die Brückenschaltung. Vergleichen Sie die in den Aufg. 1.57 und 1.58 gewonnenen Werte miteinander, und bewerten Sie die Gleichrichterschaltungen!

A 1.59. Eine Wechselspannung von 45 V wird in einer Einwegschaltung gleichgerichtet. Der Ladekondensator hat eine Kapazität von 4700 μF, der Innenwiderstand der Gleichrichterschaltung beträgt 1 Ω, der Lastwiderstand 60 Ω. Es stehen Dioden mit den in Tabelle 1.6 (Beispiele) angegebenen Daten zur Verfügung.
Berechnen Sie alle interessierenden Werte der Gleichrichterschaltung, wählen Sie eine geeignete Diode aus, und entscheiden Sie, ob der Innenwiderstand der Schaltung durch einen Schutzwiderstand erhöht werden muß!

A 1.60. Für eine Einweg-Gleichrichterschaltung mit Ladekondensator stehen Dioden vom Typ 2 (Tabelle 1.6; Beispiele) zur Verfügung. Die gleichzurichtende Wechselspannung beträgt 1500 V, der Innenwiderstand der Gleichrichterschaltung 200 Ω, der Ladekondensator hat eine Kapazität von 2,2 μF. Der Lastwiderstand ändert sich zwischen ∞ und 20 kΩ.

a) Zwischen welchen Werten schwankt die erzeugte Gleichspannung?

b) Wie groß sind der Welligkeitsfaktor und die Amplitude der Brummspannung (Welligkeitsspannung)?

c) Für welche Betriebsspannung muß der Ladekondensator ausgelegt sein?

d) Wieviel Dioden müssen in Reihe geschaltet werden? Als Parallelwiderstände zu den Dioden werden Exemplare aus der Reihe E 24 verwendet.

e) Die Werte der Parallelwiderstände und Kondensatoren sind zu berechnen.

f) Welche Höchstwerte des Last-, des Gleichrichter- und des Ladestromes treten auf?

A 1.61. Wie Aufgabe 1.60, aber für eine Brücken-Gleichrichterschaltung.

1.4.2. Z-Dioden

1.4.2.1. Kennlinien und Kennwerte

Z-Dioden werden vorzugsweise im Durchbruchgebiet betrieben. Von besonderem Interesse ist deshalb der Kennlinienverlauf in Sperrpolung (Bild 1.28).
Die wichtigsten Kennwerte der Z-Dioden sind:

mittlere Z-Spannung U_z

differentieller oder Z-Widerstand $$r_z = \frac{\Delta U_z}{\Delta I_z} \tag{1.82}$$

Gesamtverlustleistung P_{tot}

maximal zulässiger Z-Strom $$I_{z\max} = \frac{P_{tot}}{U_z} \tag{1.83}$$

Mindest-Z-Strom $$I_{z\min} \approx 0{,}1 I_{z\max} \tag{1.84}$$

Temperaturkoeffizient der Z-Spannung $$TK_{Uz} = \frac{\Delta U_z}{U_z\,\Delta T} \text{ (in K}^{-1}\text{)} \tag{1.85}$$

maximal zulässige Kristalltemperatur	ϑ_j	
thermischer Widerstand zwischen Kristall und Gehäuse	R_{thjc}	(in K/W)
thermischer Widerstand zwischen Kristall und Umgebung	R_{thja}	(in K/W)

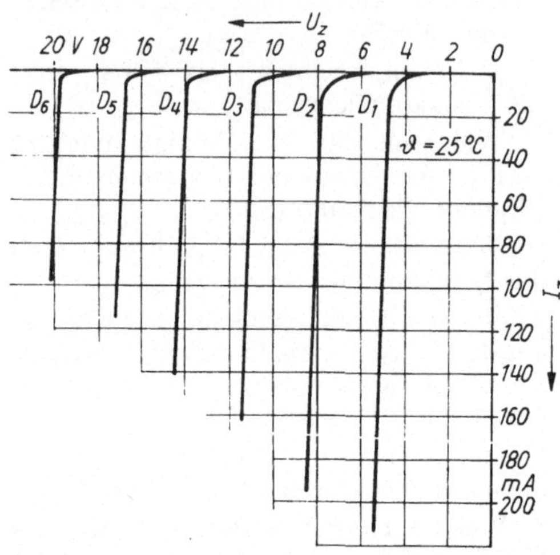

Bild 1.28. Sperrkennlinien von Z-Dioden

P_{tot} wird in der Diode in Wärme umgesetzt. Die Kristalltemperatur ist deshalb größer als die Gehäusetemperatur ϑ_c und die Umgebungstemperatur ϑ_a. Es stellt sich ein Temperaturgefälle ein.

Temperaturgefälle

$$\Delta T = \vartheta_j - \vartheta_c = P_{tot} R_{thjc} \tag{1.86}$$

$$\Delta T = \vartheta_j - \vartheta_a = P_{tot} R_{thja} \tag{1.87}$$

Wird die Diode auf ein Kühlblech mit dem Wärmewiderstand R_{tha} montiert, gilt

$$\Delta T = \vartheta_j - \vartheta_a = P_{tot}(R_{thjc} + R_{tha}) \tag{1.88}$$

Der Wärmewiderstand quadratischer Kühlbleche aus Aluminium verschiedener Blechdicke kann für blankes Blech und waagerechte Montage sowie für mattschwarzes Blech und senkrechte Montage aus dem Diagramm Bild 1.29 abgelesen werden.

A 1.62. Zeichnen Sie in Bild 1.28 für $P_{tot} = 1000$ mW die Verlustleistungshyperbel ein, und geben Sie für die Dioden D1...D6 den maximal zulässigen und den minimal erforderlichen Z-Strom an!

A 1.63. Von der Z-Diode D1, deren Kennlinie in Bild 1.28 dargestellt ist, sind bekannt:
$r_z = 3\,\Omega$; $TK_{U_z} = -2 \cdot 10^{-4}\,K^{-1}$.
Wie groß sind die absolute und die relative Änderung der Z-Spannung, wenn bei $I_z = 100$ mA

a) die Z-Stromstärke um ± 60 mA geändert wird;

b) die Temperatur von 25 °C auf 100 °C ansteigt?

A 1.64. Für die Dioden D1...D6 werden die thermischen Widerstände mit R_{thjc}

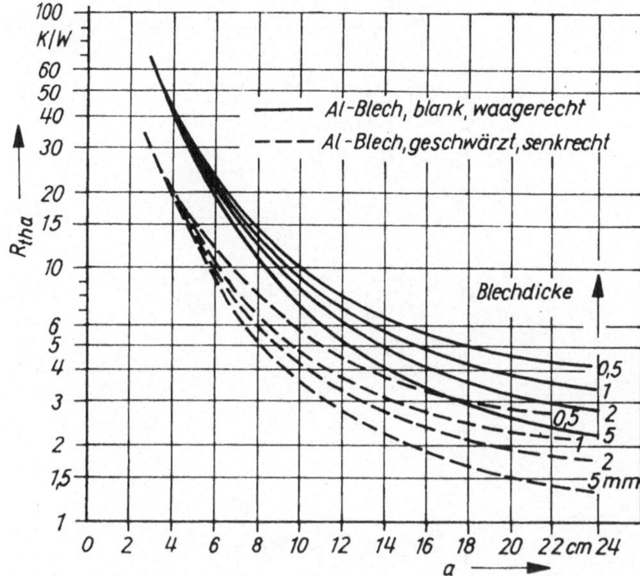

Bild 1.29. Diagramm zur Ermittlung des Wärmewiderstandes von Kühlblechen

= 8 K/W und $R_{\text{thja}} = 100$ K/W angegeben. Die Temperaturkoeffizienten betragen

Diode Nr.	D1	D2	D3	D4	D5	D6
TK_{Uz} in 10^{-4} K^{-1}	−2	+5	+7	+7	+7	+8

a) Welche Kristalltemperatur stellt sich ein, wenn die Dioden bei einer Umgebungstemperatur von 30 °C von $I_z = 40$ mA durchflossen werden?

b) Die Dioden D1 und D2 werden in Reihe geschaltet, so daß sich ihre Spannungen addieren. Wie groß ist die resultierende Z-Spannung bei einer Kristalltemperatur von 25 °C, und welche relative und absolute Änderung der resultierenden Z-Spannung tritt unter den in a) genannten Bedingungen ein?

A 1.65. Die Diode D2 (Daten siehe A 1.62 und A 1.64) wird auf ein blankes, quadratisches, waagerecht montiertes Kühlblech aus 2 mm dickem Aluminium mit 6 cm Kantenlänge montiert.

a) Welche maximale Verlustleistung und Z-Stromstärke ist zulässig, wenn die Umgebungstemperatur 50 °C beträgt und die Kristalltemperatur 100 °C nicht überschreiten soll?

b) Welche Temperatur nimmt das Gehäuse der Diode an, wenn die in a) gegebenen Bedingungen vorliegen?

1.4.2.2. Anwendungen von Z-Dioden

Bild 1.30 zeigt eine Schaltung zur Spannungsstabilisierung. Für ihre Dimensionierung und Bewertung gelten folgende Beziehungen:

Eingangsspannung $$U_{\text{I}} - \Delta U_{\text{I}} \geqq 1{,}8 U_z \tag{1.89}$$

Vorwiderstand
$$R_v' \geqq \frac{U_I + \Delta U_I - U_z}{I_{L\,min} + I_{z\,max}} \tag{1.90a}$$
$$R_v'' \leqq \frac{U_I - \Delta U_I - U_z}{I_{L\,max} + I_{z\,min}} \tag{1.90b}$$
$$R_v' < R_v < R_v'' \tag{1.90c}$$

Leistung am Vorwiderstand
$$P_{Rv} = \frac{(U_I + \Delta U_I - U_z)^2}{R_v} \tag{1.91}$$

Stabilisierungsfaktor
$$S = \frac{\Delta U_I}{\Delta U_0}\frac{U_0}{U_I} = 1 + \frac{R_v U_0}{r_z U_I} \tag{1.92}$$

Glättungsfaktor
$$G = \frac{R_v}{r_z} \tag{1.93}$$

Innenwiderstand der Stabilisierungsschaltung
$$R_i = \frac{r_z R_v}{r_z + R_v} \tag{1.94}$$

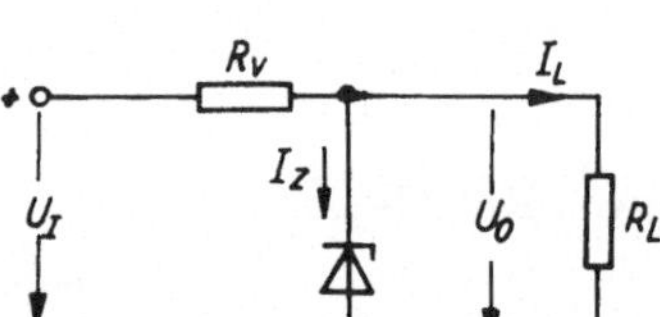

Bild 1.30. Schaltung zur Spannungsstabilisierung mittels Z-Diode

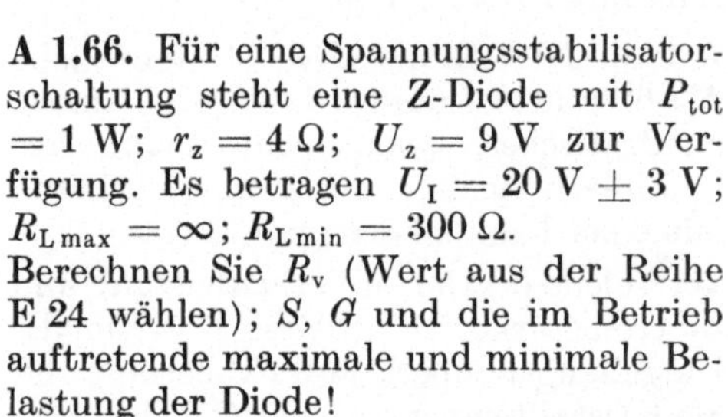

A 1.66. Für eine Spannungsstabilisatorschaltung steht eine Z-Diode mit $P_{tot} = 1$ W; $r_z = 4\,\Omega$; $U_z = 9$ V zur Verfügung. Es betragen $U_I = 20$ V $\pm$ 3 V; $R_{L\,max} = \infty$; $R_{L\,min} = 300\,\Omega$.
Berechnen Sie R_v (Wert aus der Reihe E 24 wählen); S, G und die im Betrieb auftretende maximale und minimale Belastung der Diode!

A 1.67. In einer Stabilisierungsschaltung sind $U_I = 24$ V $\pm$ 4 V; $P_{tot} = 300$ mW; $U_z = 6$ V; $R_v = 390\,\Omega$ (Reihe E 12). Zwischen welchen Werten darf sich der Belastungsstrom ändern?

A 1.68. Für eine Stabilisierungsschaltung, die einen zwischen 100 Ω und ∞ veränderlichen Lastwiderstand mit einer stabilisierten Spannung von 6 V versorgen soll, steht eine Z-Diode mit $U_z = 6$ V und $P_{tot} = 1200$ mW zur Verfügung.

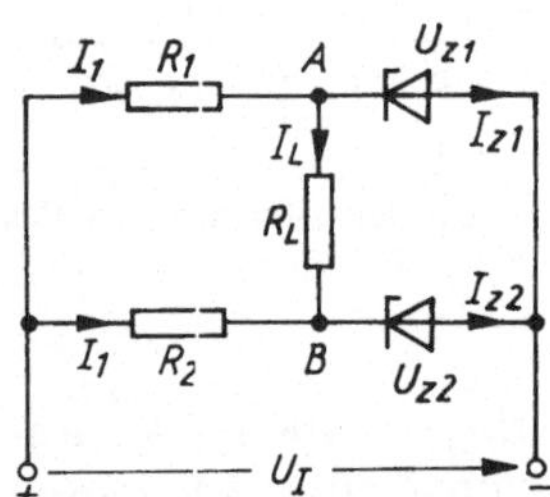

Bild 1.31. Brückenschaltung zur Erzeugung kleiner stabilisierter Spannungen

Welche Nennwerte müssen für die Eingangsspannung und den Vorwiderstand vorgesehen werden, wenn die mögliche Widerstandstoleranz des Vorwiderstandes ±20% beträgt und die Eingangsspannung um ±15% schwanken kann?

A 1.69. Zur Erzeugung kleiner stabilisierter Spannungen kann die in Bild 1.31 dargestellte Schaltung verwendet werden.

a) Wie groß ist die an R_L auftretende stabilisierte Spannung, wenn $U_{z1} = 8$ V; $U_{z2} = 6{,}4$ V beträgt?

b) Welche Widerstandswerte R_1 und R_2 sind vorzusehen, wenn $U_I = (20 \pm 2)$ V und $I_L = (10 \ldots 30)$ mA betragen? Die Z-Stromstärken sollen die Grenzwerte 20 mA nicht unter- und 100 mA nicht überschreiten.

1.5. Thyristor und Triac

1.5.1. Funktion und Kenndaten

Thyristoren sind Vierschichtbauelemente mit der Zonenfolge npnp. Funktionell stellen sie steuerbare Siliziumdioden dar, die außer der Katode K und der Anode A eine Steuerelektrode G (Gate) besitzen.

Funktion:

Spannungsquelle mit Minus an A, mit Plus an K; Thyristor verhält sich wie eine Diode in Sperrpolung; die Steuerelektrode ist wirkungslos (Bild 1.32).
Spannungsquelle mit Minus an K, mit Plus an A; es liegt zunächst Sperrverhalten vor (Blockierzustand). Wird jedoch die Durchbruchspannung (Nullkippspannung U_{K0}) erreicht oder überschritten, erfolgt schlagartig der Übergang in Durchlaßverhalten (Zündung).

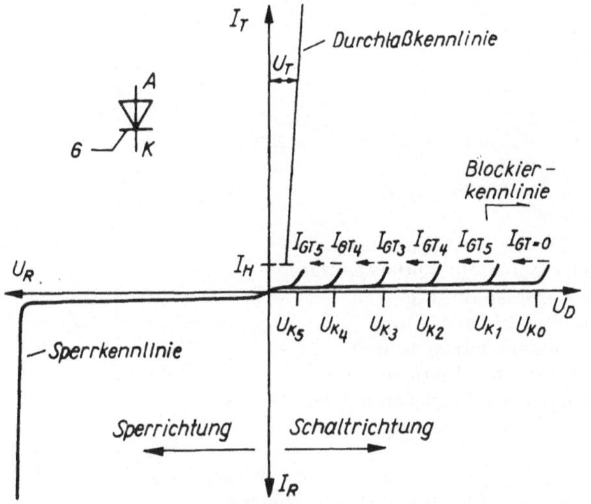

Bild 1.32. Strom-Spannungs-Kennlinien eines Thyristors

Die Kippspannung U_{Kn} kann durch einen in das Gate eingespeisten Steuerstrom I_{GT} bis auf einige Volt verringert werden. Je größer I_{GT}, desto mehr verschiebt sich U_{Kn} nach kleineren Werten. Nach der Zündung kann der Thyristor über das Gate nicht mehr beeinflußt werden. Eine Zurückführung in den Blockierzustand (Löschung) ist nur möglich, wenn der Flußstrom I_T einen Mindestwert, den Haltestrom I_H, unterschreitet. Der Blockierzustand wird erst nach einer bestimmten Verzögerung (Freiwerdezeit t_q) erreicht. Thyristoren mit 2 integrierten, antiparallelgeschalteten npnp-Systemen zeigen in beiden Polungen Blockier- und Durchlaßverhalten (Bild 1.33). Sie heißen **Triac**.
Für Dimensionierung und Betrieb von Thyristor- und Triac-Schaltungen ist die Kenntnis der Betriebswerte, insbesondere der vom Hersteller propagierten Grenzdaten, erforderlich. Es gelten die gleichen Dimensionierungsprinzipien, wie sie im Abschnitt 1.4.1. für Gleichrichterdioden und -schaltungen dargelegt wurden.
Für die Thyristor- und Triac-Daten werden die in Tabelle 1.9 zusammengestellten Abkürzungen verwendet.

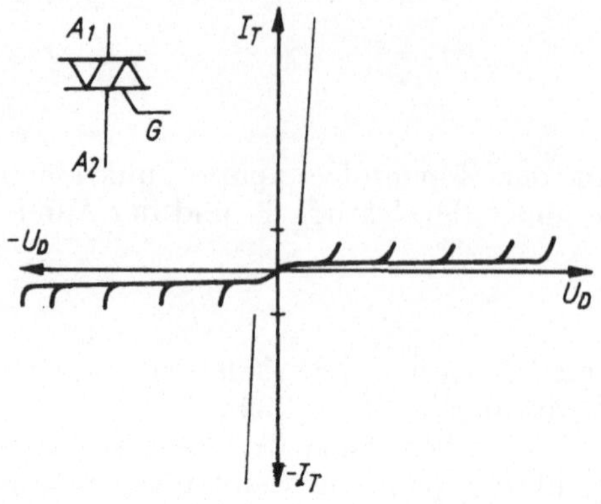

Bild 1.33. Strom-Spannungs-Kennlinien eines Triac

Tabelle 1.9. Kenn- und Grenzwerte von Thyristoren

I_T	Strom in Durchlaßpolung (allgemein)
U_D	Spannung in Blockierpolung
U_T	Spannung in Durchlaßpolung, etwa 2...4 V
U_R	Spannung in Sperrpolung (allgemein)
I_{TAV}	Mittelwert des Stromes in Durchlaßpolung (Dauergrenzstrom)
I_{TRM}	maximaler periodischer Durchlaßstrom
I_{TRMS}	effektiver Durchlaßstrom (Grenzeffektivstrom)
I_{TSM}	Stoßstromgrenzwert
U_{RWM}	höchstzul. Sperrgleich- oder Scheitelsperrspannung
U_{DWM}	höchstzul. Blockiergleich- oder Scheitelblockierspannung
U_{RRM}	höchstzul. periodische Spitzensperrspannung
U_{DRM}	höchstzul. periodische Spitzenblockierspannung
U_{RSM}	höchstzul. nichtperiodische Spitzensperrspannung
U_{DSM}	höchstzul. nichtperiodische Spitzenblockierspannung
U_{GT}	Zündspannung für eine Anoden-Katodenspannung von $\geqq$ 6 V
I_{GT}	Zündstrom für eine Anoden-Katodenspannung von $\geqq$ 6 V
I_H	Haltestrom
t_q	Freiwerdezeit
du/dt	höchstzul. Stromanstiegsgeschwindigkeit beim Durchschalten
di/dt	höchstzul. Spannungsanstiegsgeschwindigkeit in Blockierpolung
$\int i^2\,dt$	Grenzlastintegral

Beispiele:

Typ	U_{RWM} U_{DWM}	U_{RRM} U_{DRM}	U_{RSM} U_{DSM}	I_{TAV}	I_{TRMS}	I_{TRM}	U_{GT}	I_{GT}	I_H	t_q	R_{thjc}
	V	V	V	A	A	A	V	mA	mA	µs	K/W
1	350	500	500	6	10	50	3	100	80	60	3
2	600	750	800	13	25	200	3	100	80	100	1,3
3	400	550	600	23	40	300	3	100	80	100	1,0
4	200	250	300	32	78	680	3	80	10	20	0,6

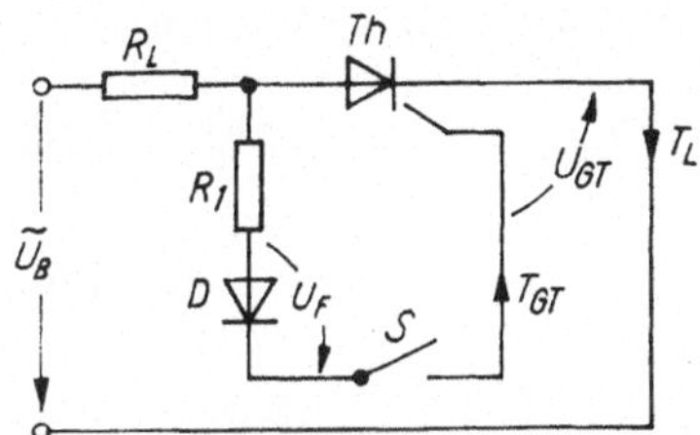

Bild 1.34. Wechselstrom-Leistungsschalter mit einem Thyristor

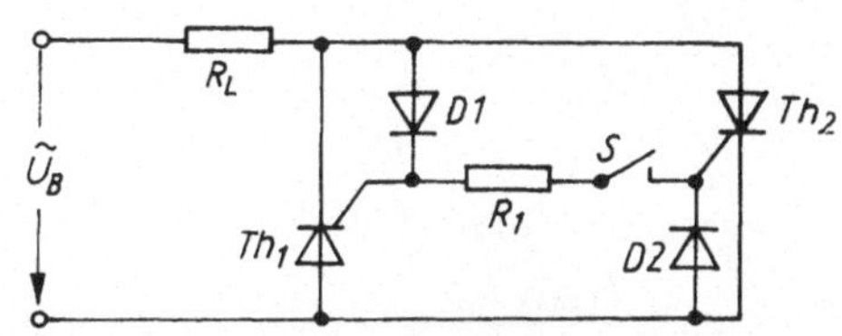

Bild 1.35. Wechselstrom-Leistungsschalter mit antiparallelen Thyristoren

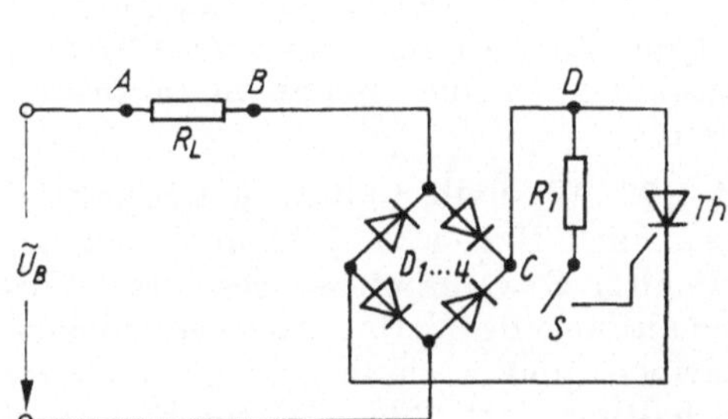

Bild 1.36. Wechselstrom-Leistungsschalter mit einem Thyristor und Gleichrichterbrücke

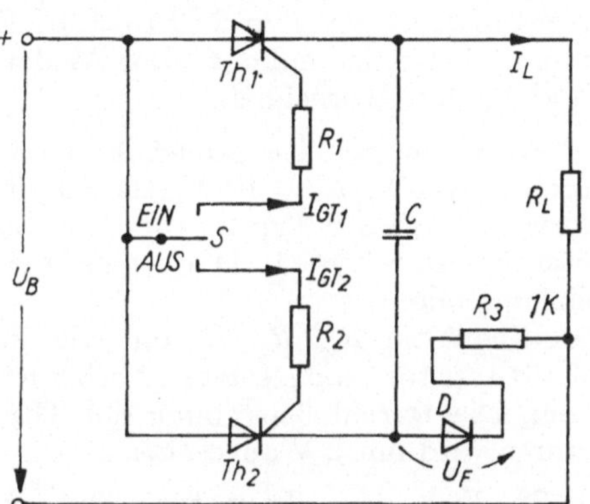

Bild 1.37. Gleichstrom-Leistungsschalter mit Schalt- und Löschthyristor

1.5.2. Anwendung von Thyristoren als Leistungsschalter

Bei der Anwendung als **Wechselstrom-Leistungsschaltung** (kontaktloser Wechselstrom-Schaltschütz) erfolgt die Zündung über R_1, D und den nur vom Zündstrom durchflossenen Schalter S (Bild 1.34). Die Schaltung hat den Nachteil, daß nur eine Halbwelle ausgenutzt werden kann. Abhilfe bieten die Antiparallelschaltung zweier Thyristoren (Bild 1.35) oder eine Gleichrichterbrücke im Thyristor-Laststromkreis (Bild 1.36). Die Gleichrichter werden vom Laststrom durchflossen und sind entsprechend zu dimensionieren. Die Antiparallelschaltung zweier Thyristoren kann zweckmäßig durch einen Triac ersetzt werden.
Für eine sichere Zündung kurz nach dem Nulldurchgang der Betriebswechselspannung und $U_B \geqq 20$ V gilt die empirische Gleichung:

$$R_1 = \frac{2U_B - 6(U_F + U_{GT})}{6I_{GT}} \tag{1.95}$$

Bei der Anwendung als **Gleichstrom-Leistungsschalter** (Bild 1.37) erfolgt die Zündung über den Schalter S und R_1. Zur Löschung des Schaltthyristors Th_1 wird die im Kondensator C gespeicherte Ladung durch den Löschthyristor Th_2 entgegengesetzt zum Laststrom über den Schaltthyristor geleitet, so daß für die Dauer der Freiwerdezeit der Haltestrom des Schaltthyristors unterschritten wird. Zur Gewährleistung eines sicheren Zündeinsatzes der Thyristoren kann man bei $U_B \geqq 12$ V setzen:

$$R_1 = \frac{U_B - U_{GT1}}{3I_{GT1}} \tag{1.96}$$

$$R_2 = \frac{U_B - (U_{T1} + U_F)}{3I_{GT2}} \tag{1.97}$$

$$C > \frac{I_{L\,max}\, t_q}{U_B - (U_T + U_F)} \tag{1.98}$$

A 1.70. In der Schaltung nach Bild 1.34 ist $U_B = 220$ V, $R_L = 50\,\Omega$. Als Schaltthyristor dient der Typ 2 (Tab. 1.9); D ist eine 1-A-Siliziumdiode. Der Widerstand R_1 ist zu berechnen.

A 1.71. In der Schaltung nach Bild 1.37 ist $U_B = 120$ V, $I_L = 10$ A. Als Schaltthyristor dient der Typ 2 (Tab. 1.9), als Löschthyristor Typ 1. D ist eine 1-A-Siliziumdiode.
Berechnen Sie R_1, R_2, C und die im Schaltthyristor umgesetzte Verlustleistung. Die Durchlaßspannung der Thyristoren wird mit 2 V angesetzt.

A 1.72. Für den Thyristor Th 1 in Aufg. 1.71 ist ein quadratisches Kühlblech aus geschwärztem Aluminium für senkrechte Montage zu dimensionieren.

A 1.73. Welche Änderung in der Funktion der Schaltung nach Bild 1.36 ergibt sich, wenn der Lastwiderstand statt zwischen A—B zwischen die Punkte C und D geschaltet wird?

A 1.74. Nach welchen Gesichtspunkten ist der Löschthyristor in Bild 1.37 auszuwählen? (Strom- und Spannungsfestigkeit)

A 1.75. Weshalb muß in den Schaltungen nach Bild 1.34, 1.35 und 1.36 der Schalter S während der gesamten Einschaltdauer des Verbrauchers geschlossen bleiben, und weshalb genügt es in der Schaltung nach Bild 1.37, für EIN- und AUS-Schalter Drucktasten zu verwenden, die jeweils nur für Bruchteile einer Sekunde geschlossen werden müssen?

1.5.3. Anwendung als elektronischer Leistungssteller und gesteuerter Gleichrichter

In elektronischen Leistungsstellern und gesteuerten Gleichrichtern wird der Zündzeitpunkt durch Veränderung des Zündstromes (Vertikalsteuerung) zwischen $0 < \alpha < \pi/2$ bzw. durch Zündimpulse (Horizontalsteuerung) zwischen $0 < \alpha < \pi$ der Betriebsspannung verschoben (Bild 1.38). Dazu kann in den Schaltungen nach Bild 1.34, 1.35 und 1.36 entweder R 1 verstellbar ausgeführt oder R 1, D und S durch einen Impulsgenerator (Zündimpulsgerät) ersetzt werden.
Der Gleichrichtwert der am Lastwiderstand auftretenden Spannung ist bei Steuerung einer Halbwelle (Bild 1.34)

$$\overline{|u|} = \frac{\hat{U}}{2\pi} \int_{\alpha}^{\pi} \sin\alpha \, d\alpha = 0{,}225\tilde{U}(1 + \cos\alpha); \tag{1.99}$$

bei Steuerung beider Halbwellen (Bild 1.35 und 1.36)

$$\overline{|u|} = \frac{\hat{U}}{\pi} \int_{\alpha}^{\pi} \sin\alpha \, d\alpha = 0{,}45\tilde{U}(1 + \cos\alpha). \tag{1.100}$$

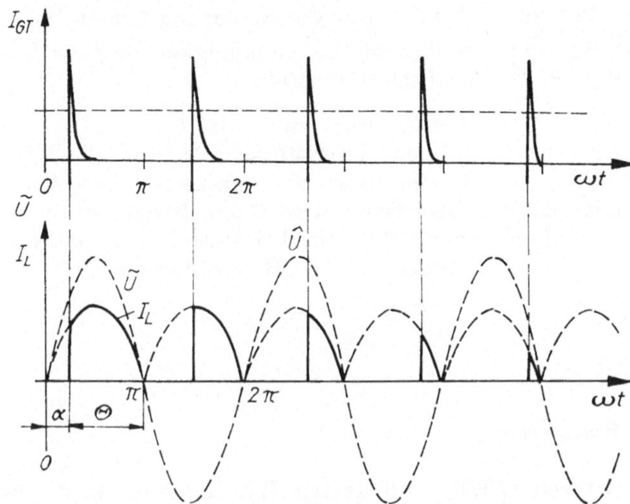

Bild 1.38. Horizontalsteuerung eines Thyristors mit Zündimpulsen
α: Zündverzögerungswinkel; θ: Stromflußwinkel

Der vom Thyristor durch Phasenanschnittsteuerung gebildete Laststrom ist stark oberwellenhaltig.
Beim Übergang vom Durchlaß- in den Blockier- oder Sperrzustand tritt wegen des Trägerstaueffekts (TSE) im mittleren pn-Übergang ein Rückstrom auf, der schlagartig abreißt. Dies hat in den Induktivitäten des Lastkreises (auch in der Zuleitungsinduktivität) Spannungsspitzen zur Folge, die den Thyristor durch ungewollte Nachzündung gefährden können. Es ist deshalb eine TSE-Beschaltung (Bild 1.39) vorzusehen. Für ihre Berechnung müssen die Induktivität im Lastkreis

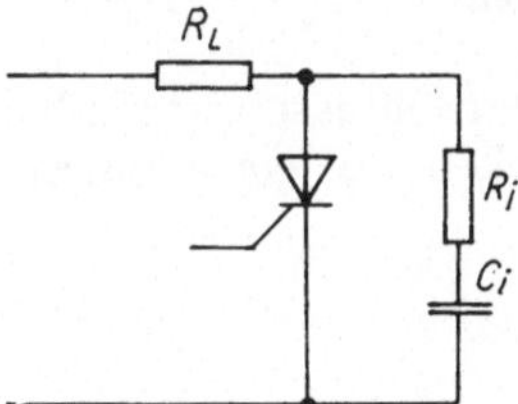

Bild 1.39. R-C-Schutzschaltung für Thyristoren

L_s und die Sperrverzögerungsladung des Thyristors (Herstellerangabe) Q_{rr} bekannt sein:

$$C_i = \frac{Q_{rr}}{\sqrt{2}\,\tilde{U}}; \qquad (1.101)$$

$$R_i = \sqrt{\frac{L_s}{C_i}}. \qquad (1.102)$$

A 1.76. Woraus erklärt sich die ungenaue und instabile Einstellung des Zündzeitpunktes bei Vertikalsteuerung?

A 1.77. Weshalb müssen Thyristorschaltungen

a) prinzipiell mit einem Störschutz,

b) bei größeren Leistungen mit einer Überspannungsschutzschaltung versehen werden?

A 1.78. Für die Steuerung beider Halbwellen ist die Abhängigkeit $\overline{|u|}/\hat{U} = f(\alpha)$ grafisch darzustellen.

A 1.79. Für eine an $U = 220$ V betriebene Thyristorschaltung ist die TSE-Beschaltung zu berechnen. Den Thyristordaten wird $Q_{rr} = 10$ µAs entnommen; die Induktivitäten im Lastkreis werden mit 10 µH angenommen.

1.6. Feldeffekttransistoren

1.6.1. Eigenschaften und Kennwerte

Feldeffekt- oder Unipolartransistoren (FET) sind aktive Bauelemente, in denen die Leitfähigkeit eines n- oder p-leitenden Kanals durch ein auf den Kanal einwirkendes elektrisches Feld gesteuert werden kann. Der halbleitende Kanal ist in die Oberfläche einer Siliziumkristallscheibe (Substrat) eingebettet und mit den Anschlußelektroden Source (S) und Drain (D) versehen. Bei n-leitendem Kanal ist das Substrat p-leitend und umgekehrt.
Die Steuerung erfolgt entweder durch eine das Kanalvolumen beeinflussende pn-Grenzschicht (Sperrschicht-FET, SFET) oder durch Influenzwirkung an einem Isolator, der als dünne Isolierschicht zwischen dem Kanal und der Steuerelektrode, dem Gate (G), angeordnet ist (Isolierschicht-FET, IGFET). Wenn die Isolierschicht aus Siliziumdioxid (SiO_2) besteht, wird der Transistor auch als MOSFET bezeichnet. Das Gate ist als dünne Metallschicht auf die Isolierschicht aufgedampft.
Das Gate kann als vierter Anschluß (Bulk, B) herausgeführt oder auf dem Substrat bereits mit S verbunden sein. Da sich zwischen Kanal und Substrat eine Sperrschicht ausbildet, ist bei herausgeführtem Substratanschluß außer der Feldsteuerung über das Gate eine Beeinflussung des Kanalvolumens über B möglich.
Es gibt **6 verschiedene Arten von FET** (Tafel 1.1).
Die Abhängigkeit des Drainstromes I_D von der an den Kanalanschlüssen liegenden Drain-Source-Spannung U_{DS} und der als Steuergröße wirkenden Gate-Source-Spannung U_{GS} wird in den Kennlinienfeldern

$I_D = f(U_{GS})$ mit U_{DS} = Parameter (Tafel 1.1) und

$I_D = f(U_{DS})$ mit U_{GS} = Parameter (Bilder 1.40 und 1.46)

dargestellt.
Bei **selbstleitenden Typen** wird mit zunehmender Steuerspannung U_{GS} die Leitfähigkeit des Kanals und damit der Drainstrom I_D vermindert, bis bei der Abschnürspannung U_p der Drainstrom Null wird.
Bei **selbstsperrenden Typen** muß die Steuerspannung einen bestimmten Wert, die Schwellspannung U_{T0}, überschreiten, damit $I_D > 0$ wird.
Im Kennlinienfeld $I_D = f(U_{DS})$ lassen sich 2 charakteristische Bereiche voneinander unterscheiden. Bei $|U_{DS}| < |U_{DSp}|$ hängt I_D praktisch nur von U_{GS} ab; das ist **der ohmsche Bereich.**

Tafel 1.1. Übersicht über die wichtigsten Feldeffekttransistoren

Art	Sperrschicht-FET (SFET)		Isolierschicht-FET (IGFET)			
	selbstleitend (Verarmungstyp)		selbstleitend (Verarmungstyp)		selbstsperrend (Anreicherungstyp)	
Kanal	p-leitend	n-leitend	p-leitend	n-leitend	p-leitend	n-leitend
U_{DS}	< 0 (Drain negativ)	> 0 (Drain positiv)	< 0 (Drain negativ)	> 0 (Drain positiv)	< 0 (Drain negativ)	> 0 (Drain positiv)
U_{GS}	$\geqq 0$ (Gate positiv)	$\leqq 0$ (Gate negativ)	$\geqq 0$ (< 0 zulässig)	$\leqq 0$ (> 0 zulässig)	< 0	> 0
Symbol	G D S		G D B S			
Kennlinie $I_D = f(U_{GS})$ U_{DS} = Param.	$-I_D$, U_P, U_{GS}	I_D, $-U_P$, $-U_{GS}$	$-I_D$, U_P, U_{GS}	I_D, $-U_P$, $-U_{GS}$	$-I_D$, $-U_{To}$, $-U_{GS}$	I_D, U_{To}, U_{GS}

Bei $|U_{DS}| > |U_{DSp}|$ wird der Kanal am drainseitigen Ende eingeschnürt, so daß eine Steigerung von U_{DS} nur noch eine geringfügige Erhöhung von I_D bewirken kann; dies ist **der Abschnür- oder Sättigungsbereich.**
Ohmscher und Abschnürbereich werden durch die **Abschnürgrenzspannung**

$$U_{DSp} = U_{GS} - U_p \quad \text{bzw.} \tag{1.103a}$$

$$U_{DSp} = U_{GS} - U_{T0} \tag{1.103b}$$

voneinander getrennt.
Im ohmschen Kennlinienbereich ist der **Kanalwiderstand** R_{DS} nur von der Gatespannung abhängig. Für kleine Drain-Source-Spannungen gilt bei selbstleitendem FET

$$R_{DS} = \frac{U_p^2}{I_{DSS}(U_{GS} - U_p)}. \tag{1.104}$$

I_{DSS} ist der bei $U_{GS} = 0$ auftretende Drainstrom.
Bei selbstleitenden Typen gilt für den **Drainstrom** I_D **im ohmschen Bereich**

$$I_D = \frac{2I_{DSS}}{U_p^2}\left[(U_{GS} - U_p)\,U_{DS} - 1/2U_{DS}^2\right] \tag{1.105}$$

und **im Abschnürbereich**

$$I_D = I_{DSS}\left(1 - \frac{U_{GS}}{U_p}\right)^2. \tag{1.106}$$

Die Steuerwirkung des Gate kann im Bereich niedriger Frequenzen durch die **Steilheit** S beschrieben werden. Ihre praktische Maßeinheit ist mA/V oder mS.
Für den Abschnürbereich gilt

$$S = \frac{2I_{DSS}}{U_p^2}(U_{GS} - U_p). \tag{1.107}$$

Das Ausgangskennlinienfeld $I_D = f(U_{DS})$ ist nur innerhalb der für den jeweiligen Transistortyp zulässigen **Grenzwerte** $I_{D\,max}$, $U_{DS\,max}$ und P_{tot} nutzbar. Jede Überschreitung der Grenzwerte kann zur Zerstörung des Transistors führen.
Außer den bereits angegebenen Grenzwerten sind die maximal zulässige Gate-Source-Spannung $U_{GS\,max}$, die Grenztemperatur des Kanals $\vartheta_{ch\,max}$ und die bei höheren Umgebungstemperaturen ϑ_a begrenzte Verlustleistung $P_{tot\,zul}$ zu beachten.
Die im Transistor aus der elektrischen Verlustleistung gebildete Wärme wird über den thermischen Widerstand zwischen Kristall und Umgebung R_{thcha} abgeführt. Zwischen dem Kristall und der Umgebung stellt sich dabei das Temperaturgefälle $\Delta\vartheta = \vartheta_{ch} - \vartheta_a$ ein. Für die **zulässige Verlustleistung** bei höherer Umgebungstemperatur gilt

$$P_{tot\,zul} = \frac{\vartheta_{ch\,max} - \vartheta_a}{R_{thcha}}. \tag{1.108}$$

A 1.80. Aus dem Kennlinienfeld Bild 1.40 ist der Drainstrom I_D bei $U_{GS} = 0$ V; -1 V; -2 V; -3 V; -4 V und a) $U_{DS} = 8$ V und b) $U_{DS} = 2$ V abzulesen.

A 1.81. Aus den Kennlinienfeldern Bild 1.40 und 1.46 ist die Abschnürspannung U_p bzw. die Schwellspannung U_{T0} zu ermitteln.

A 1.82. Aus dem Kennlinienfeld $I_D = f(U_{DS})$ – Bild 1.40 – sind die Kennlinien $I_D = f(U_{GS})$ mit $U_{DS} = 2$ V; 3 V; 4 V; 8 V zu konstruieren.

A 1.83. Für einen n-Kanal-FET vom Verarmungstyp werden folgende Grenzwerte angegeben: $U_{DS\,max} = 20$ V; $I_{D\,max} = 15$ mA; $P_{tot} = 150$ mW bei $\vartheta_a = 25\,°C$. Grenzen Sie in einem selbst skizzierten Kennlinienfeld $I_D = f(U_{DS})$ den durch die Grenzwerte möglichen Arbeitsbereich ab!

A 1.84. Im FET der Aufg. 1.83 darf die Kanaltemperatur $\vartheta_{ch} = 125\,°C$ nicht überschreiten. Der thermische Widerstand zwischen dem Kanal und der Umgebung R_{thcha} beträgt 0,6 K/mW. Welche Verlustleistungen sind bei Umgebungstemperaturen von 50 °C; 75 °C und 100 °C zulässig?

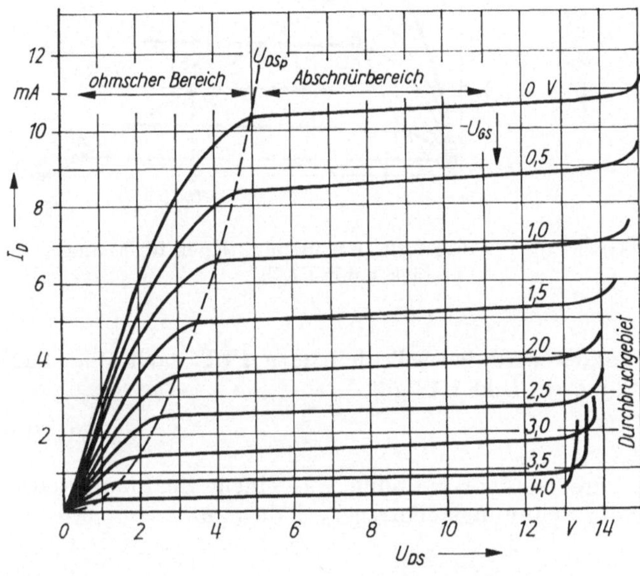

Bild 1.40. Ausgangs-Kennlinienfeld eines selbstleitenden n-Kanal-Feldeffekt-Transistors

1.6.2. Feldeffekttransistoren als Analogverstärker

Man unterscheidet **drei Grundschaltungen,** die mit ihren wesentlichsten Eigenschaften in Tabelle 1.10 zusammengestellt sind. Am häufigsten wird die **Sourceschaltung** (Bild 1.41) verwendet. Für eine analoge Verstärkung muß der **Arbeitspunkt** (Ruhewerte für I_D, U_{DS} und U_{GS}) auf der Arbeitsgeraden des Drainwiderstandes R_D zwischen der Abschnürgrenzkurve und U_B liegen (Bild 1.42).

Die **Lage der Arbeitsgeraden** (das ist die Kennlinie des aus R_D und U_B gebildeten aktiven Zweipols im Kennlinienfeld des FET) ergibt sich aus der Maschengleichung

$$U_B = U_{DS} + I_D R_D. \tag{1.109}$$

Die Schnittpunkte der Geraden mit den Achsen liegen bei

$$U_{DS} = U_B \quad (I_D = 0) \qquad \text{und} \qquad I_D' = U_B/R_D \quad (U_{DS} = 0).$$

Die **Lage des Arbeitspunktes** bestimmt die Verstärkungseigenschaften in folgender Weise (Bild 1.42):

AP 1: große Aussteuerbarkeit, mittlere Verstärkung, mittlere Steilheit;
AP 2: geringe Aussteuerbarkeit, große Verstärkung, große Steilheit;
AP 3: geringe Aussteuerbarkeit, kleine Verstärkung, kleine Steilheit.

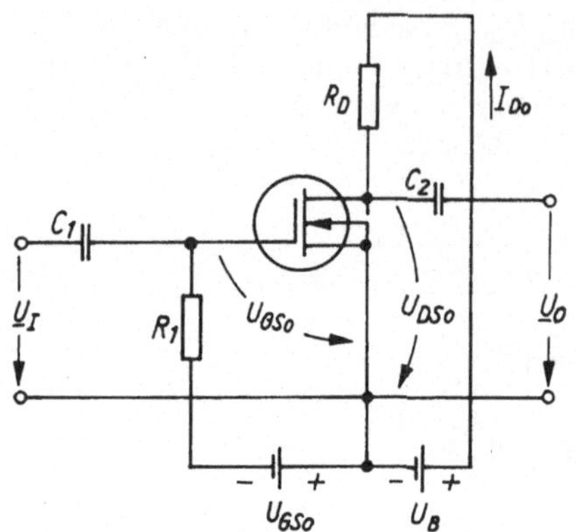

Bild 1.41. Wechselspannungsverstärker mit FET in Sourceschaltung

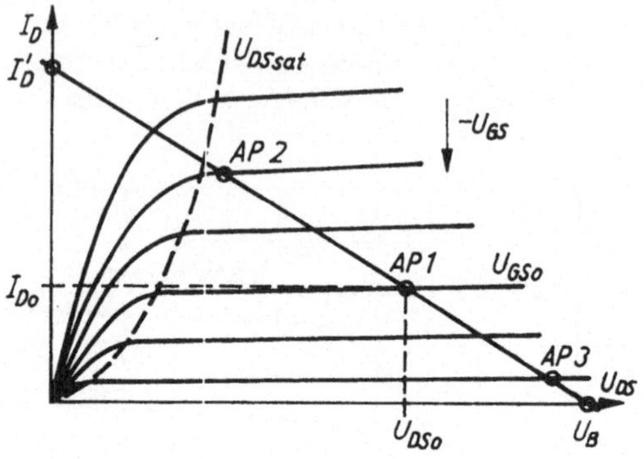

Bild 1.42. Arbeitspunktlagen für analoge Verstärker mit FET

Die **Realisierung des Arbeitspunktes** wird **bei selbstleitenden FET** nach Bild 1.41 und Bild 1.43 vorgenommen. Für R_S in Bild 1.43 gilt

$$R_S = U_{GS0}/I_{D0}. \tag{1.110}$$

Selbstsperrende FET erhalten ihre Gatevorspannung aus einem Spannungsteiler (Bild 1.44). Durch Anwendung der Spannungsteilerregel erhält man

$$R_1 = (R_1 + R_2)\,\frac{U_{GS0}}{U_B}. \tag{1.111}$$

($R_1 + R_2$) ist frei wählbar; wird im allgemeinen aber relativ hochohmig (1...20 MΩ) ausgelegt.

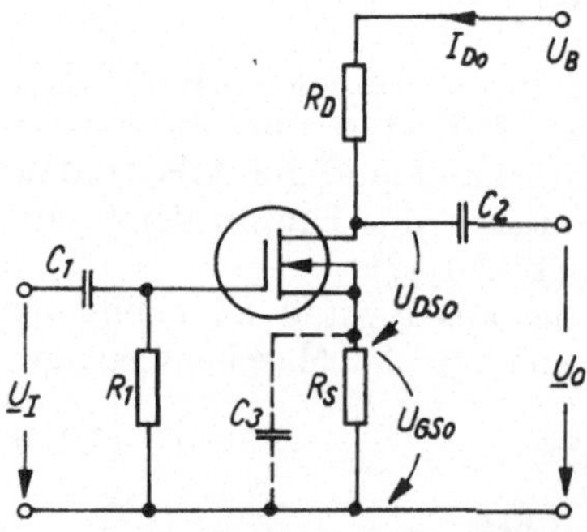

Bild 1.43. Arbeitsfestlegung bei selbstleitenden FET durch Sourcewiderstand

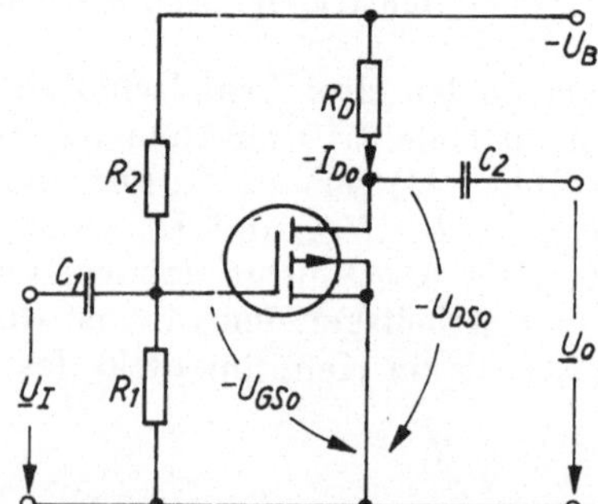

Bild 1.44. Arbeitspunktfestlegung bei selbstsperrenden FET durch Gate-Spannungsteiler

Tabelle 1.10. Eigenschaften der Grundschaltungen von Feldeffekttransistoren

	Source-Schaltung	Drain-Schaltung	Gate-Schaltung
Bezugselektrode	Source	Drain	Gate
Anschluß des Eingangssignals	Gate-Source	Gate-Drain	Source-Gate
Anschluß des Ausgangssignals	Drain-Source	Source-Drain	Drain-Gate
Eingangswiderstand	groß	groß	klein
Ausgangswiderstand	mittel	klein	groß
Spannungsverstärkung	$\gg 1$	< 1	> 1
typische Anwendung	Niederfrequenz-Verstärker	Impedanzwandler	Hochfrequenz-Verstärker

A 1.85. Ein n-Kanal-Verarmungs-FET mit dem in Bild 1.40 dargestellten Kennlinienfeld wird als Wechselspannungsverstärker in Sourceschaltung nach Bild 1.41 verwendet. Die Eingangswechselspannungsamplitude beträgt maximal 100 mV; $R_D = 3\ \text{k}\Omega$; $U_B = 12$ V.
Zeichnen Sie in das Kennlinienfeld die Arbeitsgerade ein, legen Sie den Arbeitspunkt für möglichst große Spannungsverstärkung fest, und geben Sie die statischen Betriebsparameter im AP an!

A 1.86. Welche Steilheit hat bei den in Aufg. 1.85 festgelegten Betriebsbedingungen der FET, und wie groß ist etwa die Spannungsverstärkung der Schaltung?
Anleitung: $V_u = \Delta U_{DS}/\Delta U_{GS}$; $\Delta U_{DS} = \Delta I_D R_D$; $\Delta I_D/\Delta U_{GS} = S$.

A 1.87. Wie Aufg. 1.85.

a) Der Arbeitspunkt ist für maximale Aussteuerbarkeit festzulegen.

b) Wie groß sind im AP die Steilheit und die Spannungsverstärkung?

A 1.88. Wie Aufg. 1.85.

a) Der Arbeitspunkt ist für minimale Stromaufnahme festzulegen.

b) Wie groß sind im AP die Steilheit und die Spannungsverstärkung?

A 1.89. Auf welche Werte stellen sich der Arbeitspunkt, die Steilheit und die Spannungsverstärkung ein, wenn in der Schaltung der Aufg. 1.85 $R_D = 1{,}1\ \text{k}\Omega$ beträgt und der AP für maximale Aussteuerbarkeit festzulegen ist?

A 1.90. Ein n-Kanal-Verarmungs-FET mit dem in Bild 1.40 dargestellten Ausgangs-Kennlinienfeld wird als Analogverstärker in Sourceschaltung gemäß Bild 1.43 eingesetzt. U_B kann zwischen 10 V und 15 V gewählt werden; R_D beträgt 2,2 kΩ.
Der Arbeitspunkt, der Sourcewiderstand und die endgültig vorzusehende Betriebsspannung sind festzulegen.

A 1.91. Ein p-Kanal-Anreicherungs-FET wird als Analogverstärker in Sourceschaltung gemäß Bild 1.44 eingesetzt. Die Betriebsspannung beträgt 18 V. Aus seinem Kennlinienfeld wurde der Arbeitspunkt mit $U_{GS0} = -8$ V; $U_{DS0} = -10$ V und $I_{D0} = -4$ mA ermittelt. Der durch den Gatespannungsteiler bedingte Eingangswiderstand soll etwa 8 MΩ betragen.
Die Widerstände R_D, R_1 und R_2 sind zu berechnen.
Beachte: Bezogen auf den Signaleingang liegen R_1 und R_2 parallel.

A 1.92. Bild 1.45 zeigt eine einfache Schaltungsvariante für Anreicherungs-FET in Analogverstärkerstufen. Über R_1 erhält das Gate das gleiche Potential wie das Drain ($U_{GS0} = U_{DS0}$). Es

sei $U_B = -24\,V$; $R_D = 3{,}75\,k\Omega$; $R_1 = 2{,}2\,M\Omega$.
Der FET hat das in Bild 1.46 dargestellte Kennlinienfeld.

a) Auf welche Werte stellt sich der Arbeitspunkt ein?

b) Zwischen welchen Eingangs- und Ausgangsspannungsamplituden kann ausgesteuert werden?

c) Zur Vermeidung einer verstärkungsmindernden Spannungsgegenkopplung wird R_1 aufgeteilt und durch einen Kondensator zu einem Tiefpaß ergänzt (Bild 1.47). Die Wirkung des Tiefpasses ist zu erklären.

A 1.93. Wie Aufgabe 1.92, aber mit $R_D = 1{,}2\,k\Omega$.

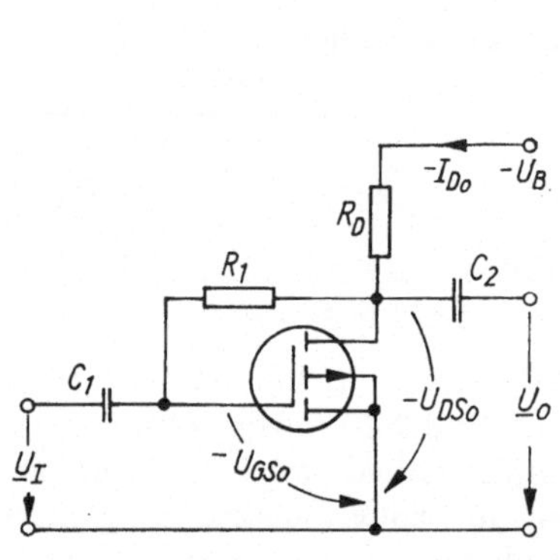

Bild 1.45. Arbeitspunktfestlegung bei selbstsperrenden FET durch Spannungsgegenkopplung

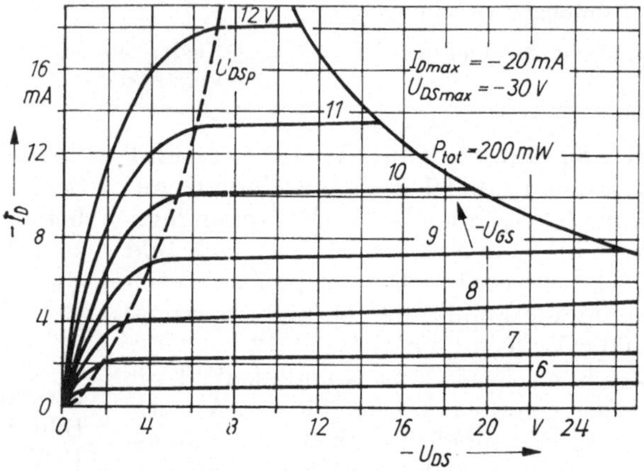

Bild 1.46. Ausgangs-Kennlinienfeld eines selbstsperrenden p-Kanal-FET

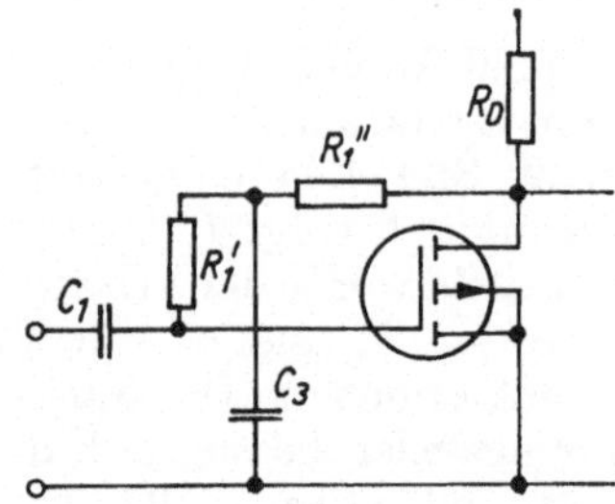

Bild 1.47. Tiefpaß zur Vermeidung verstärkungsmindernder Wechselspannungs-Gegenkopplung

1.6.3. Dynamische Kennwerte und Vierpolparameter

Die mit der Festlegung des Arbeitspunktes gegebenen statischen Kenngrößen einer Verstärkerschaltung reichen nicht aus, um ihre Eigenschaften vollständig beschreiben zu können. Dazu sind dynamische Kennwerte erforderlich. Diese beziehen sich ausschließlich auf Wechselgrößen. Wegen der Kennlinienkrümmungen gelten sie nur für kleine Aussteuerungen um einen bestimmten Arbeitspunkt.

Der Transistor kann bei kleiner Aussteuerung als ein linearer, nichtumkehrbarer (aktiver) **Vierpol** angesehen werden. Die dynamischen Kenngrößen sind deshalb

aus der Vierpoltheorie abgeleitet. Entsprechend der in Bild 1.48 gezeigten Vierpolersatzschaltung des Transistors stellen die Vierpolparameter physikalisch Leitwerte dar, sie werden deshalb als **y-Parameter** bezeichnet. Wegen der zwischen den Elektroden des FET wirksamen Kapazitäten sind die y-Parameter komplexe Größen; sie bestehen aus einem Real- und einem Imaginärteil. Im Niederfrequenzbereich kann der Imaginärteil vernachlässigt werden.
Die y-Parameter haben folgende Bedeutung:

Eingangsleitwert (Ausgang kurzgeschlossen)
$$y_{11} = i_1/u_1 \mid u_2 = 0 \qquad y_{11} = g_{11} + j\omega(C_{11} + C_{12}) \tag{1.112}$$

Rückwärtssteilheit (Eingang kurzgeschlossen)
$$y_{12} = i_1/u_2 \mid u_1 = 0 \qquad y_{12} = -j\omega C_{12} \tag{1.113}$$

Vorwärtssteilheit (Ausgang kurzgeschlossen)
$$y_{21} = i_2/u_1 \mid u_2 = 0 \qquad y_{21} = g_{21} - j\omega C_{12} \tag{1.114}$$

Ausgangsleitwert (Eingang kurzgeschlossen)
$$y_{22} = i_2/u_2 \mid u_1 = 0 \qquad y_{22} = g_{22} + j\omega(C_{22} + C_{12}) \tag{1.115}$$

u_1, i_1, u_2, i_2 sind differentiell kleine Wechselgrößen. C_{11} Kurzschlußeingangs-, C_{12} Rückwirkungs-, C_{22} Kurzschlußausgangskapazität.

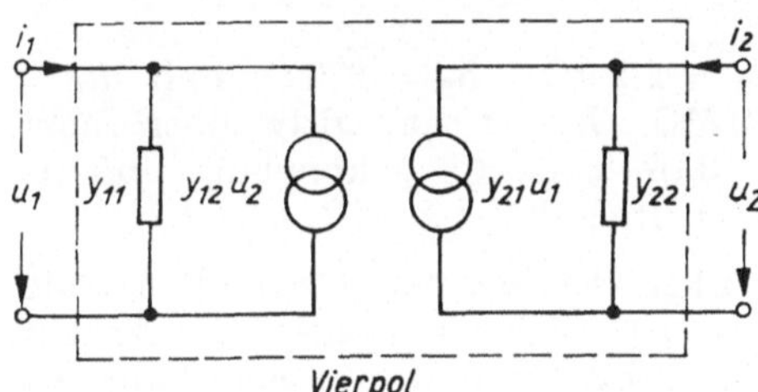

Bild 1.48. Vierpol-Ersatzschaltung eines FET

Mit den Vierpolparametern lassen sich die charakteristischen **Verstärkereigenschaften** berechnen. Das sind die Spannungsverstärkung V_u, der Eingangswiderstand Z_1, die Eingangskapazität C_e, der Ausgangswiderstand Z_2.
Für **Niederfrequenzverstärker ohne Gegenkopplung** (R_S ist durch eine ausreichend große Kapazität überbrückt) gilt:

Spannungsverstärkung
$$V_u = -\frac{g_{21}R_D}{1 + g_{22}R_D} \tag{1.116}$$

Eingangswiderstand
$$Z_1 = \frac{R_G r_{11}}{R_G + r_{11}} \tag{1.117}$$

Eingangskapazität
$$C_e = C_{11} + (1 + |V_u|)\, C_{12} \tag{1.118}$$

Ausgangswiderstand
$$Z_2 = \frac{R_D r_{22}}{R_D + r_{22}} \tag{1.119}$$

Für **Niederfrequenzverstärker mit Gegenkopplung** (R_S in Bild 1.43 ist nicht kapazitiv überbrückt) gilt für den Fall, daß $R_S \ll (r_{22} + R_D)$:

Spannungsverstärkung
$$V_u{}^* = \frac{V_u}{1 + g_{21}R_S} \tag{1.120a}$$

$$V_u{}^* = -\frac{g_{21}}{1 + g_{21}R_S}\,\frac{r_{22}R_D}{r_{22} + R_D} \tag{1.120b}$$

Ausgangswiderstand
$$Z_2{}^* = r_{22}(1 + g_{21}R_S) \tag{1.121}$$

In den Gleichungen (1.116)...(1.121) bedeuten $r_{11} = 1/g_{11}$; $r_{22} = 1/g_{22}$; R_G Generatorwiderstand.

Für eine **Verstärkerstufe in Drainschaltung** (Bild 1.49) gelten folgende Beziehungen:

Spannungsverstärkung
$$V_u = \frac{g_{21}R_S}{1 + g_{21}R_S} \tag{1.122}$$

Eingangskapazität
$$C_e = C_{12} + (1 - V_u)\,C_{11} \tag{1.123}$$

Ausgangswiderstand
$$Z_2 = \frac{r_{22}R_S}{r_{22} + (1 + g_{21}r_{22})\,R_S} \tag{1.124}$$

Ausgangskapazität
$$C_a = C_{22} + \frac{1 - V_u}{V_u}\,C_{12} \tag{1.125}$$

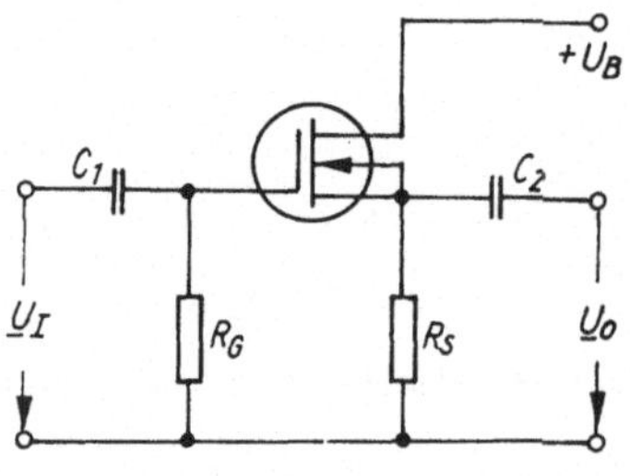

Bild 1.49. Wechselspannungsverstärker mit FET in Drainschaltung

A 1.94. Der Feldeffekttransistor in einer Niederfrequenzverstärkerstufe hat folgende Daten: $r_{22} = 10\,\text{k}\Omega$; $g_{21} = 5\,\text{mS}$; $r_{11} = 5 \cdot 10^{13}\,\Omega$; $C_{11} = 5\,\text{pF}$; $C_{12} = 1{,}5\,\text{pF}$. $R_D = 2{,}2\,\text{k}\Omega$; $R_S = 270\,\Omega$ und $R_G = 2{,}2\,\text{M}\Omega$. R_S ist kapazitiv überbrückt, so daß keine Gegenkopplung auftritt. Gesucht sind V_u; Z_1; Z_2; C_e.

A 1.95. Der Sourcewiderstand in Aufg. 1.94 ist nicht kapazitiv überbrückt. Wie groß sind in diesem Falle die Spannungsverstärkung und der Ausgangswiderstand?

A 1.96. Eine Impedanzwandlerschaltung mit einem Feldeffekttransistor hat folgende Werte: $R_G = 1\,\text{M}\Omega$; $R_S = 390\,\Omega$; $g_{21} = 10\,\text{mS}$; $r_{22} = 10\,\text{k}\Omega$; $C_{22} = 1{,}5\,\text{pF}$; $C_{12} = 1\,\text{pF}$; $C_{11} = 5\,\text{pF}$.
Gesucht sind V_u; C_e; Z_2 und C_a.

1.6.4. Feldeffekttransistor als steuerbarer Widerstand und als Schalter

Die Drain-Source-Strecke (Kanal) eines FET stellt einen vom Gate steuerbaren Widerstand dar, sofern der Transistor im linearen Teil des ohmschen Bereichs des Kennlinienfeldes betrieben wird [Gl. (1.104)]. In den Datenblättern der Feldeffekttransistoren findet man meist auch ein Diagramm, das den Kanalwiderstand in Abhängigkeit von der Gate-Source-Spannung (U_{DS} = const) darstellt (Bild 1.50).

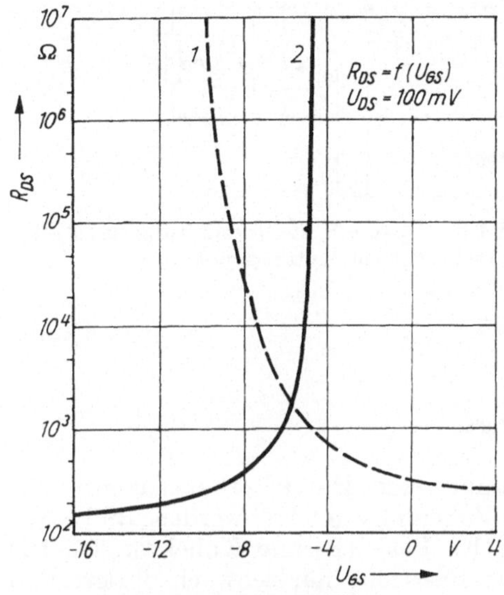

Bild 1.50. Kanalwiderstand in Abhängigkeit von der Gate-Source-Spannung

Grenzwerte:

FET 1	FET 2
$U_{GS\,min} = -15\,V$	$U_{GS\,min} = -30\,V$
$U_{GS\,max} = +5\,V$	$U_{GS\,max} = +0{,}5\,V$
$I_{D\,max} = 10\,mA$	$I_{D\,max} = 15\,mA$
$P_{DS} = 150\,mW$	$P_{DS} = 200\,mW$

Damit läßt sich der FET in elektronisch steuerbaren Spannungsteilerschaltungen (Bild 1.51) verwenden. Wird nur zwischen dem kleinstmöglichen und dem höchsten Widerstandswert des Kanals variiert, so stellt der Transistor einen elektronisch steuerbaren Schalter dar (Torschaltungen).

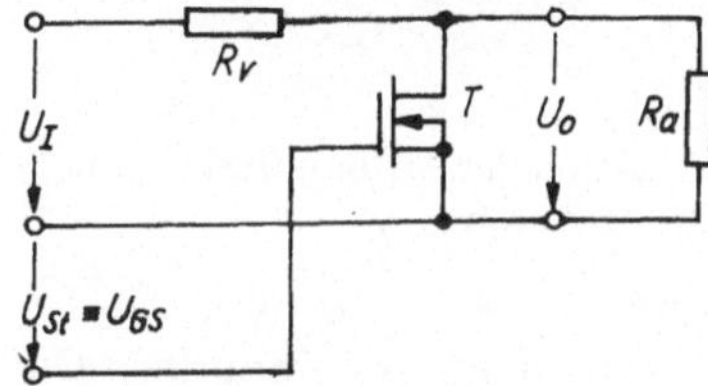

Bild 1.51. FET als steuerbarer Spannungsteilerwiderstand I

A 1.97. Lesen Sie aus dem in Bild 1.50 dargestellten Diagramm den Kanalwiderstand der Transistoren *1* und *2* bei $U_{GS} = +2\,V$; $0\,V$; $-4\,V$; $-6\,V$; $-8\,V$; $-10\,V$; $-12\,V$ und $U_{DS} = 100\,mV$ ab!

A 1.98. Ein Feldeffekttransistor, dessen Widerstandscharakteristik in Kurve *1* (Bild 1.50) dargestellt ist, wird in einer Spannungsteilerschaltung nach Bild 1.51 verwendet.
$R_V = 5\,k\Omega$; $0\,V \geqq U_{GS} \geqq -10\,V$. Zwischen welchen Werten ändert sich das Verhältnis der Ausgangs- zur Eingangsspannung U_0/U_I, wenn a) $R_a = \infty$; b) $R_a = 5\,k\Omega$?

A 1.99. Der in Aufgabe 1.98 vorgesehene FET wird in der Spannungsteilerschaltung nach Bild 1.52 eingesetzt.
$R_a = 5\,k\Omega$; $0 \geqq U_{GS} \geqq -8\,V$.
Zwischen welchen Werten ändert sich U_0/U_I?

A 1.100. In der Spannungsteilerschaltung nach Bild 1.53 werden die Feldeffekttransistoren eingesetzt, deren Widerstandscharakteristiken in Bild 1.50 dargestellt sind.
$0 \geqq U_{GS} \geqq -12\,V$; $R_a = 1\,k\Omega$. Zwischen welchen Werten ändert sich U_0/U_I?

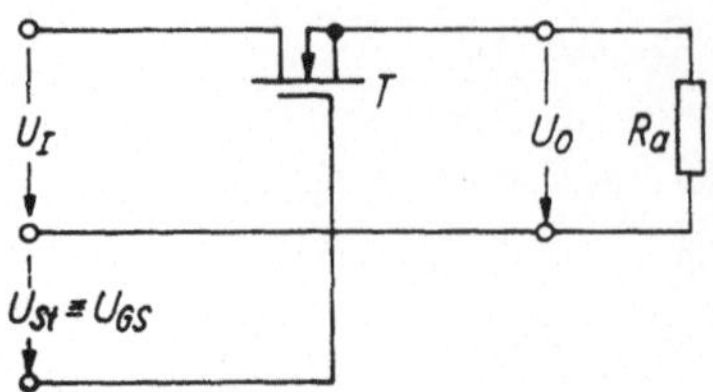

Bild 1.52. FET als steuerbarer Spannungsteilerwiderstand II

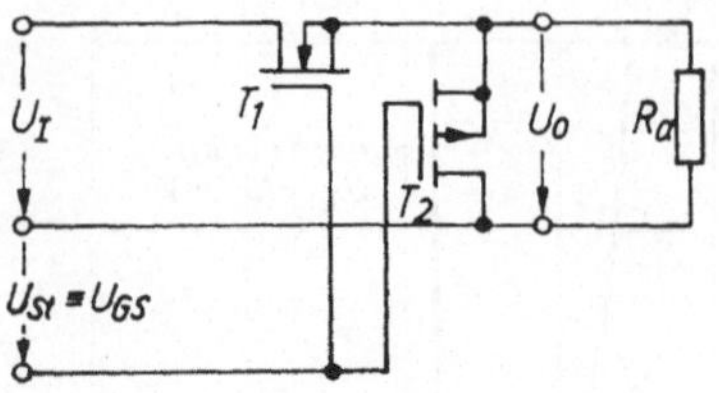

Bild 1.53. Spannungsteilerschaltung mit 2 FET unterschiedlichen Leitungstyps

1.7. Bipolartransistoren

1.7.1. Arten, Eigenschaften und Kennwerte

Bipolartransistoren (kurz Transistoren genannt) sind Halbleiterbauelemente mit 2 Sperrschichten, die durch eine pnp- oder npn-Zonenfolge gebildet werden (Bild 1.54). Die Anschlüsse der 3 Zonen heißen Emitter (E), Basis (B) und Kollektor (C). Die Emitterzone ist sehr stark (n^+ bzw. p^+), die Basiszone nur schwach dotiert und äußerst dünn ($\leqq 1\ \mu m$). Als Halbleitermaterial dient Silizium.

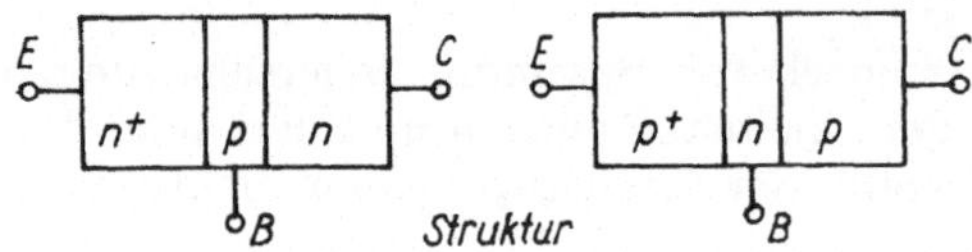

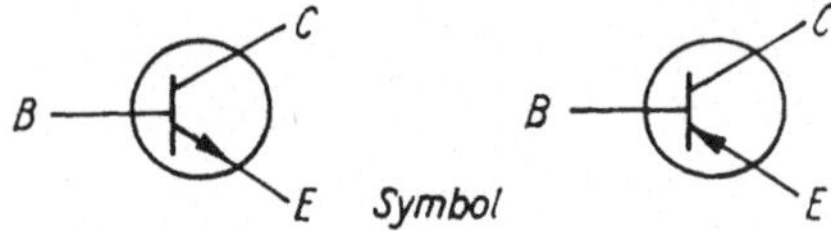

Bild 1.54. Prinzipieller Aufbau und Symbole bipolarer Transistoren

Funktionell unterscheiden sich pnp- und npn-Transistoren nicht voneinander. Die Betriebsspannungen haben jedoch umgekehrte Polarität. Im normalen Betrieb der Transistoren ist

der Basis-Emitter-Übergang in Durchlaßrichtung,
der Kollektor-Basis-Übergang in Sperrichtung

gepolt.
Von den 3 Elektroden des Transistors dient eine als gemeinsamer Anschluß für das Eingangs- und das Ausgangssignal. Je nachdem, welcher Anschluß als Bezugselektrode verwendet wird, unterscheidet man die **Basis-, die Emitter- und die Kollektorschaltung** (Bild 1.55).
Das Verhältnis des gesteuerten zum steuernden Strom ist die **Stromverstärkung.**

Gleichstromverstärkung

in Basisschaltung $$A = I_C/I_E \tag{1.126}$$

in Emitterschaltung $$B = I_C/I_B \tag{1.127}$$

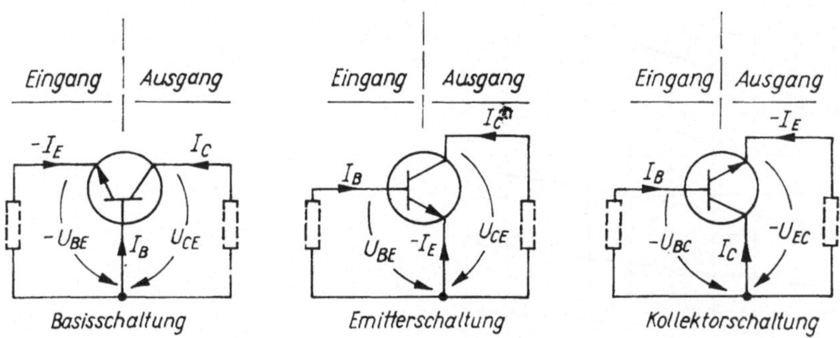

Bild 1.55. Grundschaltungen bipolarer Transistoren

Wechselstromverstärkung

in Basisschaltung $\qquad \varkappa = \Delta I_C / \Delta I_E \qquad$ (1.128)

in Emitterschaltung $\qquad \beta = \Delta I_C / \Delta I_B \qquad$ (1.129)

Die Strom-Spannungsbeziehungen am Transistor vermitteln anschaulich die Kennlinienfelder (Bild 1.56)

1. $I_C = f(U_{DE})$; I_B = Parameter (Ausgangs-Kennlinienfeld),
2. $U_{BE} = f(I_B)$; U_{CE} = Parameter (Eingangs-Kennlinienfeld),
3. $I_C = f(I_B)$; U_{CE} = Parameter (Übertragungs-Kennlinienfeld).

Ferner kann dargestellt werden

4. $U_{BE} = f(U_{CE})$; I_B = Parameter (Rückwirkungs-Kennlinienfeld).

Die **Grenzwerte** des Transistors

$U_{CE\,max}$; $U_{CB\,max}$; $I_{D\,max}$; $I_{B\,max}$; P_{tot}; ϑ_j

dürfen nicht überschritten werden.
Thermische Einflüsse wirken sich stark auf den Kennlinienverlauf aus. Bei Temperaturerhöhung nehmen I_B und I_C zu.

A 1.101. Aus dem Kennlinienfeld (Bild 1.56) $I_C = f(U_{CE})$ ist der Kollektorstrom bei I_B = 10; 20; 40; 80 μA und a) U_{CE} = 1 V; b) U_{CE} = 6 V abzulesen.

A 1.102. In das Kennlinienfeld $I_C = f(U_{CE})$ in Bild 1.56 sind die Grenzkurven $U_{CE\,max}$ = 20 V und P_{tot} = 300 mW einzuzeichnen.

A 1.103. Für einen npn-Silizium-Transistor werden als Grenzwerte angegeben: $U_{CE\,max}$ = 30 V; $I_{C\,max}$ = 100 mA; P_{tot} = 200 mW bei ϑ_j = 25 °C. Welche Kollektorstromstärke ist zulässig, wenn ϑ_j = 25 °C und die Kollektor-Emitter-Spannung a) 1 V; b) 10 V; c) 25 V betragen?

A 1.104. Aus dem Kennlinienfeld $I_C = f(U_{CE})$ in Bild 1.56 sind die Übertragungskennlinien für a) U_{CE} = 2 V, b) U_{CE} = 12 V zu ermitteln und in das zugehörige Kennlinienfeld einzuzeichnen.

A 1.105. Wie groß müssen der Basisstrom und die Basis-Emitter-Spannung gewählt werden, damit bei einer Kollektor-Emitterspannung von 6 V ein Kollektorstrom von

a) 1 mA; b) 8 mA; c) 16 mA

auftritt?
Es sind die in Bild 1.56 dargestellten Kennlinienfelder zu verwenden.

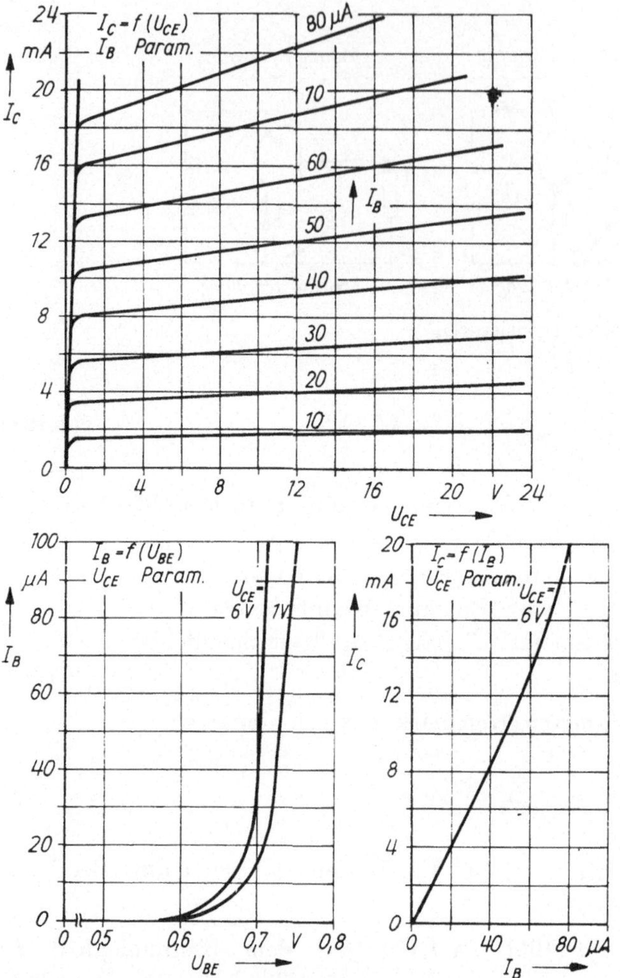

Bild 1.56. Ausgangs-, Eingangs- und Übertragungs-Kennlinien eines npn-Transistors

1.7.2. Bipolartransistoren als Analogverstärker

Je nach Anwendungsfall wird eine der Grundschaltungen angewendet. Sie unterscheiden sich wesentlich in ihren Eigenschaften (Tabelle 1.11). Die größte Bedeutung für Verstärker hat die **Emitterschaltung**. Für eine analoge, verzerrungsfreie Verstärkung muß der **Arbeitspunkt** (Ruhewerte für I_C, I_B, U_{CE} und U_{BE}) etwa in der Mitte der **Arbeitsgeraden des Arbeitswiderstandes** R_C (Bild 1.57) liegen. Für die Masche M gilt

$-U_B + I_C R_C + U_{CE} = 0$. Nach I_C umgestellt, ergibt

$$I_C = U_B/R_C - U_{CE}/R_C\,. \qquad (1.130)$$

Das ist die **Gleichung der Arbeitsgeraden.**

Tabelle 1.11. Eigenschaften der Grundschaltungen von Bipolartransistoren

Schaltung	Basis	Emitter	Kollektor
Eingangswiderstand	klein 50...200 Ω	mittel 0,5...5 kΩ	groß 0,1...0,5 MΩ
Ausgangswiderstand	groß 0,5...2 MΩ	mittel 10...100 kΩ	klein 30...500 Ω
Stromverstärkung	klein < 1	groß 10···200	groß 10···200
Spannungsverstärkung	groß 100...1000	groß 100...1000	klein < 1
Lage der Ausgangs- zur Eingangsspannung	gleichphasig	gegenphasig	gleichphasig
typische Anwendung	HF-Verstärker (geringe Rückwirkung zwischen Ein- und Ausgang)	NF- und HF-Verstärker	Impedanzwandler

Die Schnittpunkte der Geraden mit den Achsen des Kennlinienfeldes liegen bei

$$U_{CE} = U_B, \quad \text{wenn} \quad I_C = 0, \quad \text{und} \tag{1.131}$$

$$I_C = U_B/R_C, \quad \text{wenn} \quad U_{CE} = 0. \tag{1.132}$$

Die **Realisierung des Arbeitspunktes** erfolgt durch entsprechende Wahl des Basisstromes. Dieser kann durch einen Widerstand R_B aus der Betriebsspannung gewonnen werden:

$$R_B = \frac{U_B - U_{BE0}}{I_{B0}} = \frac{(U_B - U_{BE0})\,B}{I_{C0}}. \tag{1.133}$$

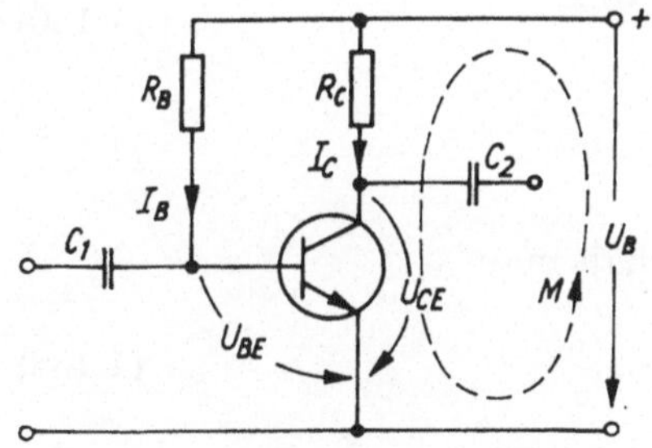

Bild 1.57. Emitterschaltung eines bipolaren Transistors mit Basisvorwiderstand

Temperaturänderungen und exemplarbedingte Unterschiede in den Transistorparametern wirken sich sehr stark auf die Lage des Arbeitspunktes aus. Es werden deshalb meist erweiterte Schaltungsvarianten mit Gegenkopplungen verwendet.
Die Stabilisierung des Arbeitspunktes erfolgt in der Schaltung nach Bild 1.58 durch eine Stromgegenkopplung an R_E und in der Schaltung nach Bild 1.59 durch eine Spannungsgegenkopplung über R_1.

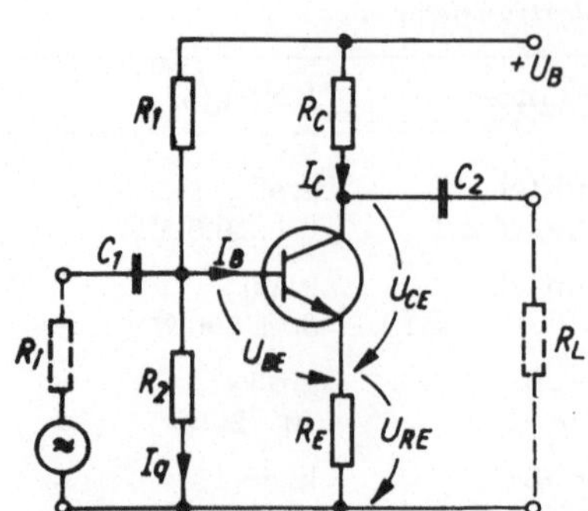

Bild 1.58. Emitterschaltung eines bipolaren Transistors mit Basisspannungsteiler und Stromgegenkopplung

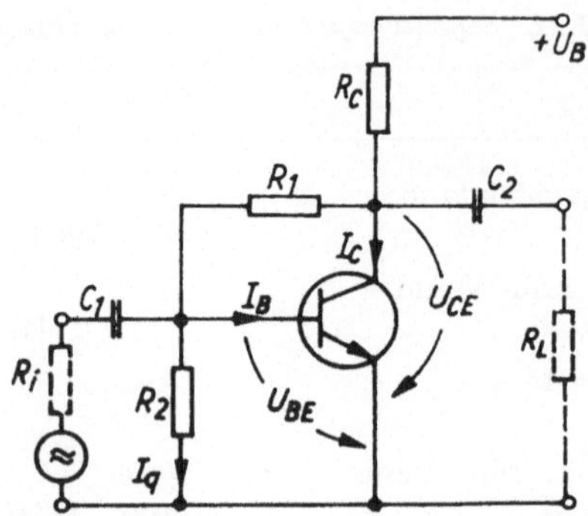

Bild 1.59. Emitterschaltung eines bipolaren Transistors mit Spannungsgegenkopplung

Für I_q und U_{RE} sind üblich

$I_q = nI_{B0}$ mit $n = 0, \ldots, 10$

$U_{RE} \approx 0{,}1 U_B$, aber nicht kleiner als 1 V.

Die Gegenkopplung ist auch für Wechselgrößen wirksam; sie setzt die Verstärkung herab. R_E wird deshalb kapazitiv überbrückt, R_1 in 2 Teilwiderstände aufgeteilt und gegen Masse abgeblockt.

Für die **Schaltung mit Stromgegenkopplung** gilt

$$R_C = \frac{U_B - U_{CE0} - I_{C0} R_E}{I_{C0}} \tag{1.134}$$

$$R_E = \frac{U_{RE}}{I_{C0} + I_{B0}} = \frac{U_{RE} B}{I_{C0}(B + 1)} \tag{1.135}$$

$$R_1 = \frac{U_B - U_{BE0} - U_{RE}}{I_{B0} + I_q} = \frac{(U_B - U_{BE0} - U_{RE})\, B}{I_{C0}(1 + n)} \tag{1.136}$$

$$R_2 = \frac{U_{BE0} + U_{RE}}{I_q} = \frac{(U_{BE0} + U_{RE})\, B}{n I_{C0}} \tag{1.137}$$

Für die **Schaltung mit Spannungsgegenkopplung** erhält man

$$R_C = \frac{U_B - U_{CE0}}{I_{C0} + I_{B0} + I_q} = \frac{(U_B - U_{CE0})\, B}{(1 + B + n)\, I_{C0}} \tag{1.138}$$

$$R_1 = \frac{U_{CE0} - U_{BE0}}{I_{B0} + I_q} = \frac{(U_{CE0} - U_{BE0})\, B}{(1 + n)\, I_{C0}} \tag{1.139}$$

$$R_2 = \frac{U_{BE0}}{I_q} = \frac{B U_{BE0}}{n I_{C0}}. \tag{1.140}$$

In **Kollektorschaltungen** (Bild 1.60) wird der Arbeitspunkt im allgemeinen so festgelegt, daß $U_{RE} \approx 0{,}5 U_B$. Es lassen sich folgende Dimensionierungsgleichungen ableiten:

$$R_E = \frac{U_{RE}}{I_{C0} + I_{B0}} = \frac{B U_{RE}}{(1 + B) I_{C0}} \tag{1.141}$$

$$R_1 = \frac{U_B - U_{RE} - U_{BE0}}{I_{B0} + I_q} = \frac{(U_{CE} - U_{BE0}) B}{(1 + n) I_{C0}} \tag{1.142}$$

$$R_2 = \frac{U_{BE0} + U_{RE}}{I_q} = \frac{(U_{RE} + U_{BE0}) B}{n I_{C0}} \tag{1.143}$$

Anmerkung: Die Stromverstärkung und andere Transistorkennwerte eines Typs sind stark exemplarabhängig. Vom Hersteller erfolgt deshalb eine Sortierung nach Stromverstärkungsgruppen etwa in folgender Weise:

Stromverstärkungsgruppe	a	b	c	d	e
Kurzschlußstromverstärkung	30 bis 70	60 140	120 280	250 550	500 1100

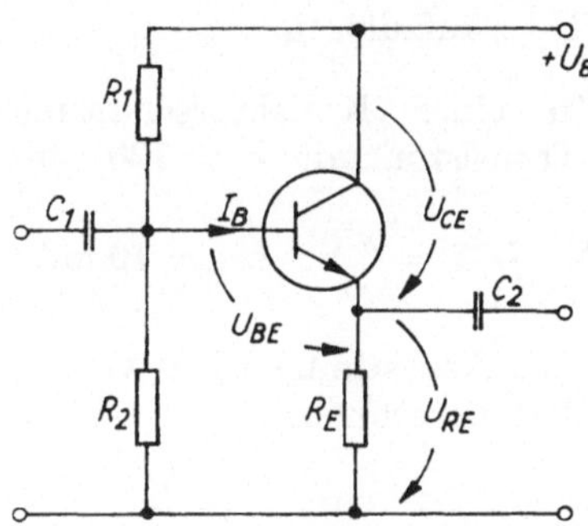

Bild 1.60. Kollektorschaltung eines bipolaren Transistors

A 1.106. In das Kennlinienfeld $I_C = f(U_{CE})$ in Bild 1.56 sind die Arbeitsgerade für $U_B = 18$ V; $R_C = 1{,}5$ kΩ einzuzeichnen und die Ruhewerte I_{C0}, I_{B0} und U_{BE0} abzulesen, wenn der Arbeitspunkt bei $U_{CE0} = 10$ V liegen soll.

A 1.107. Welche Ruhewerte I_{C0}, U_{CE0} stellen sich auf der Arbeitsgeraden der Aufgabe 1.106 ein, wenn I_{B0}

a) 0 µA; b) 10 µA; c) 40 µA; d) 50 µA; e) 100 µA beträgt?

A 1.108. Welche Widerstandswerte R_B sind für die in den Aufgaben 1.106 und 1.107 angegebenen Fälle vorzusehen?

Hinweis: Da bei Siliziumtransistoren in Verstärkerschaltungen U_{BE} zwischen 0,6 und 0,8 V liegt, kann ohne merklichen Fehler $U_{BE0} = 0{,}7$ V gesetzt werden.

A 1.109. Für den Aufbau von Verstärkerschaltungen nach Bild 1.57 stehen Transistoren mit einer Stromverstärkung von 60 zur Verfügung. $U_B = 15$ V; $U_{BE} = 0{,}7$ V; $R_C = 3{,}6$ kΩ. Der Arbeitspunkt soll bei $U_{CE0} = 8$ V liegen. Berechnen Sie I_{C0}; I_{B0} und R_B! Für R_B ist ein Wert aus der Reihe E 24 auszuwählen.

A 1.110. In welchen Grenzen kann sich der Arbeitspunkt in Aufgabe 1.109 verschieben, wenn mit Exemplarstreuungen der Stromverstärkung zwischen 40 und 80 zu rechnen ist und die Widerstandstoleranz des eingesetzten Basiswiderstandes berücksichtigt wird?

A 1.111. In einer Verstärkerschaltung nach Bild 1.58 wird ein Transistor mit $B = 80$ eingesetzt. $U_B = 12$ V; $U_{RE} = 1{,}6$ V; R_2 wird nicht vorgesehen. Der Arbeitspunkt soll bei $U_{CE0} = 5$ V und $I_{C0} = 2$ mA liegen. Welche Widerstandswerte sind vorzusehen?

A 1.112. Wie Aufgabe 1.111, aber mit $I_q = 5I_{B0}$.

A 1.113. In der Schaltung nach Bild 1.59 wird ein Transistor mit $B = 60$ eingesetzt. $U_B = 15$ V; $R_C = 3{,}6$ kΩ; R_2 wird nicht vorgesehen. Der Arbeitspunkt soll bei $U_{CE0} = 8$ V liegen. Gesucht sind I_{C0}; I_{B0} und R_1 (Reihe E 24).

A 1.114. Wie Aufgabe 1.113, aber mit $I_q = 3I_{B0}$.

A 1.115. Für die in den Aufgaben 1.109 und 1.113 berechneten Schaltungen werden Transistoren vorgesehen, deren exemplarbedingte Stromverstärkung zwischen 40 und 80 liegt. Es ist festzustellen, in welchen Grenzen sich der Arbeitspunkt verschieben kann. Die beiden Schaltungen sind hinsichtlich der Arbeitspunktstabilität miteinander zu vergleichen. Die Toleranzen der eingesetzten Widerstände bleiben unberücksichtigt.

Anleitung: Es muß eine Formel zur Bestimmung von U_{CE0} oder I_{C0} aus den gegebenen Widerständen und der Stromverstärkung abgeleitet werden. Dazu lassen sich folgende Ansätze aufstellen (zu Bild 1.57):

$U_{CE0} = U_B - I_{C0}R_C$; $I_{C0} = I_{B0}B$;

$I_{B0} = (U_B - U_{BE0})/R_B$,

(zu Bild 1.59):

$U_{CE0} = U_B - (I_{C0} + I_{B0})\, R_C$;

$I_{B0} = (U_{CE0} - U_{BE0})/R_1$; $I_{C0} = I_{B0}B$

und daraus $U_{CE0} =$

$U_B - R_C(U_{CE0} \quad U_{BE0}) \quad (B + 1)/R_1$;

nun nach U_{CE0} aufzulösen.

A 1.116. In einer Kollektorschaltung wird ein Transistor mit $B = 120$ eingesetzt.

$U_B = 12$ V; $U_{RE} = 6$ V; $I_{C0} = 10$ mA; $I_q = 2I_{B0}$.

Die arbeitspunktbestimmenden Widerstände sind zu berechnen.

1.7.3. Vierpolparameter und dynamische Kennwerte

Für kleine Aussteuerungen (Kleinsignalverstärkung) kann der Transistor als linearer Vierpol angesehen werden, dessen Eigenschaften durch Vierpolparameter beschrieben werden. Diese können als Leitwerte (Y-Parameter) oder als gemischte Größen (h-Parameter = Hybrid-Parameter) auftreten. Für den Bereich niedriger Frequenzen (NF) verwendet man die h-, bei hohen Frequenzen die komplexen Y-Parameter.

Die ***h*-Parameter** sind folgendermaßen definiert:

$$h_{11} = u_1/i_1 \quad (u_2 = 0) \tag{1.144}$$

Eingangswiderstand bei kurzgeschlossenem Ausgang (Eingangs-Kurzschlußwiderstand)

$$h_{12} = u_1/u_2 \quad (u_1 = 0) \tag{1.145}$$

Spannungsrückwirkung bei offenem Eingang (Leerlauf-Spannungsrückwirkung)

$h_{21} = i_2/i_1 \quad (u_2 = 0)$ (1.146)

Stromverstärkung bei kurzgeschlossenem Ausgang (Kurzschluß-Stromverstärkung)

$h_{22} = i_2/u_2 \quad (u_1 = 0)$ (1.147)

Ausgangsleitwert bei offenem Eingang (Ausgangs-Leerlaufleitwert)

Führt man statt der Wechselgrößen u_1, i_1, u_2, i_2, die in den 3 Grundschaltungen unterschiedliche Bedeutung haben (Tabelle 1.12), Gleichspannungs- und Gleichstromänderungen ΔU und ΔI ein, lassen sich die h-Parameter anschaulich aus dem Kennlinienfeld (Bild 1.61) ableiten. Da die **h-Parameter** in den 3 Grundschaltungen unterschiedliche Werte haben, müssen sie gegebenenfalls ineinander umgerechnet werden (Tabelle 1.13). Für welche Schaltungsart sie gelten, wird durch einen Index (e, c oder b) ausgedrückt. Die Transistorparameter sind temperatur- und arbeitspunktabhängig.

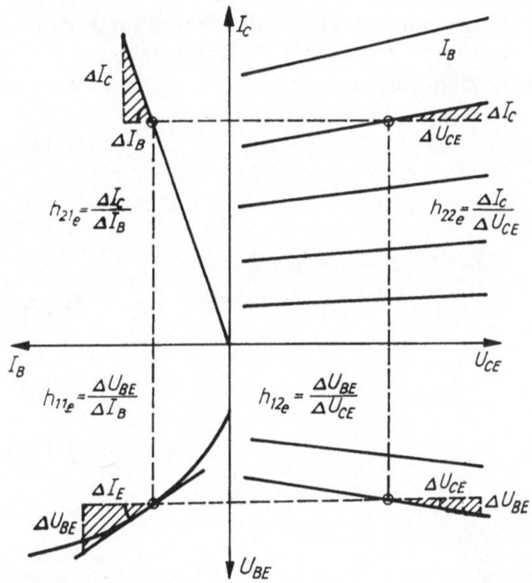

Bild 1.61. Ableitung der h-Parameter aus den Kennlinienfeldern

Tabelle 1.12. Zuordnung der Vierpol-Eingangsgrößen und -Ausgangsgrößen zu den Transistorströmen und -spannungen

Wechselgröße	Gleichstromänderung in		
	Emitter-schaltung	Basis-schaltung	Kollektor-schaltung
i_1	ΔI_B	ΔI_B	ΔI_B
i_2	ΔI_C	ΔI_C	ΔI_E
u_1	ΔU_{BE}	ΔU_{EB}	ΔU_{BC}
u_2	ΔU_{CE}	ΔU_{CB}	ΔU_{EC}

Tabelle 1.13. Umrechnungsbeziehungen der h-Parameter

Emitter in Basisschaltung	Emitter in Kollektorschaltung
$h_{11b} = \frac{h_{11e}}{1 + h_{21e}} \approx \frac{h_{11e}}{h_{21e}}$	$h_{11c} = h_{11e}$
$h_{12b} = -\frac{h_{12e} - \Delta h_e}{1 + h_{21e}}$	$h_{12c} = 1$
$h_{21b} = -\frac{h_{21e}}{1 + h_{21e}} \approx -1$	$h_{21c} = -(1 + h_{21e})$
$h_{22b} = \frac{h_{22e}}{1 + h_{21e}} \approx \frac{h_{22e}}{h_{21e}}$	$h_{22c} = h_{22e}$
$\Delta h_e = h_{11e}h_{22e} - h_{12e}h_{21e}$	

Die **dynamischen Eigenschaften** einer Kleinsignal-Verstärkerstufe werden durch ihren Eingangswiderstand Z_1, ihren Ausgangswiderstand Z_2, die Stromverstärkung V_i, die Spannungsverstärkung V_u und Leistungsverstärkung V_p beschrieben.
Für die Emitterschaltung gelten folgende Beziehungen:

$$Z_1 = \frac{h_{11e} + \Delta h R_a}{1 + h_{22e}R_a} \tag{1.148}$$

$$Z_2 = \frac{h_{11e} + R_g}{h_{22e}R_g + \Delta h_e} \tag{1.149}$$

$$V_i = \frac{h_{21e}}{1 + h_{22e}R_a} \approx h_{21e} \tag{1.150}$$

$$V_u = -\frac{h_{21e}R_a}{h_{11e} + \Delta h R_a} \approx -\frac{I_C}{U_T} R_a \tag{1.151}$$

$$V_p = V_u V_i \tag{1.152}$$

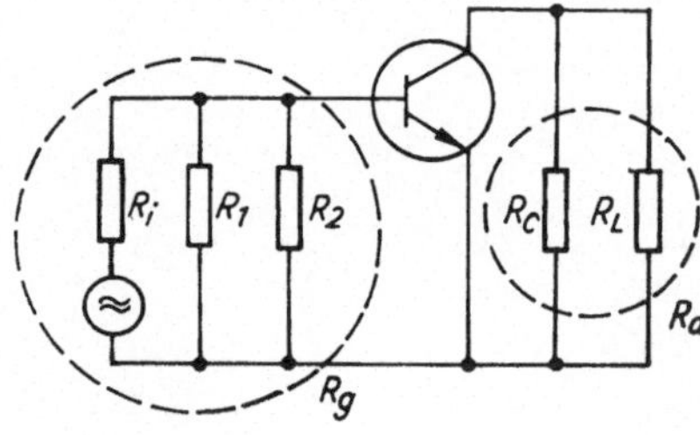

Bild 1.62. Ersatzschaltung zur Darstellung des Eingangs- und Ausgangswiderstandes von Transistorstufen

R_a ist der am Verstärkerausgang wirksame Belastungswiderstand; er besteht aus dem Kollektor- und dem nachfolgenden Lastwiderstand.
R_g ist der am Transistoreingang wirksame Generatorwiderstand; er besteht aus dem Innenwiderstand der Signalquelle und den Basiswiderständen zur Einstellung des Arbeitspunktes (Bild 1.62).

Für die Kollektorschaltung gelten nachstehende Gleichungen:

$$Z_1 = \frac{h_{11c} + \Delta h_c R_a}{1 + h_{22c} R_a} = \frac{h_{11e} + (1 + h_{21e})\, R_a}{1 + h_{22e} R_a} \tag{1.153}$$

$$Z_2 = \frac{h_{11c} + R_a}{h_{22c} R_g + \Delta h_c} = \frac{h_{11e} + R_g}{h_{22e} R_g + h_{21e} + 1} \tag{1.154}$$

$$V_i = \frac{h_{21c}}{1 + h_{22c} R_a} = -\frac{h_{21e} + 1}{1 + h_{22e} R_a} \tag{1.155}$$

$$V_u = \frac{h_{21c} R_a}{h_{11c} + \Delta h_c R_a} = \frac{(h_{21e} + 1)\, R_a}{h_{11e} + (h_{21e} + 1)\, R_a} \tag{1.156}$$

Näherungsweise gilt

$$Z_1 \approx h_{11e} + h_{21e} R_a \tag{1.157}$$

$$Z_2 \approx \frac{h_{11e} + R_g}{h_{21e}} \tag{1.158}$$

$$V_i \approx -h_{21e} \tag{1.159}$$

$$V_u \approx 1. \tag{1.160}$$

A 1.117. Ermitteln Sie aus den Kennlinienfeldern in Bild 1.56 die Parameter h_{11e}; h_{21e} und h_{22e} im Arbeitspunkt $U_{CE} = 6$ V; $I_C = 6$ mA!

A 1.118. Von einem Transistor sind im Arbeitspunkt $U_{CE} = 6$ V; $I_C = 2$ mA die h-Parameter in Emitterschaltung bekannt; sie betragen

$h_{11e} = 6{,}9$ kΩ; $h_{12e} = 4{,}1 \cdot 10^{-4}$

$h_{21e} = 510$; $h_{22e} = 64$ µS.

Rechnen Sie diese Parameter in die h-Parameter der Kollektorschaltung um.

A 1.119. Die in Aufgabe 1.118 gegebenen Parameter sind in die h-Parameter der Basisschaltung umzurechnen.

A 1.120. In einer Emitterschaltung nach Bild 1.57 sind $R_C = 2{,}7$ kΩ; der Innenwiderstand der Signalquelle $R_i = 3$ kΩ und die h-Parameter des Transistors bei $U_{CE} = 6$ V; $I_C = 2$ mA; $f = 1$ kHz; $h_{11e} = 2{,}3$ kΩ; $h_{12e} = 3{,}8 \cdot 10^{-4}$; $h_{21e} = 120$; $h_{22e} = 50$ µS. Der Ausgang der Verstärkerstufe wird durch einen Lastwiderstand R_L von 10 kΩ abgeschlossen. Berechnen Sie Eingangswiderstand, Ausgangswiderstand, Strom-, Spannungs- und Leistungsverstärkung der Schaltung!

A 1.121. In der Kollektorschaltung nach Bild 1.60 betragen $R_E = 620$ Ω; $R_1 = 22$ kΩ; $R_2 = 43$ kΩ; $h_{11e} = 2{,}3$ kΩ; $h_{12e} = 3{,}8 \cdot 10^{-4}$; $h_{21e} = 120$; $h_{22e} = 50$ µS.
R_i der Signalquelle beträgt 6 kΩ. Der Ausgang der Verstärkerstufe wird durch $R_L = 1$ kΩ belastet.
Es sind mit Hilfe der Näherungsformeln Z_1, Z_2 und V_i und mit der genauen Formel V_u zu berechnen. Ferner ist die Leistungsverstärkung zu bestimmen.

1.7.4. Bipolartransistoren als Leistungsverstärker

Im Leistungsverstärker wird der Transistor so weit ausgesteuert (Großsignalbetrieb), daß die Vierpolparameter nicht mehr anwendbar sind. Die Dimensionierung muß deshalb an Hand der Kennlinienfelder erfolgen. Das Kennlinienfeld $I_C = f(U_{CE})$

ist innerhalb der Grenzdaten des Transistors P_{tot}, $U_{CE\,max}$, $I_{C\,max}$, das Sättigungsgebiet (Transistor voll durchgesteuert) und das Reststromgebiet (Transistor durch $I_B = 0$ gesperrt) ausnutzbar (Bild 1.63). Je nach Schaltung und Lage des Arbeitspunktes im Kennlinienfeld unterscheidet man

Eintakt- und Gegentakt-Verstärker in *A*-, *AB*-, *B*- und *C*-Betrieb.

Beim **Eintakt-Leistungsverstärker in *A*-Betrieb mit Übertragerkopplung** (Bild 1.64) müssen im Interesse maximal möglicher Signalleistung die Wicklungswiderstände r_1 und r_2 des Übertragers vernachlässigbar klein sein, der Arbeitspunkt in der Nähe

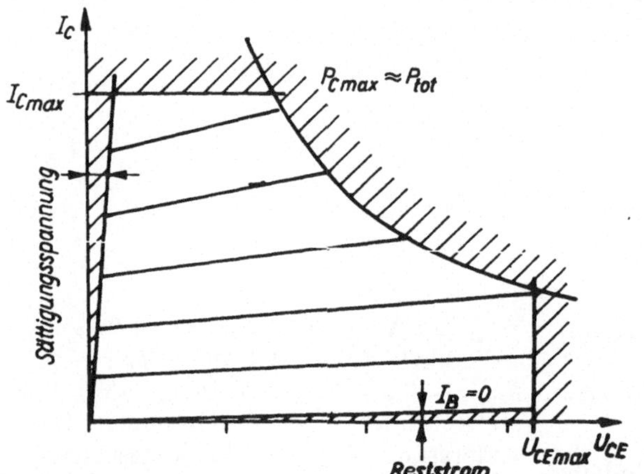

Bild 1.63. Begrenzungen des Ausgangs-Kennlinienfeldes durch die Transistorgrenzwerte

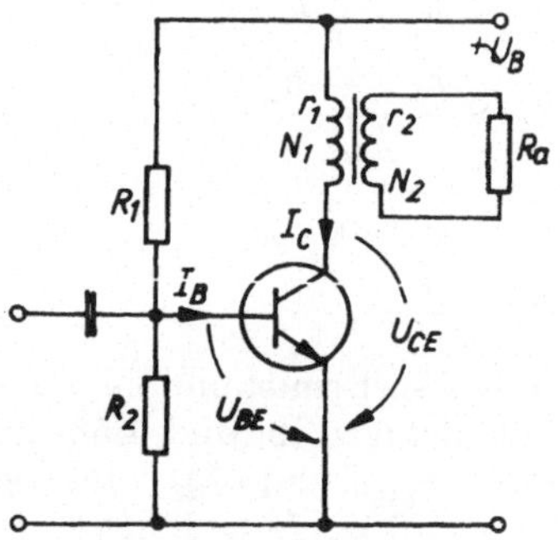

Bild 1.64. Eintakt-*A*-Verstärker mit Übertragerkopplung

der Verlustleistungshyperbel liegen, der Lastwiderstand R_L so an den Ausgangswiderstand des Transistors angepaßt sein, daß vom Arbeitspunkt aus nach beiden Seiten längs der Arbeitsgeraden gleich weit ausgesteuert werden kann (Bild 1.65).
Der Wicklungswiderstand r_1 bestimmt die **Lage der Gleichstrom-Arbeitsgeraden.** Sie geht durch U_B (U_{CE}-Achse) und hat die Steigung $r_1 = \Delta U_{CE}/\Delta I_C$. Wenn $r_1 = 0$, steht sie senkrecht auf der U_{CE}-Achse.
Für Wechselstrom gilt die **Wechselstrom-Arbeitsgerade.** Diese geht durch den Arbeitspunkt und hat die Steigung $R_L = \Delta U_{CE}/\Delta I_C$. R_L ergibt sich zu

$$R_L = (R_a + r_2)\left(\frac{N_1}{N_2}\right)^2 = (R_a + r_2)\,\ddot{u}^2. \tag{1.161}$$

Die im Transistor in Wärme umgesetzte Verlustleistung ist

$$P_C = U_{CE0} I_{C0}. \tag{1.162}$$

Die Wechselstromleistung (Nutzleistung) ergibt sich zu

$$\tilde{P}_a = \tilde{U}_{CE} \tilde{I}_C; \tag{1.163}$$

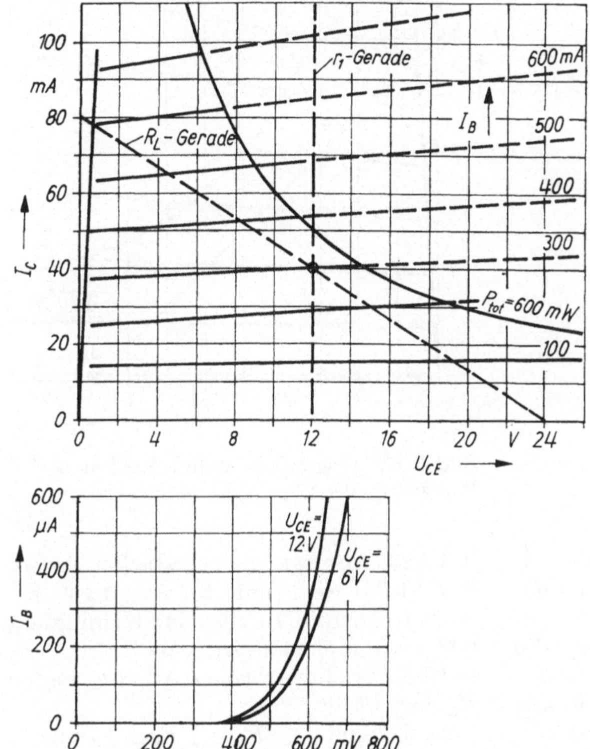

Bild 1.65. Lage der Widerstandsgeraden und des Arbeitspunktes bei Leistungsverstärkern

theoretisch kann sie den Maximalwert $\tilde{P}_{\mathrm{a\,max}} = U_{\mathrm{B}}^2/(2R_{\mathrm{L}})$ annehmen; wegen der Sättigungsspannung U_{CEsat} tatsächlich aber nur

$$\tilde{P}_{\mathrm{a\,max}} = \frac{(U_{\mathrm{B}} - U_{\mathrm{CEsat}})^2}{2R_{\mathrm{L}}}. \tag{1.164}$$

Leistungsstufen werden heute meist ohne Übertrager als **eisenlose Leistungsverstärker** in Gegentaktschaltung ausgeführt. Sie arbeiten im B-Betrieb (I_{B0} und I_{C0} gleich 0). Bild 1.66 zeigt eine Gegentakt-Leistungsstufe mit komplementären Transistoren. Jeder Transistor verstärkt jeweils eine Halbwelle und gibt bei voller Aussteuerung eine Signalleistung von $\tilde{P}_{\mathrm{a}} = (U_{\mathrm{B}} - U_{\mathrm{CEsat}})^2/(4R_{\mathrm{L}})$ ab.
Die Gesamtleistung beträgt

$$\tilde{P}_{\mathrm{a\,max}} = \frac{(U_{\mathrm{B}} - U_{\mathrm{CEsat}})^2}{2R_{\mathrm{L}}}. \tag{1.165}$$

Die in beiden Transistoren umgesetzte Gleichstromleistung ist

$$P_{\mathrm{C}} = \frac{2U_{\mathrm{B}}^2}{\pi R_{\mathrm{L}}}. \tag{1.166}$$

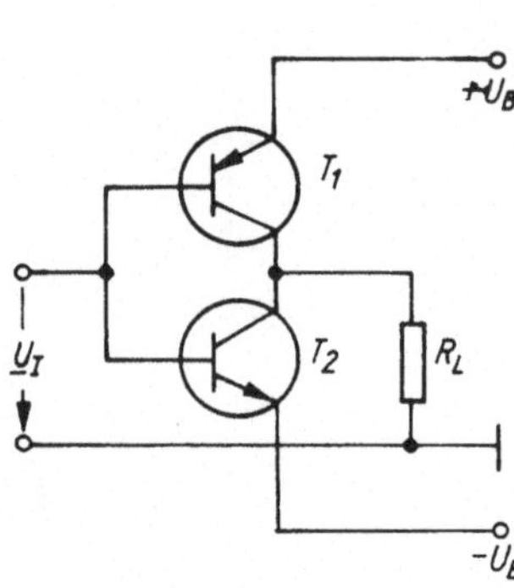

Bild 1.66. Gegentakt-Leistungsverstärker mit komplementären Transistoren

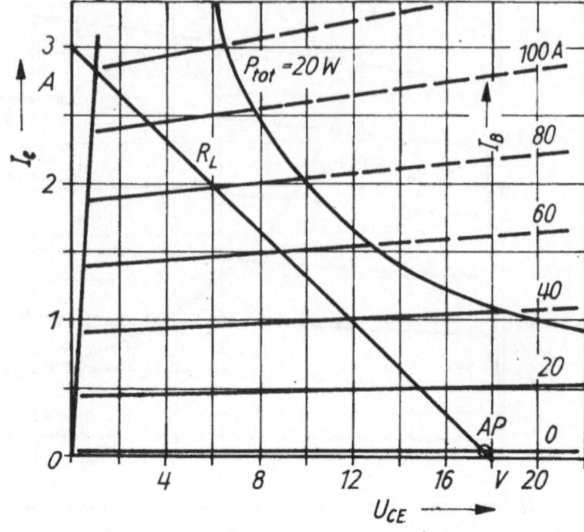

Bild 1.67. Ausgangs-Kennlinienfeld eines Transistors des Gegentaktverstärkers

A 1.122. Gegeben ist ein Eintakt-Leistungsverstärker in A-Betrieb (Bild 1.64) mit dem in Bild 1.65 dargestellten Kennlinienfeld des Transistors, in das die Arbeitsgeraden bereits eingetragen sind. $R_a = 8\,\Omega$, $r_2 = 0{,}3\,\Omega$; r_1 vernachlässigbar klein: $I_q = 7I_{B0}$. Gesucht sind U_B, I_{C0}, U_{CE0}, I_{B0}, R_1, R_2, P_C, R_L, $ü$, $P_{a\max}$ und η.

A 1.123. Ein Leistungsverstärker gemäß Bild 1.66 wird mit $U_B = \pm 18$ V betrieben. In Bild 1.67 ist das Kennlinienfeld des komplementären npn-Transistors mit bereits eingetragener Arbeitsgeraden R_L dargestellt.
Gesucht sind R_L; $\hat{P}_{a\max}$; $P_{C\,\text{gesamt}}$ und

1.7.5. Bipolartransistoren als Schaltverstärker

Beim Schalterbetrieb des Transistors gibt es nur die beiden Zustände **AUS**: Transistor ist gesperrt und **EIN**: Transistor ist durchgesteuert (Bild 1.68).
Für den EIN-Zustand kann man die Fälle «gerade durchgesteuert» und «übersteuert» unterscheiden (Bild 1.69).
Im durchgesteuerten Zustand ist $U_{CE} = U_{BE}$, was durch einen Basisstrom $I_B = I_{B0}$ erreicht wird. Im übersteuerten Zustand ist $U_{CE} < U_{BE}$; U_{CE} sinkt also weiter ab, ohne daß I_C noch wesentlich ansteigen kann.

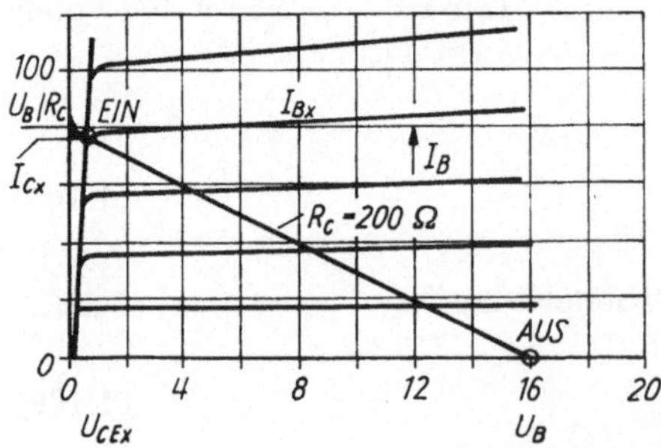

Bild 1.68. Lage der Arbeitspunkte bei Schaltverstärkern

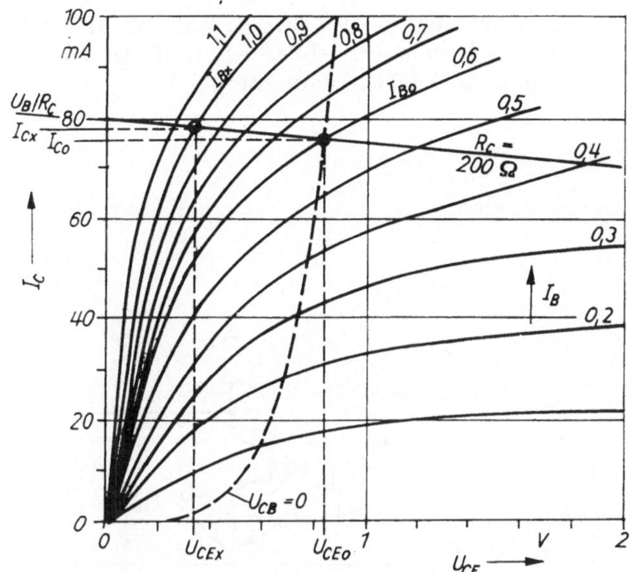

Bild 1.69. Lage des Arbeitspunktes bei unterschiedlichem Übersteuerungsgrad

Der dazu nötige Basisstrom I_{Bx} ist größer als I_{B0}. Daraus wird der Übersteuerungsfaktor k definiert, es ist

$$k = I_{Bx}/I_{B0}. \tag{1.167}$$

Mit k und der Gleichstromverstärkung B wird

$$I_{Bx} = \frac{kU_B}{BR_C}. \tag{1.168}$$

Bild 1.70 zeigt einen Schaltverstärker. U_I ist das Eingangs- oder Steuersignal, $U_0 = U_{CE}$ das Ausgangssignal.
Für den **AUS-Zustand** muß $U_{BE} < 0{,}4$ V sein, damit $I_B = 0$ (Bild 1.56).

$$U_{Iy} \leqq \frac{R_1 + R_2}{R_2} \cdot 0{,}4\ \text{V}. \tag{1.169}$$

Für den **EIN-Zustand** gilt:

$$U_{Ix} \geqq R_1 \left(\frac{kU_B}{BR_C} + \frac{U_{BEx}}{R_2}\right) + U_{BEx}. \tag{1.170}$$

U_{Iy} wird als Eingangs-Low-Signal (L), U_{Ix} als Eingangs-High-Signal (H) bezeichnet. Beide Signale dürfen innerhalb eines bestimmten Toleranzbereiches liegen, in dem der gesperrte bzw. der durchgesteuerte Zustand gewährleistet ist.

Wenn $U_I = U_{Iy}$ (Low), dann ist $U_0 = U_B \dfrac{R_a}{R_a + R_C}$ (High);
wenn $U_I = U_{Ix}$ (High), dann ist $U_0 = U_{CEx}$ (Low).

Durch den Schaltverstärker erfolgt eine **Negation** des Eingangssignals. Wenn durch das Eingangs-Low-Signal der Sperrzustand nicht erreichbar ist, muß an R_2 eine negative Hilfsspannung U_H gelegt werden (Bild 1.71). Dann gilt

$$U_{Ix} \geqq R_1 \frac{kU_B}{BR_C} + \frac{R_1}{R_2}(U_{BEx} + U_H) + U_{BEx}. \tag{1.171}$$

Praktisch kann $U_{BEx} = 0{,}8$ V gesetzt werden.

$$U_{Iy} \leqq \frac{R_1}{R_2} U_H. \tag{1.172}$$

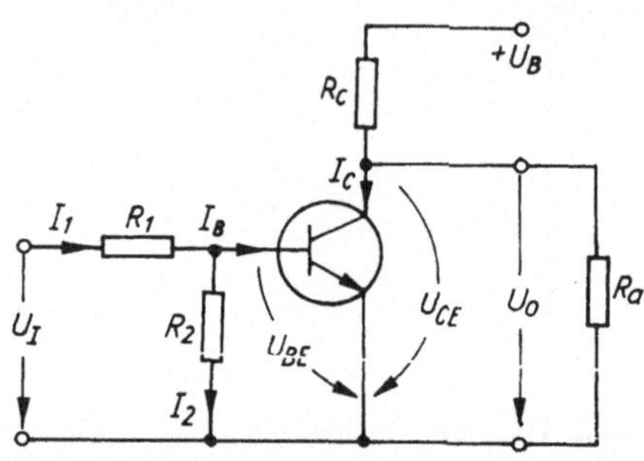

Bild 1.70. Schaltverstärker mit bipolarem Transistor

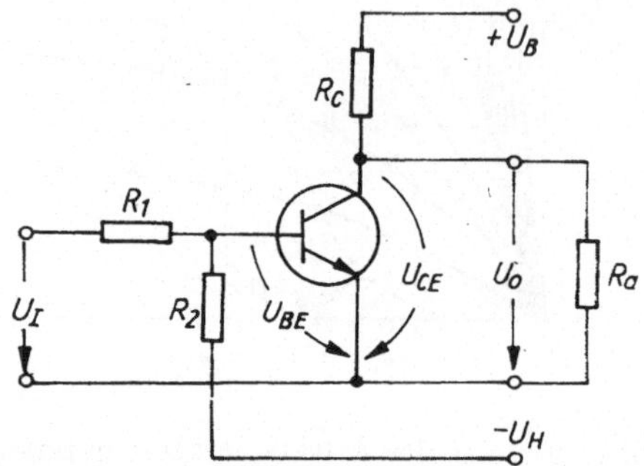

Bild 1.71. Schaltverstärker mit Hilfs-Sperrspannung

Leistungsumsatz im Transistor im durchgesteuerten Zustand

$$P_{Vx} = U_{CEx} I_{Cx}; \tag{1.173}$$

im gesperrten Zustand

$$P_{Vy} = U_B I_{Crest}; \tag{1.174}$$

während des Schaltvorganges wird ein Maximalwert durchlaufen:

$$P_{V\max} = \frac{U_B^2}{4R_C}. \tag{1.175}$$

A 1.124. Für den Transistor in einem Schaltverstärker gilt das in Bild 1.69 dargestellte Kennlinienfeld. Die Arbeitsgerade für $R_C = 200\ \Omega$ ist eingezeichnet.

a) Wie groß ist die Betriebsspannung des Schaltverstärkers?

b) Wie groß sind im gerade durchgesteuerten Zustand U_{CE}, U_{BE}, I_B und I_C?

c) Wie groß sind im Arbeitspunkt U_{CEx}, der Übersteuerungsfaktor und der Kollektorstrom?

d) Wie groß ist die Verlustleistung im Transistor in den Arbeitspunkten U_{CE0} und U_{CEx}?

e) Welche maximale Verlustleistung wird während des Schaltvorganges durchlaufen?

A 1.125. In einer Schaltverstärkerstufe nach Bild 1.70 ist $U_B = 5$ V; $R_C = 820\ \Omega$; $R_1 = 3{,}6$ kΩ; $R_2 = 10$ kΩ; $B = 120$. Der Übersteuerungsfaktor soll $k = 5$ betragen. Gesucht sind der mindestens erforderliche Wert der Eingangsspannung U_{Ix} und der zulässige Höchstwert U_{Iy}.

A 1.126. In einer Schaltverstärkerstufe nach Bild 1.71 ist $U_B = 12$ V; $U_H = 6$ V; $U_{Ix} = 4$ V; $R_C = 1$ kΩ; $R_2 = 16$ kΩ; $B = 100$. Der Übersteuerungsfaktor soll $k = 10$ betragen.

a) Wie groß muß R_1 gewählt werden?

b) Welcher Wert U_{Iy} darf nicht überschritten werden?

A 1.127. Gegeben ist die in Bild 1.72 dargestellte Schaltung eines Temperatur-Zweipunktreglers mit Kontaktthermometer als Temperaturfühler. Für den Transistor ist eine fünffache Übersteuerung vorzusehen. Die Widerstände R_1 und R_2 sind zu berechnen.

A 1.128. Gegeben ist der zweistufige Schaltverstärker mit komplementären Transistoren nach Bild 1.73. $U_{Ix} = 2{,}5$ V; $U_{Iy} = -1$ V.

a) Wie groß sind I_{B1} und k bei H- und L-Signal am Eingang?

b) Wie groß sind I_{B2}, I_{C2} und U_0 bei H- und bei L-Signal am Eingang?

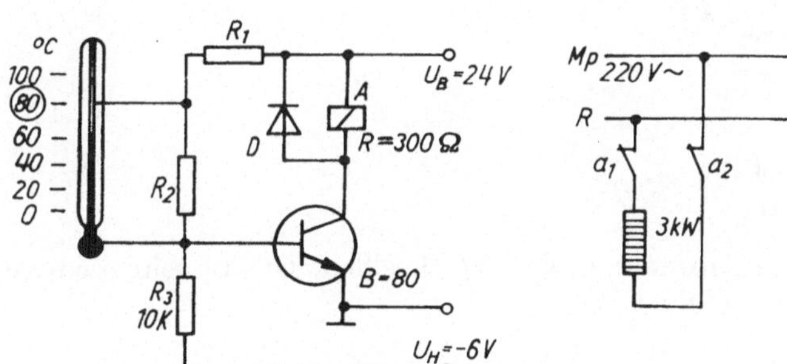

Bild 1.72. 2-Punkt-Temperaturregler

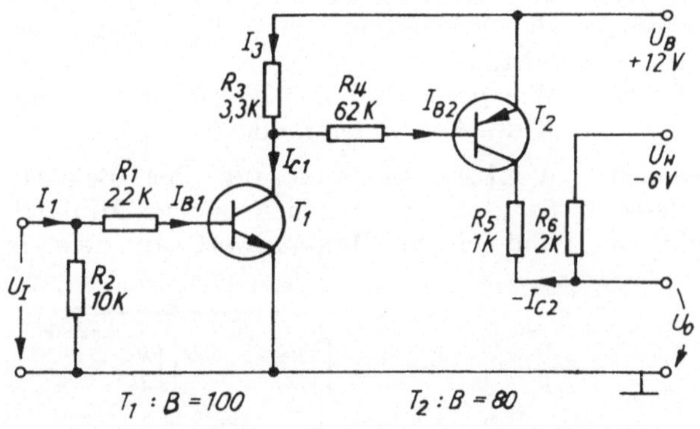

Bild 1.73. 2stufiger Schaltverstärker mit komplementären Transistoren

1.8. Optoelektronische Bauelemente

1.8.1. Fotowiderstände

Material: CdS, CdSe, PbS, PbSe und mit Au, Hg oder Cu dotiertes Ge oder Si.
Spektrale Empfindlichkeit: 400...1200 nm.
Zwischen Widerstandswert R und Beleuchtungsstärke E_v besteht der Zusammenhang

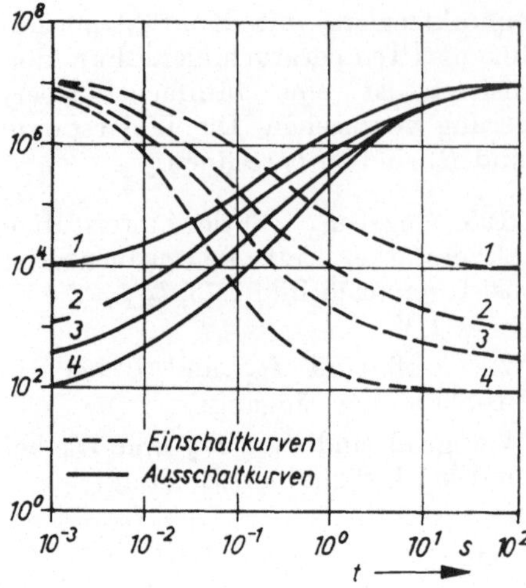

Bild 1.74. Ein- und Ausschaltfunktionen eines Fotowiderstandes.
1: 5 lx; *2*: 50 lx; *3*: 500 lx; *4*: 5000 lx

$$R = KE_v^{-\gamma}. \tag{1.176}$$

K: Widerstandswert bei $E_v = 1$ lx,
γ: Materialkonstante (0,5 ... 1,0).

Fotowiderstände sind träge. Die Anwendung von Wechsellicht ist auf sehr niedrige Frequenzen (< 1 Hz) beschränkt (Bild 1.74).

A 1.129. Von einem Fotowiderstand sind bekannt $K = 6 \cdot 10^3\,\Omega$; $\gamma = 0{,}75$. Wie groß ist der Widerstand bei folgenden Beleuchtungsstärken: 0,01 lx; 0,1 lx; 0,2 lx; 0,3 lx; 0,4 lx; 0,5 lx; 0,6 lx; 0,8 lx; 1,0 lx; 10 lx und 100 lx?

A 1.130. Bei unterschiedlicher Beleuchtung eines Fotowiderstandes, dessen Kennlinie in Bild 1.75 dargestellt ist, wurde bei $E_{v1} = 1000$ lx ein Widerstand von $R_1 = 160\,\Omega$ und bei $E_{v2} = 0{,}1$ lx ein Widerstand von $R_2 = 40$ kΩ ermittelt.
Wie groß sind die Konstanten γ und K des Fotowiderstandes?

A 1.131. Bei Änderung der Beleuchtungsstärke zwischen einem Minimal- und einem Maximalwert an dem in

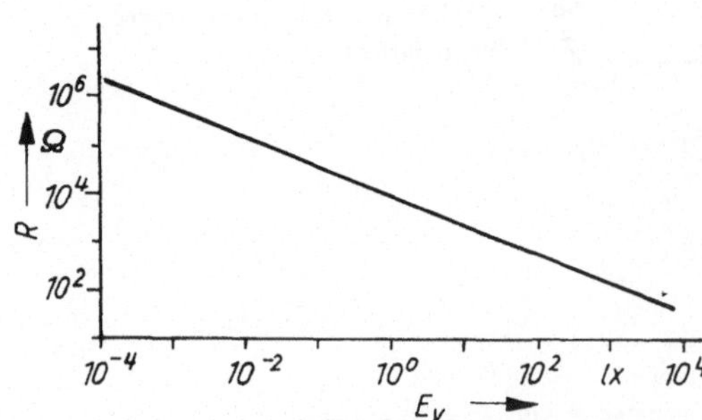

Bild 1.75. Abhängigkeit des Widerstandswertes eines Fotowiderstandes von der Beleuchtungsstärke

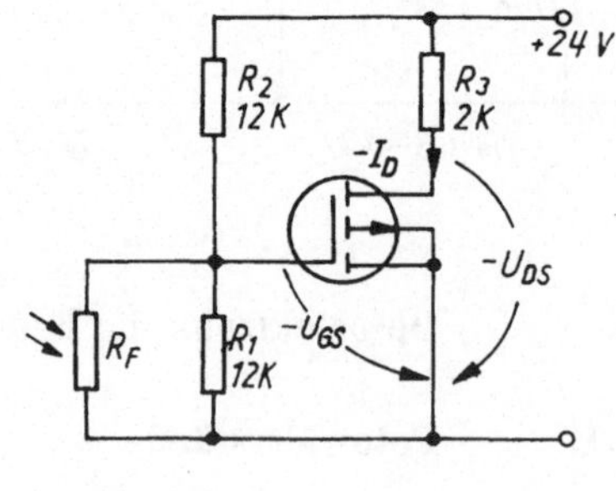

Bild 1.76. Fotowiderstand mit Verstärker

Beispiel 1.130 gegebenen Fotowiderstand ändert sich dessen Widerstandswert zwischen $10^6\ \Omega$ und $3\ k\Omega$.
Zwischen welchen Werten schwankte die Beleuchtungsstärke?

A 1.132. Der Fotowiderstand aus Aufg. 1.129 ist mit einem FET gemäß Bild 1.76 zusammengeschaltet. Das Kennlinienfeld des Transistors ist dem Bild 1.46 zu entnehmen. Die Abhängigkeiten des Drainstromes und der Drain-Source-Spannung von der Beleuchtungsstärke sind grafisch darzustellen.

1.8.2. Fotodioden und Fototransistoren

Der pn-Übergang ist so gestaltet und angeordnet, daß er vom Licht getroffen werden kann. Durch Absorption von Lichtquanten werden zusätzliche Ladungsträgerpaare gebildet. Der dadurch entstehende Ladungsträgerunterschied (Elektronen im n-, Löcher im p-Gebiet) ist abhängig von der Beleuchtungsstärke.
Die zwischen Anode und Katode einer Fotodiode auftretende Fotospannung U_p kann genutzt werden (**Fotoelementbetrieb,** Bild 1.77).
Wird die Diode in Sperrpolung vorgespannt, so fließt im unbeleuchteten Zustand der Dunkelstrom I_{p0} (Diodensperrstrom), der bei Beleuchtung annähernd proportional mit der Beleuchtungsstärke ansteigt (**Fotodiodenbetrieb** mit Vorspannung, Bild 1.78).

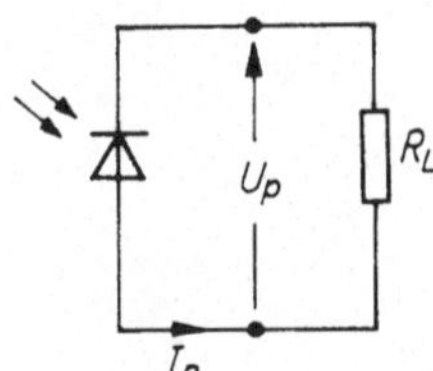

Bild 1.77. Schaltung einer Fotodiode als Element

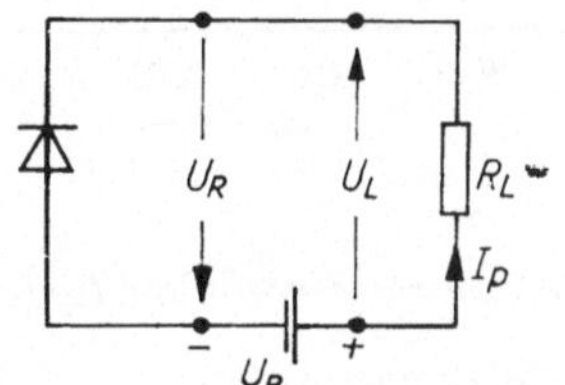

Bild 1.78. Schaltung einer Fotodiode mit Sperrspannung

Die relative **spektrale Empfindlichkeit** s_{rel} ist abhängig vom Halbleitermaterial (Bild 1.79).
Wenn die spektrale Empfindlichkeit s (in A/W), die lichtempfindliche Fläche A (in cm²) und die Bestrahlungsstärke E_e (in W/cm²) bekannt sind, kann der Fotostrom I_p für Elementbetrieb berechnet werden, es gilt

$$I_p = sAE_e. \tag{1.177}$$

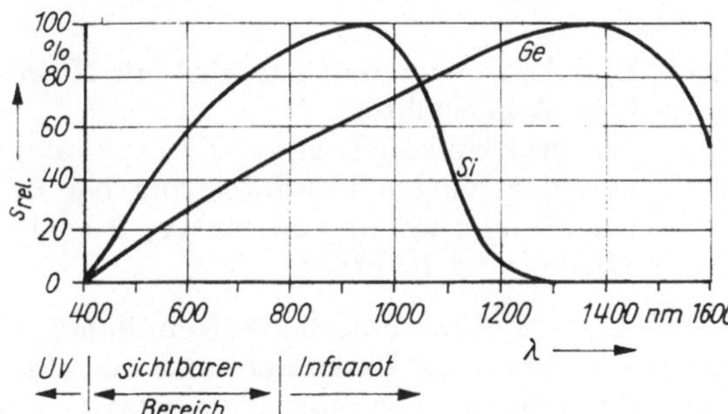

Bild 1.79. Spektrale Empfindlichkeit von pn-Übergängen in Silizium und Germanium

Bei gegebener Bestrahlungsstärke E_e hängt die Beleuchtungsstärke E_v (in lx) von der Farbtemperatur T_f der Strahlungsquelle ab (Bild 1.80). Es gilt der Zusammenhang

$$E_v = KE_e \tag{1.178}$$

(E_v in lx, E_e in mW/cm²; K in cm² lx/mW).
Mit dem Faktor K wird die Farbtemperatur berücksichtigt.

Normlicht A ($T_f = 2850$ K): $K = 210$ cm² lx/mW;

Sonnenlicht ($T_f = 6000$ K): $K = 1000$ cm² lx/mW.

Normlicht A ist das ungefilterte Licht einer Wolframfadenlampe.

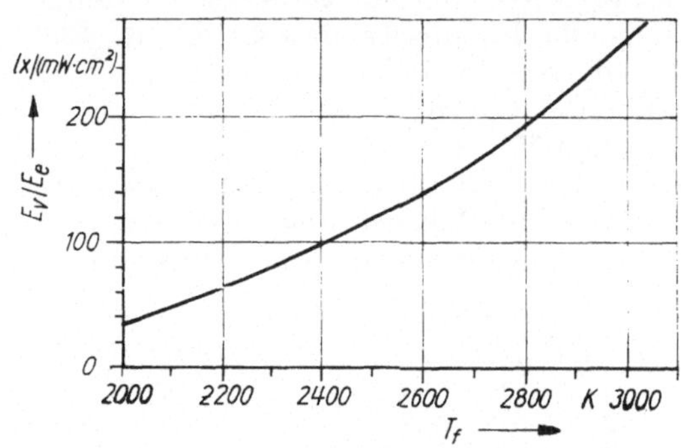

Bild 1.80. Einfluß der Farbtemperatur auf das Beleuchtungs-Bestrahlungsstärke-Verhältnis

Charakteristische Kennwerte von Fotodioden:

maximal zul. Betriebsspannung	$U_{R\,max}$	(10...100 V)
maximale Verlustleistung	P_{tot}	(20...200 mW)
Grenzfrequenz	f_g	(10^5...10^7 Hz)
Beleuchtungsstärke-Empfindlichkeit	S_b	(10^{-5}...10^{-2} A/lx).

Die Eigenschaften der Fotodioden werden durch ihre Kennlinien dargestellt. Bild 1.81 gilt für Diodenbetrieb mit Vorspannung, Bild 1.82 für Elementbetrieb.
Fototransistoren kann man sich als Kombination einer Fotodiode mit einem Transistor vorstellen. Mit der Stromverstärkung des Transistors wird die Empfindlichkeit der Diode multipliziert (Bild 1.83). Die Grenzfrequenz von Fototransistoren ist geringer als die von Fotodioden.

A 1.133. Eine Fotodiode mit einer lichtempfindlichen Fläche von 3,5 mm² und einer spektralen Empfindlichkeit von 0,3 A/W erhält vom Sonnenlicht eine Beleuchtungsstärke von 10^4 lx. Welcher Fotostrom tritt im Kurzschlußbetrieb auf?

A 1.134. Eine als Fotoelement verwendete Fotodiode, deren Kennlinie in Bild 1.82 dargestellt ist, wird mit Normlicht A beleuchtet.
Wie groß sind die Leerlauf-Fotospannung und der Kurzschluß-Fotostrom bei Beleuchtungsstärken von 500 lx; 2000 lx; 4000 lx und 10000 lx?

A 1.135. Eine Fotodiode (Kennlinie Bild 1.81) ist ohne Lastwiderstand mit einer Spannungsquelle von 30 V zusammen-

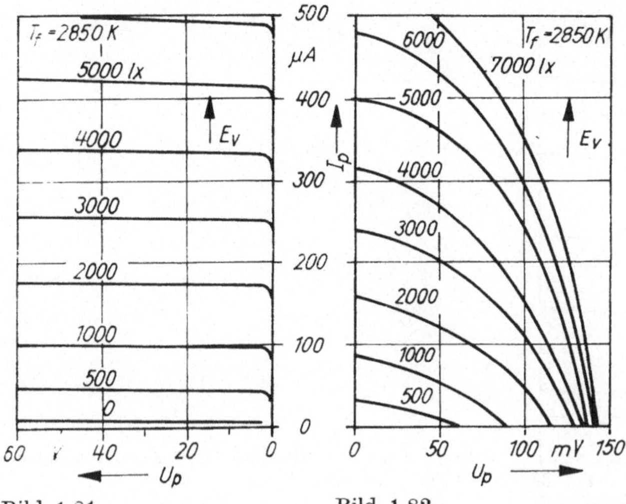

Bild 1.81 Bild 1.82

Bild 1.81. Strom-Spannungs-Kennlinien einer Fotodiode bei Diodenbetrieb mit Vorspannung
Bild 1.82. Strom-Spannungs-Kennlinien einer Fotodiode bei Elementbetrieb

geschaltet. Sie wird von einer Wolframfadenlampe ($T_f = 2850$ K) beleuchtet. Welche Beleuchtungs- und Bestrahlungsstärken liegen vor, wenn der Fotostrom 60 µA; 125 µA; 300 µA; 1000 µA beträgt?

A 1.136. Eine Fotodiode mit der in Bild 1.82 dargestellten Kennlinie wird zusammen mit einem Lastwiderstand $R_L = 400\,\Omega$ als Fotoelement betrieben. Skizzieren Sie die Abhängigkeit des Fotostromes und der Fotospannung von der Beleuchtungsstärke im Bereich $0 \leqq E_v \leqq 7 \cdot 10^3$ lx!

Anleitung: Die Fotodiode wird als aktiver, der Lastwiderstand als passiver Zweipol aufgefaßt. In das Kennlinienfeld der Diode ist die Kennlinie des Lastwiderstandes einzutragen, die durch die Beziehung $I_p = U_p/R_L$ gekennzeichnet ist.

A 1.137. Eine Fotodiode wird gemäß Bild 1.78 mit einer Vorspannung von 50 V betrieben. Der Lastwiderstand beträgt 200 kΩ.

a) Tragen Sie in das Kennlinienfeld der Diode die Kennlinie des Lastwiderstandes ein!

Anleitung: Benutzen Sie hierzu die Anleitungen in den Abschnitten 1.6.2. oder 1.7.2.!

b) Wie groß sind bei Beleuchtungsstärken von 0 lx; 500 lx; 1000 lx; 2000 lx; 3000 lx und 4000 lx der Fotostrom und die am Lastwiderstand abfallende Spannung?

A 1.138. Eine Fotodiode wird mit einer Vorspannung von 40 V betrieben. Es sollen Beleuchtungsstärken zwischen

a) 0 und 1000 lx; b) 0 und 6000 lx erfaßt werden.

Der Lastwiderstand ist so zu dimensionieren, daß sich möglichst große Spannungsänderungen am Lastwiderstand erzielen lassen.

A 1.139. Entwickeln Sie aus dem in Bild 1.83 dargestellten Kennlinienfeld $I_p = f(U_{CE})$ eines Fototransistors die Kennlinien $I_p = f(E_b)$ mit $U_{CE} = 2$ V und $U_{CE} = 20$ V! Die Darstellung ist

a) im linearen; b) im doppeltlogarithmischen Maßstab anzufertigen.

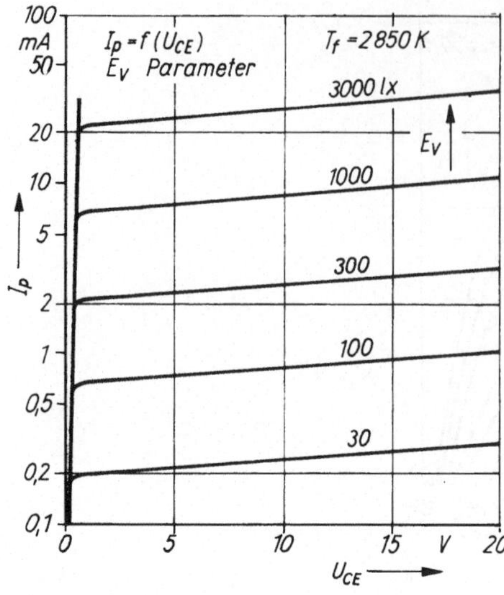

Bild 1.83. Kennlinienfeld eines Fototransistors

1.8.3. Lumineszenzdioden

Lumineszenz- oder Leuchtdioden (LED: Licht emittierende Dioden) werden grundsätzlich in Durchlaßpolung betrieben. Der Anschluß der Diode an die Betriebsspannung muß deshalb immer über einen Vorwiderstand R_v erfolgen:

$$R_v = (U_B - U_F)/I_F. \tag{1.179}$$

Ein maximaler Flußstrom I_{FM}, der sich aus der zulässigen Verlustleistung P_{tot} ableitet, darf nicht überschritten werden:

$$I_{FM} = P_{tot}/U_F. \tag{1.180}$$

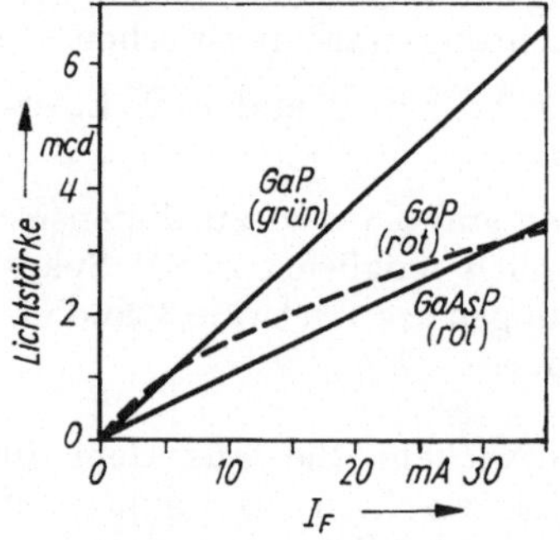

Bild 1.84. Abhängigkeit der Lichtstärke vom Flußstrom bei LED

Das erzeugte Licht ist nahezu monochromatisch mit einer Halbwertsbreite von 20...40 nm. Die Wellenlänge der erzeugten Strahlung und die Durchlaßspannung hängen vom Material und der Dotierung ab (Tabelle 1.14). Die erzeugte Lichtstärke ist annähernd proportional dem Flußstrom (Bild 1.84). Lediglich GaP (rot)

Tabelle 1.14. Einige Kennwerte von Lumineszenzdioden

Material	Leuchtfarbe	Wellenlänge λ in nm	Durchlaßspannung bei 10 mA U in V
GaP	rot	690	2...2,5
GaP	grün	565	2...2,5
GaP	gelb	590	2...1,5
GaAsP	rot	650	1,5...1,8
GaAsSi	IR	950	1,1
GaAsZn	IR	900	1,1

zeigt Sättigungscharakter. Im Laufe der Betriebszeit nimmt die Helligkeit der Dioden allmählich ab; das um so mehr, je größer der Flußstrom ist (Bild 1.85). Zur **Darstellung von Ziffern und Zeichen** werden meist 7 voneinander getrennte Katoden (n-leitende Gebiete) oder Anoden (p-leitende Gebiete) auf einem p- bzw. n-leitenden Grundsubstrat (Gegenelektrode GE) angeordnet (Bild 1.86).

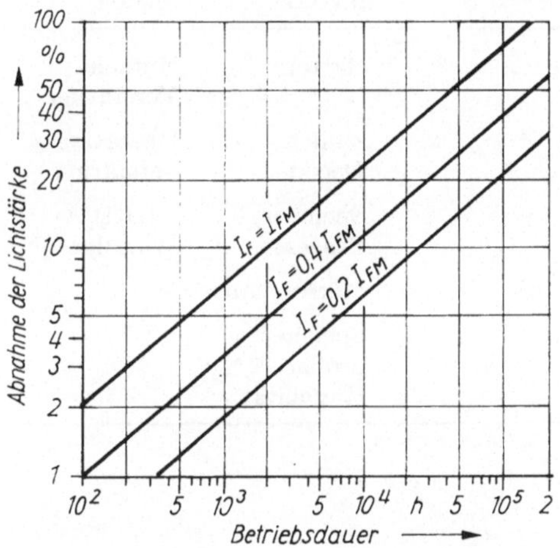

Bild 1.85. Abnahme der Lichtstärke in Abhängigkeit von der Betriebsdauer

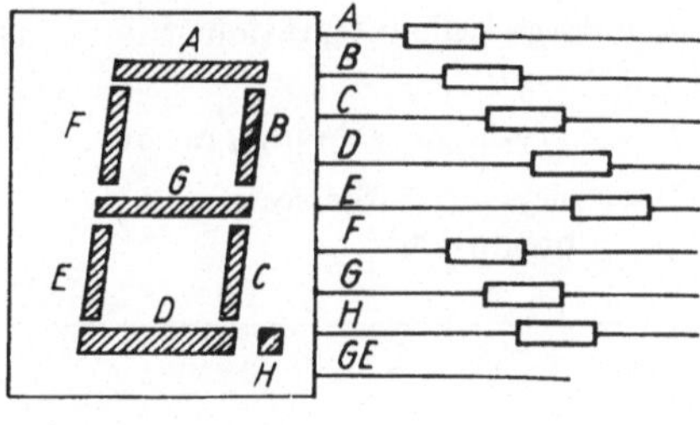

Bild 1.86. Siebensegment-Lichtemitteranzeige

A 1.140. Für eine Lumineszenzdiode werden angegeben $P_{tot} = 50$ mW, $U_F = 1{,}7$ V. Die Diode soll an 12 V mit einem Flußstrom von $0{,}4 I_{FM}$ betrieben werden.
Welcher Widerstandswert aus der Reihe E 24 ist vorzusehen?

A 1.141. Mit welcher Betriebsdauer der in Aufg. 1.140 angegebenen Lumineszenzdiode kann gerechnet werden, wenn bei

a) $I_F = I_{FM}$ eine Abnahme der Strahlungsintensität von 40%,
b) $I_F = 0{,}4 I_{FM}$ eine Abnahme der Strahlungsintensität von 35% zugelassen wird?

A 1.142. Für eine Lichtemitteranzeige gemäß Bild 1.86 steht eine Betriebsspannung von 5 V zur Verfügung. Die Gesamtverlustleistung darf 410 mW nicht überschreiten. Die Flußspannung der Segmente beträgt 3,6 V, die des Dezimalpunktes 1,8 V. Welche Widerstandswerte aus der Reihe E 24 sind vorzusehen, wenn die Verlustleistung etwa 70% der maximal zulässigen Leistung betragen soll?

1.9. Integrierte Schaltungen (IS, IC)

1.9.1. Einteilung

Integrierte Schaltungen können als ein Bauelement mit hohem Funktionsgrad aufgefaßt werden. Man teilt sie nach ihrem Integrationsgrad (Tabelle 1.15), nach der Anwendung und ihrem Funktionsprinzip bzw. der Herstellungstechnologie ein.

Tabelle 1.15. Übersicht zum Integrationsgrad von Schaltkreisen

Bezeichnung	Zahl der Funktionselemente	Beispiele	
		digital	analog
SSI = small-scale-integration	$\leqq 100$	Gatter	einfache Verstärker
MSI = medium-scale-integration	$10^2 \dots 10^3$	Zähler, Decoder	Operationsverstärker
LSI = large-scale-integration	$10^3 \dots 10^4$	Speicher, Prozessor	A/D-D/A-Wandler
VLSI = very-large-scale-integration	$10^4 \dots 10^5$	Mikrorechner	—
V^2LSI = very-very-large-scale-integration	$> 10^5$	Speicher großer Kapazität	

Einteilung nach der Anwendung

Analoge IC NF-, HF-, ZF-Verstärker; Operationsverstärker; Komparatoren; Spannungsstabilisatoren; Schaltungen der Nachrichten-, Rundfunk- und Fernsehtechnik

Digitale IC Gatter (AND-, OR-, NAND-NOR-Schaltungen); Trigger (RS-, D-, JK-Master-Slave-Trigger); Zähler; Schieberegister; Dekoder; Speicher; Mikroprozessoren.

Einteilung nach Prinzip und Technologie

Bipolare IC TTL-IC (Transistor-Transistor-Logik); ECL-IC (Emittergekoppelte Logik); I^2L-IC (Strominjektionslogik).

Unipolare IC P-MOS-IC (enthält nur p-Kanal-MOSFET-Strukturen); N-MOS-IC (enthält nur n-Kanal-MOSFET-Strukturen); C-MOS-IC (enthält p- und n-Kanal-MOSFETs); Dynamische MOS-IC.

1.9.2. Analoge integrierte Schaltungen

1.9.2.1. Operationsverstärker (OV)

Eigenschaften:

Sehr große Verstärkung, große Bandbreite, großer Eingangswiderstand, kleiner Ausgangswiderstand; mehrstufige, direktgekoppelte Schaltungsstruktur.
Zum Betrieb des OV sind 2 Betriebsspannungen erforderlich; eine gegenüber einem Bezugspunkt (Massepotential der Schaltung) positive ($+U_B$) und eine gleichgroße negative Spannung ($-U_B$). Der OV hat einen invertierenden und einen nichtinvertierenden Eingang (Bild 1.87).

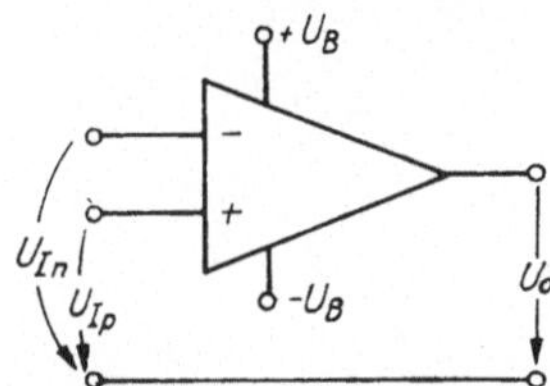

Bild 1.87. Symbol eines Operationsverstärkers

Großsignal- oder Differenzverstärkung im Leerlauf

$$V_{u0} = \frac{U_O}{U_{Ip} - U_{In}}. \tag{1.181}$$

Wenn U_{Ip} oder U_{In} gleich Null (Eingang z. B. mit Massepotential verbunden), wird

$$V_{u0} = \frac{U_O}{U_{Ip}} \quad \text{bzw.} \quad V_{u0} = -\frac{U_O}{U_{In}}. \tag{1.182}$$

Beim idealen OV ist $U_O = 0$, wenn $U_{Ip} = U_{In}$. Bei einem realen OV ist das nicht der Fall. Es wird deshalb eine Gleichtaktverstärkung V_{gl} definiert. Das Verhältnis der Differenzverstärkung V_{u0} zur Gleichtaktverstärkung V_{gl} wird als

Gleichtaktunterdrückung G bezeichnet:

$$G = \frac{V_{u0}}{V_{gl}}. \tag{1.183}$$

Wegen Unsymmetrien der integrierten Elemente ist U_O auch dann nicht gleich Null, wenn $U_{In} = 0$ und $U_{Ip} = 0$. Ein Ausgleich kann durch eine **Offsetkompensation** (R_0 in Bild 1.88 und 1.89) erfolgen.
Die Verstärkung des OV ist **frequenzabhängig**; gleichzeitig wird die Phase zwischen Ausgangs- und Eingangssignal gedreht, so daß es zu Selbsterregung kommen kann.
Es ist deshalb eine **Frequenzkompensation** erforderlich. Diese muß meist extern zugeschaltet werden (Bild 1.88 und 1.89). Die Glieder der Frequenzkompensation richten sich nach der eingestellten (niedrigsten) Verstärkung. Durch die Frequenzkompensation wird die obere Grenzfrequenz herabgesetzt (Bild 1.90).

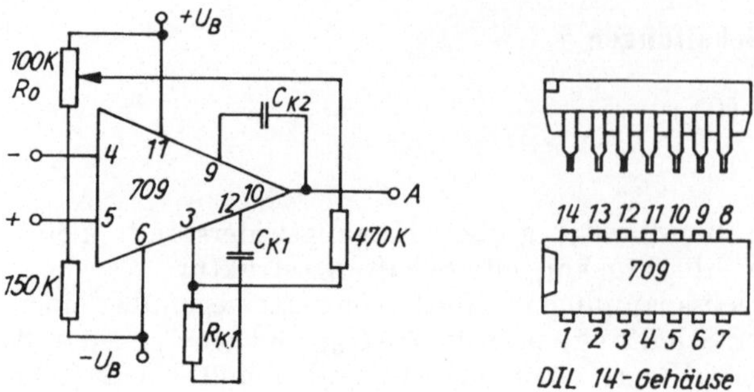

Bild 1.88. Operationsverstärker μA 709 mit Offset- und Frequenzkompensationsgliedern

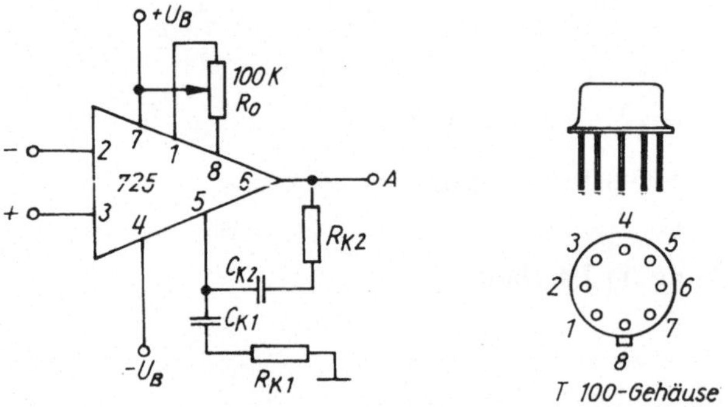

Bild 1.89. Operationsverstärker μA 725 mit Offset- und Frequenzkompensationsgliedern

Alle mit OV aufgebauten Verstärkerschaltungen lassen sich auf **2 Grundschaltungen** zurückführen; man unterscheidet

Grundschaltung 1, Invertierender Verstärker (Bild 1.91)

Eingangs- und Ausgangssignal haben entgegengesetzte Phasenlage. Für die Verstärkung gilt

$$V_u = -\frac{R_2}{R_1}. \tag{1.184}$$

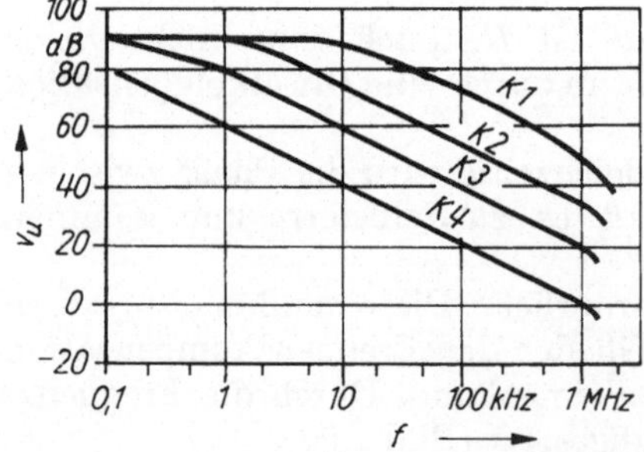

Bild 1.90. Frequenzabhängigkeit der Leerlauf-Verstärkung bei unterschiedlicher Frequenzkompensation eines OV

K 1: $v_u = 60$ dB K 3: $v_u = 20$ dB
K 2: $v_u = 40$ dB K 4: $v_u = 0$ dB

Der Eingangswiderstand ist

$$Z_1 = R_1. \tag{1.185}$$

Um die Eingangssymmetrie nicht zu stören, soll $R_3 \approx \dfrac{R_1 R_2}{R_1 + R_2}$ sein.

Grundschaltung 2, Nichtinvertierender Verstärker (Bild 1.92)

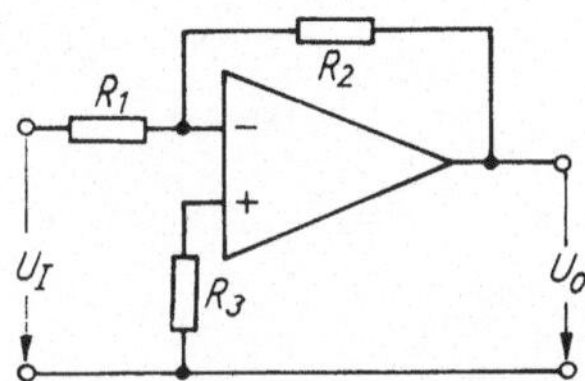

Bild 1.91. Invertierender Verstärker

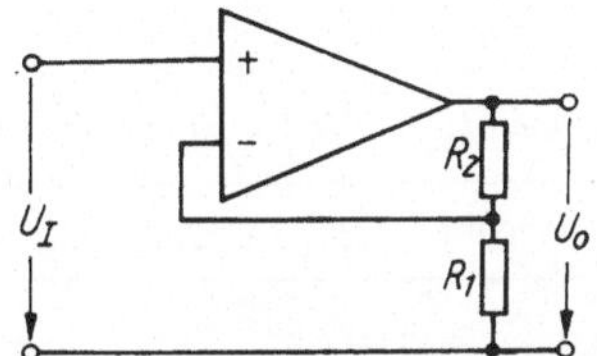

Bild 1.92. Nichtinvertierender Verstärker

Eingangs- und Ausgangssignal haben die gleiche Phasenlage. Für die Verstärkung gilt

$$V_u = 1 + \frac{R_2}{R_1}. \tag{1.186}$$

Der Eingangswiderstand ist sehr groß:

$$Z_1 \to \infty. \tag{1.187}$$

Für die häufig angewandten **logarithmischen Übertragungsgrößen** gilt

$$v_u = 20 \lg V_u \text{ in Dezibel (dB)}. \tag{1.188}$$

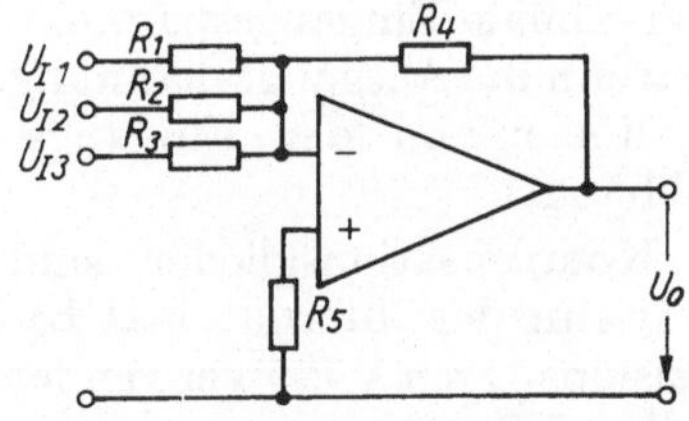

Bild 1.93. Addierverstärker

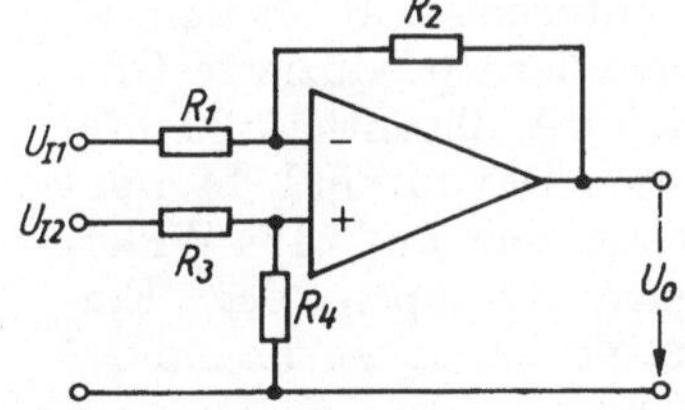

Bild 1.94. Subtrahier- oder Differenzverstärker

Von den Grundschaltungen gibt es zahlreiche Varianten; z. B. **Addierverstärker** (Bild 1.93)

$$-U_O = \frac{R_4}{R_1} U_{I1} + \frac{R_4}{R_2} U_{I2} + \frac{R_4}{R_3} U_{I3}; \tag{1.189}$$

wenn $R_1 = R_2 = R_3$, gilt

$$-U_O = \frac{R_4}{R_1} (U_{I1} + U_{I2} + U_{I3}) \tag{1.190}$$

Subtrahierverstärker (Bild 1.94)

$$U_O = \frac{R_2}{R_1}\left(U_{I2}\frac{1 + R_1/R_2}{1 + R_3/R_4} - U_{I1}\right); \tag{1.191}$$

wenn $R_1 = R_3$ und $R_2 = R_4$, wird

$$U_O = \frac{R_2}{R_1}(U_{I2} - U_{I1}). \tag{1.192}$$

Tabelle 1.16. Kompensationsglieder für Operationsverstärker vom Typ 709

v_u in dB	C_{k1} in pF	R_{k1} in kΩ	C_{k2} in pF
60	10	0	3
40	100	1,5	3
20	470	1,5	22
0	4700	1,5	220

Tabelle 1.17. Kompensationsglieder für Operationsverstärker vom Typ 725

v_u in dB	C_{k1} in nF	R_{k1} in Ω	C_{k2} in nF	R_{k2} in Ω
80	0,058	10000	—	—
60	1	470	—	—
40	10	47	—	—
20	47	27	1,5	270
0	47	10	22	39

A 1.143. Der international bekannte, von vielen Herstellern produzierte Operationsverstärker μA 709 enthält 39 integrierte Elemente. Davon sind 14 npn- und pnp-Transistoren und 15 Widerstände. Welchen Gruppen der Einteilungssystematik ist er zuzurechnen?

A 1.144. Für einen Operationsverstärker wird die Leerlaufverstärkung mit 106 dB und die Gleichtaktunterdrückung mit 90 dB angegeben. Wie groß sind die Verstärkungsfaktoren V_{u0} und V_{gl}?

A 1.145. Der Eingangswiderstand eines invertierenden Verstärkers soll 2 kΩ betragen und die Spannungsverstärkung 26 dB.

a) Welche Werte sind für die Widerstände R_1, R_2 und R_3 vorzusehen?

b) Welche maximale Eingangsspannung ist zulässig, wenn die Ausgangsspannung bis ±10 V linear von der Eingangsspannung abhängt?

c) Welche Kompensationsglieder sind vorzusehen, wenn der international bekannte Präzisions-OV μA 725 verwendet wird? (Tabelle 1.17)

A 1.146. An einem nichtinvertierenden Verstärker soll $R_1 + R_2$ konstant 10 kΩ betragen. Durch Umschaltung an einer Widerstandskette mit Hilfe eines Stufenschalters soll die Verstärkung wahlweise auf die Werte 2; 5; 10 und 20 eingestellt werden können.

a) Entwerfen Sie die Schaltung!

b) Berechnen Sie die Widerstandswerte der Widerstandskette!

c) Welche Kompensationsglieder sind

vorzusehen, wenn der OV-Typ µA 709 eingesetzt wird? (Tabelle 1.16)

A 1.147. An einem Addierverstärker für 4 Eingangsspannungen soll U_{I1} mit dem Faktor 2, U_{I2} mit dem Faktor 10, U_{I3} und U_{I4} mit dem Faktor 3 bewertet werden. Der Gegenkopplungswiderstand ist mit 33 kΩ vorgegeben.

a) Welche Widerstandswerte sind vorzusehen?

b) Welche maximalen Spannungswerte $U_{I1} = U_{I2} = U_{I3} = U_{I4}$ sind gleichzeitig zulässig, wenn U_O bis 9 V linear von den Eingangsspannungen abhängt?

A 1.148. An einem Verstärker zur Subtraktion von 2 gleichzubewertenden Spannungen U_{I1} und U_{I2} betragen die Maximalwerte der Eingangsspannungen 2,5 V. Die Ausgangsspannung hängt bis $U_O = 10$ V linear von den Eingangsspannungen ab. R_2 ist mit 5 kΩ vorgegeben. Die Verstärkeranordnung ist zu entwerfen, und die Widerstände sind zu berechnen.

1.9.2.2. Integrierte Spannungsregler

Zur Stabilisierung von Gleichspannungen werden integrierte Festspannungsregler und extern einstellbare, universell verwendbare Spannungsregler hergestellt. Ein international bekannter Universaltyp ist der µA 723.
Dieser kann mit Eingangsspannungen zwischen 9,5 V und 40 V zur Erzeugung stabilisierter Spannungen zwischen 2 V und 33 V betrieben werden. Die Differenz zwischen Eingangs- und Ausgangsspannung muß wenigstens 3 V betragen, damit eine einwandfreie Regelung möglich ist.

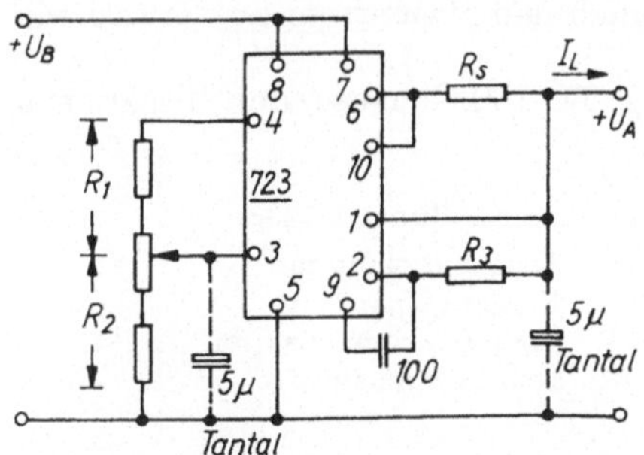

Bild 1.95. Beschaltung des integrierten Spannungsstabilisators für 2...7 V Ausgangsspannung

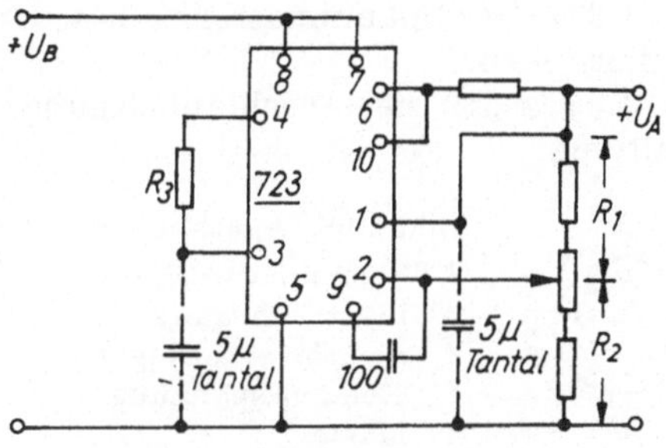

Bild 1.96. Beschaltung des integrierten Spannungsstabilisators für 7...33 V Ausgangsspannung

Eine hochstabile Referenzspannung wird intern erzeugt. Sie steht an einem Anschluß zur Verfügung. Je nach Exemplar beträgt sie 6,95...7,35 V. Die Eigenstromaufnahme liegt bei 2,3...3,5 mA. Die Verlustleistung darf 800 mW, der Ausgangsstrom 150 mA nicht überschreiten.
Die **Beschaltung mit externen Bauelementen** muß nach Bild 1.95 für Ausgangsspannungen zwischen 2 V und 7 V oder nach Bild 1.96 für Ausgangsspannungen zwischen 7 V und 33 V erfolgen.
Für Bild 1.95 gilt

$$U_A = U_{ref} \frac{R_2}{R_1 + R_2}; \tag{1.193}$$

Empfehlungen: $R_1 + R_2 = 7{,}15\ \mathrm{k\Omega}$; $R_3 = \dfrac{R_1 R_2}{R_1 + R_2}$.
Für Bild 1.96 gilt

$$U_{\mathrm{A}} = U_{\mathrm{ref}}\ \frac{R_1 + R_2}{R_2}\ ; \tag{1.194}$$

Empfehlung: $R_2 = 7{,}15\ \mathrm{k\Omega}$.

Mit R_{s} wird eine Strombegrenzung erreicht (Schutz vor Überlastung); es gilt

$$R_{\mathrm{s}} = \frac{0{,}7\ \mathrm{V}}{I_{\mathrm{L\,max}}}. \tag{1.195}$$

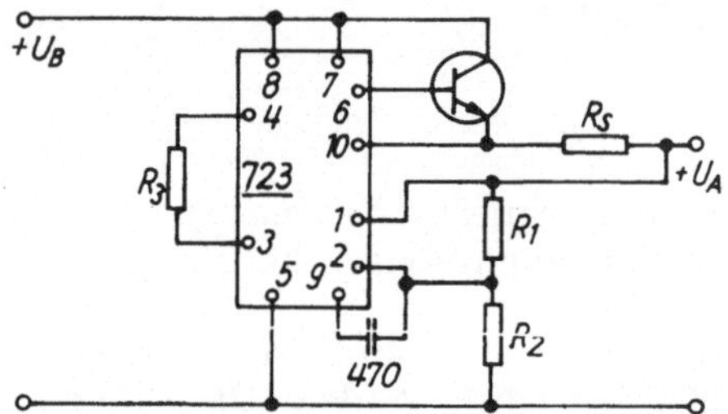

Bild 1.97. Beschaltung des integrierten Spannungsstabilisators mit einem Leistungstransistor

Zur Erhöhung des Laststromes kann ein Leistungstransistor nachgeschaltet werden (Bild 1.97). Der Spannungsregler hat dann lediglich den Basisstrom des Transistors bereitzustellen.
Bild 1.98 zeigt die Anschlußbelegung für das TO-100-Gehäuse der integrierten Schaltung.

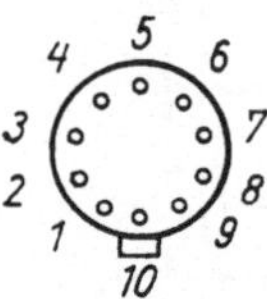

Bild 1.98. Anschlußbelegung des Spannungsstabilisators 723:

1	Stromüberwachung	*6*	Ausgangsspannung
2	invert. Eingang	*7, 8*	Eingangsspannung
3	nichtinvert. Eingang	*9*	Frequenzkompensation
4	Referenzspannung	*10*	Strombegrenzung
5	Masse		

A 1.149. Der Spannungsstabilisator 723 enthält 33 integrierte Elemente; und zwar 1 FET, 4 pnp- und 11 npn-Transistoren, 2 Z-Dioden, 14 Widerstände und einen Kondensator.
Welchen Gruppen der Einteilungssystematik ist der Schaltkreis zuzuordnen?

A 1.150. Eine Spannungsstabilisierungsschaltung mit der IC 723 ist für eine Ausgangsspannung von 5 V zu dimensionieren. Die Eingangsspannung beträgt 12 V $\pm$ 1,5 V. Die Verlustleistung soll aus thermischen Gründen 500 mW nicht überschreiten. Die am Anschluß *4* verfügbare Referenzspannung wurde zu 7,10 V ermittelt.
Die Widerstände sind zu berechnen.

A 1.151. Mit der IC 723 ist eine stabilisierte Spannung von 15 V herzustellen. Es wird mit Eingangsspannungsschwankungen von $\pm 20\%$ und einer maximalen Verlustleistung von 400 mW gerechnet. Die Differenz zwischen Eingangs- und Ausgangsspannung darf 3 V nicht unterschreiten. Die Referenzspannung beträgt 7,20 V.

a) Welche Nenneingangsspannung ist vorzusehen?

b) Wie groß darf $I_{L\,max}$ sein?

c) Wie sind die Widerstände zu dimensionieren?

A 1.152. Wie Aufgabe 1.151; der Laststrom soll jedoch bis maximal 1 A betragen. Welche Stromverstärkung muß der nachgeschaltete Leistungstransistor mindestens haben, und wie groß muß R_s sein?

1.9.3. Digitale integrierte Schaltungen

1.9.3.1. Digitale Signale und Pegel

Die digitale Schaltungstechnik unterscheidet die 2 **Signalwerte** „0" und „1", die durch **Pegel** (Spannungswerte) dargestellt werden können. Innerhalb vorgegebener Toleranzbereiche wird zwischen

L-Pegel (L: low, niedrig) und

H-Pegel (H: High, hoch) unterschieden.

H- und L-Pegel sind durch die **Übertragungsweite** W oder den logischen Hub ΔU voneinander getrennt. Innerhalb der Übertragungsweite darf kein Steuersignal liegen (verbotener Bereich).

$$\Delta U = W = U_{H\,min} - U_{L\,max} \tag{1.196}$$

Der H-Pegel ist immer positiver als der L-Pegel. Es gilt folgende Zuordnung:

Logik	Zuordnung Pegel/Signalwert	Beispiel	Übertr.-Weite
positiv	L entspricht „0"	0 ... +1 V	2 V
	H entspricht „1"	+3 ... +6 V	2 V
negativ	L entspricht „1"	−10 ... −18 V	5 V
	H entspricht „0"	0 ... −5 V	5 V

Die Komplexität digitaler Schaltungen erfordert einen hohen Bau- bzw. Funktionselementeaufwand, der sich heute ausschließlich auf die Halbleitertechnik stützt und durch die Schaltungsintegration realisiert wird.

Je nach Herstellungstechnologie und Schaltungskonzeption unterscheidet man verschiedene **Schaltkreisfamilien.**

Die Entwicklung der unterschiedlichen Schaltkreisfamilien resultiert aus den spezifischen Anforderungen der Anwender, dem Stand der Halbleiterforschung und den technologischen Möglichkeiten. Es werden angestrebt:

geringe Verlustleistung, kleine Schaltverzögerung bzw. Signallaufzeit, große Grenzfrequenz, große Packungsdichte, große Störsicherheit, großer Lastfaktor, niedriger technologischer Aufwand und Preis, hoher Eingangswiderstand, geringe Anforderungen an die Stabilität der Betriebsspannung.

Diese Forderungen können nicht alle gleichzeitig erfüllt werden; teilweise widersprechen sie sich. Entsprechend der Wertigkeit der Anforderungen sind deshalb Kompromisse zu schließen. Ein wesentliches Gütemerkmal ist das Produkt aus Verlustleistung P_v und Signallaufzeit t_D je Gatter (Bild 1.99). Vorteilhaft ist kleine Verlustleistung bei gleichzeitig kleiner Laufzeit.

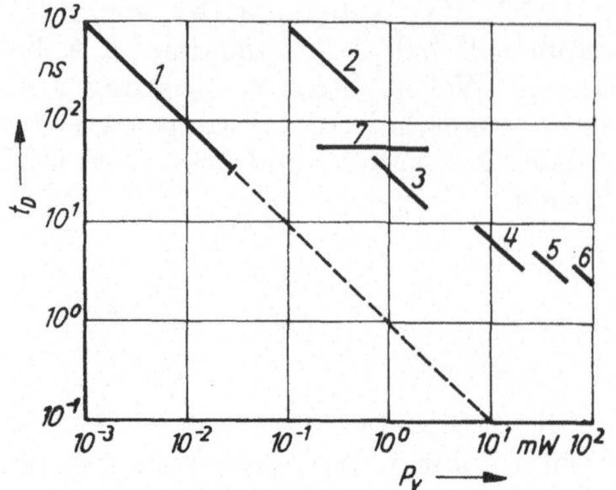

Bild 1.99. Leistungs-Zeit-Produkt verschiedener digitaler Schaltkreisfamilien

1 I²L; *2* p-MOS; *3* TTL, low power; *4* TTL, Standard; *5* TTL, high speed; *6* ECL; *7* CMOS

A 1.153. Für ein digitales Schaltkreissystem werden die Pegel $-(0...2)$ V und $-(5...9)$ V angegeben.

a) Wie groß ist die Übertragungsweite?
b) Welche Zuordnung besteht zwischen Logik, Signalwerten und Pegel, wenn negative Logik vorausgesetzt wird?
c) Welche Zuordnungen bestehen bei positiver Logik?

A 1.154. Für TTL-Schaltkreise gilt

$U_{IH} = 2...5$ V; $U_{OH} = 2{,}4...5$ V; $U_{IL} = 0...0{,}8$ V; $U_{OL} = 0...0{,}4$ V.

Wie groß sind die statische Störsicherheit und die Übertragungsweite?

A 1.155. Aus Bild 1.99 ist das Leistungs-Zeit-Produkt der angegebenen 7 Schaltkreisfamilien zu entnehmen.

1.9.3.2. Grundprinzipien einiger Schaltkreisfamilien

Die Verarbeitung digitaler Signale erfordert komplexe Schaltungen (Trigger, Zähler, Register, Speicher, Dekodierer), die einen hohen Funktionsgrad besitzen. Prinzipiell gehen sie auf die elementaren und daraus abgeleiteten Schaltfunktionen (UND, ODER, Inverter, NAND, NOR) zurück, wobei sich jede Schaltkreisfamilie eines vorherrschenden Prinzips bedient.

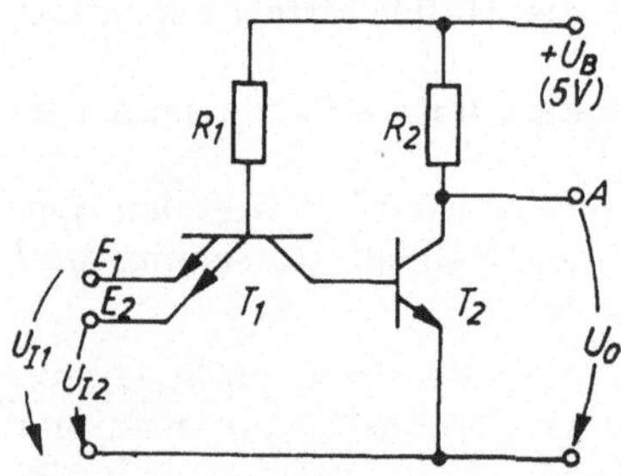

Bild 1.100. NAND-Grundgatter der TTL-Schaltkreise

Die **Grundschaltung der TTL-Reihen** (TTL: Transistor-Transistor-Logik) ist das NAND-Gatter (Bild 1.100).

Die UND-Einfächerung erfolgt durch einen Multiemitter-Transistor (T1) mit 2 bis 8 Emitteranschlüssen. Solange einer oder mehrere der Eingänge L-Signal führen, fließt der Basisstrom über die Eingänge ab (T1 wird normal betrieben). Die Basis von T2 liegt dann ebenfalls auf L-Potential; T2 ist gesperrt; an A erscheint H-

Signal. Erst wenn alle Eingänge H-Signal führen, fließt der Basisstrom von T1 über den Kollektor ab (T1 wird jetzt invers betrieben) und steuert T2 durch; an A erscheint L-Signal.
Die vollständige Schaltung eines TTL-NAND-Gatters enthält noch eine Treiber- und eine Gegentakt-Endstufe, die in Bild 1.100 nicht mit gezeichnet sind.
Die **Grundschaltung der p-MOS-Reihe** ist der **Inverter** (Bild 1.101) und (ergänzt durch einen weiteren Transistor) das **NOR-Gatter** (Bild 1.102). Charakteristisch für MOS-Schaltkreise ist der Verzicht auf integrierte Widerstände. Diese werden durch den Kanal eines MOS-Transistors gebildet. Das trifft zu für T2 in Bild 1.101 und T3 in Bild 1.102.

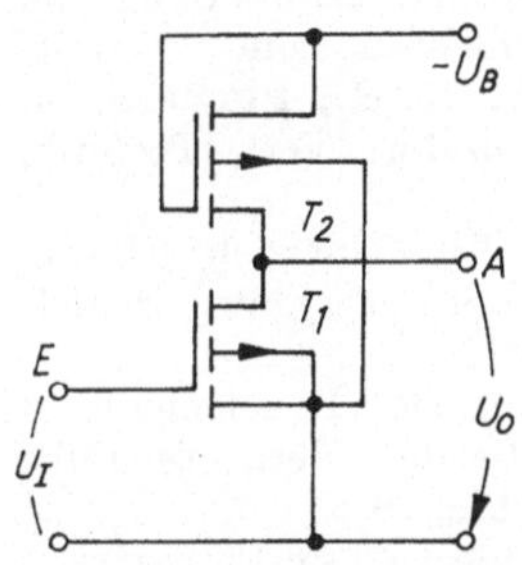

Bild 1.101. p-MOS-Inverter

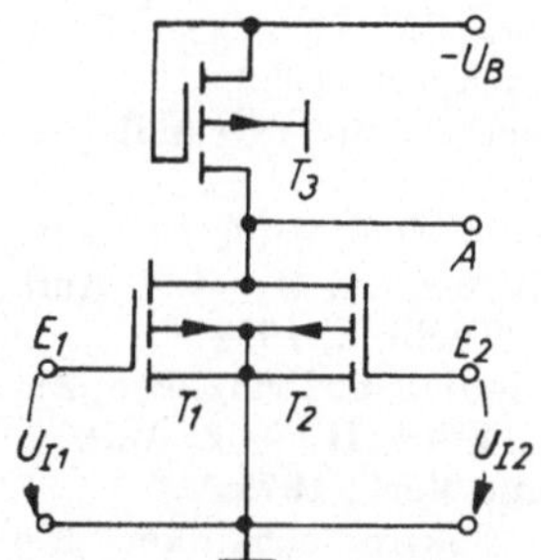

Bild 1.102. p-MOS-NOR-Gatter

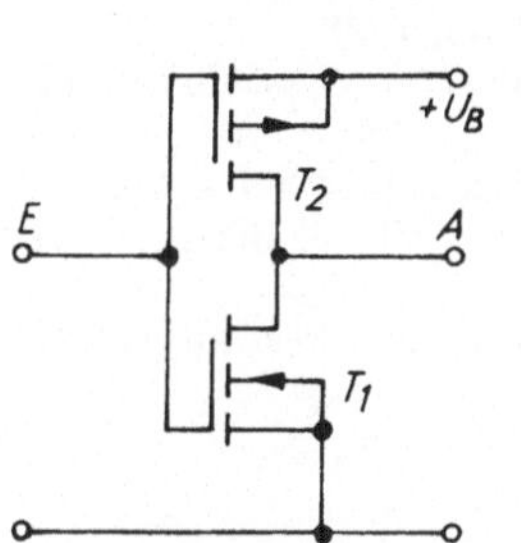

Bild 1.103. CMOS-Inverter

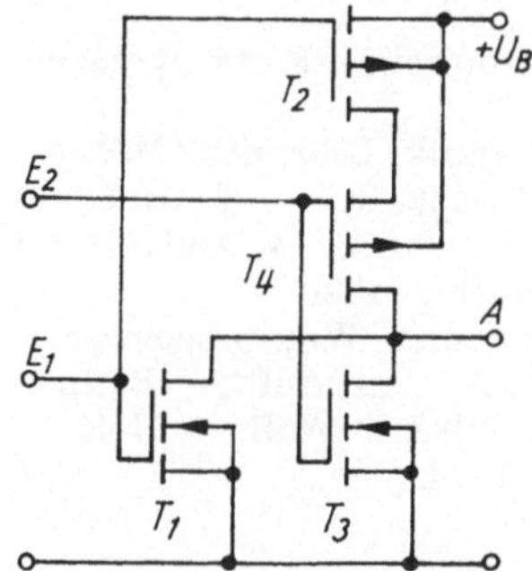

Bild 1.104. CMOS-NOR-Gatter

Die **Grundschaltung der CMOS-Reihen** ist ebenfalls der **Inverter** (Bild 1.103), der durch weitere Transistorstrukturen zum **NOR-Gatter** (Bild 1.104) oder auch zum **NAND-Gatter** erweitert werden kann. Jeder Inverter besteht aus zwei komplementären (C: complementary) MOS-Transistoren vom Anreicherungstyp (T1 und T3: n-Kanal-FET; T2 und T4: p-Kanal-FET).
Bei H-Potential am Eingang ist T1 leitend, T2 gesperrt; an A erscheint L-Signal ($U_{OL} = 0$ V). Bei L-Signal am Eingang ist T2 leitend, T1 gesperrt; an A erscheint H-Signal ($U_{OH} = U_B$). Da in jedem Schaltzustand einer der Transistoren gesperrt ist, ist die Eigenstromaufnahme nahezu Null.

A 1.156. Für ein TTL-NAND-Gatter sind die Schaltzustände der Transistoren T1 und T2 sowie der Ausgangspegel in Abhängigkeit von den Eingangspegeln Low und High tabellarisch zu erfassen.

A 1.157. Wie Aufgabe 1.156, aber für das p-MOS-NOR-Gatter. Für die p-MOS-Reihe gilt negative Logik.

A 1.158. Wie Aufgabe 1.156, aber für das CMOS-NOR-Gatter. Für CMOS-Schaltkreis gilt positive Logik.

1.10. Literaturverzeichnis

[1] Elektrotechnik — Elektronik / Lindner, H.; Brauer, H.; Lehmann, C. — Leipzig: Fachbuchverl., 1983 (Nachschlagebücher für Grundlagenfächer)

[2] Einführung in die Elektronik / Möschwitzer, A.; Rumpf, K.-H. — 4. Aufl. — Berlin: Verl. Technik, 1984

[3] Elektronik: Grundlagen, Prinzipien, Zusammenhänge / Völz, H. — 2. Aufl. — Berlin: Akademie-Verl., 1979

[4] Elektronik für Elektromechaniker: Ein Handbuch / Wahl, R. — 8. Aufl. — Berlin: Verl. Technik, 1983

[5] Halbleiterphysik / Paul, R. — Berlin: Verl. Technik, 1974; Heidelberg: Hüthig, 1975 (Reihe Elektronische Festkörperbauelemente)

[6] Halbleiterelektronik: Lehrbuch / Möschwitzer, A.; Lunze, K. — 6. Aufl. — Berlin: Verl. Technik; 4. Auflage — Heidelberg: Hüthig, 1980

[7] Halbleiterelektronik: Wissensspeicher / Möschwitzer, A. — 4. Aufl. — Berlin: Verl. Technik, 1983; 2. Aufl. — Heidelberg: Hüthig, 1974

[8] Transistor-Elektronik: Anwendung von Halbleiterbauelementen und Schaltkreisen / Rumpf, K.-H.; Pulvers, M. — 9. Aufl. — Berlin: Verl. Technik, 1984

[9] Mikroelektronik. Eine Übersicht / Paul, R. — Berlin: Verl. Technik; Heidelberg: Hüthig, 1981

[10] Passive elektronische Bauelemente / Höft, H. — Berlin: Verl. Technik; Heidelberg: Hüthig, 1977 (Reihe Elektronische Festkörperbauelemente)

[11] Elektronische Halbleiterbauelemente / Möschwitzer, A. — 4. Aufl. — Berlin: Verl. Technik, 1982

[12] Digitale Schaltungen und Schaltkreise / Seifart, M. — Berlin: Verl. Technik; Heidelberg: Hüthig, 1982 (Reihe Elektronische Festkörperbauelemente)

[13] Analoge Schaltungen und Schaltkreise / Seifart, M. — 2. Aufl. — Berlin: Verl. Technik, 1982 (Reihe Elektronische Festkörperbauelemente)

2. Analoge Schaltungen

2.1. Spezielle Berechnungsmethoden

2.1.1. Vierpolberechnung mit Matrizen

2.1.1.1. Vierpolgleichungen

Ein linearer Vierpol (Bild 2.1) wird durch eine Matrixgleichung vollständig beschrieben. Häufig verwendete **Gleichungsformen** sind:

Widerstandsform
$$\begin{pmatrix} u_1 \\ u_2 \end{pmatrix} = \begin{pmatrix} z_{11} & z_{12} \\ z_{21} & z_{22} \end{pmatrix} \cdot \begin{pmatrix} i_1 \\ i_2 \end{pmatrix} \tag{2.1}$$

Leitwertform
$$\begin{pmatrix} i_1 \\ i_2 \end{pmatrix} = \begin{pmatrix} y_{11} & y_{12} \\ y_{21} & y_{22} \end{pmatrix} \cdot \begin{pmatrix} u_1 \\ u_2 \end{pmatrix} \tag{2.2}$$

Hybridform
$$\begin{pmatrix} u_1 \\ i_2 \end{pmatrix} = \begin{pmatrix} h_{11} & h_{12} \\ h_{21} & h_{22} \end{pmatrix} \cdot \begin{pmatrix} i_1 \\ u_2 \end{pmatrix} \tag{2.3}$$

Kettenform
$$\begin{pmatrix} u_1 \\ i_1 \end{pmatrix} = \begin{pmatrix} a_{11} & a_{12} \\ a_{21} & a_{22} \end{pmatrix} \cdot \begin{pmatrix} u_2 \\ i_2 \end{pmatrix} \tag{2.4}$$

Definitionsgleichungen und Bezeichnungen der Vierpolparameter sind in Tabelle 2.1 dargestellt. Eine Umrechnung der Vierpolparameter ist mit Tabelle 2.2 möglich.

Tabelle 2.1. Vierpolparameter

	Gleichung	Bezeichnung
(z)	$z_{11} = u_1/i_1\|_{i_2=0}$	Leerlauf-Eingangswiderstand
	$z_{12} = u_1/i_2\|_{i_1=0}$	Leerlauf-Rückwirkungswiderstand
	$z_{21} = u_2/i_1\|_{i_2=0}$	Leerlauf-Übertragungswiderstand
	$z_{22} = u_2/i_2\|_{i_1=0}$	Leerlauf-Ausgangswiderstand
(y)	$y_{11} = i_1/u_1\|_{u_2=0}$	Kurzschluß-Eingangsleitwert
	$y_{12} = i_1/u_2\|_{u_1=0}$	Kurzschluß-Rückwirkungsleitwert
	$y_{21} = i_2/u_1\|_{u_2=0}$	Kurzschluß-Übertragungsleitwert
	$y_{22} = i_2/u_2\|_{u_1=0}$	Kurzschluß-Ausgangsleitwert
(h)	$h_{11} = u_1/i_1\|_{u_2=0}$	Kurzschluß-Eingangswiderstand
	$h_{12} = u_1/u_2\|_{i_1=0}$	Leerlauf-Spannungsrückwirkung
	$h_{21} = i_2/i_1\|_{u_2=0}$	Kurzschluß-Stromverstärkung
	$h_{22} = i_2/u_2\|_{i_1=0}$	Leerlauf-Ausgangsleitwert
(a)	$a_{11} = u_1/u_2\|_{i_2=0}$	reziproke Leerlauf-Spannungsverstärkung
	$a_{12} = u_1/i_2\|_{u_2=0}$	Kurzschluß-Übertragungswiderstand
	$a_{21} = i_1/u_2\|_{i_2=0}$	Leerlauf-Übertragungsleitwert
	$a_{22} = i_1/i_2\|_{u_2=0}$	reziproke Kurzschluß-Stromverstärkung

Tabelle 2.2. Umrechnung der Vierpolmatrizen

	(z)		(y)		(a)		(h)	
(z)	z_{11}	z_{12}	$\frac{y_{22}}{\Delta y}$	$-\frac{y_{12}}{\Delta y}$	$\frac{a_{11}}{a_{21}}$	$-\frac{\Delta a}{a_{21}}$	$\frac{\Delta h}{h_{22}}$	$\frac{h_{12}}{h_{22}}$
	z_{21}	z_{22}	$-\frac{y_{21}}{\Delta y}$	$\frac{y_{11}}{\Delta y}$	$\frac{1}{a_{21}}$	$-\frac{a_{22}}{a_{21}}$	$-\frac{h_{21}}{h_{22}}$	$\frac{1}{h_{22}}$
(y)	$\frac{z_{22}}{\Delta z}$	$-\frac{z_{12}}{\Delta z}$	y_{11}	y_{12}	$\frac{a_{22}}{a_{12}}$	$-\frac{\Delta a}{a_{12}}$	$\frac{1}{h_{11}}$	$-\frac{h_{12}}{h_{11}}$
	$-\frac{z_{21}}{\Delta z}$	$\frac{z_{11}}{\Delta z}$	y_{21}	y_{22}	$\frac{1}{a_{12}}$	$-\frac{a_{11}}{a_{12}}$	$\frac{h_{21}}{h_{11}}$	$\frac{\Delta h}{h_{11}}$
(a)	$\frac{z_{11}}{z_{21}}$	$-\frac{\Delta z}{z_{21}}$	$-\frac{y_{22}}{y_{21}}$	$\frac{1}{y_{21}}$	a_{11}	a_{12}	$-\frac{\Delta h}{h_{21}}$	$\frac{h_{11}}{h_{21}}$
	$\frac{1}{z_{21}}$	$-\frac{z_{22}}{z_{21}}$	$-\frac{\Delta y}{y_{21}}$	$\frac{y_{11}}{y_{21}}$	a_{21}	a_{22}	$-\frac{h_{22}}{h_{21}}$	$\frac{1}{h_{21}}$
(h)	$\frac{\Delta z}{z_{22}}$	$\frac{z_{12}}{z_{22}}$	$\frac{1}{y_{11}}$	$-\frac{y_{12}}{y_{11}}$	$\frac{a_{12}}{a_{22}}$	$\frac{\Delta a}{a_{22}}$	h_{11}	h_{12}
	$-\frac{z_{21}}{z_{22}}$	$\frac{1}{z_{22}}$	$\frac{y_{21}}{y_{11}}$	$\frac{\Delta y}{y_{11}}$	$\frac{1}{a_{22}}$	$-\frac{a_{21}}{a_{22}}$	h_{21}	h_{22}

Δ: Determinante einer Matrix; z. B. $\Delta z = z_{11}z_{22} - z_{12}z_{21}$

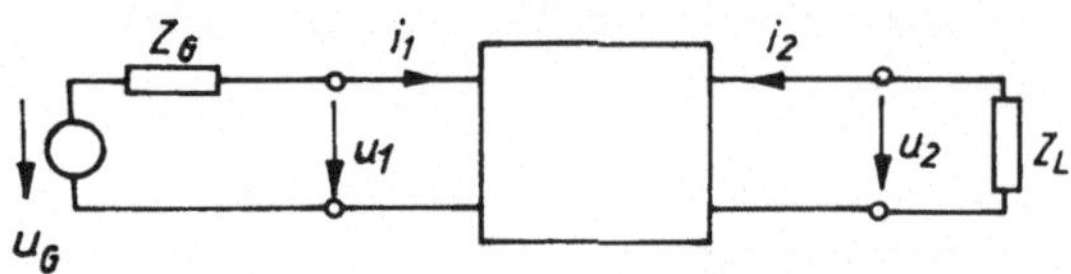

Bild 2.1. Vierpol als Übertragungssystem

A 2.1. Für ein T-Glied nach Bild 2.2 ist das Vierpol-Gleichungssystem in Widerstandsform aufzustellen.

Anleitung: Verwendung der KIRCHHOFFschen Regeln.

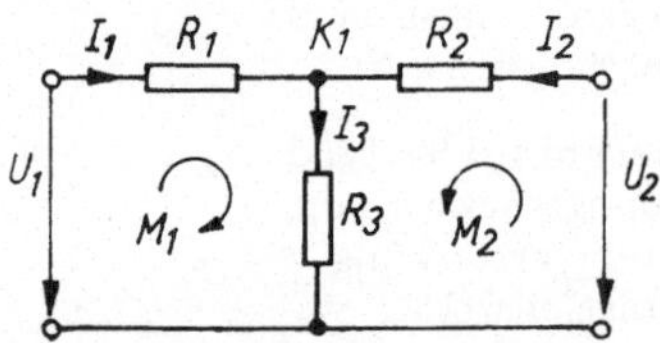

Bild 2.2. T-Glied

A 2.2. Unter Verwendung des Ergebnisses von A 2.1 ist durch Umformen des Gleichungssystems die Leitwertform herzustellen.

Anleitung: Rechnen Sie mit der **Kehrmatrix** $(z)^{-1}$.

Für **zweireihige** reguläre Matrizen (z) gilt:

$$(z) = \begin{pmatrix} z_{11} & z_{12} \\ z_{21} & z_{22} \end{pmatrix} \rightarrow (z)^{-1} = \frac{1}{\Delta z}\begin{pmatrix} z_{22} & -z_{12} \\ -z_{21} & z_{11} \end{pmatrix} \tag{2.5}$$

Δz ist die Determinante der Matrix (z):

$$\Delta z = \begin{vmatrix} z_{11} & z_{12} \\ z_{21} & z_{22} \end{vmatrix} = z_{11}z_{22} - z_{12}z_{21} \tag{2.6}$$

A 2.3. An einem npn-Transistor wurden in Emitterschaltung bei $f = 1$ kHz, $U_{CE} = 6$ V und $I_C = 2$ mA folgende Parameter gemessen:

$h_{11e} = 6{,}9\,\text{k}\Omega$, $h_{12e} = 4{,}1 \cdot 10^{-4}$,

$h_{21e} = 510$, $h_{22e} = 64\,\mu\text{S}$.

Die h_e-Parameter dieses Transistors sind durch y_e-Parameter auszudrücken.

A 2.4. Die Kettenmatrix eines CR-Koppelgliedes (Bild 2.3) ist für ein Sinussignal mit der Winkelfrequenz ω aufzustellen.

Anleitung: Gehen Sie dazu von den Definitionsgleichungen der Vierpolparameter aus (Tab. 2.1).

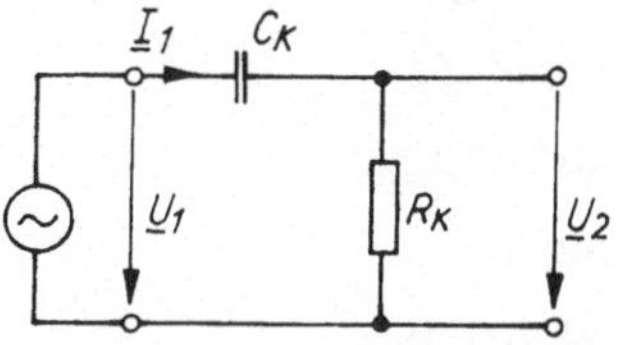

Bild 2.3. *CR*-Koppelglied

2.1.1.2. Vierpol-Ersatzschaltbilder

Die Vierpolgleichungen können durch Ersatzschaltbilder veranschaulicht werden. Die Vierpoleigenschaften sind im Ersatzschaltbild durch Widerstände bzw. Leitwerte und gesteuerte Quellen beschrieben. Am bekanntesten sind das h-Ersatzschaltbild [Bild 2.4a)] und das y-Ersatzschaltbild [Bild 2.4b)].

A 2.5. Der Transistor aus A 2.3 ist durch ein y-Ersatzschaltbild zu beschreiben.

A 2.6. Das y-Ersatzschaltbild [Bild 2.4b)] ist in ein π-Ersatzschaltbild mit einer gesteuerten Quelle (Bild 2.5) umzurechnen.

Anleitung: Anwendung der KIRCHHOFFschen Regeln auf Bild 2.5.

A 2.7. An einem npn-HF-Transistor wurden bei $f = 100$ MHz, $U_{CE} = 10$ V, $I_C = 5$ mA folgende Parameter gemessen:

$\underline{y}_{11e} = (6{,}6 + \text{j}\,7{,}3)$ mS;

$\underline{y}_{12e} = -(0{,}3 + \text{j}\,1{,}75)$ mS;

$\underline{y}_{21e} = (23{,}5 - \text{j}\,10)$ mS;

$\underline{y}_{22e} = (1{,}72 + \text{j}\,2{,}74)$ mS.

Berechnen Sie die Schaltelemente des π-Ersatzschaltbildes (Bild 2.5) für $f = 100$ MHz.

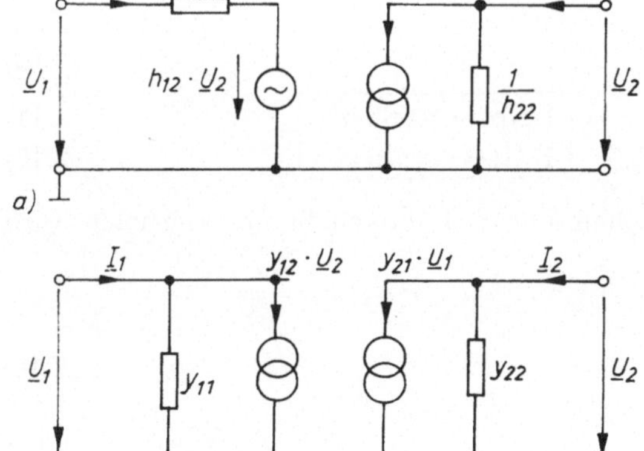

Bild 2.4. Vierpolersatzschaltbilder
a) in h-Form b) in y-Form

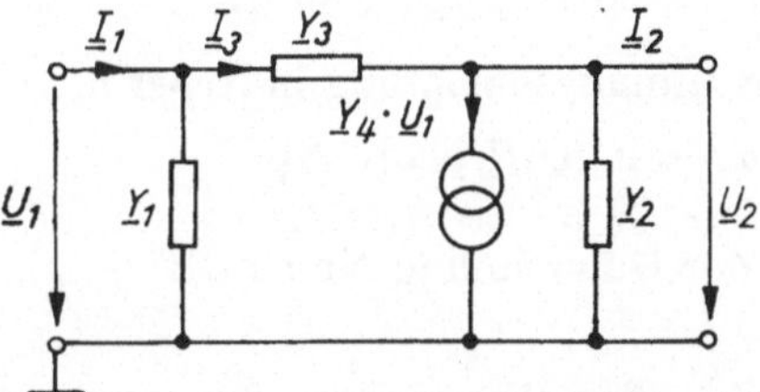

Bild 2.5. π-Ersatzschaltbild (allgemein)

2.1.1.3. Widerstände und Übertragungsgrößen von Vierpolen

Am Vierpol-Übertragungssystem (Bild 2.1) werden folgende Kenngrößen definiert:

Eingangswiderstand $\underline{Z}_1$ $\underline{Z}_1 = \underline{U}_1/\underline{I}_1$ (2.7)

Ausgangswiderstand $\underline{Z}_2$ $\underline{Z}_2 = \underline{U}_2/\underline{I}_2$ (2.8)

Spannungsverstärkung $\underline{V}_u$ $\underline{V}_u = \underline{U}_2/\underline{U}_1$ (2.9)

Stromverstärkung $\underline{V}_i$ $\underline{V}_i = \underline{I}_2/\underline{I}_1$ (2.10)

Leistungsverstärkung $\underline{V}_p$ $\underline{V}_p = \underline{P}_2/\underline{P}_1 = \underline{V}_u\underline{V}_i$ (2.11)

Zur Berechnung dieser Kenngrößen aus den Vierpolmatrizen dient Tabelle 2.3.

Tabelle 2.3. Widerstände und Übertragungsgrößen von Vierpolen

	(z)	(y)	(a)	(h)
Z_1	$z_{11} - \frac{z_{12}z_{21}}{z_{22} + Z_L}$	$\frac{y_{22}Z_L + 1}{\Delta y Z_L + y_{11}}$	$\frac{a_{12} - a_{11}Z_L}{a_{22} - a_{21}Z_L}$	$h_{11} - \frac{h_{12}h_{21}Z_L}{h_{22}Z_L + 1}$
Z_2	$z_{22} - \frac{z_{12}z_{21}}{z_{11} + Z_G}$	$\frac{1 + y_{11}Z_G}{y_{22} + \Delta y Z_G}$	$-\frac{a_{12} + a_{22}Z_G}{a_{11} + a_{21}Z_G}$	$\frac{h_{11} + Z_G}{\Delta h + h_{22}Z_G}$
V_u	$\frac{z_{21}Z_L}{\Delta z + z_{11}Z_L}$	$-\frac{y_{21}Z_L}{y_{22}Z_L + 1}$	$\frac{Z_L}{a_{11}Z_L - a_{12}}$	$-\frac{h_{21}Z_L}{\Delta h Z_L + h_{11}}$
V_i	$-\frac{z_{21}}{z_{22} + Z_L}$	$\frac{y_{21}}{\Delta y Z_L + y_{11}}$	$\frac{1}{a_{22} - a_{21}Z_L}$	$\frac{h_{21}}{1 + h_{22}Z_L}$

Δ: Determinante einer Matrix; z. B. $\Delta z = z_{11}z_{22} - z_{12}z_{21}$

Logarithmische Übertragungsgrößen sind z. B.

Spannungsverstärkung in Dezibel v_u:

$$v_u = 20 \lg |\underline{U}_2/\underline{U}_1| \quad \text{in dB} \tag{2.12}$$

Spannungsdämpfung in Neper a_u:

$$a_u = \ln |\underline{U}_1/\underline{U}_2| \quad \text{in Np} \tag{2.13}$$

Zur Umrechnung Np ⇆ dB:

$$1\ \text{Np} = 8{,}686\ \text{dB} \tag{2.14}$$

$$1\ \text{dB} = 0{,}115\ \text{Np} \tag{2.15}$$

Zur Berechnung der **Anpassung** zwischen linearen umkehrbaren Vierpolen wird der **Wellenwiderstand** verwendet:

eingangsseitiger Wellenwiderstand Z_{w1}:

$$Z_{w1} = \sqrt{z_{11}/y_{11}} \tag{2.16}$$

ausgangsseitiger Wellenwiderstand Z_{w2}:

$$Z_{w2} = \sqrt{z_{22}/y_{22}} \tag{2.17}$$

A 2.8. Ein T-Glied (Bild 2.2) mit den Widerständen $R_1 = 1\,\text{k}\Omega$, $R_2 = 1\,\text{k}\Omega$ und $R_3 = 2\,\text{k}\Omega$ liegt vor. Der Wellenwiderstand dieses Dämpfungsgliedes ist zu berechnen. Welcher Eingangswiderstand Z_1 ergibt sich, wenn der Vierpol am Ausgang mit $Z_L = Z_w$ abgeschlossen wird?

A 2.9. Ein Transistor in Emitterschaltung mit den Daten aus A 2.3 wird als Wechselspannungsverstärker betrieben (Bild 2.6). Berechnen Sie für $1/\omega C_K \to 0$:

a) die Spannungsverstärkung $V_u = f_1(R_a)$,

b) den Eingangswiderstand $Z_1 = f_2(R_a)$ für $R_{a(1)} = 0$; $R_{a(2)} = R_c$; $R_{a(3)} \to \infty$.

Anleitung: Berechnen Sie zunächst R_c für $U_B = 12$ V und verwenden Sie dann Tabelle 2.3.

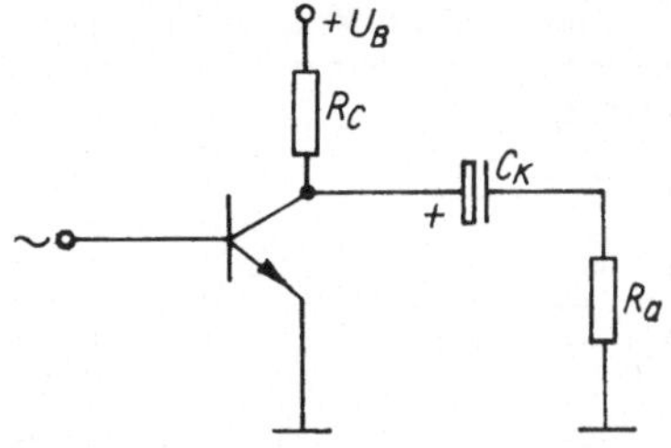

Bild 2.6. Kapazitive Lastankopplung bei Wechselspannungsverstärkern

A 2.10. Für ein symmetrisches Dämpfungsglied in T-Schaltung entsprechend A 2.8 ist die Spannungsdämpfung in Neper zu berechnen:

a) für Leerlauf am Ausgang; b) für Anpassung an den Wellenwiderstand.

Anleitung: Gehen Sie von $U_1/U_2 = V_u^{-1}$ und Tabelle 2.3 aus!

2.1.1.4. Zusammenschaltung von Vierpolen

Das Zusammenschalten von Vierpolen wird durch arithmetische Matrizenoperationen ausgedrückt. In Tafel 2.1 sind die wichtigsten Schaltungsregeln, einschließlich der zu beachtenden Randbedingungen, zusammengefaßt. Die Berechnung von Vierpolen kann durch Zerlegen in Grundvierpole mit bekannten Matrizen erfolgen (Vierpolanalyse).

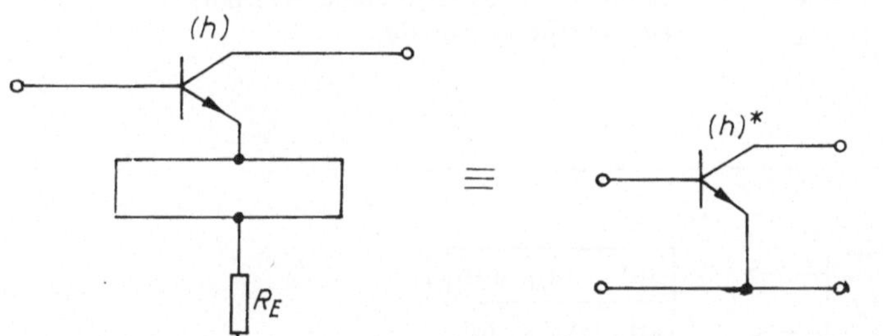

Bild 2.7. Transistor mit Emitterwiderstand als Vierpol-Reihenschaltung

A 2.11. Ein Transistor mit Emitterwiderstand nach Bild 2.7 soll durch einen Ersatztransistor beschrieben werden. Leiten Sie die Parameter h_{11}^* und h_{21}^* unter Vernachlässigung von h_{12} her. Die Ergebnisse sind zu diskutieren.

Anleitung: Die z-Matrix des Emitterwiderstandes ist aus L 2.1 herzuleiten.

A 2.12. Gegeben sei ein Dämpfungsglied überbrückter T-Schaltung nach Bild 2.8.

a) Geben Sie zwei Zerlegungsvarianten an.

b) Berechnen Sie allgemein die Leitwertmatrix dieses Vierpols.

Anleitung: Die y-Matrix des Längswiderstandes kann mittels Tabelle 2.1 hergeleitet werden.

Tafel 2.1. Zusammenschaltung von Vierpolen

1. *Reihenschaltung*

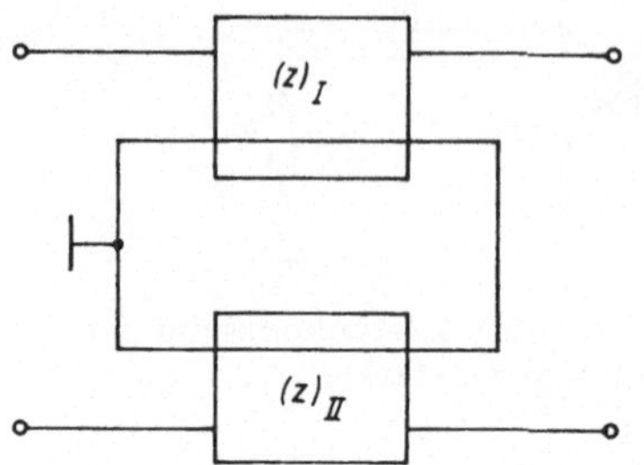

$$(z) = (z)_{\mathrm{I}} + (z)_{\mathrm{II}}$$

Bedingung:

Vierpole erdunsymmetrisch;
Erdschleife notwendig

2. *Parallelschaltung*

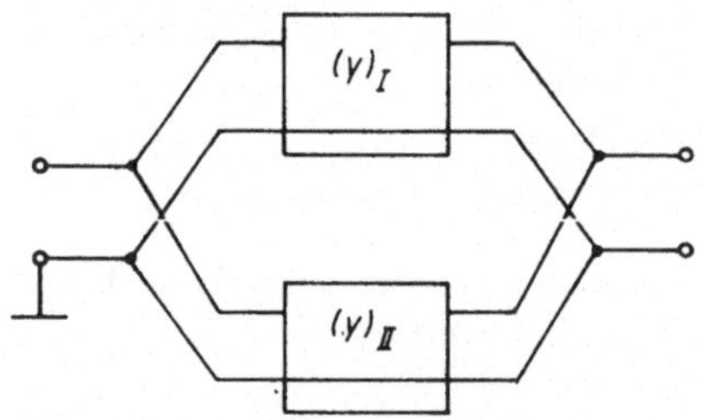

$$(y) = (y)_{\mathrm{I}} + (y)_{\mathrm{II}}$$

Bedingung:

Vierpole erdunsymmetrisch;
Erdschleife notwendig

3. *Reihen-Parallelschaltung*

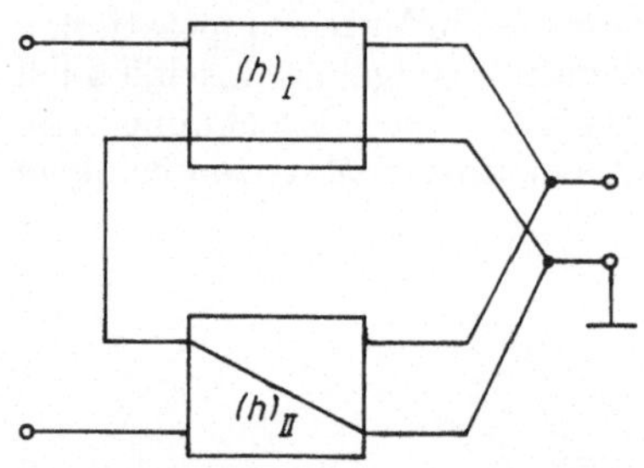

$$(h) = (h)_{\mathrm{I}} + (h)_{\mathrm{II}}$$

Bedingung:

Vierpole erdunsymmetrisch;
Leitungskreuzung in einem Vierpol;
Erdschleife notwendig

4. *Kettenschaltung*

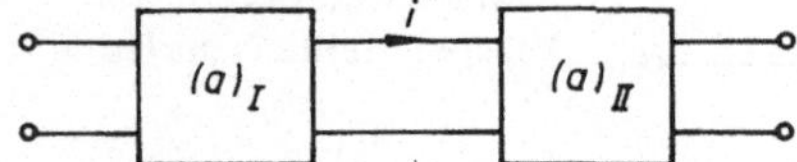

$$(a) = (a)_{\mathrm{I}} \cdot (a)_{\mathrm{II}}$$

$$(a)_{\mathrm{I}} \cdot (a)_{\mathrm{II}} \neq (a)_{\mathrm{II}} \cdot (a)_{\mathrm{I}}$$

Bedingung:

Wegen $-i_{2\mathrm{II}} = i_{1\mathrm{I}}$ Vorzeichenumkehr in 2. Spalte von $(a)_{\mathrm{I}}$ erforderlich

A 2.13. Welchen Eingangswiderstand Z_1 hat der über $R_p = 1\,\mathrm{k}\Omega$ für Wechselstrom gegengekoppelte Transistor nach Bild 2.9? Die Transistorparameter sind A 2.3 zu entnehmen.

Anleitung: Berücksichtigen Sie $h_{12} \approx 0$ und $C_S \gg 1/\omega R_p$.

A 2.14. Für die im Bild 2.10 dargestellte *CR*-Phasenkette ist herzuleiten:

a) das Spannungsverhältnis $\underline{U}_1/\underline{U}_2|_{I_2=0}$;

b) die Winkelfrequenz ω_0, für die das unter a) berechnete Spannungsverhältnis reell wird.

Anleitung: Gehen Sie von L 2.4 aus. Die in Tafel 2.1 (4. Kettenschaltung) genannte Bedingung erfordert bei den ersten beiden Kettengliedern eine Vorzeichenumkehr in der 2. Spalte der *a*-Matrix. Matrizen werden folgendermaßen multipliziert [→ Gl. (2.18)]:

$$\begin{pmatrix} k_{11} & k_{12} \\ k_{21} & k_{22} \end{pmatrix} \cdot \begin{pmatrix} l_{11} & l_{12} \\ l_{21} & l_{22} \end{pmatrix} = \begin{pmatrix} k_{11}l_{11} + k_{12}l_{21} & k_{11}l_{12} + k_{12}l_{22} \\ k_{21}l_{11} + k_{22}l_{21} & k_{21}l_{12} + k_{22}l_{22} \end{pmatrix} \quad (2.18)$$

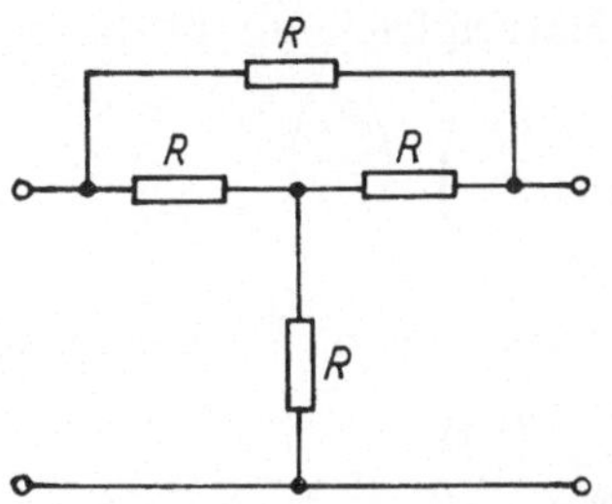

Bild 2.8. Überbrücktes T-Glied

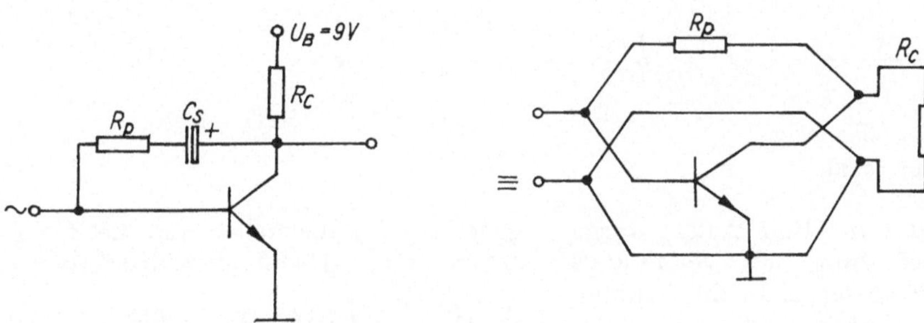

Bild 2.9. Transistor mit Kollektor-Basis-Widerstand als Vierpol-Parallelschaltung

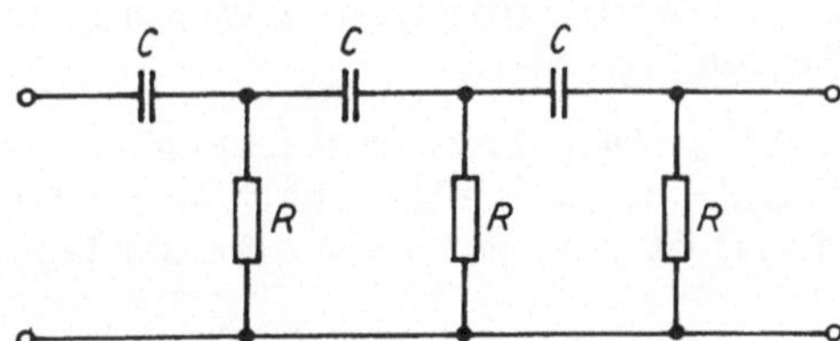

Bild 2.10. *CR*-Phasenkette

2.1.2. Knotenspannungsanalyse mit Matrizen

2.1.2.1. Leitwertgleichungen von Mehrtoren

Bei der Berechnung eines linearen Mehrtor-Netzwerkes mit der Knotenspannungsmethode hängt die Zahl n der aufzustellenden Gleichungen von der Knotenzahl k des Netzwerkes ab. Bei geerdeten Netzwerken ist $n_1 = k - 1$, bei erdfreien ist $n_2 = k$. Für das im Bild 2.11 dargestellte 3-Tor gilt:

Unbestimmte Matrixgleichung für das erdfreie Netzwerk:

$$\begin{pmatrix} i_1 \\ i_2 \\ i_3 \end{pmatrix} = \begin{pmatrix} y_{11} & y_{12} & y_{13} \\ y_{21} & y_{22} & y_{23} \\ y_{31} & y_{32} & y_{33} \end{pmatrix} \cdot \begin{pmatrix} u_1 \\ u_2 \\ u_3 \end{pmatrix} \tag{2.19}$$

Bestimmte Matrixgleichung für das im Knoten *3* geerdete Netzwerk ($u_3 = 0$):

$$\begin{pmatrix} i_1 \\ i_2 \end{pmatrix} = \begin{pmatrix} y_{11} & y_{12} \\ y_{21} & y_{22} \end{pmatrix} \cdot \begin{pmatrix} u_1 \\ u_2 \end{pmatrix} \tag{2.20}$$

In Gl. (2.19) ist jede Zeilen- oder Spaltensumme gleich Null (Kontrollmöglichkeit!). Die Elemente der Hauptdiagonale y_{ii} ergeben sich aus der Summe der an den Knoten i angrenzenden Leitwerte des Netzwerkes. Die anderen Elemente y_{ik} entsprechen den negativen Übertragungsleitwerten vom Knoten k zum Knoten i.

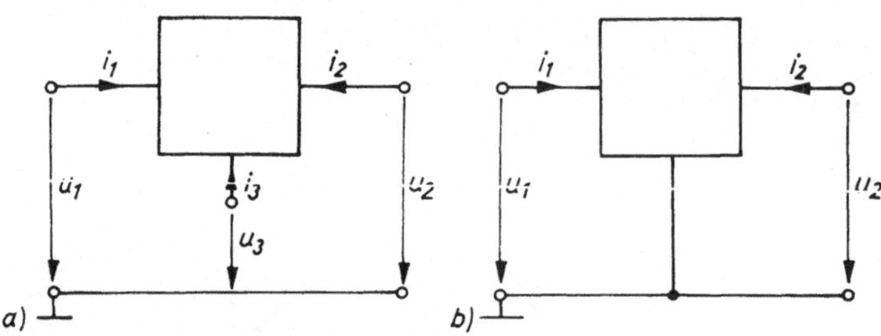

Bild 2.11. 3-Tor (allgemein)
a) erdfrei b) geerdet

A 2.15. Zu der im Bild 2.12a) dargestellten π-Schaltung mit Spannungsquelle am Eingang sind die Knotenspannungsgleichungen aufzustellen. Die Ergebnisse sind mit der Matrizengleichung (2.20) zu vergleichen.

Anleitung: Das Netzwerk ist entsprechend Bild 2.12b) identisch umzuformen (Widerstände → Leitwerte; Spannungsquellen → Stromquellen). Für $k - 1$ Knotenpunkte sind die Knotenpunktsgleichungen aufzustellen und die Zweigströme durch $\Delta U \cdot Y$ auszudrücken.

A 2.16. Die Leitwertgleichungen des im Bild 2.13 dargestellten 4-Tores sind aufzustellen:

a) Netzwerk erdfrei; b) Netzwerk im Knoten 3 geerdet.

A 2.17. Die Leitwertgleichung eines Transistors in Emitterschaltung [→ Gl. (2.21)] ist gegeben. Stellen Sie die Leit-

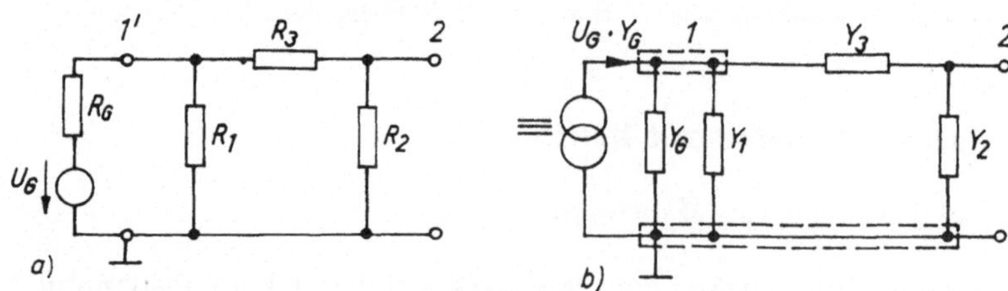

Bild 2.12. π-Schaltung
a) mit Spannungsquelle am Eingang
b) umgewandelt in Stromquellen-Leitwertdarstellung

wertgleichung dieses Transistors in Kollektorschaltung (Bild 2.14) auf und bestimmen Sie so die Zusammenhänge zwischen Kollektor- und Emitterparametern.

$$\begin{pmatrix} i_B \\ i_C \end{pmatrix} = \begin{pmatrix} y_{11e} & y_{12e} \\ y_{21e} & y_{22e} \end{pmatrix} \cdot \begin{pmatrix} u_{BE} \\ u_{CE} \end{pmatrix} \qquad (2.21)$$

Anleitung: Wandeln Sie zunächst die bestimmte Matrixgleichung in eine unbestimmte um («Rändern» der Matrix), und reduzieren Sie diese dann auf die gewünschte Form.

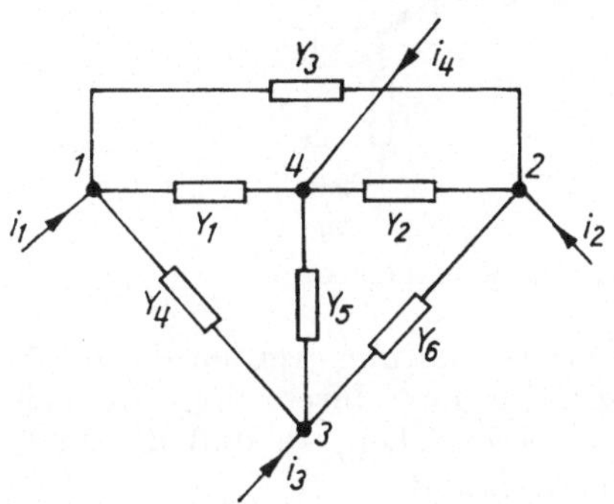

Bild 2.13. 4-Tor aus passiven Leitwerten

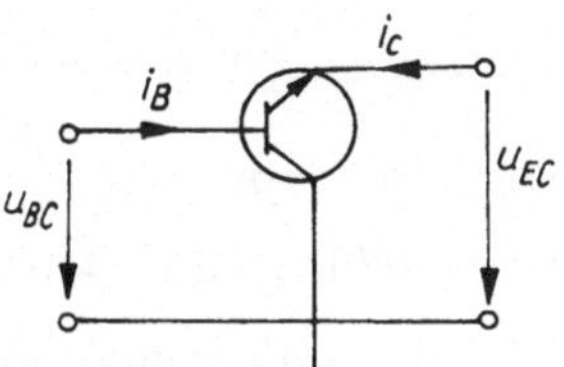

Bild 2.14. Kollektorschaltung

2.1.2.2. Parallelschaltung von Mehrtoren

Mehrtore mit gleicher Knotenzahl k werden parallel geschaltet, indem alle k Knoten des einen Netzwerkes mit den auf gleichem Potential liegenden k Knoten des anderen verbunden werden [Bild 2.15a)]. Bei ungleicher Knotenzahl sind isolierte Knoten einzuführen [Bild 2.15b)].

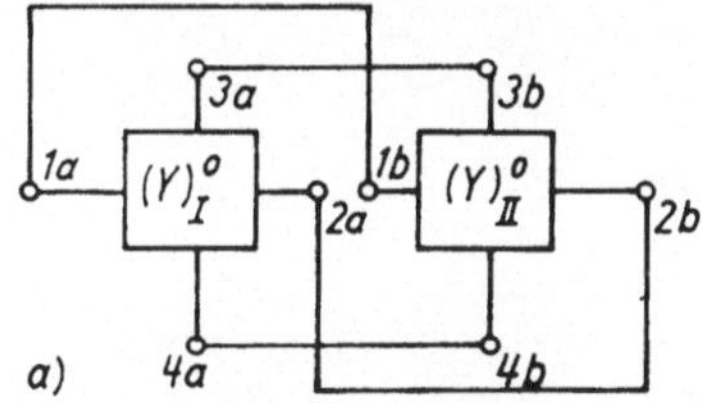

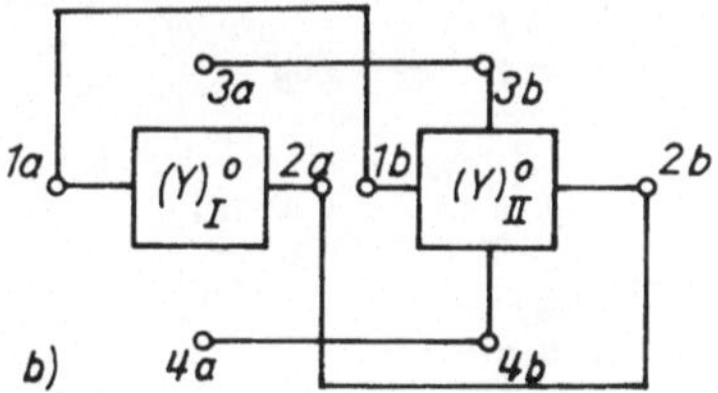

Bild 2.15. Parallelschaltung von Mehrtoren
a) $k_I = k_{II}$ b) $k_I < k_{II}$

Bei Parallelschaltung addieren sich die unbestimmten Leitwertmatrizen $(y)^0$:

$$(y)^0 = (y)_I{}^0 + (y)_{II}^0 + (y)_{III}^0 + \dots + (y)_n{}^0 \qquad (2.22)$$

Die isolierten Knoten werden durch Nullen in den der Knotennumerierung entsprechenden Zeilen und Spalten berücksichtigt. Bei der Mehrtoranalyse wird ein vorgegebenes Netzwerk in parallel liegende Mehrtore zerlegt. Alle Zerlegungen führen im Gegensatz zur klassischen Vierpoltheorie stets nur auf Parallelschaltungen (Vorteil: weniger Tabellenmaterial erforderlich).

A 2.18. Die bestimmte Leitwertmatrix eines gegengekoppelten Transistors nach Bild 2.16 ist zu berechnen. Der Transistor ist durch seine y_e-Parameter beschrieben. y_{12e} soll dabei vernachlässigt werden.

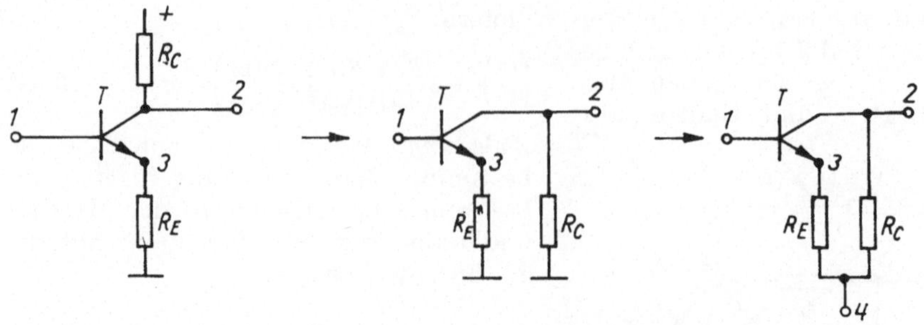

Bild 2.16. Zur Berechnung einer Transistorschaltung mit der Mehrtortheorie

Anleitung: Gehen Sie von $(y)_T = \begin{pmatrix} y_{11} & 0 \\ y_{21} & y_{22} \end{pmatrix}$ aus und bilden Sie entsprechend Bild 2.16 die unbestimmten Leitwertmatrizen $(y)^0$ der 4-Tore.

A 2.19. Leiten Sie die Leitwertmatrix der im Bild 2.17 dargestellten Verstärkerschaltung her.

Anleitung: Bei mehrstufigen Verstärkerschaltungen sind im Interesse eines vertretbaren Rechenaufwandes Näherungen zweckmäßig. Transistoren in Emitter- bzw. Sourceschaltung werden dann näherungsweise nur durch ihre Steilheit $S = y_{21e}$ beschrieben, so daß die Leitwertmatrix lautet

$$(y)_T \approx \begin{pmatrix} 0 & 0 \\ S & 0 \end{pmatrix}. \tag{2.23}$$

Bei bipolaren Transistoren ist

$$S \approx I_C/U_T. \tag{2.24}$$

U_T: Temperaturspannung ($U_T \approx 26$ mV bei 20 °C)

I_C: Kollektorstrom im Arbeitspunkt

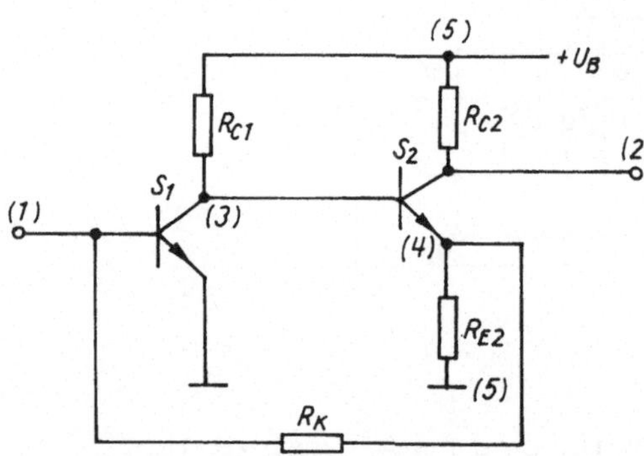

Bild 2.17. Zweistufiger direktgekoppelter Transistorverstärker mit Gegenkopplung

2.1.2.3. Berechnung der Vierpolparameter von Mehrtoren

Die Berechnung der Vierpolkenngrößen aktiver Netzwerke kann prinzipiell auf drei Wegen erfolgen (Bild 2.18).

Zur Auswertung allgemeiner y-Matrizen mit Tabelle 2.3 ist die Reduktion auf zweizeilige Matrizen erforderlich (Weg *2* → *1*).

Die **Reduktionsregel** lautet:

Die n-zeilige quadratische y-Matrix ist so in 4 Teilmatrizen (A); (B); (C); (D) aufzuteilen, daß (A) zweizeilig und quadratisch wird [Gl. (2.25a)]. Die reduzierte

Matrix (y) errechnet sich dann nach Gl. (2.25b):

$$\left[\begin{array}{cc|cccc} y_{11} & y_{12} & y_{13} & y_{14} & \cdots & y_{1n} \\ & (A) & & (B) & & \\ y_{21} & y_{22} & y_{23} & y_{24} & \cdots & y_{2n} \\ \hline y_{31} & y_{32} & y_{33} & y_{34} & \cdots & y_{3n} \\ y_{41} & y_{42} & y_{43} & y_{44} & \cdots & y_{4n} \\ & (D) & & (C) & & \\ y_{m1} & y_{m2} & y_{m3} & y_{m4} & \cdots & y_{mn} \end{array}\right] \Rightarrow \begin{pmatrix} y_{11}^* & y_{12}^* \\ y_{21}^* & y_{22}^* \end{pmatrix} \tag{2.25a}$$

$$\boxed{(y)^* = (A) - (B) \cdot (C)^{-1} \cdot (D)} \tag{2.25b}$$

A 2.20. Die Spannungsverstärkung $V_u{}^*$ eines gegengekoppelten Transistors nach Bild 2.16 ist zu berechnen. Dabei sind die Parameter y_{11e}, y_{12e} und y_{22e} gegenüber $S = y_{21e}$, Y_C und Y_E zu vernachlässigen. Das Ergebnis ist zu diskutieren.

Anleitung: Verwenden Sie L 2.18, Gl. (2.25) und Tabelle 2.3.

A 2.21. Eingangswiderstand und Spannungsverstärkung des im Bild 2.17 dargestellten Verstärkers sind näherungsweise zu berechnen. Die Ergebnisse sind zu diskutieren.

Folgende Arbeitspunktdaten werden der Rechnung zugrunde gelegt: $U_B = 12$ V; $U_{CE1} = 3$ V; $I_{C1} = 1$ mA; $B_1 = 100$; $U_{CE2} = 6$ V; $I_{C2} = 10$ mA; $B_2 = 100$; $U_{BE1} = U_{BE2} = 0{,}7$ V; $\vartheta = 20\,°$C.

Anleitung:
Berechnen Sie zunächst aus den Arbeitspunktdaten die Widerstände der Schaltung sowie die Steilheiten der Transistoren. Gehen Sie dann von L 2.19 aus und berechnen Sie über die reduzierte y-Matrix $Z_1{}^*$ und $V_u{}^*$. Dabei sind sinnvolle Näherungen anzustreben. Beachten Sie, daß der Basisstrom I_{B1} durch R_K festgelegt wird.

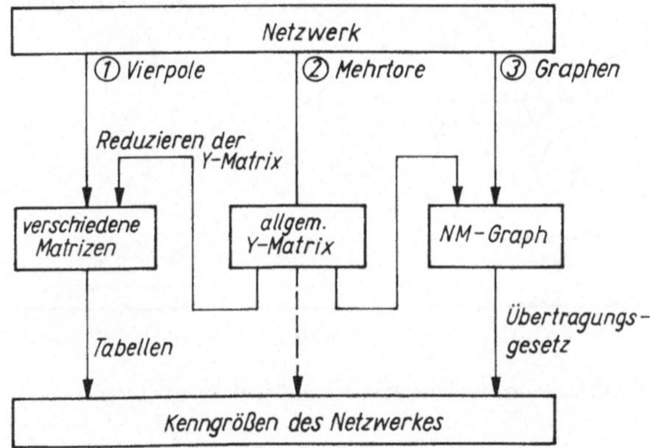

Bild 2.18. Berechnungsmethoden für Netzwerke

2.1.3. Knotenspannungsanalyse mit NM-Graphen

2.1.3.1. NM-Graphen von Mehrtoren

Signalflußgraphen sind topologische Abbildungen von linearen Gleichungssystemen. Die normierten Mason-Graphen (NM-Graphen) sind ein wirtschaftliches Hilfsmittel für die Analyse aktiver elektronischer Schaltungen.

Tafel 2.2. Zusammenhang zwischen Matrixgleichung und NM-Graph

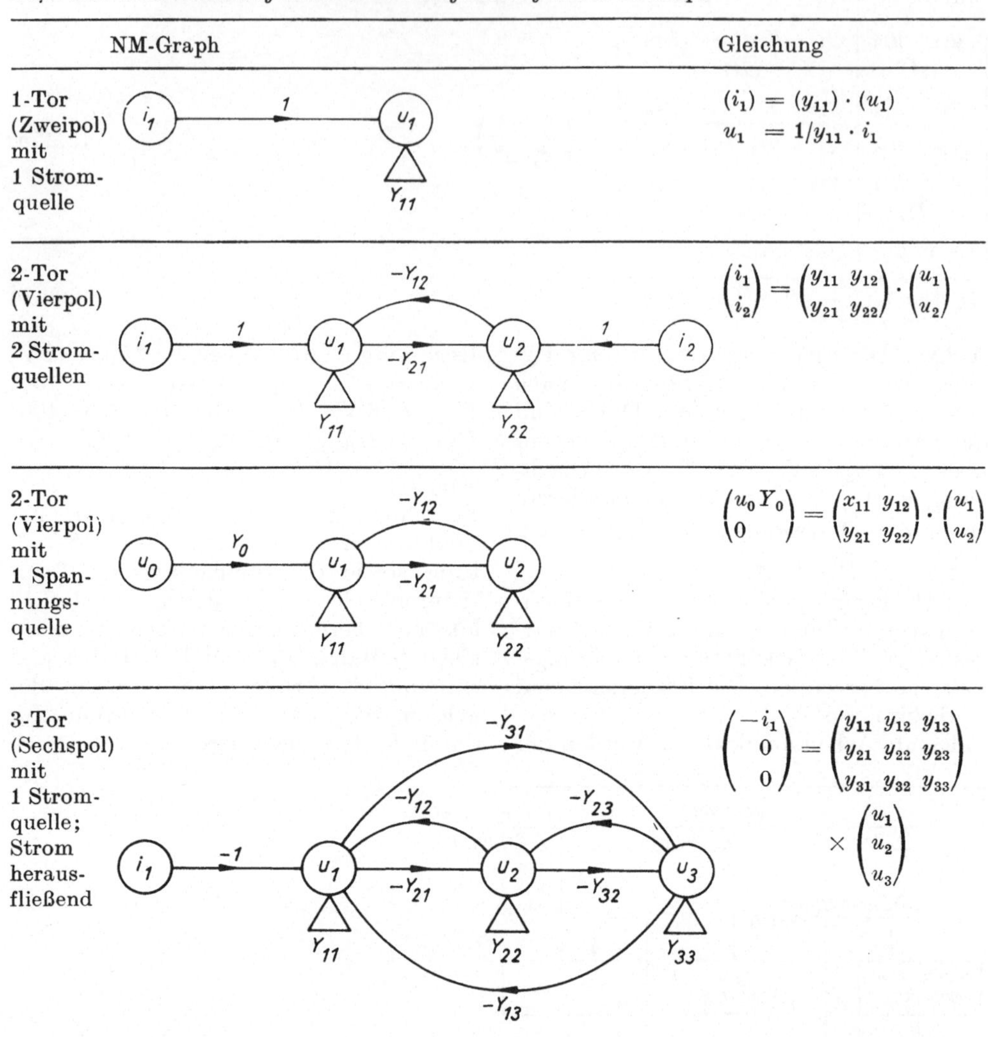

	NM-Graph	Gleichung
1-Tor (Zweipol) mit 1 Stromquelle		$(i_1) = (y_{11}) \cdot (u_1)$ $u_1 = 1/y_{11} \cdot i_1$
2-Tor (Vierpol) mit 2 Stromquellen		$\begin{pmatrix} i_1 \\ i_2 \end{pmatrix} = \begin{pmatrix} y_{11} & y_{12} \\ y_{21} & y_{22} \end{pmatrix} \cdot \begin{pmatrix} u_1 \\ u_2 \end{pmatrix}$
2-Tor (Vierpol) mit 1 Spannungsquelle		$\begin{pmatrix} u_0 Y_0 \\ 0 \end{pmatrix} = \begin{pmatrix} x_{11} & y_{12} \\ y_{21} & y_{22} \end{pmatrix} \cdot \begin{pmatrix} u_1 \\ u_2 \end{pmatrix}$
3-Tor (Sechspol) mit 1 Stromquelle; Strom herausfließend		$\begin{pmatrix} -i_1 \\ 0 \\ 0 \end{pmatrix} = \begin{pmatrix} y_{11} & y_{12} & y_{13} \\ y_{21} & y_{22} & y_{23} \\ y_{31} & y_{32} & y_{33} \end{pmatrix} \times \begin{pmatrix} u_1 \\ u_2 \\ u_3 \end{pmatrix}$

Der Elementargraph (Bild 2.19) repräsentiert eine lineare Funktion vom Typ

$$Y = \frac{Z}{N} X. \tag{2.26}$$

Hierin ist

Y: abhängige Variable $\triangleq$ Senkenknoten
X: unabhängige Variable $\triangleq$ Quellenknoten
Z: Parameter des Zählers $\triangleq$ Zweigübertragung
N: Parameter des Nenners $\triangleq$ Normierung

Zwischen NM-Graphen und bestimmten Leitwertgleichungen (→ 2.1.2.1.) existieren folgende Zusammenhänge:

y_{ii}:	Parameter der Hauptdiagonale	$\triangleq$	Normierungen an den Knoten i
y_{ik}:	Parameter der Nebendiagonalen	$\triangleq$	negative Zweigübertragungen von Knoten k nach Knoten i
i_k:	Strom zum Knoten k	$\triangleq$	Quellenwert
u_k:	Spannung am Knoten k, bezogen auf Masse	$\triangleq$	Senkenwert

In Tafel 2.2 sind diese Zusammenhänge veranschaulicht. Bei passiven Netzwerken kann der NM-Graph direkt aus der Netzwerkstruktur abgelesen werden (Weg *3* im Bild 2.18). Bei Transistorschaltungen ist es zweckmäßig, vorher die bestimmte Leitwertmatrix aufzustellen (Weg *2* → *3*).

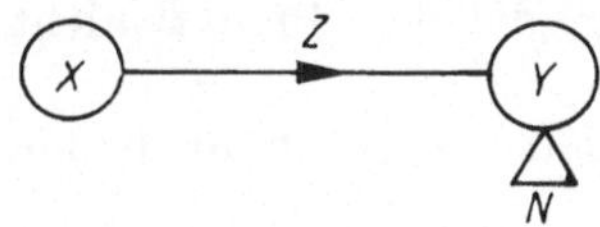

Bild 2.19. Elementarer NM-Graph

A 2.22. Zu dem im Bild 2.13 dargestellten passiven Netzwerk ist der NM-Graph zu bilden. Dabei soll Knoten *3* geerdet sein. Am Knoten *1* liegt eine Stromquelle i_1, die anderen Quellenströme sind gleich Null.

Anleitung: Beachten Sie Abschnitt 2.1.2.1. und Tafel 2.2!

A 2.23. Zu dem in Bild 2.12a dargestellten Netzwerk ist der NM-Graph aufzustellen.

Anleitung: Die Knotenspannungsmethode erfordert Quellenströme. Die vorhandene Spannungsquelle ist deshalb in eine äquivalente Stromquelle zu verwandeln [→ Bild 2.12b)].

A 2.24. Zu der im Bild 2.10 skizzierten *CR*-Phasenkette ist der NM-Graph aufzustellen. Am Eingang wird eine Klemmenspannung $\underline{U}_1$ angelegt.

Anleitung: $\underline{U}_1$ ist wie eine ideale Spannungsquelle zu betrachten. Zur Umwandlung in eine Stromquelle kann ein geeigneter Leitwert des Netzwerkes herangezogen werden. Die kapazitiven Leitwerte sind pC, wobei hier $p = j\omega$ ist.

A 2.25. Zu einer Emitterstufe mit R_C als Lastwiderstand (→ Bild 2.16 für $R_E = 0$) ist der NM-Graph aufzustellen, wenn der Transistor

a) durch reelle y-Parameter,

b) durch h-Parameter beschrieben wird.

Anleitung: Gehen Sie von den Vierpol-Ersatzschaltbildern (→ Bild 2.4) aus.

A 2.26. Der NM-Graph der gegengekoppelten Emitterstufe nach Bild 2.16 ist aufzustellen. Dabei sind die gleichen Näherungen wie in A 2.20 anzusetzen.

Anleitung: Gehen Sie von der bestimmten Leitwertmatrix in L 2.20 aus.

A 2.27. Zu der im Bild 2.17 dargestellten Verstärkerschaltung ist der NM-Graph aufzustellen. Es sind die gleichen Näherungen wie in A 2.19 zu verwenden.

Anleitung: Gehen Sie von der bestimmten Leitwertmatrix in L 2.19 aus.

2.1.3.2. Auswertung von NM-Graphen

Die Auswertung des NM-Graphen mit der modifizierten Mason-Formel Gl. (2.27) führt auf Übertragungsfaktoren (Transmissionen T) des Netzwerkes entsprechend der Graphenstruktur. Der Nenner der Mason-Formel ist mit der Netzwerk-Determinante identisch.

$$T = \frac{\sum P_k(N_{\bar{k}} - \sum L_{j\bar{k}} N_{\overline{jk}} + \sum L_{l\bar{k}} L_{m\bar{k}} N_{\overline{lmk}} - \ldots)}{N_n - \sum L_j N_{\bar{j}} + \sum L_l L_m N_{\overline{lm}} - \ldots + \ldots} \tag{2.27}$$

Bedeutung der Formelzeichen:

P_k: Produkt der Zweigtransmissionen, die zum Pfad k gehören

$N_{\bar{k}}$: Produkt aller Normierungen, die den Pfad k nicht berühren (werden alle berührt, so ist $N_{\bar{k}} = 1$)

$L_{j\bar{k}}$: Transmission der Schleife j, die den Pfad k nicht berührt

$N_{\overline{jk}}$: Produkt aller Normierungen, die sowohl die Schleife j als auch den Pfad k nicht berühren

$L_{l\bar{k}} L_{m\bar{k}}$: Produkt der Schleifentransmissionen 2. Ordnung, die den Pfad k nicht berühren

$N_{\overline{lmk}}$: Produkt der Normierungen, die sowohl die Schleifen l, m als auch den Pfad k nicht berühren

N_n: Produkt aller n Normierungen des Graphen

L_j: Produkt aller Zweigtransmissionen t der Schleife j

$N_{\bar{j}}$: Produkt aller Normierungen, die von der Schleife j nicht berührt werden (werden alle berührt, so ist $N_{\bar{j}} = 1$)

$L_l L_m$: Produkt der sich nicht berührenden Schleifentransmissionen L_l und L_m

$N_{\overline{lm}}$: Produkt aller Normierungen, die von den Schleifen l, m nicht berührt werden

In vielen Anwendungsfällen treten keine Schleifen zweiter und höherer Ordnung auf, so daß mit Gl. (2.28) gearbeitet werden kann. Schleifen zweiter Ordnung bestehen aus zwei Schleifen des Graphen, die sich untereinander nicht berühren.

$$T = \frac{\sum P_k(N_{\bar{k}} - \sum L_{j\bar{k}} N_{\overline{jk}})}{N_n - \sum L_j N_{\bar{j}}} \tag{2.28}$$

Zu beachten ist, daß T aus Senkenwert/Quellenwert berechnet wird. Bei einer Quelle ist die Zahl der bildbaren Transmissionen gleich der Zahl der Senkenknoten. Bei mehreren Quellen muß zusätzlich der Superpositionssatz angewandt werden. Bezogen auf die Graphen-Beispiele in Tafel 2.2, ergibt sich mit Gl. (2.28):

$$T_1 = u_1/i_1 = 1/y_{11} \tag{2.29}$$

$$u_1 = T_{11} i_1 + T_{12} i_2 \tag{2.30a}$$

$$T_{11} = u_1/i_1|_{i_2=0} = y_{22}/\Delta y \tag{2.30b}$$

$$T_{12} = u_1/i_2|_{i_1=0} = -y_{12}/\Delta y \tag{2.30c}$$

$$u_2 = T_{21} i_1 + T_{22} i_2 \tag{2.30d}$$

$$T_{21} = u_2/i_1|_{i_2=0} = -y_{21}/\Delta y \tag{2.30e}$$

$$T_{22} = u_2/i_2|_{i_1=0} = y_{11}/\Delta y \tag{2.30f}$$

$$\Delta y = y_{11} y_{22} - y_{12} y_{21} \tag{2.30g}$$

$$T_1 = u_1/u_0 = Y_0 y_{22}/\Delta y \quad (2.31\text{a})$$

$$T_2 = u_2/u_0 = -Y_0 y_{21}/\Delta y \quad (2.31\text{b})$$

Δy wie in Gl. (2.30g)

$$T_1 = u_1/i_1 = -(y_{22}y_{33} - y_{23}y_{32})/\Delta y \quad (2.32\text{a})$$

$$T_2 = u_2/i_1 = (y_{21}y_{33} - y_{31}y_{23})/\Delta y \quad (2.32\text{b})$$

$$T_3 = u_3/i_1 = (-y_{21}y_{32} + y_{31}y_{22})/\Delta y \quad (2.32\text{c})$$

Bei der Berechnung des Nenners müssen 5 Schleifen berücksichtigt werden, somit ergibt sich

$$\Delta y = y_{11}y_{22}y_{33} - y_{31}y_{13}y_{22} - y_{12}y_{21}y_{33} - y_{23}y_{32}y_{11} + y_{31}y_{23}y_{12} + y_{13}y_{21}y_{32} \quad (2.32\text{d})$$

Zusammenfassend: Mit der MASON-Formel können Eingangswiderstände [→ Gl. (2.32a)], Übertragungswiderstände [→ Gl. (2.32b, c)], Spannungsverhältnisse bzw. Spannungsverstärkungen [→ Gl. (2.31a, b)] und Knotenspannungen (Potentiale) [→ Gl. (2.30a, d)] berechnet werden.

A 2.28. Zu dem im Bild 2.12a) dargestellten Netzwerk ist die Gleichung des Spannungsverhältnisses U_2/U_G herzuleiten.

Anleitung: Gehen Sie von L 2.23 aus und verwenden Sie dann Gl. (2.28).

A 2.29. Das Spannungsverhältnis $\underline{U}_1/\underline{U}_2$ einer CR-Phasenkette nach Bild 2.10 ist über den NM-Graphen herzuleiten. Das Ergebnis ist mit L 2.14 zu vergleichen.

Anleitung: Gehen Sie von L 2.24 aus.

A 2.30. Für eine gegengekoppelte Emitterstufe ist graphenanalytisch herzuleiten:

a) Eingangswiderstand Z_1^*, b) Spannungsverstärkung V_u^*. Der Transistor sei näherungsweise nur durch die Steilheit $S = y_{21e}$ und durch $r_{BE} = 1/g_{BE} = y_{11e}$ beschrieben.

Anleitung: Gehen Sie von L 2.18 aus und beachten Sie $S \gg g_{BE}$. Danach ist der NM-Graph aufzustellen und mit dem Übertragungsgesetz auszuwerten.

A 2.31. Zu der im Bild 2.17 dargestellten Verstärkerschaltung sind mittels NM-Graphen

a) Eingangswiderstand Z_1^*, b) Spannungsverstärkung V_u^* zu berechnen. Der Rechnung sind die Leitwerte nach L 2.21 zugrunde zu legen.

Anleitung: Gehen Sie vom NM-Graphen dieser Schaltung in Bild L 2.9 aus.

2.1.3.3. Signalflußbilder und NM-Graphen

Die aus der Regelungstechnik bekannte Signalflußmethode ist mit der Graphenmethode eng verwandt. Bei der Analyse analoger Schaltkreise liefert sie nur angenäherte Ergebnisse, die jedoch oft zur schnellen und praxisnahen Berechnung genügen. Der allpolige Stromlaufplan wird durch das einpolige Signalflußbild ersetzt, dessen Bausteine rückwirkungsfreie und belastungsunabhängige Übertragungsglieder sind.

Die **Rückwirkungsfreiheit** erfordert $y_{12} \to 0$ bzw. $h_{12} \to 0$. Im HF-Verstärker muß sie durch Neutralisation erzwungen werden. Die **Belastungsunabhängigkeit** erfordert an der Schnittstelle zwischen zwei Gliedern $Z_{2\mathrm{I}} \to 0$ bzw. $Z_{1\mathrm{II}} \to \infty$.
Beim Transistorverstärker sind diese Bedingungen nur unter bestimmten Voraussetzungen gegeben, bei integrierten Operationsverstärkern (OV) gelten sie allgemein und mit guter Näherung. Übertragungsglieder werden durch die Übertragungsfunktion

$$G(p) = X_2/X_1 \tag{2.33}$$

gekennzeichnet, die für $p = \mathrm{j}\omega$ den komplexen Frequenzgang darstellt. Mit Gl. (2.33) wird

$$X_2 = \frac{G(p)}{1} X_1 . \tag{2.34}$$

Bild 2.20. Übertragungsglied und zugehöriger NM-Graph

Vergleicht man Gl. (2.34) mit Gl. (2.26), so ergibt sich der NM-Graph des Übertragungsgliedes (Bild 2.20).
Die wichtigsten Grundstrukturen von Signalflußbildern sind in Tafel 2.3 dargestellt. Bild 2.21 zeigt die zugehörigen NM-Graphen.

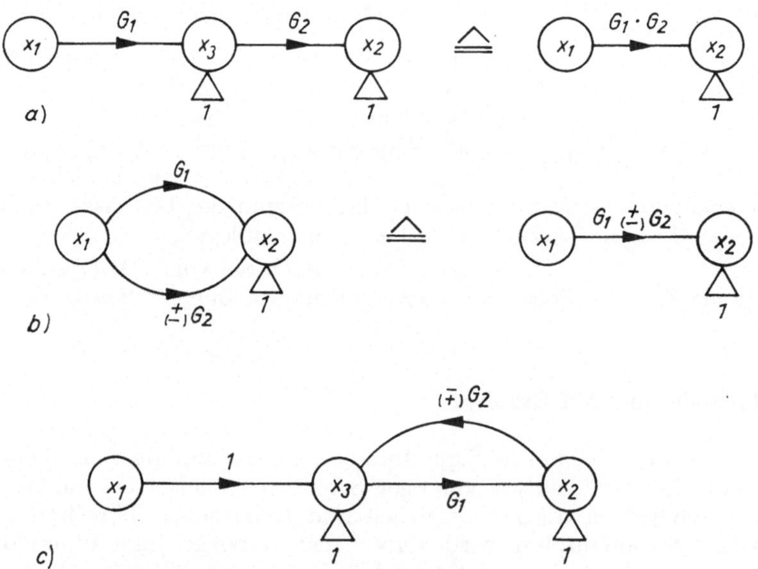

Bild 2.21. NM-Graphen von Signalflußbildern

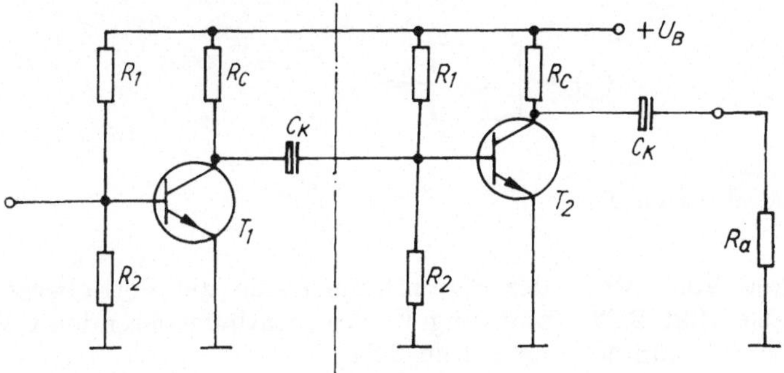

Bild 2.22. Zweistufiger NF-Verstärker

Tafel 2.3. Grundstrukturen von Signalflußbildern

Signalflußbild	Übertragungsfunktion $G(p) = X_2/X_1$
a) *Kettenschaltung* X_1 → $G_1(p)$ → X_3 → $G_2(p)$ → X_2	$G(p) = G_1(p)\, G_2(p)$
b) *Parallelschaltung* X_1; X_1 → $G_1(p)$ → +; X_1 → $G_2(p)$ → + (−); → X_2	$G(p) = G_1(p) \overset{+}{(-)} G_2(p)$
c) *Schaltung mit Rückkopplung* (Regelkreis) 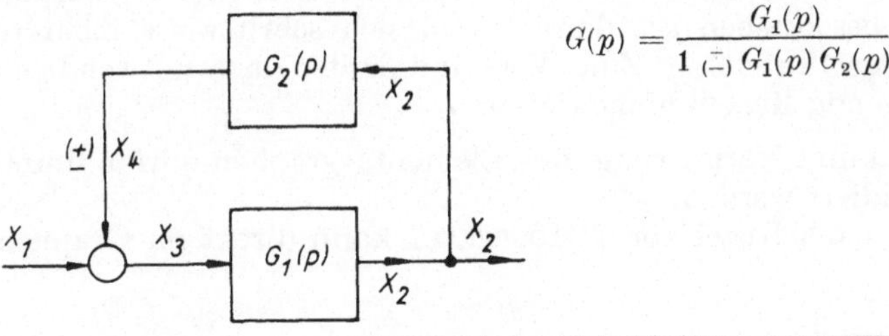	$G(p) = \dfrac{G_1(p)}{1 \overset{-}{(+)} G_1(p)\, G_2(p)}$

Bild 2.23. Signalflußbild des idealisierten OV

A 2.32. Ein NF-Verstärker aus zwei gleichen Emitterstufen nach Bild 2.22 liegt vor. Folgende Größen sind bekannt:

$T_1 \equiv T_2$; $\beta = 510$; $I_C = 2$ mA; $U_B = 12$ V; $R_1 = 470$ kΩ; $R_2 = 33$ kΩ; $R_C = 3$ kΩ; $R_a = 10$ kΩ; $C_K = 500$ μF; $f = 1$ kHz.

Schätzen Sie unter Verwendung von Gl. (2.24) sowie

$$r_{BE} \approx \beta/S \quad \text{und} \tag{2.35}$$

$$\underline{V}_u \approx -SR_L \tag{2.36}$$

die Spannungsverstärkung $\underline{V}_u$ ab, die

a) von der 1. Stufe allein (2. Stufe abgetrennt),

b) von der 2. Stufe allein (1. Stufe abgetrennt),

c) vom Gesamtverstärker zu erwarten ist.

A 2.33. Das Signalflußbild eines idealisierten Operationsverstärkers (OV) mit der Leerlaufverstärkung V_{u0} ist im Bild 2.23 dargestellt. Berechnen Sie mit der Signalflußmethode die Betriebsverstärkung V_u des nichtinvertierenden OV nach Bild 2.24.

Anleitung: Stellen Sie unter Verwendung von Bild 2.23 das Signalflußbild auf. Die Rückführung (Gegenkopplung) ist durch ein Übertragungsglied mit $K_R = R_1/(R_1 + R_2)$ zu beschreiben. Die weitere Auswertung ist über den NM-Graphen vorzunehmen.

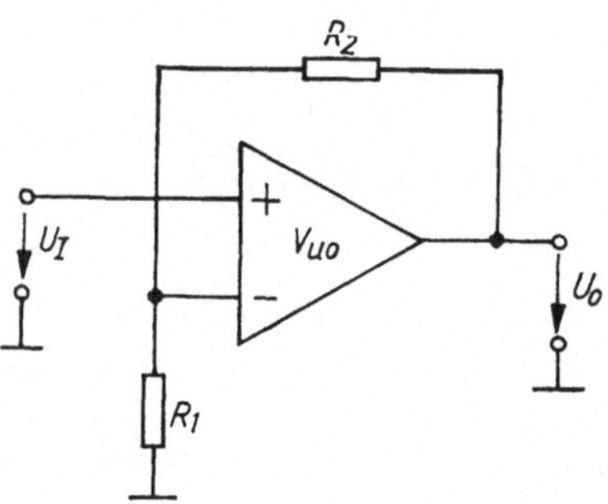

Bild 2.24. Grundschaltung des nichtinvertierenden OV

2.1.3.4. Operationsverstärker und NM-Graphen

Bei der Analyse von linearen OV-Netzwerken wird häufig das Modell des «idealen OV» verwendet. Geht man vom realen Verstärker aus, der z. B. durch Vierpolparameter (→ Bild L 2.6) beschrieben ist, dann lassen sich schrittweise mehrere Idealisierungsstufen einführen (Tafel 2.4). Zum Verständnis der dazu notwendigen Umformungen wird auf folgende **Regeln** hingewiesen:

— Zähler und Nenner (Pfad und Normierung) des Elementargraphen dürfen durch den gleichen Faktor dividiert werden.

— Grenzwertbildung (z. B. nach Regel von L'HOSPITAL) kann direkt im Graphen vorgenommen werden.

Aus Tabelle 2.3 folgt für $y_{12} = 0$:

$$Z_1 = 1/y_{11} \tag{2.37}$$

$$Z_2 = 1/y_{22} \tag{2.38}$$

Tafel 2.4. Idealisierungsstufen bei linearen, invertierenden Verstärkern

Idealisierungsstufe	Ersatzschaltung	NM-Graph
1. $y_{12} \to 0$	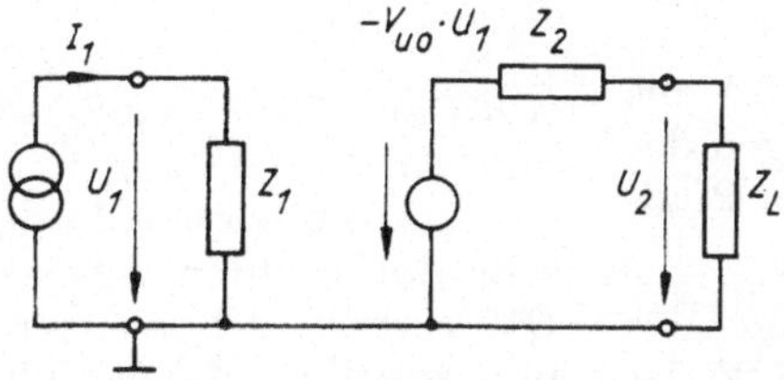	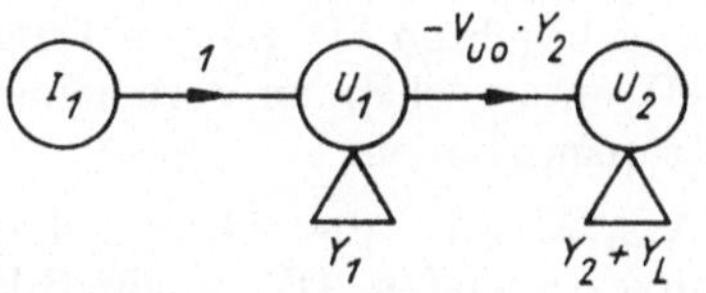
2. $y_{12} \to 0$, $Z_1 \to \infty$	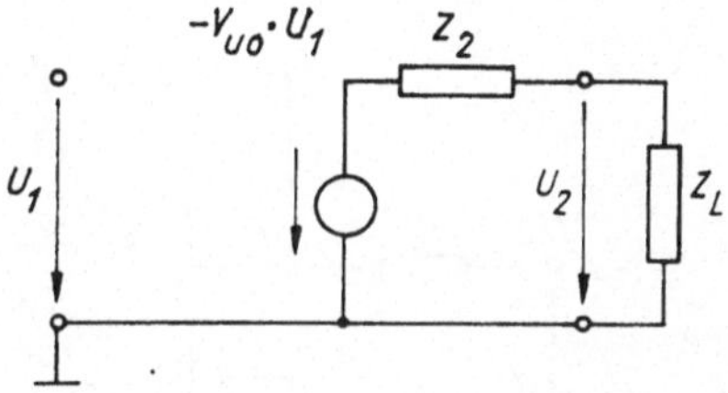	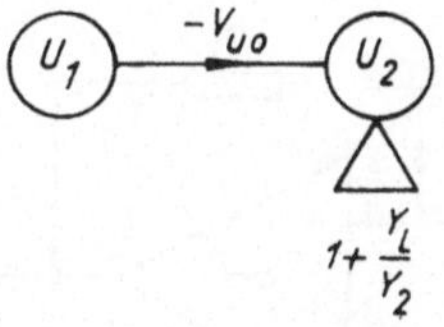
3. $y_{12} \to 0$, $Z_1 \to \infty$, $Z_2 \to 0$	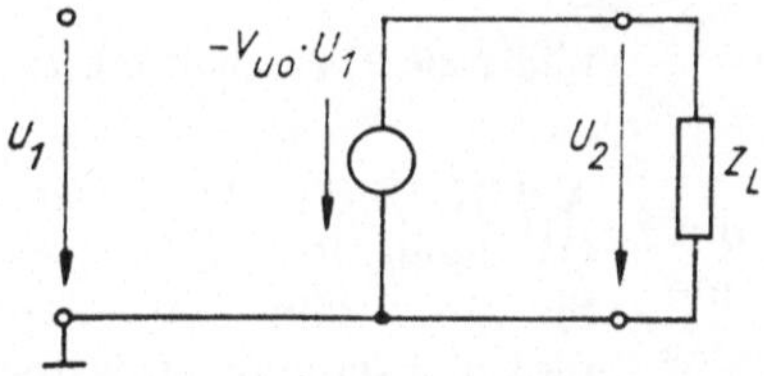	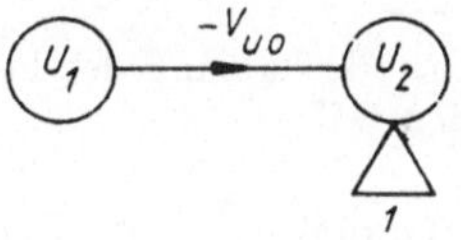
4. $y_{12} \to 0$, $Z_1 \to \infty$, $Z_2 \to 0$, $V_{u0} \to \infty$	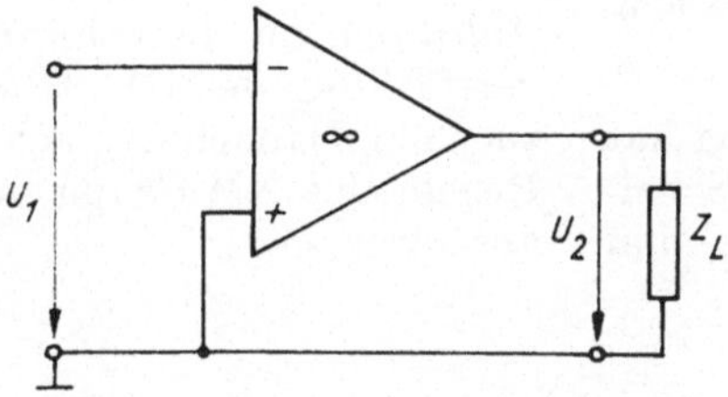	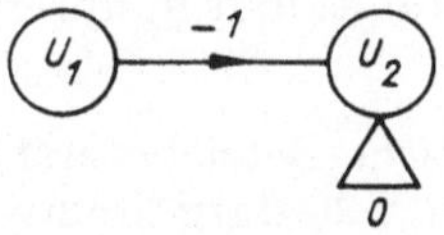

Die Leerlaufverstärkung V_{u0} berechnet sich nach Tabelle 2.3 für

$$Z_L \to \infty \quad \text{zu} \quad V_{u0} = y_{21}/y_{22}. \tag{2.39}$$

A 2.34. Die Betriebsverstärkung des nichtinvertierenden OV nach Bild 2.24 ist für $V_{u0} \to \infty$ über den NM-Graphen herzuleiten.

Anleitung: Gehen Sie von Tafel 2.4 aus und beachten Sie die den Eingängen des OV entsprechenden Vorzeichen der Pfadtransmissionen.

A 2.35. Für die Grundschaltung des invertierenden OV nach Bild 2.25 ist über den NM-Graphen herzuleiten:

a) die Betriebsverstärkung $\underline{V}_u$

b) der Eingangswiderstand Z_1.

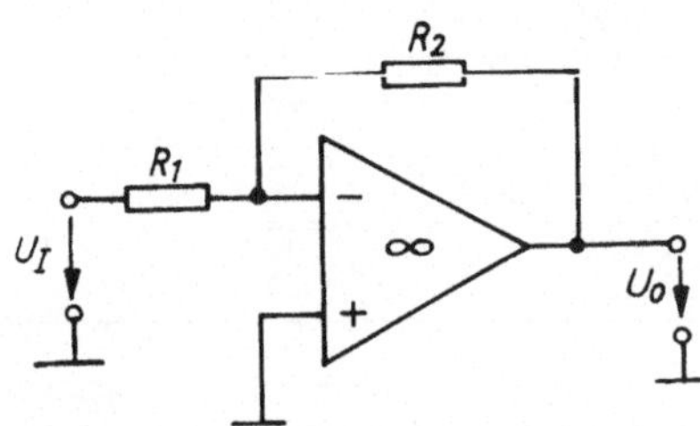

Bild 2.25. Grundschaltung des idealen, invertierenden OV

Anleitung: Gehen Sie von Tafel 2.4 aus. Für a) ist U_I mit R_1 zusammen in eine Stromquelle zu verwandeln. Für b) ist am Eingang ein Quellenstrom einzuspeisen. Bei dieser Vorgehensweise ergeben sich für a) und b) unterschiedliche Graphen.

A 2.36. Welche Betriebsverstärkung hat die im Bild 2.26 dargestellte OV-Schaltung? Folgende Widerstandswerte sind vorgegeben:

$R_1 = 10\,\text{k}\Omega$; $R_2 = 50\,\text{k}\Omega$; $R_3 = 40\,\text{k}\Omega$; $R_4 = 20\,\text{k}\Omega$.

Anleitung: Beachten Sie, daß auf Knoten mit der Normierung 0 nur Zweige mit den Transmissionen 1 oder -1 gerichtet sein dürfen (der Ausgang des idealen OV verhält sich wie eine ideale Spannungsquelle). Demzufolge ergibt der Leitwert Y_3 keine Schleife.

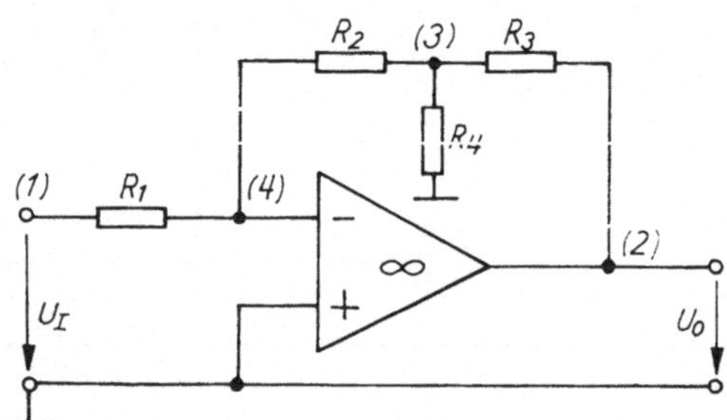

Bild 2.26. OV-Schaltung zu A 2.36

A 2.37. Zwei *RC*-Glieder sind über einen OV nach Bild 2.27 verkoppelt. Leiten Sie über den NM-Graphen den komplexen Frequenzgang der Übertragungsfunktion $\underline{U}_2/\underline{U}_1$ her. Das Ergebnis ist zu diskutieren.

Anleitung: Zur Berechnung der Betriebsverstärkung des OV ist von L 2.33 auszugehen. Danach ist nach den bekannten Regeln der NM-Graph aufzustellen und auszuwerten.

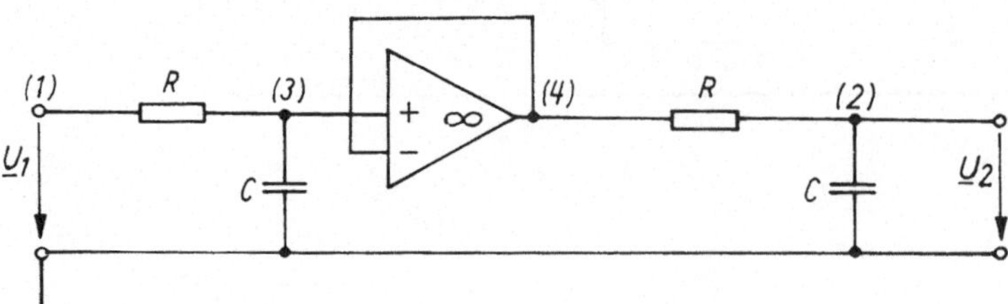

Bild 2.27. OV-Schaltung zu A 2.37

2.2. Grundschaltungen der Verstärkertechnik

2.2.1. Einstufige Kleinsignalverstärker

2.2.1.0. Allgemeines

Im Kleinsignalbetrieb können die Kennlinien der aktiven Bauelemente im Arbeitspunkt durch Geraden (Tangenten) angenähert werden, so daß die Verstärkerstufen als lineare Vierpole zu betrachten sind. Die Grenzen des Kleinsignalbetriebes liegen etwa

- für bipolare Transistoren bei $u_{BE} \leqq 5$ mV und
- für unipolare Transistoren bei $u_{GS} \leqq 50$ mV.

Transistoren werden im NF-Bereich durch h-Parameter und im HF-Bereich bis etwa 100 MHz durch komplexe y-Parameter beschrieben. Die Parameterangaben in Transistorkatalogen gelten für definierte Meßbedingungen, z. B.

- Grundschaltung,
- Arbeitspunkt,
- Meßfrequenz und
- Umgebungstemperatur.

2.2.1.1. Verstärkungsfaktoren und Anschlußimpedanzen

Die dynamischen Kenngrößen der Transistorvierpole wurden im Abschn. 2.1.1.3. in den Gln. (2.7) bis (2.11) definiert. In Tafel 2.5 sind die Grundschaltungen *RC*-gekoppelter Verstärker mit bipolaren Transistoren und die zugehörigen Näherungsbeziehungen dargestellt. Bei Verwendung von Feldeffekt-Transistoren (FETs) gilt die Zuordnung

- Emitterschaltung ↔ Sourceschaltung
- Kollektorschaltung ↔ Drainschaltung
- Basisschaltung ↔ Gateschaltung.

Die Berechnung der Steilheit nach Gl. (2.24) gilt jedoch nur für bipolare Transistoren. Bei Sperrschicht-FETs ergibt sich

$$S \approx (2I_{DSS}/|U_p|)\,(1 - U_{GS}/U_p) = (2/|U_p|)\,\sqrt{I_D I_{DSS}} \qquad (2.40)$$

U_p: Abschnürspannung; U_{GS}: Gate-Source-Spannung

I_D: Drainstrom; I_{DSS}: Drainstrom bei $U_{GS} = 0$

A 2.38. Eine Kollektorstufe nach Tafel 2.5 ist für $U_B = 12$ V; $U_{CE} = U_B/2$ als Impedanzwandler zu bemessen, so daß $Z_1 = 50\,\text{k}\Omega$ und $Z_2 \approx 10\,\Omega$ wird. Am Ausgang arbeitet die Stufe auf einem Abschlußwiderstand $R_A = 1\,\text{k}\Omega$. Welche Stromverstärkung B muß der Transistor mindestens haben?

Anleitung: Gehen Sie von folgenden Näherungen aus:

$R_E \gg 1/S$ und $R_B \gg r_{BE}(1 + SZ_L)$.

Tafel 2.5. Transistor-Grundschaltungen

Grundschaltung	Näherungsbeziehungen für mittlere Frequenzen

1. *Emitterschaltung*

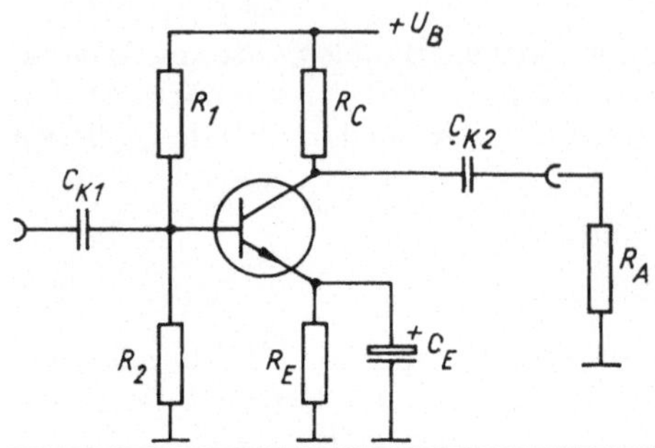

$V_u \approx -SZ_L$; $\quad Z_L = R_C \parallel R_A$

$V_i \approx \beta$

$Z_1 \approx r_{BE} \parallel R_B$; $\quad R_B = R_1 \parallel R_2$

$Z_2 \approx r_{CE} \parallel R_C$

2. *Kollektorschaltung*

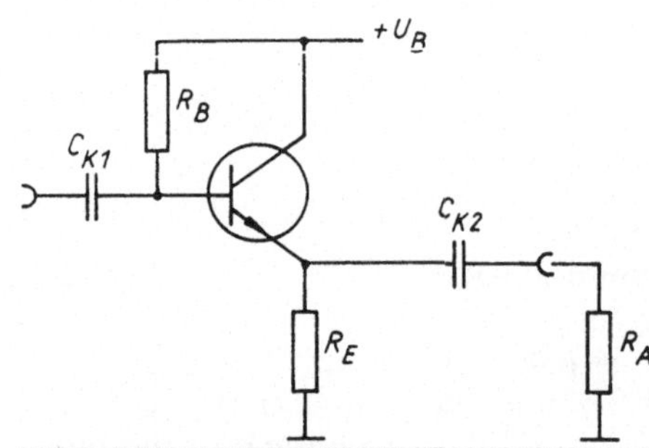

$V_u \approx SZ_L/(1 + SZ_L) < 1$

$V_i \approx -\beta$; $\quad Z_L = R_E \parallel R_A$

$Z_1 \approx r_{BE}(1 + SZ_L) \parallel R_B$

$Z_2 \approx R_E/(1 + SR_E)$

3. *Basisschaltung*

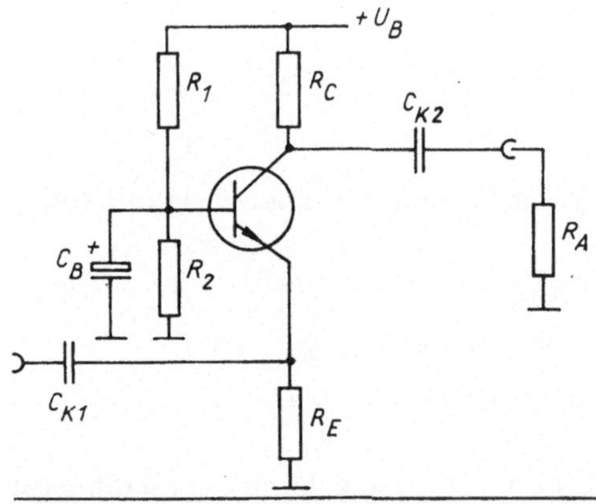

$V_u \approx SZ_L$; $\quad Z_L = R_C \parallel R_A$

$V_i \approx -1$; $\quad Z_G = R_G \parallel R_E$

$Z_1 \approx R_E/(1 + SR_E)$

$Z_2 \approx R_C \parallel r_{CE}(1 + SZ_G)$

Näherungsgleichungen für bipolare Transistoren:

Steilheit S	$S \approx I_C/U_T$;	$U_T = 26$ mV $(I_C < 1$ mA$)$
Stromverstärkung B	$B \approx \beta = I_C/I_B$;	$U_T = 30$ mV $(I_C > 1$ mA$)$
dynam. Widerstand der Basis-Emitterstrecke r_{BE}	$r_{BE} \approx U_T/I_B$	

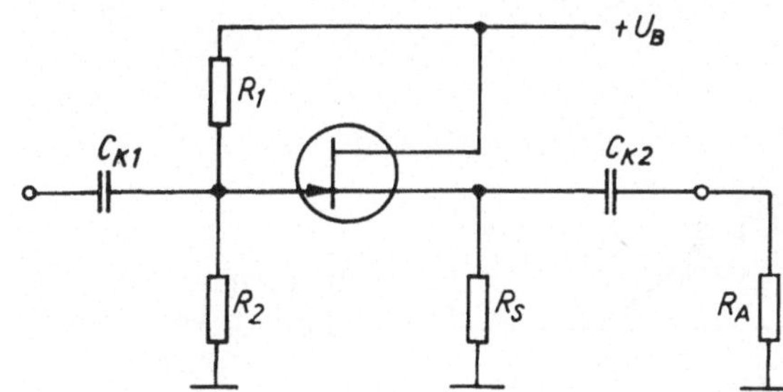

Bild 2.28. Sourcefolger mit n-Kanal-SFET

A 2.39. Vorgegeben sei ein Sourcefolger (Drainschaltung) mit n-Kanal-Sperrschicht-FET (JFET; SFET) nach Bild 2.28.

a) Die statischen Kennwerte des angenommenen SFETs sind $I_{D0} = 10$ mA; $U_p = -5$ V. Berechnen Sie die Widerstände R_1 und R_S für $U_B = 24$ V; $R_2 = 1$ MΩ und einen Arbeitspunkt bei $I_D = 5$ mA und $U_{DS} = |2U_p| = 10$ V.

b) Des weiteren sind die dynamischen Kenngrößen Z_1; Z_2; V_u der Verstärkerstufe für $R_A = 5$ kΩ zu berechnen.

Anleitung: Zur Berechnung der Widerstandsbeschaltung ist von der Kennliniengleichung des SFETs

$$I_D = I_{DSS}(1 - U_{GS}/U_p)^2 \qquad (2.41)$$

auszugehen.

A 2.40. Eine Bootstrap-Kollektorstufe nach Bild 2.29 ist vorgegeben.

a) Für $U_B = 12$ V; $U_E = 6$ V; $I_C = 5$ mA; $B = 400$; $I_2 = 5I_B$ und $U_3 = 1$ V ist die Widerstandsbeschaltung (R_E: R_1; R_2; R_3) zu berechnen.

b) Mit den Vorgaben und Ergebnissen von a) sind der Eingangswiderstand Z_1 und die Spannungsverstärkung V_u zu berechnen.

Anleitung: Ausgehend von einem vereinfachten y-Ersatzschaltbild (im Bild 2.4b) ist $y_{12} = 0$ und $y_{22} = 0$ zu setzen) mit Emitterparametern ist zunächst das Vierpolersatzschaltbild der Bootstrapstufe zu entwickeln. Daraus sind dann die Beziehungen für Z_1 und V_u herzuleiten.

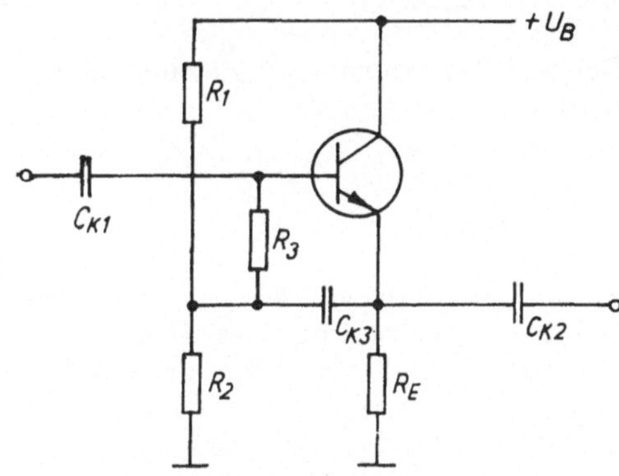

Bild 2.29. Bootstrap-Kollektorstufe

2.2.1.2. Frequenzgang bei *RC*-Kopplung

Beim *RC*-gekoppelten Verstärker sind drei Frequenzbereiche zu unterscheiden (Bild 2.30):

a) **tiefe Frequenzen:** durch Spannungsabfall an den Koppelkapazitäten wird $V_t < V_m$;

b) **mittlere Frequenzen:** der Einfluß der kapazitiven Blindwiderstände ist vernachlässigbar klein, so daß V_m konstant ist;

c) **hohe Frequenzen:** durch Stromteilung zwischen Parallelkapazitäten und -widerständen in der Ersatzschaltung wird $V_h < V_m$.

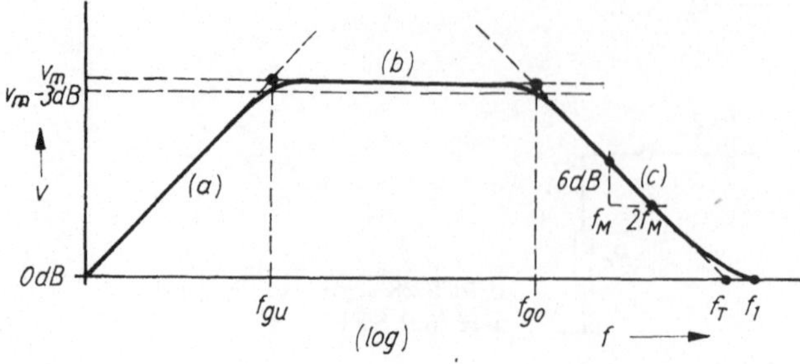

Bild 2.30. Frequenzgang des RC-gekoppelten Verstärkers

Als Grenzfrequenz f_g wird diejenige Frequenz bezeichnet, bei der die relative Verstärkung $V/V_m = 1/\sqrt{2}$ ist ($1/\sqrt{2} \triangleq -3$ dB). Der übertragene Frequenzbereich wird durch die Bandbreite B gekennzeichnet:

$$B = f_{go} - f_{gu} \tag{2.42}$$

Zur Berechnung der Koppelkapazitäten C_K ist vom Vierpolersatzschaltbild (→ Bild 2.4) auszugehen und die relative Verstärkung $p = V_t/V_m = 1/\sqrt{2}$ zu setzen. Damit ergibt sich bei einem RC-Glied:

$$\boxed{C_K = \frac{1}{2\pi f_{gu} R_K}} \tag{2.43}$$

Bei n RC-Gliedern mit gleicher Zeitkonstante ($C_{K1}R_{K1} = C_{K2}R_{K2} = \ldots = C_K R_K$) wird

$$\boxed{C_K = \frac{a_n}{2\pi f_{gu} R_K}} \tag{2.44}$$

a_n kann aus Tabelle 2.4 entnommen werden.
Bei der Übertragung von Rechteckimpulsen verursachen die RC-Koppelglieder einen Dachabfall $d = \Delta A/A$ (Bild 2.31). Für geringe lineare Dachverformung gilt

$$\tau \approx t_i/d. \tag{2.45}$$

Damit wird bei 1 RC-Glied

$$C_K = \tau/R_K. \tag{2.46}$$

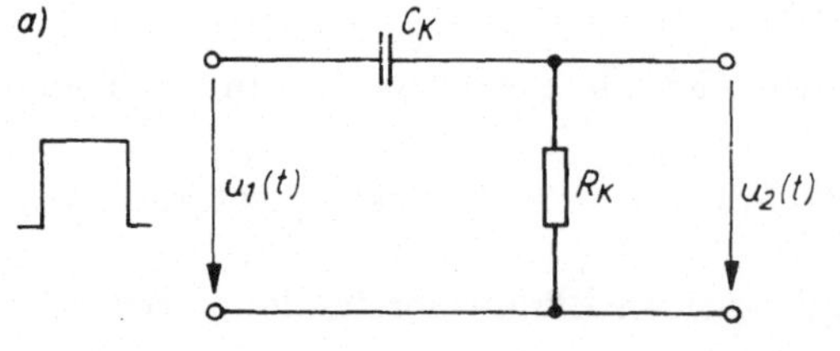

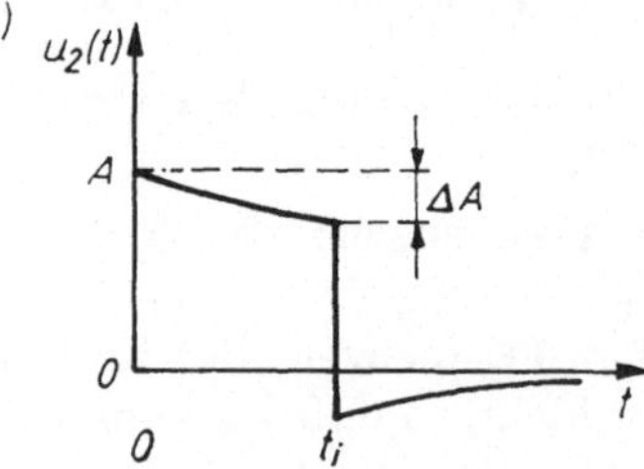

Bild 2.31. Impulsverhalten des CR-Koppelgliedes

Tabelle 2.4. Koeffizienten zur Berechnung von Koppelkapazitäten

n	1	2	3	4	5	6	7	8	9
a_n	1	1,55	1,96	2,30	2,59	2,86	3,10	3,32	3,53

$a_n = p/\sqrt{1-p^2}$; $p = \sqrt[n]{1/\sqrt{2}}$

Die obere Grenzfrequenz f_{go} wird im wesentlichen durch die Transistorgrenzfrequenz f_{h21} bestimmt. Bei $f = f_{h21}$ ist $h_{21} = h_{21(f=0)}/\sqrt{2}$. Die Basisschaltung ergibt bei gleichem Transistor eine höhere obere Grenzfrequenz:

$$\boxed{f_{h21b} = f_{h21e}(1 + h_{21e})} \qquad (2.47)$$

Des weiteren wird in Transistorkatalogen als Gütewert die Transitfrequenz f_T angegeben:

$$\boxed{f_T = |h_{21e}|\, f_M}\,; \qquad (2.48)$$

f_M ist hierin eine beliebige Meßfrequenz im Bereich des linearen Verstärkungsabfalls von 6 dB/Oktave (1 Oktave $\triangleq$ Frequenzverhältnis 2:1).

A 2.41. Am Eingang einer Emitterstufe mit dem Eingangswiderstand $Z_1 = 1\,\text{k}\Omega$ liegt eine Wechselspannungsquelle mit $\hat{u}_G = 2\,\text{mV}$ und $Z_G = 100\,\Omega$. Der Koppelkondensator hat die Kapazität $C_{K1} = 10\,\mu\text{F}$.

a) Welche untere Grenzfrequenz f_{gu} hat die Schaltung?

b) Welche Amplitude $\hat{u}_2$ hat die Ausgangswechselspannung bei $f = 10 f_{gu}$?

A 2.42. Zur Kollektorstufe in A 2.38 sind die Koppelkapazitäten C_{K1} und C_{K2} zu berechnen. Als untere Grenzfrequenz wird $f_{gu} = 10\,\text{Hz}$ gefordert. Der Quellwiderstand des Generators am Eingang beträgt $Z_G = 600\,\Omega$.

A 2.43. Die Eingangsstufe eines Impulsverstärkers soll bei Übertragung von Rechteckimpulsen mit 1 ms Dauer höchstens einen Dachabfall von 0,1% verursachen. Für welche untere Grenzfrequenz f_{gu} muß die Stufe ausgelegt werden?

A 2.44. Zu einem Si-npn-Plasttransistor wurden im Katalog folgende dynamische Kennwerte angegeben:

Emitterschaltung; $f = 100\,\text{MHz}$; $U_{CE} = 10\,\text{V}$; $I_C = 5\,\text{mA}$; $\underline{y}_{11e} = (6{,}6 + \text{j}\,7{,}3)\,\text{mS}$; $\underline{y}_{21e} = (23{,}5 - \text{j}\,40)\,\text{mS}$; Übergangsfrequenz $f_T = 350\,\text{MHz}$.

Schätzen Sie die obere Grenzfrequenz f_{h21} ab, die der Transistor a) in Emitterschaltung und b) in Basisschaltung erreichen könnte.

2.2.2. Gegenkopplung

2.2.2.1. Allgemeines Regelkreismodell

Das Signalflußbild des rückgekoppelten Verstärkers (→ Tafel 2.3) stellt das Modell eines Regelkreises dar. Im Falle passiver Rückführung wird $G_1(p) = \underline{V}$ und $G_2(p) = \underline{K}$ gesetzt. Der rückgekoppelte Verstärker hat dann die Betriebsverstärkung $\underline{V}^*$:

$$\boxed{\underline{V}^* = \frac{\underline{V}}{1 - \underline{K}\underline{V}}} \qquad (2.49)$$

Sonderfälle in Gl. (2.49) sind:

a) $\underline{K} = 0$	$\underline{V}^* = \underline{V}$	keine Rückkopplung
b) $\lvert 1 - \underline{K}\underline{V}\rvert > 1$	$\lvert\underline{V}^*\rvert < \lvert\underline{V}\rvert$	Gegenkopplung
c) $0 < \lvert 1 - \underline{K}\underline{V}\rvert < 1$	$\lvert\underline{V}^*\rvert > \lvert\underline{V}\rvert$	Mitkopplung
d) $\underline{K}\underline{V} = 1$	$\underline{V}^* \to \infty$	Selbsterregung

Bei phasenreiner Gegenkopplung ($\underline{K}\underline{V} = -KV$) und $KV \gg 1$ folgt aus Gl. (2.49)

$$\underline{V}^* \approx 1/\underline{K}. \qquad (2.50)$$

Wenn Gl. (2.50) erfüllt ist, nimmt der gegengekoppelte Verstärker das inverse Verhalten der Rückführung an.

A 2.45. Bei einem rückgekoppelten Verstärker nach Bild 2.32 sei der Frequenzgang des Verstärkerbausteins durch Gl. (2.51) beschrieben:

$$\underline{V} = \frac{V_0}{1 + \mathrm{j}f/f_{g0}} \qquad (2.51)$$

$V_0 = 100$; $f_{g0} = 10$ kHz; $C = 20$ nF; $R = 1$ kΩ.

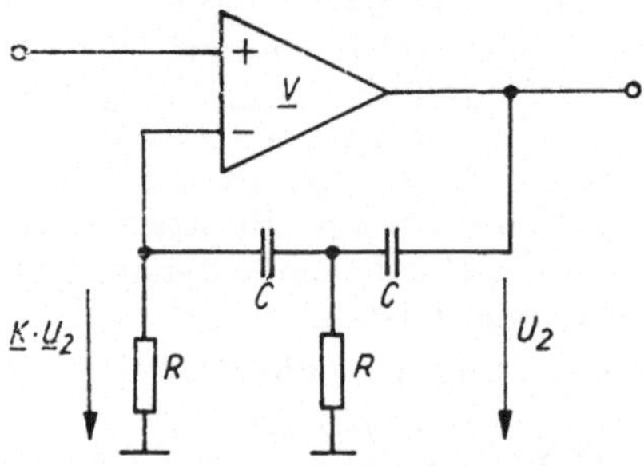

Bild 2.32. Verstärker mit frequenzabhängiger Rückführung

Der Verstärker soll bei $f = 50$ kHz untersucht werden.

a) Liegt Gegenkopplung oder Mitkopplung vor?

b) Die Betriebsverstärkung $\underline{V}^*$ ist nach Betrag und Phase zu berechnen.

Anleitung: Der Übertragungsfaktor $\underline{K}$ der Rückführung kann über Vierpol- oder Graphenmethode (→ Abschn. 2.1) hergeleitet werden.

A 2.46. Mit einem Operationsverstärker (OV) soll ein nichtinvertierender Verstärker mit $v_u = 40$ dB nach Bild 2.24 realisiert werden. In den Applikationsunterlagen sind die Toleranzgrenzen der Leerlaufverstärkung in offener Schleife mit 40000...50000 angegeben. Man berechne:

a) das Widerstandsverhältnis R_2/R_1,

b) den prozentualen Fehler der Betriebsverstärkung V_u, wenn der angegebene Toleranzbereich zugrunde gelegt wird.

Anleitung: Gehen Sie von L 2.33 aus und bilden Sie das totale Differential.

A 2.47. Bei einem OV wurde in der offenen Schleife eine Spannungsverstärkung $v_u = 75$ dB sowie eine obere Grenzfrequenz $f_{g0} = 21{,}5$ kHz gemessen. Durch Gegenkopplung soll eine Betriebsverstärkung von $v_u^* = 30$ dB eingestellt werden. Mit welcher oberen Grenzfrequenz f_{g0}^* kann dann in der geschlossenen Schleife gerechnet werden?

Anleitung: Das Bandbreiten-Verstärkungsprodukt ist als Konstante zu betrachten. Die logarithmischen Verstärkungsangaben sind vorher in lineare Verstärkungsfaktoren umzurechnen.

A 2.48. Ein OV mit frequenzabhängiger Gegenkopplung nach Bild 2.33 ist zu untersuchen.

a) Welches Frequenzverhalten $\underline{K}(\omega)$ hat das Gegenkopplungsnetzwerk?

b) Welches Frequenzverhalten $\underline{V}^*(\omega)$ hat der gegengekoppelte Verstärker?

Anleitung: Stellen Sie die komplexe Übertragungsfunktion für $\underline{K}(\omega)$ auf und verwenden Sie dann sinngemäß Gl. (2.50).

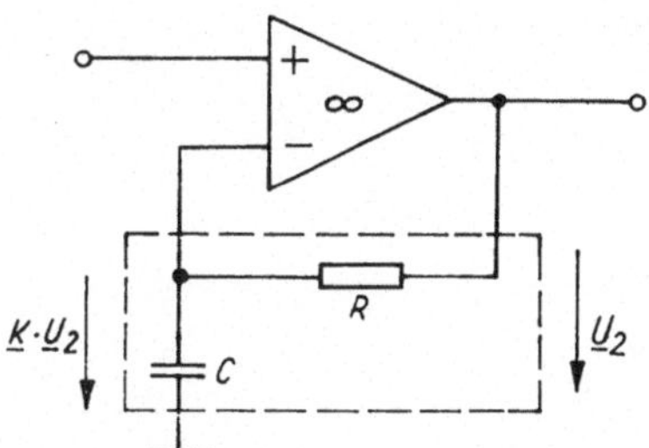

Bild 2.33. OV mit frequenzabhängiger Gegenkopplung

2.2.2.2. Betriebseigenschaften von Gegenkopplungsschaltungen

Die Vierpol-Zusammenschaltung von Verstärker und Gegenkopplungsnetzwerk ist in vier Varianten möglich (Bild 2.34):

a) Serie-Parallel-GK (spannungsabhängige Spannungs-GK)
b) Serie-Serie-GK (stromabhängige Spannungs-GK)
c) Parallel-Parallel-GK (spannungsabhängige Strom-GK)
d) Parallel-Serie-GK (stromabhängige Strom-GK)

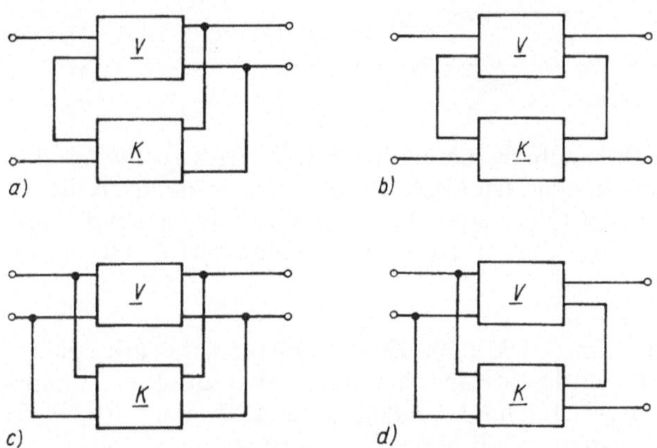

Bild 2.34. Gegenkopplungs-Grundschaltungen

Die Betriebseigenschaften des Verstärkers werden durch die vier Grundschaltungen unterschiedlich beeinflußt. In Tabelle 2.5 sind die interessierenden Größen des gegengekoppelten Verstärkers (V_u^*; V_i^*; Z_1^*; Z_2^*) den entsprechenden Größen des Verstärker-Bauelementes (V_u; V_i; Z_1; Z_2) gegenübergestellt. Bei Anwendung auf Operationsverstärker (OV) werden folgende Systemeigenschaften realisiert:

a) SP-GK → Spannungsverstärkung
b) SS-GK → Spannungs-Stromwandlung
c) PP-GK → Strom-Spannungswandlung
d) PS-GK → Stromverstärkung

Tabelle 2.5. Eigenschaften der Gegenkopplungs-Grundschaltungen

	a) SP-GK	b) SS-GK	c) PP-GK	d) PS-GK
$V_u{}^*$	$< V_u$	$< V_u$	$= V_u$	$= V_u$
$V_i{}^*$	$= V_i$	$= V_i$	$< V_i$	$< V_i$
$Z_1{}^*$	$> Z_1$	$> Z_1$	$< Z_1$	$< Z_1$
$Z_2{}^*$	$< Z_2$	$> Z_2$	$< Z_2$	$> Z_2$

SP: Serie-Parallel; SS: Serie-Serie; PP: Parallel-Parallel;
PS: Parallel-Serie

Tabelle 2.6. h-Parameter von gegengekoppelten Transistoren

Serie-Serie-Gegenkopplung	Parallel-Parallel-Gegenkopplung
$h_{11}^* \approx h_{11} + h_{21}R_E$	$h_{11}^* \approx h_{11}$
$h_{12}^* \approx h_{12} + h_{22}R_E$	$h_{12}^* \approx h_{12} + h_{11}/R_P$
$h_{21}^* \approx h_{21}$	$h_{21}^* \approx h_{21}$
$h_{22}^* \approx h_{22}$	$h_{22}^* \approx h_{22} + h_{21}/R_P$
$\Delta h^* \approx \Delta h$	$\Delta h^* \approx \Delta h$
$\Delta h = h_{11}h_{22} - h_{12}h_{21}$	

Bei Transistoren ändern sich die Vierpolparameter durch GK. In Tabelle 2.6 sind die h^*-Parameter der zwei gebräuchlichen Grundschaltungen zusammengestellt. Weiterhin ist zwischen *Gleichsignal-GK* (zur Arbeitspunktstabilisierung) und *Wechselsignal-GK* (zur Beeinflussung der dynamischen Kennwerte) zu unterscheiden.

A 2.49. Zu einem idealisierten OV mit endlicher Spannungsverstärkung V_u wird ein komplexer Widerstand $\underline{Z}_P$ parallel zwischen Ausgang und invertierendem Eingang geschaltet.

a) Welcher Eingangswiderstand $\underline{Z}_1$ ergibt sich allgemein bei dieser Schaltung?

b) Welche Eingangskapazität ergibt sich bei $V_u = 10^3$, wenn $\underline{Z}_P$ durch eine Kapazität $C_P = 100$ pF gebildet wird? Interpretieren Sie das Ergebnis und stellen Sie eine Ersatzschaltung auf.

Anleitung: Das Ergebnis kann durch Anwendung des Maschensatzes oder auch der Graphenmethode (→ Abschn. 2.1.3.4.) gewonnen werden.

A 2.50. Eine Emitterstufe mit gleichstromabhängiger Spannungsgegenkopplung analog Bild 2.35 und $R_{E2} = R_E$ soll betrachtet werden.

a) Wie wirkt sich die Emitterkombination $R_E \,||\, C_E$ auf den Eingangswiderstand $\underline{Z}_1$ aus?

b) Leiten Sie eine Beziehung zur Berechnung von C_E her!

Anleitung: Gehen Sie von einem vereinfachten h-Ersatzschaltbild (nur h_{21e} und h_{11e} berücksichtigen) aus und berechnen Sie $\underline{Z}_1$.

A 2.51. Ein Operationsverstärker (OV) ist als invertierender Strom-Spannungswandler (Bild 2.36) geschaltet.

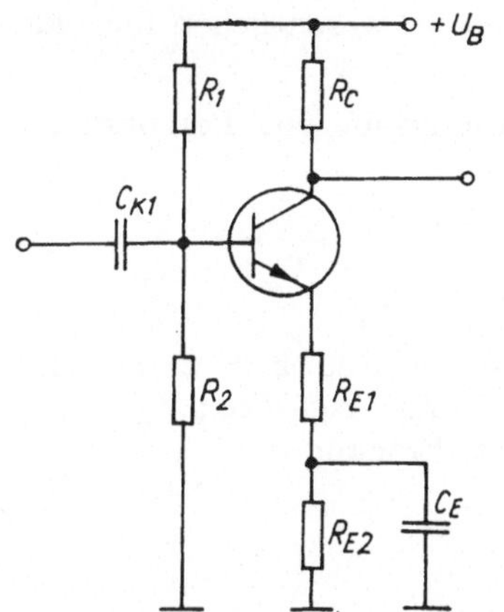

Bild 2.35. Emitterstufe mit Serie-Serie-GK

a) Leiten Sie den Zusammenhang zwischen U_O und I_I her.
b) Berechnen Sie R, wenn diese Schaltung ein eingeprägtes Stromsignal (Einheitsstrom in MSR-Anlagen) 0...20 mA in eine Spannung 0...−5 V wandeln soll.

Anleitung: Beachten Sie, daß beim idealen OV wegen $V_{u0} \to \infty$ die Differenzeingangsspannung $U_{ID} = 0$ und der Differenzeingangswiderstand $Z_{ID} \to \infty$ ist.

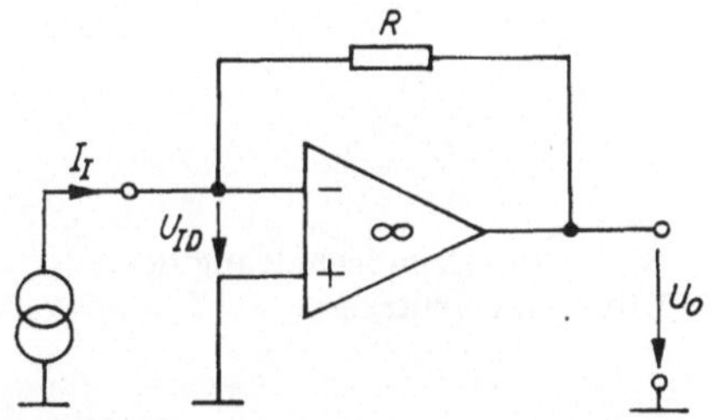

Bild 2.36. Invertierender Strom-Spannungs-Wandler

A 2.52. Eine gegengekoppelte Transistorstufe nach Bild 2.37 ist auf folgenden Arbeitspunkt eingestellt: $U_B = 9$ V; $I_C = 2$ mA; $\beta = 200$; $R_P = 440$ kΩ; $R_C = 2$ kΩ. Die untere Grenzfrequenz beträgt $f_{gu} = 20$ Hz. Die Stufe ist durch eine Kapazität $C_A = 10$ nF belastet.

a) Leiten Sie die Spannungsverstärkung $\underline{V}_{uG} = \underline{U}_2/\underline{U}_G$ her.
b) Welche Verstärkung V_{uGm} ergibt sich bei mittleren Frequenzen, wenn $R_G = 1$ kΩ ist?
c) Berechnen Sie die obere Grenzfrequenz f_{go} des Verstärkers für $R_G = 0$.
d) Welche Spannungsverstärkung ergibt sich bei der in c) berechneten oberen Grenzfrequenz?

Anleitung: Gehen Sie von einem vereinfachten y-Ersatzschaltbild des Transistors aus, tragen Sie R_P ein und vereinfachen Sie die Schaltung durch den «MILLER-Widerstand» (→ L 2.49).

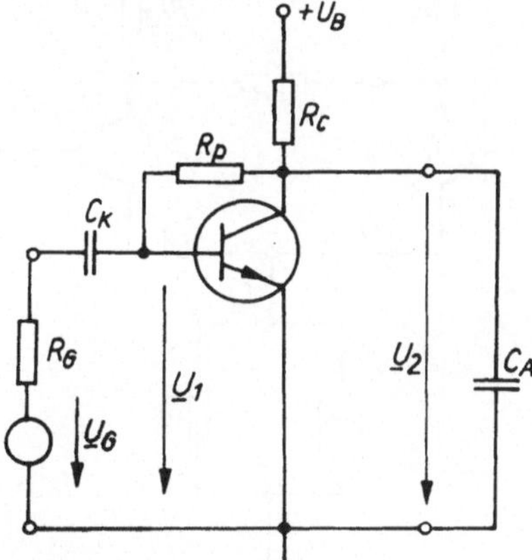

Bild 2.37. Emitterstufe mit Parallel-Parallel-GK

2.2.3. Teilschaltungen integrierter Verstärker

2.2.3.0. Allgemeines

Integrierte Analogschaltkreise in Planar-Epitaxietechnik bestehen aus npn-Transistoren, pnp-Lateraltransistoren, pnp-Substrattransistoren, diffundierten Widerständen, Oxid- und Sperrschichtkapazitäten sowie Dioden auf der Basis von Transistoren. Aus den genannten Funktionselementen werden im wesentlichen folgende Substrukturen realisiert:

Stromspiegel; Konstantstromquellen, Konstantspannungsquellen, Potentialversatzstufen, Differenzverstärker, Gegentakt-Endstufen.

2.2.3.1. Differenzverstärker

Die Grundschaltung des Differenzverstärkers (DV) ist im Bild 2.38 dargestellt. Für $T_1 \equiv T_2$ (geometrisch und elektrisch), $R_{C1} = R_{C2} = R_C$; $R_E \to \infty$; $I_{E1} = I_{E2} = I_K/2$; $R_A \gg R_C$ ergeben sich für ein **Differenzsignal** am Eingang

$$U_{ID} = U_{I1} - U_{I2} \tag{2.52}$$

die Kollektorströme

$$I_{C1} = \frac{AI_K}{1 + e^{-U_{ID}/U_T}} \tag{2.53}$$

$$I_{C2} = \frac{AI_K}{1 + e^{U_{ID}/U_T}}. \tag{2.54}$$

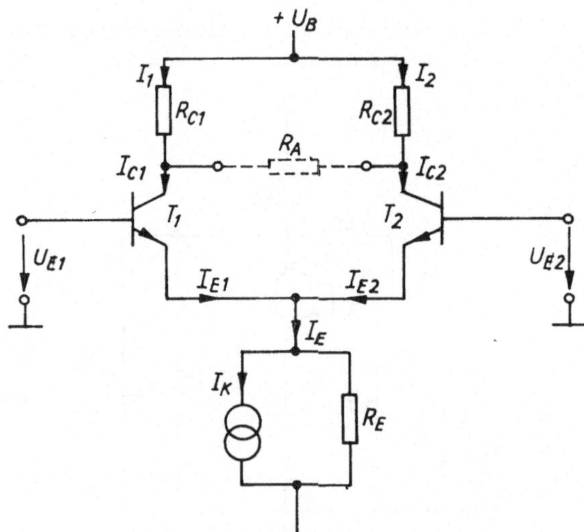

Bild 2.38. Grundschaltung des Differenzverstärkers

A: Stromverstärkung in Basisschaltung

Im dynamischen Betrieb ist zwischen Differenzbetrieb und Gleichtaktbetrieb zu unterscheiden. Bei **Differenzbetrieb** (gegenphasige Ansteuerung $U_{I1} = -U_{I2}$) gilt

$$\underline{V}_{uD} \approx \frac{-I_K R_C}{2U_T} \tag{2.55}$$

$$Z_{ID} \approx \frac{2BU_T}{I_K} \tag{2.56}$$

B: Stromverstärkung in Emitterschaltung

Bei **Gleichtaktbetrieb** (gleichphasige Ansteuerung $U_{I1} = U_{I2}$) gilt mit $U_{IC} = (U_{I1} + U_{I2})/2$

$$\underline{V}_{uC} \approx \frac{-R_C}{2R_E} \tag{2.57}$$

Die Gleichtaktunterdrückung beträgt dann

$$G = |\underline{V}_{uD}/\underline{V}_{uG}| \quad \text{bzw.} \tag{2.58}$$

$$CMR = 20 \lg G \tag{2.59}$$

CMR (engl.): common mode rejection (in dB)

A 2.53. Die Eingangsstufe eines integrierten OV der 1. Generation besteht aus einem DV nach Bild 2.38. Die Konstantstromquelle liefert $I_K \approx 40$ µA. Außerdem ist $R_C = 50$ kΩ; $B = 100$.

a) Berechnen Sie die Differenzverstärkung V_{uD} in dB und den Differenzeingangswiderstand Z_{ID} der Stufe bei ausgangsseitigem Leerlauf.

b) Welche Ausgangssignalspannungen (bezogen auf Masse) entstehen an den beiden Kollektoren, wenn die Stufe mit $U_{I1} = 5$ mV; $U_{I2} = -5$ mV angesteuert wird?

A 2.54. Das Betriebsverhalten eines emittergekoppelten DV ist zu berechnen. Im Bild 2.38 ist $I_K = 0$ anzunehmen. Die Einspeisung der Emitter soll über $R_E = 50$ kΩ erfolgen. Weiterhin ist im Arbeitspunkt $I_C = 20$ µA bei $R_C = 100$ kΩ. Das Ausgangssignal soll unsymmetrisch an T_1 abgenommen werden.

a) Welches Betriebsverhalten ergibt sich bei reiner Differenzsteuerung?

b) Welches Betriebsverhalten ergibt sich bei reiner Gleichtaktsteuerung?

c) Die Gleichtaktunterdrückung CMR ist für $R_A \to \infty$ zu berechnen.

Anleitung: Durch Einbringen einer vertikalen Symmetrielinie im Bild 2.38 sind zunächst die Ersatzschaltungen für Differenz- und Gleichtaktbetrieb aufzustellen.

A 2.55. Für den emittergekoppelten DV aus A 2.54 sind die Ausgangsspannungen an T_1 und T_2 zu berechnen, wenn die Eingangssignale geringfügig unsymmetrisch sind. Angenommen wurden: $U_{I1} = 5$ mV; $U_{I2} = -4$ mV.

Anleitung: Im linearen Bereich gilt der Superpositionssatz. Das unsymmetrische Eingangssignal kann damit in eine Differenzsignal- und eine Gleichtaktsignalkomponente zerlegt werden.

A 2.56. Ein emittergekoppelter DV (→ Bild 2.38 mit $I_K = 0$) wird unsymmetrisch

1. an der Basis von T_1,
2. an der Basis von T_2

angesteuert. Die jeweils nicht angesteuerte Basis liegt auf Masse. Die Ausgangsspannung wird in beiden Fällen am Kollektor von T_2 abgenommen.

a) Lösen Sie die Schaltung des DV im Falle a) in Grundschaltungen (→ Tafel 2.5) auf und schätzen Sie die Spannungsverstärkung ab.

b) Welche Phasendrehung entsteht bei mittleren Frequenzen in den Fällen 1 und 2 zwischen Ein- und Ausgangsspannung?

2.2.3.2. Konstantstromquellen

Im Grundstromkreis (Bild 2.39) gilt für $R_G \gg R_L$:

$$I_L \approx U_G/R_G = \text{const}. \tag{2.60}$$

Für ausreichende Stromkonstanz wären sehr hohe Speisespannungen erforderlich.

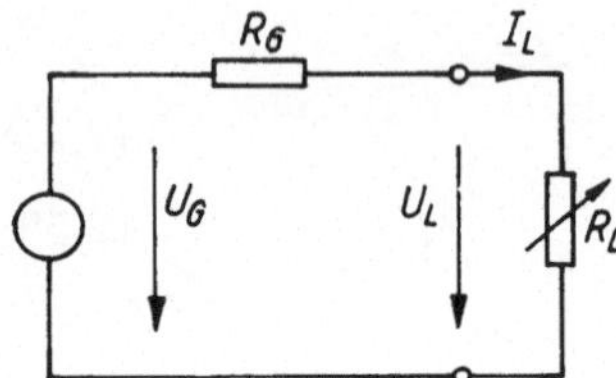

Bild 2.39. Grundstromkreis

Deshalb realisiert man Konstantstromquellen über dynamische Widerstände (Bild 2.40). Die Kollektor-Emitter-Strecke hat den **statischen Widerstand**

$$R_{CE} = U_{CE}/I_C, \tag{2.61}$$

aber den **dynamischen Widerstand**

$$\boxed{r_{CE} = \partial U_{CE}/\partial I_C \approx \Delta U_{CE}/\Delta I_C} \tag{2.62}$$

Dabei ist $r_{CE} \gg R_{CE}$. Durch GK wird r_{CE} weiter vergrößert. Für Bild 2.40a) gilt:

$$\boxed{r^*_{CE} \approx r_{CE}(1 + SR_E)} \tag{2.63}$$

Durch **Stromspiegel** werden aus einem Referenzstrom konstante Lastströme erzeugt

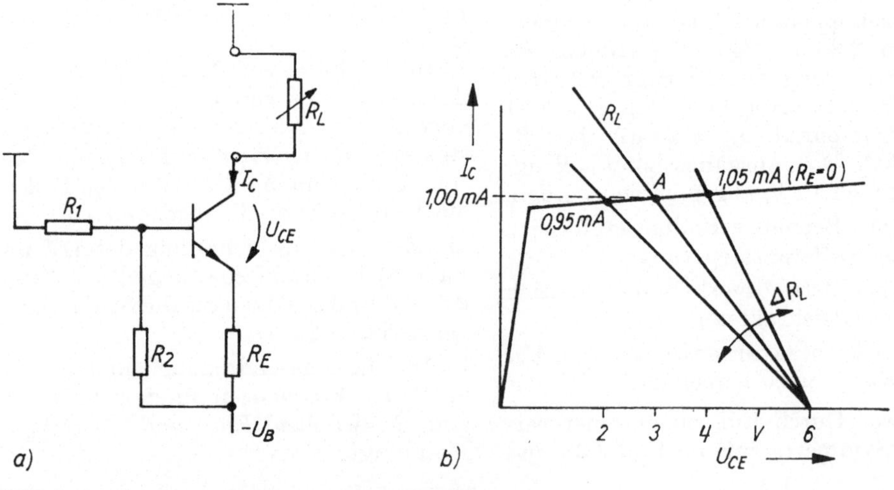

Bild 2.40. Transistor als Konstantstromquelle

(Strombank). Bild 2.41 zeigt einen Stromspiegel mit dem Spiegelverhältnis S_p.

$$S_p = \frac{I_L}{I_R} \approx \frac{B}{B+2}\, e^{-I_L R_E / U_T}. \tag{2.64a}$$

Für $B \gg 2$ wird

$$\boxed{S_p \approx e^{-I_L R_E / U_T}} \tag{2.64b}$$

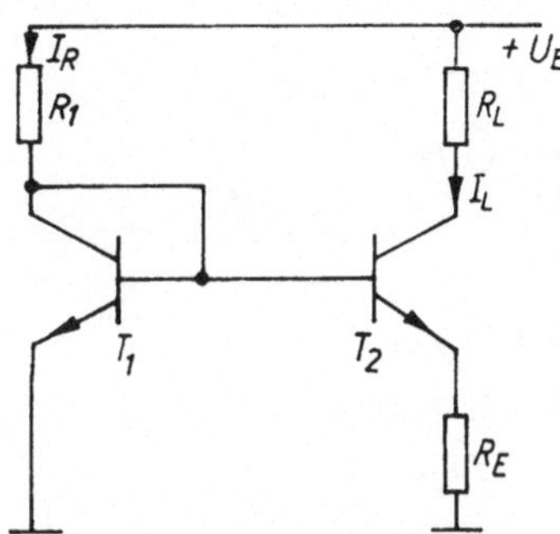

Bild 2.41. Stromspiegel mit $S_p \neq 1$

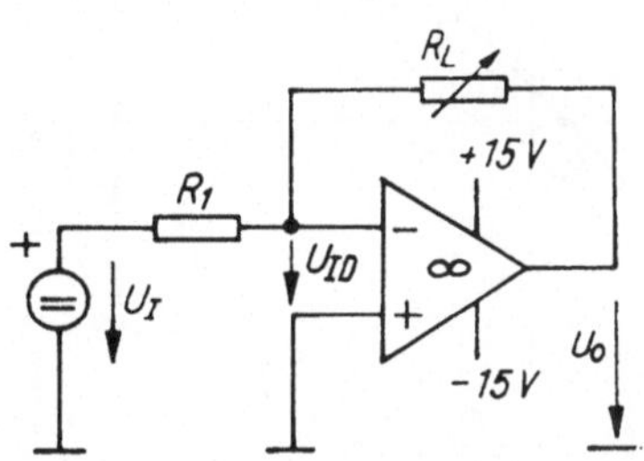

Bild 2.42. Konstantstromquelle mit OV

A 2.57. Welcher Laststrom I_L stellt sich in einem Stromspiegel nach Bild 2.41 ein, wenn bei $R_E = 200\,\Omega$ und $B \approx 100$ ein Referenzstrom $I_R = 250\,\mu A$ eingespeist wird?

Anleitung: Stromspiegel der skizzierten Struktur gestatten, $S_p \approx 0{,}1 \ldots 0{,}9$ zu realisieren.

A 2.58. Eine Konstantstromquelle mit idealem Operationsverstärker nach Bild 2.42 ist vorgegeben.

a) Zeigen Sie, daß I_L im linearen Aussteuerbereich *nicht* von R_L abhängig ist.

b) Bei einer Referenzspannung $U_R = +15$ V soll ein konstanter Laststrom $I_L = 1{,}5$ mA entstehen. Berechnen Sie dafür R_1.

c) Welcher maximale Lastwiderstand $R_{L\,max}$ ist zulässig, wenn die Ausgangs-Sättigungsspannung $|U_{OS}| = 14$ V nicht überschreiten soll?

Anleitung: Berücksichtigen Sie, daß beim idealen OV $U_{ID} = 0$ ist. Des weiteren können die Ergebnisse von L 2.35 verwendet werden.

2.2.4. Operationsverstärker

2.2.4.0. Allgemeines

Operationsverstärker (OV) sind mehrstufige integrierte Gleichspannungsverstärker, deren Betriebseigenschaften maßgeblich durch die äußere Beschaltung (Gegenkopplung) bestimmt werden. Die prinzipielle Schaltungsstruktur ist durch einen mehrstufigen Differenzverstärker (DV), Zwischenstufen zum Potentialversatz (PV) und eine Endstufe (EV) gekennzeichnet.

2.2.4.1. Eigenschaften und Kenngrößen des realen Operationsverstärkers

Die Betriebseigenschaften des OV werden durch die statische Übertragungskennlinie (Bild 2.43) und das Ersatzschaltbild (Bild 2.44) veranschaulicht. In Tabelle 2.7 sind die im Kleinsignalbetrieb für $0 \leqq f \ll f_{g0}$ wichtigen Kenngrößen zusammengestellt.

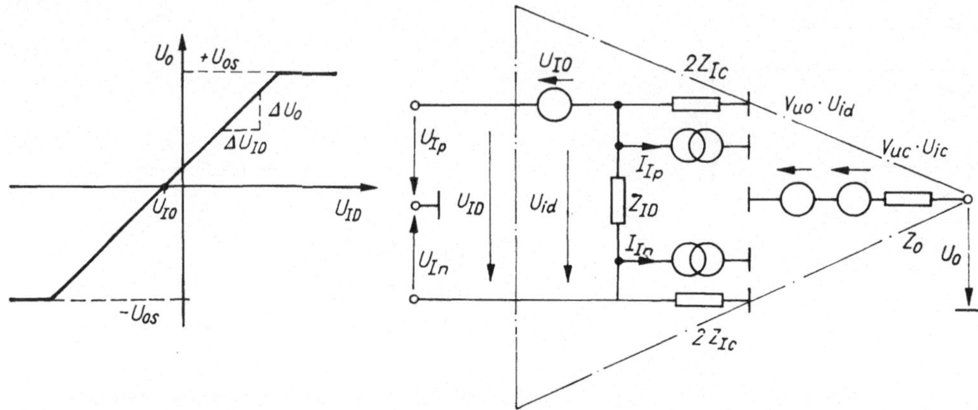

Bild 2.43. Übertragungskennlinie des OV mit Offsetfehler

Bild 2.44. Ersatzschaltbild des OV

Tabelle 2.7. Kenngrößen von Operationsverstärkern

Kenngröße	Definitionsgleichung	Typische Werte
Eingangs-Offsetspannung	$U_{IO} = -U_{ID}\|_{U_O=0}$	7,5 ... 0,5 mV
Eingangsruheströme	$I_{Ip};\ I_{In}$	
Mittlerer Eingangsruhestrom	$I_I = (I_{Ip} + I_{In})/2$ bei $U_{Ip} = 0$ und $U_{In} = 0$	2 µA ... 20 pA
Eingangs-Offsetstrom	$I_{IO} = I_{Ip} - I_{In}$ bei $U_{Ip} = 0$ und $U_{In} = 0$	0,5 µA ... 2 pA
Leerlauf-Differenzverstärkung	$V_{u0} = \Delta U_O/\Delta U_{ID}\|_{U_{IC}} = 0$	$10^3 \ldots 10^6$
Gleichtaktverstärkung	$V_{uC} = \Delta U_O/\Delta U_{IC}\|_{U_{ID}} = 0$	
Differenz-Eingangswiderstand	$Z_{ID} = \Delta U_{Ip}/\Delta I_{Ip}\|_{U_{In}} = 0$	50 kΩ ... 10^{11} Ω
Gleichtakt-Eingangswiderstand	$Z_{IC} = \Delta U_{IC}/\Delta I_{IC}$	$Z_{IC} \gg Z_{ID}$
Ausgangswiderstand	$Z_O = \Delta U_O/\Delta I_O$	200 ... 75 Ω
Gleichtaktunterdrückung	$CMR = 20 \lg (V_{u0}/V_{uC})$	65 ... 120 dB
Temperaturdrift der Offsetspannung	$TK_u = \Delta U_{IO}/\Delta\vartheta$	1 ... 10 µV/K
Temperaturdrift des Offsetstromes	$TK_i = \Delta I_{IO}/\Delta\vartheta$	40 ... 300 pA/K

A 2.59. Nach welcher Zeitfunktion $U_O(t)$ verläuft die Ausgangsspannung, wenn die Eingangsspannungen $U_{Ip}(t)$ und $U_{In}(t)$ die im Bild 2.45 skizzierten Verläufe aufweisen und $V_{u0} = 10^4$ beträgt?

Anleitung: Hier soll angenommen werden, daß der OV beliebig große Spannungsanstiegsgeschwindigkeiten verarbeitet.

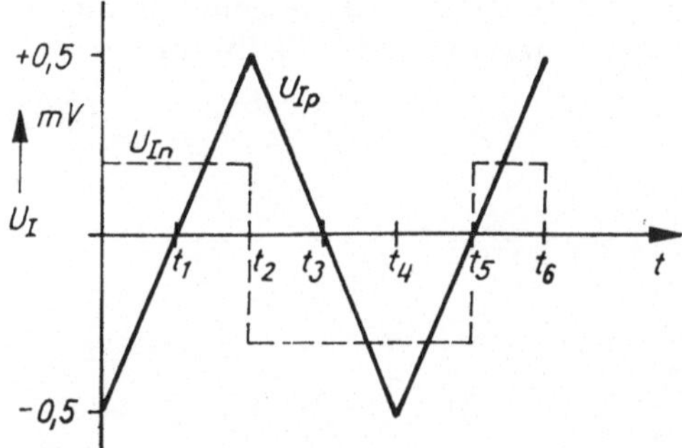

Bild 2.45. Zeitfunktion der Eingangsspannungen (zu A 2.59)

A 2.60. Ein OV mit $U_{OS} = \pm 14$ V und $Z_O = 150\ \Omega$ wird als Wechselspannungsverstärker betrieben und bis an die Grenzen des linearen Bereiches ausgesteuert.

a) Welche Ausgangsspannungs-Amplitude $\hat{U}_O$ ergibt sich bei einem Lastwiderstand $R_L = 900\ \Omega$?

b) Bei $\vartheta < 75\,°C$ beträgt die maximale Gesamtverlustleistung $P_{tot\,max} = 500$ mW und der Eigenleistungsverbrauch $P_v = 120$ mW (Katalogangaben). Überprüfen Sie, ob die in a) angenommene Belastung zulässig ist.

A 2.61. Ein Inverter nach Bild 2.25 soll für $Z_1 = 10$ kΩ und 40 dB Spannungsverstärkung ausgelegt werden.

a) Berechnen Sie die Gegenkopplungswiderstände R_1; R_2.

b) Im Katalog wird $U_{O\,max} = \pm 10$ V bei $R_L \geqq 2$ kΩ angegeben. Welche Signalspannung $U_{I\,max}$ darf maximal am Eingang angelegt werden?

Anleitung: Gehen Sie von L 2.35 aus.

A 2.62. Welche Ausgangsfehlerspannung U_{OO} ergibt sich bei dem Inverter nach A 2.61, wenn bei kurzgeschlossenem Eingang der OV folgende Eingangsfehlergrößen aufweist:

$I_I = 100$ nA; $I_{IO} = 20$ nA; $U_{IO} = 2$ mV

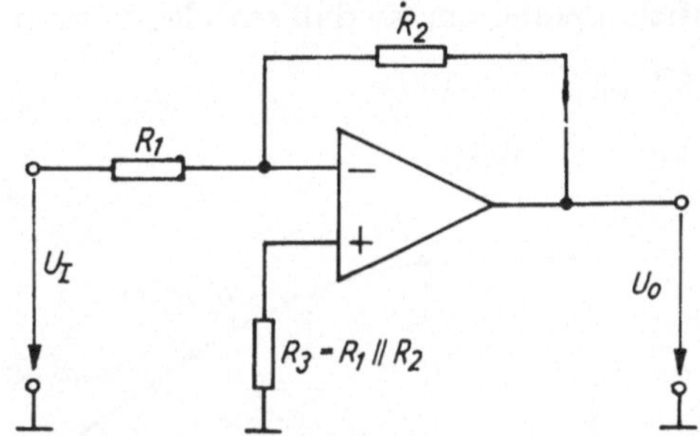

Bild 2.46. Ruhestromkompensation beim Inverter

Anleitung: Sie gehen von Bild 2.44 aus, ergänzen die äußere Beschaltung des Inverters und nehmen $V_{u0} \to \infty$ an. Zur Herleitung der Beziehungen ist die Graphenmethode (→ Abschn. 2.1.3.) empfehlenswert.

A 2.63. Welche Ausgangs-Fehlerspannung U_{OO} würde sich bei Anwendung der Kompensationsschaltung nach Bild 2.46 einstellen, wenn die gleichen Eingangsfehlergrößen des OV wie in A 2.62 angenommen werden?

Anleitung: Die Herleitung kann über das Ersatzschaltbild und den NM-Graphen vorgenommen werden.

A 2.64. Welche Kompensationsspannung U_K müßte im Bild 2.46 über R_3 zugeführt werden, damit $U_{OO} = 0$ wird?

Anleitung: Gehen Sie von L 2.63 aus und ergänzen Sie den Einfluß von U_K, indem Sie von L 2.34 ausgehen.

2.2.4.2. Frequenzgang und Großsignalbandbreite

Bei höheren Frequenzen nimmt die Leerlaufverstärkung V_{u0} in der offenen Schleife durch den Einfluß innerer Zeitkonstanten ab. Bei dreistufiger Schaltungsstruktur entstehen drei Grenzfrequenzen (Gl. (2.65) und Bild 2.47).

$$\underline{V}_{u0} = V_{u00} \frac{1}{1 + \mathrm{j}f/f_{g1}} \cdot \frac{1}{1 + \mathrm{j}f/f_{g2}} \cdot \frac{1}{1 + \mathrm{j}f/f_{g3}} . \tag{2.65}$$

Amplituden- und Phasenfrequenzgang entsprechend der Gl. (2.65) sind im BODE-Diagramm (Bild 2.47) dargestellt. Bei $\varphi_{v0} = -180°$ kehrt sich Gegenkopplung in Mitkopplung um, so daß stabiles Verstärkungsverhalten nach Gl. (2.49) für

$$|\underline{K}\underline{V}_{u0}|_{\varphi=-\pi} < 1 \tag{2.66}$$

eintreten müßte.

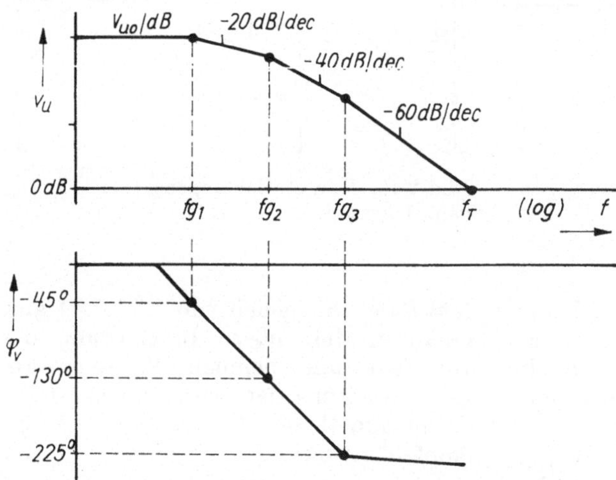

Bild 2.47. Frequenzgang des OV (BODE-Diagramm)

Aus Sicherheitsgründen wird der **Phasenrand** $\varphi_R = 180° - |\varphi_v|$ eingeführt, und die Stabilitätsbedingung lautet:

$$\boxed{|\underline{K}\underline{V}_{u0}|_{\varphi=\varphi_R} < 1} \tag{2.67}$$

Die Einhaltung von Gl. (2.67) muß zumeist durch Frequenzgangkompensation (intern oder extern) erzwungen werden.
Übersteuerungs- und Speichereffekte bedingen eine begrenzte Spannungsänderungsgeschwindigkeit S_L (slew rate):

$$\boxed{S_L = \Delta U_O/\Delta t|_{max} = 2\pi f_G \hat{U}_O} \tag{2.68}$$

Oberhalb der **Großsignalbandbreite** f_G nimmt die Ausgangsamplitude mit der

Frequenz ab, und es entstehen größere Verzerrungen der Kurvenform:

$$\hat{U}_{\mathrm{O}} = \begin{Bmatrix} U_{\mathrm{Omax}} & \text{für } f \leqq f_{\mathrm{G}} \\ S_{\mathrm{L}}/(2\pi f) & \text{für } f > f_{\mathrm{G}} \end{Bmatrix} \tag{2.69}$$

A 2.65. Von einem OV sind die Grenzfrequenzen $f_{g1} = 1$ kHz und $f_{g2} = 1$ MHz und die Leerlaufverstärkung bei $f = 0$ $V_{u00} = 10^5$ bekannt. (1) Welche Kleinsignalbandbreiten ergeben sich bei Anwendung als nichtinvertierender Verstärker nach Bild 2.24 mit zwei unterschiedlichen Beschaltungen: a) $R_1 = 1\,\mathrm{k\Omega}$; $R_2 = 1\,\mathrm{M\Omega}$; b) $R_1 = 1\,\mathrm{k\Omega}$; $R_2 = 9\,\mathrm{k\Omega}$?
(2) Welche Phasenwinkel φ_{V} ergeben sich in der geschlossenen Schleife bei den unter (1) berechneten Grenzfrequenzen?
(3) Welche Phasensicherheiten gegen Schwingungseinsatz sind in beiden Fällen vorhanden?

Anleitung: Die Betriebsverstärkungen sind mit $V_{u0} \to \infty$ abzuschätzen und in das Bode-Diagramm einzutragen.

A 2.66. Durch ein *RC*-Verzögerungsglied am Ausgang (Bild 2.48) soll die Schnittfrequenz für 40 dB Betriebsverstärkung (→ A 2.65) auf $f_s = 1$ kHz reduziert werden. a) Welche Grenzfrequenz f_{K} müßte das *RC*-Glied haben? b) Charakterisieren Sie Vor- und Nachteile dieser Kompensationsmethode.

Anleitung: Der linear approximierte Frequenzgang des *RC*-Gliedes ist zusätzlich im Bode-Diagramm (→ Bild L 2.28) einzutragen.

A 2.67. Durch ein *RC*-Verzögerungs-Vorhalteglied an den Kompensationsanschlüssen des OV (Bild 2.49) soll die Schnittfrequenz für 20 dB Betriebsverstärkung (→ A 2.65) auf 1 MHz gelegt werden. Berechnen Sie C_{K} und R_{K} für $R_{\mathrm{i}} \approx 1{,}4\,\mathrm{M\Omega}$.

Anleitung: Die zwei 45°-Frequenzen des *RC*-Gliedes sind zunächst herzuleiten. Zweckmäßig wählt man $f_{\mathrm{K2}} = f_{g1}$ und $f_s = f_{g2}$.

A 2.68. Ein OV soll als Wechselspannungsverstärker betrieben werden. Als Amplitude der Ausgangsspannung wird $\hat{U}_{\mathrm{O}} = 5$ V erwartet. Bei der gewählten Frequenzgangkompensation beträgt die slew-rate $S_{\mathrm{L}} = 0{,}5\,\mathrm{V/\mu s}$. a) Bis zu welcher Frequenz f_{G} wird das Sinussignal unverzerrt übertragen? b) Welche Amplitude U_{OF} würde sich am Ausgang einstellen, wenn $f = 1{,}5 f_{\mathrm{G}}$ ist?

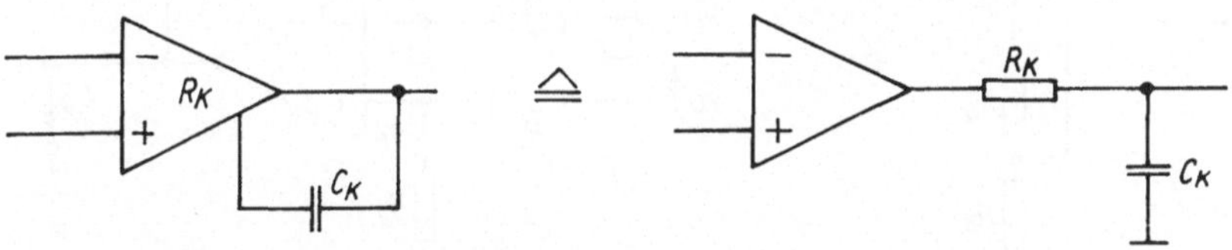

Bild 2.48. Frequenzgangkompensation mit Verzögerungsglied

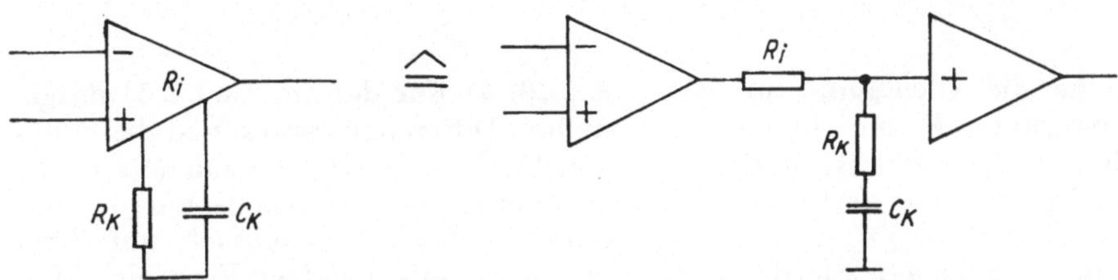

Bild 2.49. Frequenzgangkompensation mit Verzögerungs-Vorhalteglied

2.2.4.3. Anwendungen als Verstärker

Aufbauend auf den bereits bekannten Grundschaltungen «invertierender und nichtinvertierender Verstärker», werden Beispiele für Gleichspannungsverstärker mit hohem Eingangswiderstand, Brückenverstärker, Wechselspannungsverstärker mit Driftunterdrückung und logarithmische Verstärker behandelt. In den meisten Fällen wird im Interesse einer einfacheren Rechnung vom Modell des idealen OV ausgegangen. Die **Kenndaten des idealisierten OV** sind im Vergleich zur Tabelle 2.7 wie folgt anzunehmen:

- Fehlergrößen $\rightarrow 0$
- Verstärkung $\rightarrow \infty$
- Eingangswiderstand $\rightarrow \infty$
- Ausgangswiderstand $\rightarrow 0$
- Gleichtaktunterdrückung $\rightarrow \infty$
- Drift $\rightarrow 0$
- Bandbreite $\rightarrow \infty$

Zur Herleitung der benötigten Formeln wird von der Graphenmethode (→ Abschn. 2.1.3.4.) Gebrauch gemacht.

A 2.69. Der Nachteil des Inverters besteht in seinem niedrigen Eingangswiderstand $Z_I = R_1$ (→ Bild 2.25). Im Bild 2.50 wird eine Schaltung gezeigt, die diesen Nachteil umgeht.

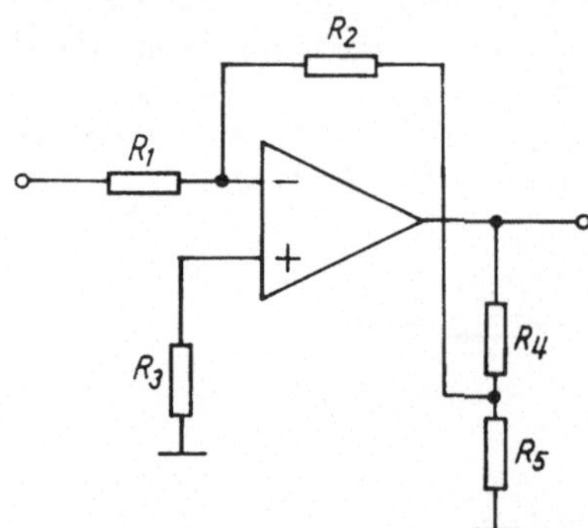

Bild 2.50. Inverter mit erhöhtem Eingangswiderstand

a) Leiten Sie die Gleichung für die Betriebsverstärkung V_u her. b) Der Inverter soll für $Z_I = 500\,\text{k}\Omega$ und $|V_u| = 100$ ausgelegt werden. Bestimmen Sie die Widerstandswerte R_4; R_5 für $R_2 = R_1$ und $R_4 \ll R_2$. c) Schätzen Sie die Ausgangsfehlerspannung U_{OO} für $U_{IO} = 1{,}5\,\text{mV}$ und $I_{IO} = 0{,}1\,\mu\text{A}$ ab, wenn sinngemäß nach L 2.62 hier $U_{OO} = 2\,|V_u|\,U_{IO} + I_{IO}(R_2 + R_4)$ gilt. d) Um wieviel Prozent ändert sich die Ausgangsfehlerspannung bei 20 K Temperaturänderung, wenn $TK_u = 5\,\mu\text{V/K}$ und $TK_i = 0{,}1\,\text{nA/K}$ beträgt?

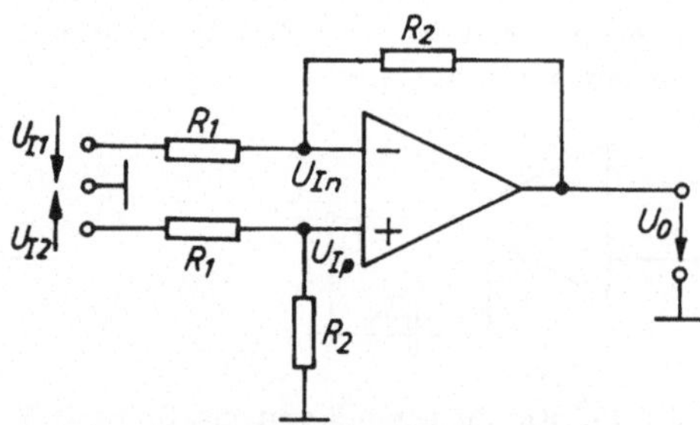

Bild 2.51. Differenzverstärker mit OV

A 2.70. a) Für den im Bild 2.51 dargestellten Differenzverstärker ist die Funktion $U_O = f(U_{I1}; U_{I2})$ herzuleiten. b) Die Anwendung als Brückenspannungsverstärker erfordert zusätzlich zur Erdsymmetrie einen hohen Eingangswiderstand, der durch Vorschalten von zwei

Impedanzwandlern gewonnen werden kann. Geben Sie eine Lösung an.

Anleitung: a) Über den Maschensatz sind U_{In} und U_{Ip} zu berechnen und dann gleichzusetzen. b) als Impedanzwandler eignet sich der nichtinvertierende Verstärker (Bild 2.24).

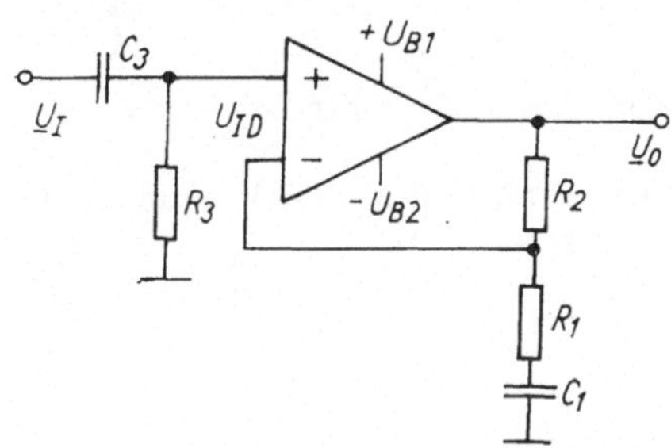

Bild 2.52. Wechselspannungsverstärker mit Driftunterdrückung

A 2.71. Der im Bild 2.52 dargestellte Wechselspannungsverstärker ist zu analysieren. Folgende Werte sind vorgegeben: $C_3 = C_1 = 20\,\mu F$; $R_2 = R_3 = 150\,k\Omega$: $R_1 = 1\,k\Omega$; $U_{IO} = 1{,}5\,mV$. Berechnen Sie: a) Verstärkung und Eingangswiderstand bei mittleren Frequenzen, b) die untere Grenzfrequenz f_{gu}, c) die Ausgangs-Fehlergleichspannung U_{OO}. Außerdem ist d) die Funktion von C_1 zu begründen.

Anleitung: Die komplexe Verstärkung dieser Schaltung beträgt

$$\underline{V}_u = \frac{j\omega\tau_3(1 + j\omega\tau_2)}{(1 + j\omega\tau_3)(1 + j\omega\tau_1)}. \tag{2.70}$$

Hierin ist $\tau_1 = C_1R_1$; $\tau_2 = C_1(R_1 + R_2)$; $\tau_3 = C_3R_3$.

A 2.72. Operationsverstärker werden im Normalfall mit bipolarer Speisespannung betrieben (z. B. $+15\,V$; $-15\,V$). Ein Wechselspannungsverstärker nach Bild 2.52 (→ A 2.71) soll wegen einer festgelegten Netzteilkonzeption mit unipolarer Speisespannung $U_B = +20\,V$ betrieben werden. Geben Sie eine prinzipielle Lösung an.

Anleitung: Gehen Sie von der statischen Übertragungskennlinie (→ Bild 2.43) aus.

A 2.73. Die Schaltung eines spannungsgesteuerten Verstärkers nach Bild 2.53 ist zu untersuchen:

a) Die Gleichung zur Berechnung der Betriebsverstärkung V_u ist herzuleiten und ggf. zu vereinfachen. b) Für $R_1 = R_2 = 36\,k\Omega$ und $R_3 = R_4 = 270\,k\Omega$ ist der Variationsbereich der Verstärkung für $-U_{GS} = 5 \dots 15\,V$ zu berechnen.

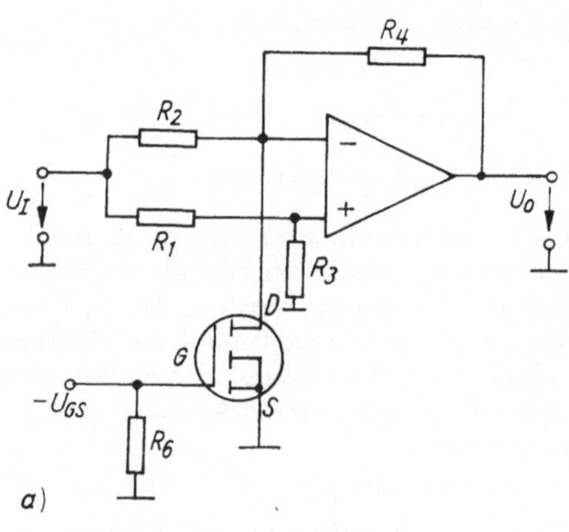

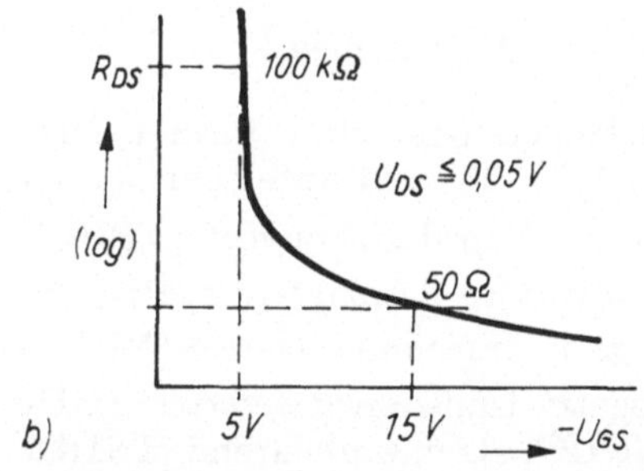

Bild 2.53. Spannungsgesteuerter Verstärker
a) Grundschaltung
b) Steuerkennlinie des MOSFET

A 2.74. a) Leiten Sie eine Beziehung für die Ausgangsspannung $U_O = f(U_I)$ des im Bild 2.54 dargestellten logarithmischen Verstärkers her.

b) Bei $U_{I1} = 1\,V$ und $\vartheta = 20\,°C$ wurde am Ausgang $U_{O1} = -500\,mV$ gemessen.

Welche Ausgangsspannungen U_{O2}; U_{O3} werden sich bei unveränderter Temperatur einstellen, wenn $U_{I2} = 5$ V; $U_{I3} = 10$ V angelegt wird?
c) Welche Nachteile weist diese Grundschaltung auf?

Anleitung: a) Es ist von

$$I_C \approx AI_{ES}\, e^{U_{BE}/U_T} \tag{2.71}$$

für $U_{BE} \gg U_T$ und $U_{CB} \approx 0$ auszugehen.
b) AI_{ES} ist in der Rechnung zu substituieren. c) Betrachten Sie das Temperaturverhalten und den Frequenzgang im Bode-Diagramm.

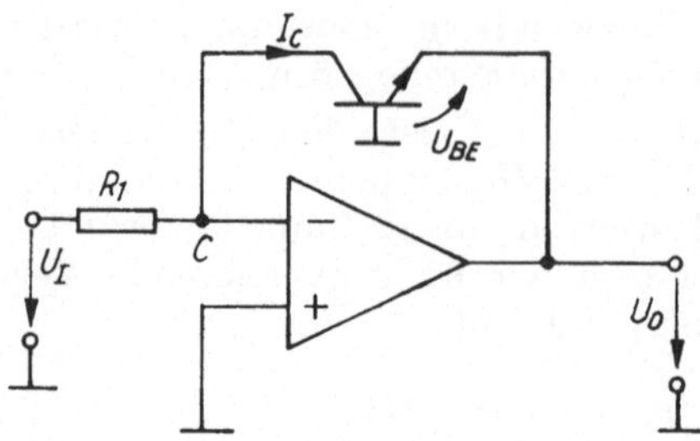

Bild 2.54. Logarithmischer Verstärker

2.3. Aktive RC-Schaltungen

2.3.0. Vorbemerkung

Halbleitertechnik und Mikroelektronik bedingen, daß funktionsbestimmende Baugruppen der analogen Signalverarbeitung möglichst ohne Verwendung von Induktivitäten realisiert werden. Da passive *RC*-Schaltungen keine hinreichend befriedigenden Systemeigenschaften aufweisen, gewinnen aktive *RC*-Schaltungen zunehmend an Bedeutung. Die nachfolgenden Aufgaben gehen vom universell einsetzbaren Operationsverstärker aus. Zur Schaltungsanalyse wird die Graphenmethode verwendet.

2.3.1. Schaltungen mit Übersetzervierpolen

2.3.1.0. Allgemeines

Übersetzervierpole sind formal Zusammenschaltungen von gesteuerten Quellen (→ 2.1.1.2.). Es wird unterschieden zwischen

- Positiv-Impedanzkonverter (PIK), Sonderfall: idealer Übertrager;
- Positiv-Impedanzinverter (PII), Sonderfall: idealer Gyrator;
- Negativ-Impedanzinverter (NII), Sonderfall: idealer Negativ-Gyrator;
- Negativ-Impedanzkonverter (NIK; NIC), Sonderfälle: spannungsumkehrend (UNIK), stromumkehrend (INIK).

Kettenschaltungen aus diesen Vierpolen ergeben prinzipiell wieder einen dieser Vierpole.

2.3.1.1. Gyratoren

Der ideale Gyrator ergibt sich formal aus der Gegenparallelschaltung zweier spannungsgesteuerter Stromquellen (Bild 2.55) und kann durch eine Kettenmatrix [Gl. (2.72)] beschrieben werden.

$$(a) = \begin{pmatrix} 0 & -1/g_1 \\ g_2 & 0 \end{pmatrix} \qquad g_1;\, g_2 \text{ sind die Gyrationsleitwerte.} \tag{2.72}$$

Der reale Gyrator wird für $g_1 = g_2 = g_0$ durch das Gyrationsverhältnis P gekennzeichnet:

$$P = h_{11}/z_{11}; \qquad P > 1. \tag{2.73}$$

Für den idealen Gyrator gilt dann $P \to \infty$.

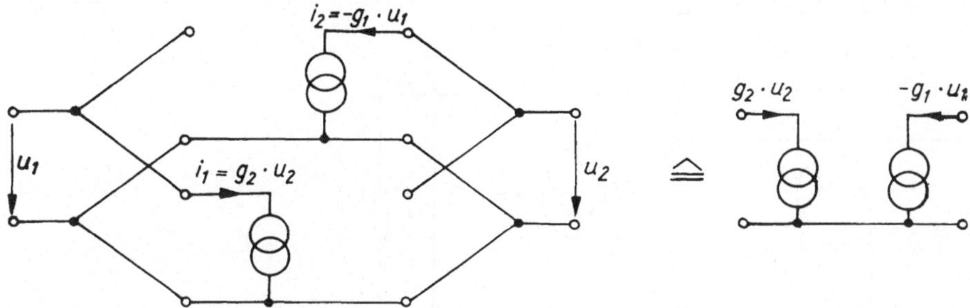

Bild 2.55. Ersatzschaltung des idealen Gyrators

A 2.75. a) Ein idealer Gyrator sei für $g_1 = g_2 = g_0$ mit einem Lastwiderstand $\underline{Z}_L$ belastet. Welcher Eingangswiderstand $\underline{Z}_1$ ergibt sich allgemein? b) Das Ergebnis von a) ist zu diskutieren. c) In welche Induktivität L_1 wird eine Kapazität $C_2 = 1\,\mathrm{nF}$ bei $\omega = 10^3\,\mathrm{s}^{-1}$ und $g_0 = 10\,\mathrm{mS}$ transformiert?
Anleitung: Benutzen Sie Tabelle 2.3.

A 2.76. Im Bild 2.56 ist eine Gyratorschaltung mit zwei OV dargestellt. a) Welcher Eingangswiderstand Z_1 ergibt sich bei ausgangsseitigem Abschluß mit Z_L? b) Das Ergebnis ist zu diskutieren.
Anleitung: Nach Aufstellen des NM-Graphen ist Gl. (2.27) anzuwenden.

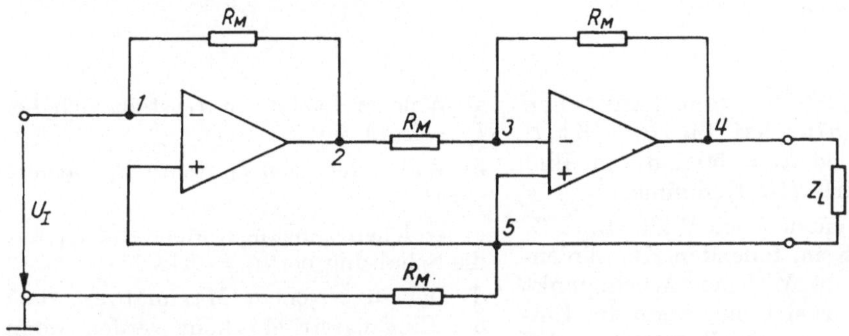

Bild 2.56. Gyrator aus 2× OV

2.3.1.2. Negativ-Impedanzkonverter (NIK)

NIK invertieren entweder Strom oder Spannung und ermöglichen somit die Erzeugung negativer Widerstände:

$$Z_1 = U_1/(-I_1) \tag{2.74a}$$

$$Z_1 = -U_1/I_1 \tag{2.74b}$$

Bei realen NIK sind die fallenden U-I-Kennlinienteile an bestimmte Arbeitsbereiche gebunden, so daß dort der dynamische Widerstand zu betrachten ist:

$$Z_1 = \mathrm{d}U_1/\mathrm{d}I_1 \approx \Delta U_1/\Delta I_1 < 0 \qquad (2.75)$$

Bei der Zusammenschaltung des NIK mit einem Generator ist sowohl stabiles als auch instabiles Verhalten möglich.

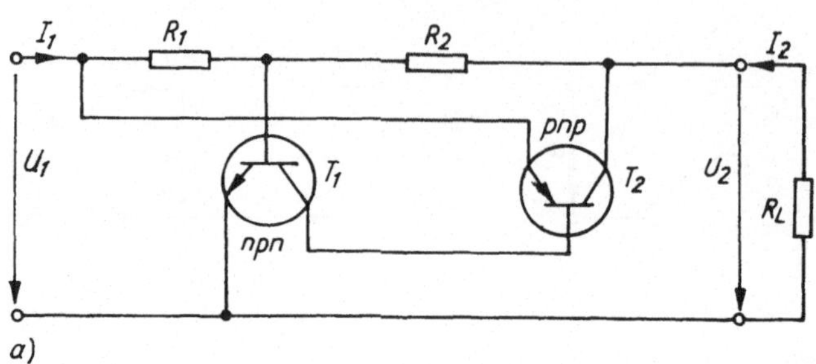

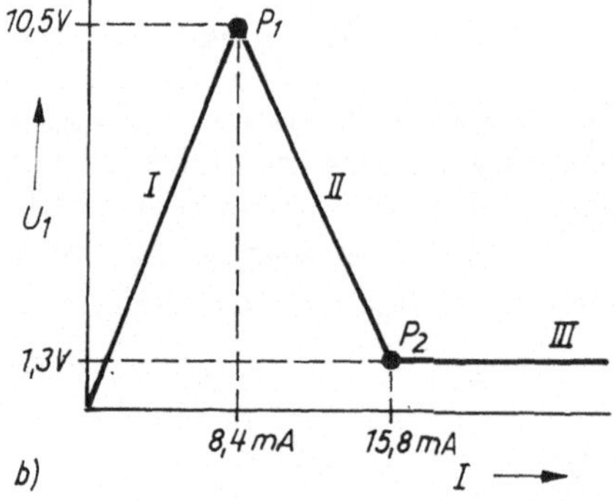

Bild 2.57. UNIK mit Transistoren
a) Schaltung b) U_1-I_1-Kennlinie (idealisiert)

A 2.77. Ein UNIK vom Larky-Typ nach Bild 2.57a) hat für $R_1 = 5\,\mathrm{k\Omega}$; $R_2 = 200\,\Omega$ und $R_L = 50\,\Omega$ die im Bild 2.57b) skizzierte U-I-Kennlinie.

a) Welchen dynamischen Widerstand Z_1 hat der UNIK im fallenden Kennlinienbereich (II)? b) Welcher Arbeitspunkt (U_{1A}; I_{1A}) stellt sich ein, wenn am Eingang eine Spannungsquelle mit $U_G = 9\,\mathrm{V}$ über einen Vorwiderstand $R_v = 250\,\Omega$ angeschlossen wird? c) Wie verhält sich die Schaltung, wenn die Generatorspannung auf $U_G > 9\,\mathrm{V}$ erhöht wird?

A 2.78. Ein INIK mit OV nach Bild 2.58 ist für folgende Widerstandswerte zu untersuchen:

$R_1 = R_2 = 1\,\mathrm{k\Omega}$; $R_L = 2\,\mathrm{k\Omega}$

a) Welcher Laststrom I_L stellt sich bei $I_I = 2\,\mathrm{mA}$ ein?

b) Wie ändert sich I_L, wenn R_L variiert wird?

c) Welchen Eingangswiderstand Z_1 hat die Schaltung bei $R_L = 2\,\mathrm{k\Omega}$?

d) Bis zu welchem Maximalwert darf der Eingangsstrom erhöht werden, wenn die Sättigungsspannung des OV $|U_{OS}| = 14{,}4\,\mathrm{V}$ beträgt?

Anleitung: Die erforderlichen Grundbeziehungen wurden über den NM-Graphen hergeleitet; sie lauten wie folgt:

$$I_L = -I_I R_1/R_2 \qquad (2.76\,a)$$

$$U_O = -I_I R_1(1 + R_L/R_2) \qquad (2.76\,b)$$

$$U_I = -I_I R_L R_1/R_2 \qquad (2.76\,c)$$

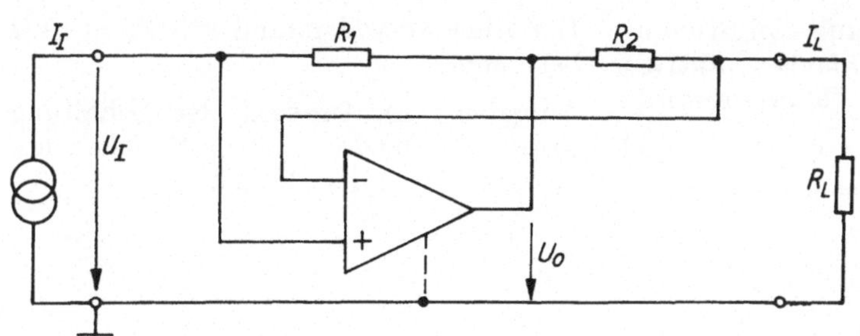

Bild 2.58. INIK mit OV

2.3.2. Aktive *RC*-Filter

2.3.2.0. Allgemeines

Behandelt werden Beispiele zu Operationsverstärkern mit frequenzabhängiger Rückkopplung. Diese Schaltungen sind besonders für tiefe Frequenzen geeignet. Die Übertragungsfunktion eines Filters beträgt allgemein:

$$T(p) = \frac{\underline{U}_O}{\underline{U}_I} = \frac{(p + p_{01})(p + p_{02}) \dots (p + p_{0n})}{(p + p_{x1})(p + p_{x2}) \dots (p + p_{xm})} \tag{2.77}$$

$p = \sigma + j\omega$: komplexe Frequenz

$p_{01} \dots p_{0n}$: Nullstellen von $T(p)$

$p_{x1} \dots p_{xm}$: Polstellen von $T(p)$

2.3.2.1. Filter 1. Ordnung

Die Übertragungsfunktionen enthalten nur 1 reelle Polstelle:

TP 1: $\underline{V}/V_0 = 1/(1 + j\Omega)$ (2.78)

HP 1: $\underline{V}/V_\infty = j\Omega/(1 + j\Omega)$ (2.79)

$\underline{Q} = j\Omega = j\omega/\omega_g; \quad \omega_g = 1/\tau$ (2.80)

Die zugehörigen Grundschaltungen sind im Bild 2.59 dargestellt.

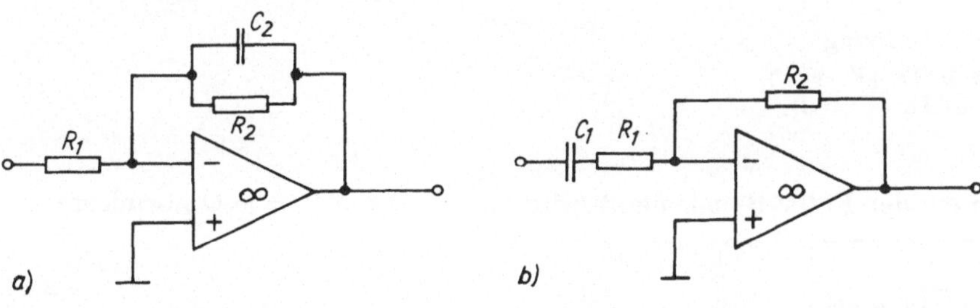

Bild 2.59. Aktive *RC*-Filter 1. Ordnung a) TP 1 b) HP 1

A 2.79. Zur Unterdrückung von Brummstörungen soll ein einfaches aktives Filter eingesetzt werden. Gefordert wird:

für Gleichspannung ($f = 0$): $|V_u| = 100$

für Brummspannung ($f = 50$ Hz): $|V_u| = 1$

Der Eingangswiderstand soll $Z_1 = 1\,\text{k}\Omega$ betragen.

Aufgaben: a) Auswahl der Schaltung
b) Berechnung der passiven Bauelemente
c) Berechnung der Grenzfrequenz

2.3.2.2. Filter 2. Ordnung

Der aktive Tiefpaß 2. Ordnung (TP 2) hat allgemein die Übertragungsfunktion

$$T(p) = \frac{V_0}{1 + p\tau_1 + p^2\tau_2^2} \tag{2.81}$$

mit 1 konjugiert komplexen Polpaar der Polfrequenz (Polbetrag)

$$\omega_x = 1/\tau_2 \tag{2.82}$$

und der Polgüte (Überhöhung)

$$Q_x = \tau_2/\tau_1. \tag{2.83}$$

Mit 1 OV sind drei Varianten des TP 2 möglich, die sich durch die Art der Rückkopplung unterscheiden:

- Einfachgegenkopplung
- Zweifachgegenkopplung [Bild 2.60a],
- Einfachmitkopplung [Bild 2.60b]

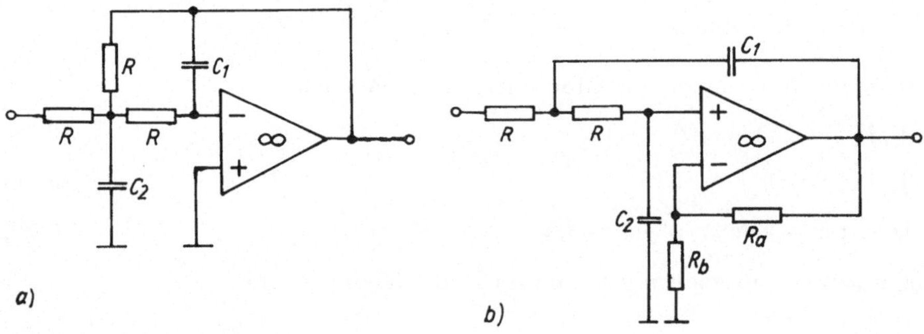

Bild 2.60. TP 2. Ordnung
a) mit Zweifach-GK ($V \to \infty$)
b) mit Einfach-MK ($V > 0$)

Zur Berechnung der Filter-Bauelemente wird Gl. (2.81) mit $p = \omega_g \underline{Q}$ normiert:

$$\boxed{\frac{\underline{V}}{V_0} = \frac{1}{1 + a_1\underline{Q} + a_2\underline{Q}^2}} \tag{2.84}$$

Die Filterkoeffizienten a_1; a_2 der wichtigsten optimierten Frequenzgänge sind in Tabelle 2.8 aufgeführt.

Für HP 2 gilt:

$$\boxed{\frac{\underline{V}}{V_\infty} = \frac{1}{1 + a_1/\underline{Q} + a_2/\underline{Q}^2}} \tag{2.85}$$

Die Grundschaltungen der Hochpässe 2. Ordnung entstehen aus Bild 2.60 durch systematisches Vertauschen $R \rightleftarrows C$.

Tabelle 2.8. Filterkoeffizienten 1. und 2. Ordnung

Filtertyp		Ordnung	a_1	a_2
I	kritische Dämpf.	1.	1,000	0,000
II	BESSEL	1.	1,000	0,000
III	BUTTERWORTH	1.	1,000	0,000
IV	TSCHEBYSCHEFF	1.	1,352	0,000
I	kritische Dämpf.	2.	1,287	0,414
II	BESSEL	2.	1,362	0,618
III	BUTTERWORTH	2.	1,414	1,000
IV	TSCHEBYSCHEFF	2.	0,987	1,663

A 2.80. a) Welche Verstärkungsfaktoren V sind bei Einfachmitkopplung und $C_1 = C_2 = C$ einzustellen, um die in Tabelle 2.8 angegebenen Filtertypen zu realisieren? b) Die zugehörigen Polgüten und die Polfrequenz sind zu berechnen. c) Die entstehenden Frequenzgänge sind in normierter Form zu skizzieren.

A 2.81. a) Welche Verstärkung V_0 ist einzustellen, damit bei TP 2 in Einfachkopplung TSCHEBYSCHEFF-Verhalten mit $\pm 0{,}5$ dB Welligkeit im Durchlaßbereich entsteht? b) Die passiven Bauelemente der Filterschaltung nach Bild 2.60b) sind zu berechnen. Gefordert wird: $Z_1 = 10\,\text{k}\Omega$ und eine Polfrequenz $f_x = 1$ kHz.

Anleitung: Die Ergebnisse von A 2.80 sind zu verwenden.

A 2.82. Ein Hochpaß HP 2 mit BUTTERWORTH-Charakteristik und Zweifach-GK ist für $f_\text{B} = f_\text{g} = 200$ Hz und einen Bezugswiderstand $R_\text{B} = R = 1\,\text{k}\Omega$ zu dimensionieren. Berechnen Sie: a) C_1; C_2 des Bezugs-TP, b) die Schaltelemente des geforderten HP über die TP-HP-Transformation.

Anleitung: a) Die Filterkoeffizienten des TP 2 nach Bild 2.60a) betragen:

$$a_1 = 3\omega_\text{g} C_1 R \tag{2.86}$$

$$a_2 = \omega_\text{g}^2 C_1 C_2 R^2 \tag{2.87}$$

b) Die normierten Werte der passiven Bauelemente betragen:

$$R^* = R/R_\text{B} \tag{2.88}$$

$$C^* = \omega_\text{B} C R_\text{B} \tag{2.89}$$

Die TP-HP-Transformation lautet:

$$C^*_\text{HP} = 1/R^*_\text{TP} \tag{2.90}$$

$$R^*_\text{HP} = 1/C^*_\text{TP} \tag{2.91}$$

2.3.3. *RC*-Oszillatoren

2.3.3.0. Allgemeines

Die allgemeine Schwingbedingung lautet, ausgehend von Gl. (2.49),

$$\boxed{\underline{K}\,\underline{V} = 1} \tag{2.92}$$

Gl. (2.92) kann in eine **Amplitudenbedingung**

$$KV = 1 \tag{2.93}$$

und in eine **Phasenbedingung** zerlegt werden.

$$\varphi_k + \varphi_v = 2\pi n; \qquad n = 0; 1; 2 \ldots \tag{2.94}$$

Aus Gl. (2.94) wird die Oszillatorfrequenz f_0 und aus Gl. (2.93) die für konstante Amplitude notwendige Verstärkung V_0 errechnet.

A 2.83. Im Bild 2.61 wird mit der Gegenkopplung über R_2; R_1 eine konstante Verstärkung V_0 eingestellt. Für $R_4/R_3 = 2$ ist die Verstärkung mit R_2 im Bereich $V_0 = 1 \ldots 3$ zu variieren. a) Welche Betriebsverstärkungen V^* ergeben sich? b) Bei welchem V_0 wird die Schaltung instabil (Schwingungseinsatz)?

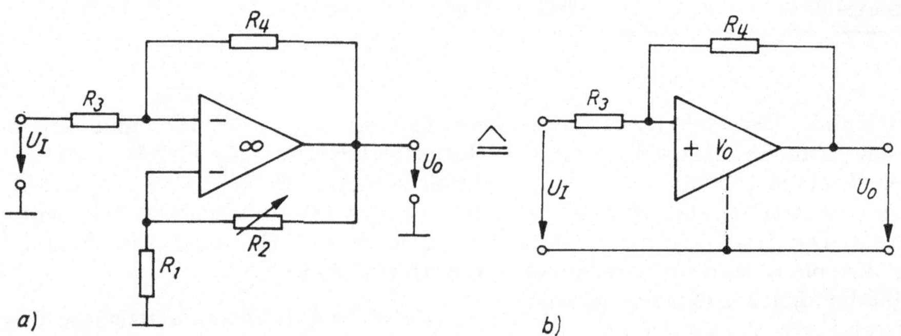

Bild 2.61. OV mit 2 Rückführungen

2.3.3.1. Frequenzselektion

Durch selektive Rückführungen über *RC*-Glieder ist die Phasenbedingung [→ Gl. (2.94)] nur für die gewünschte Oszillatorfrequenz erfüllt. Bekannte Grundschaltungen sind

— der Wien-Brücken-Oszillator (Bild 2.62) und

— der Phasenketten-Oszillator (→ L 2.14 und Bild 2.10).

Die Frequenzstabilität f/f_0 ist von der Steilheit $\mathrm{d}\varphi/\mathrm{d}f$ des Phasenfrequenzganges bei $f = f_0$ abhängig.

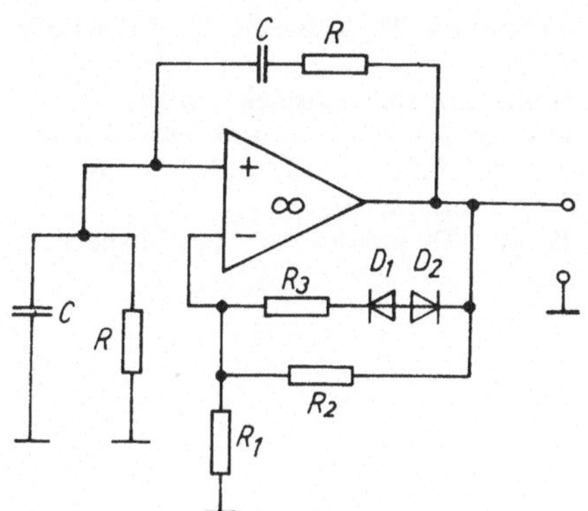

A 2.84. a) Die Oszillatorfrequenz des WIEN-Brücken-Oszillators (Bild 2.62) ist in allgemeiner Form zu berechnen. b) Welches Verhältnis R_2/R_1 muß gewählt werden? c) Welche Phasensteilheit hat dieser Oszillator?

Anleitung: c) Die Phasensteilheit $\Delta\varphi/\Delta f$ ist in der Umgebung der Oszillatorfrequenz f_0 aus zwei benachbarten Funktionswerten zu berechnen.

Bild 2.62. WIEN-Brücken-Oszillator

2.3.3.2. Amplitudenstabilisierung

Zum Anschwingen muß $KV > 1$ sein. Im eingeschwungenen Zustand muß $KV = 1$ stetig eingeregelt werden. Bei *RC*-Oszillatoren verwendet man dazu nichtlineare Bauelemente (z. B. Dioden oder Varistoren) im Gegenkopplungszweig.

A 2.85. a) Die Widerstände R_2 und R_3 im Bild 2.62 sind für $R_1 = 1\,\text{k}\Omega$ zu berechnen. Bei kleinen Amplituden soll $V_{\text{max}} = 3{,}1$ sein (Dioden gesperrt), bei großen Amplituden dagegen $V_{\text{min}} = 2{,}9$ (Dioden leitend). b) Welche maximale Ausgangsamplitude $\hat{U}_0$ stellt sich ein, wenn der Schaltpunkt der Dioden mit der Flußspannung $U_F = 0{,}6$ V identisch ist?

Anleitung: Die Dioden sind als ideale Schalter zu betrachten.

2.4. Literaturverzeichnis

[1] Elektrotechnik — Elektronik / LINDNER, H.; BRAUER, H.; LEHMANN, C. — Leipzig: Fachbuchverl., 1983 (Nachschlagebücher für Grundlagenfächer)

[2] Schaltungsanalyse mit Signalflußgraphen / LEHMANN, C. — In: radio fernsehen elektronik. — Berlin 25 (1976) 16. — S. 522—525

[3] Signalflußgraphen in der Elektronik / ILMER, H.-U. — Berlin: Verl. Technik, 1977 (Reihe Informationselektronik)

[4] Berechnung der Y-Kennwerte linearer Verstärkerschaltungen / LINGENFELDER, H. — In: radio fernsehen elektronik. — Berlin 29 (1980) 10. — S. 655—658

[5] Analyse elektronischer Schaltkreise: Grundlagen — Berechnungsverfahren — Anwendungen. Bd. I Stationäres Verhalten / MILDENBERGER, D. — München; Heidelberg: Hüthig u. Pflaum Verl., 1975

[6] Rechenübungen zur angewandten Elektronik / BÖHMER, E. — Braunschweig; Wiesbaden: Vieweg, 1981

[7] Bauelemente und Grundschaltungen / JUNGCLAUS, H. J.; NEUKAMM, G. — Stuttgart: Verl. Berliner Union, 1980

[8] Analoge Schaltungen / KURZ, G. — Berlin: Militärverl., 1979

[9] Schaltungstechnik mit Operationsverstärkern / MENNENGA, H. — 2. Aufl. — Berlin: Verl. Technik, 1981; Heidelberg: Hüthig, 1982 (Reihe Informationselektronik)

[10] Halbleiter-Schaltungstechnik / Tietze, U.; Schenk, C. — 6. Aufl. — Berlin [West]; Heidelberg; New York: Springer-Verl., 1983
[11] Negative Widerstände in elektronischen Schaltungen / Bening, F. — Berlin: Verl. Technik, 1971; Stuttgart: Verl. Berliner Union, 1975
[12] Grundlagen linearer aktiver Netzwerke / Schindler, D. — Berlin: Verl. Technik, 1978
(Reihe Informationselektronik)
[13] Analoge Schaltungen und Schaltkreise / Seifart, M. — 2. Aufl. — Berlin: Verl. Technik, 1982
(Reihe Elektronische Festkörperbauelemente)

3. Digitale Schaltungen

3.1. Binäre Grundschaltungen

3.1.1. Zahlendarstellung und Schaltalgebra

3.1.1.0. Allgemeines

Die Schaltalgebra (BOOLEsche Algebra) ist theoretisches Hilfsmittel
zur mathematischen Beschreibung logischer Funktionen,
zum Schaltungsentwurf bei vorgeschriebener Funktion und
zur Minimierung des technischen Aufwandes.

Die Anwendung der Schaltalgebra setzt binäre (zweiwertige) Signale und binär arbeitende Systeme (Schalter mit zwei Zuständen) voraus.

3.1.1.1. Zahlensysteme

Zahlensysteme mit Stellenwert (Positionssysteme) haben folgenden Aufbau:

Die Zeichenfolge Z mit der Stellenzahl $m = n + 1$

$$Z = Z_n, Z_{n-1}, \ldots, Z_1, Z_0 \tag{3.1}$$

beschreibt in einem Positionssystem der Basis b den Zahlenwert

$$\boxed{z = \sum_{i=0}^{n} Z_i b^i = Z_n b^n + Z_{n-1} b^{n-1} + \ldots Z_1 b + Z_0} \tag{3.2}$$

Der Wertevorrat v der Zahlenwerte z beträgt

$$v = b^m \tag{3.3}$$

$0 \leqq Z_i \leqq b - 1; \qquad b > 1; \qquad n$ ganzzahlig

Tabelle 3.1 zeigt eine Liste der ganzen Zahlen von 0...20 in mehreren Zahlensystemen.

A 3.1. Die Binärzahl 1001001_2 ist als Dezimalzahl anzugeben.

A 3.2. Die Dezimalzahl 53_{10} ist in eine Binärzahl zu konvertieren.

A 3.3. Die Sedezimalzahl $4BC3_{16}$ ist in eine Oktalzahl zu konvertieren.
Anleitung: Konvertieren Sie zunächst in das Binärsystem. Dazu ist Tabelle 3.1 zu verwenden. (Diese Methode ist nur möglich, wenn in ein System umzurechnen ist, dessen Basis eine ganzzahlige Potenz der Basis des Ausgangssystems ist.)

A 3.4. a) Wie viele Binärstellen (Bit) werden zur Darstellung der Dezimalzahlen 0...99 im Binärsystem benötigt?
b) Welche Redundanz r ist vorhanden?
Anleitung: Als Redundanz wird hier die Differenz aus vorhandenem und benötigtem Wertevorrat bezeichnet.

Tabelle 3.1. Zahlensysteme

Dezimal-System (D)	Binärsystem (B) (Dualsystem)	Oktalsystem (Q)	Sedezimalsystem (Hexadezimalsystem) (H)
$b = 10$	$b = 2$	$b = 8$	$b = 16$
0	0	0	0
1	1	1	1
2	10	2	2
3	11	3	3
4	100	4	4
5	101	5	5
6	110	6	6
7	111	7	7
8	1000	10	8
9	1001	11	9
10	1010	12	A
11	1011	13	B
12	1100	14	C
13	1101	15	D
14	1110	16	E
15	1111	17	F
16	10000	20	10
17	10001	21	11
18	10010	22	12
19	10011	23	13
20	10100	24	14

3.1.1.2. Funktionen der kombinatorischen Logik

Die kombinatorische Logik ist speicherfrei. Der binäre Ausgangssignalwert y ergibt sich zu jedem Zeitpunkt eindeutig aus der Verknüpfung der binären Eingangssignalwerte $x_0 \dots x_n$.

Zur **Beschreibung von Schaltfunktionen** dienen

Funktionsgleichungen (BOOLEsche Gleichungen),
Funktionstabellen und
Funktionssymbole.

Zur Veranschaulichung können auch Kontaktnetzwerke und Mengendarstellungen (VENN-Diagramme) verwendet werden.
In Tafel 3.1 sind die wichtigsten Schaltfunktionen zusammengestellt.

A 3.5. Eine Maschine darf nur dann laufen ($y = 1$), wenn ein Schutzgitter geschlossen ($x_1 = 1$) und eine Lichtschranke unterbrochen ist ($x_2 = 0$). Die Logik dieser Schutzschaltung ist anzugeben.

Anleitung: Stellen Sie erst eine Funktionstabelle auf.

A 3.6. Eine Signalleuchte muß von zwei verschiedenen Stellen ein- und ausschaltbar sein. a) Entwerfen Sie die zu-

Tafel 3.1. Schaltfunktionen

Funktions-Bezeichnung	Funktions-Gleichung	Funktions-Tabelle	Funktions-Symbol
Negation	$y = \bar{x}$	x 0 1 y 1 0	1
.		x_1 0 1 0 1 x_2 0 0 1 1	
Konjunktion (UND; AND)	$y = x_1x_2$ $(y = x_1 \wedge x_2)$	y 0 0 0 1	&
Disjunktion (ODER; OR)	$y = x_1 \vee x_2$	y 0 1 1 1	1
NAND	$\overline{y = x_1x_2}$	y 1 1 1 0	&
NOR	$\overline{y = x_1 \vee x_2}$	y 1 0 0 0	1
Äquivalenz	$y = \bar{x}_1\bar{x}_2 \vee x_1x_2$	y 1 0 0 1	=
Antivalenz (exklusives ODER)	$y = x_1\bar{x}_2 \vee \bar{x}_1x_2$	y 0 1 1 0	=1
Implikation	$y = x_1 \vee \bar{x}_2$	y 1 1 0 1	1
Inhibition	$y = x_1\bar{x}_2$	y 0 1 0 0	&

gehörige Logik. b) Stellen Sie diese Logik als Kontaktnetzwerk dar.

Anleitung: b) Für Kontaktdarstellungen sind folgende Zuordnungen zu beachten:
UND $\triangleq$ Reihenschaltung von Kontakten
ODER $\triangleq$ Parallelschaltung von Kontakten
$x \triangleq$ Schließer (Arbeitskontakt)
$\bar{x} \triangleq$ Öffner (Ruhekontakt)

A 3.7. Die im Bild 3.1 dargestellte Logikschaltung ist zu analysieren. Gesucht sind: a) Logikgleichung, b) Funktionstabelle, c) vereinfachte Logikgleichung.

Anleitung: c) Die unter b) ermittelte Funktionstabelle ist mit Tafel 3.1 zu vergleichen.

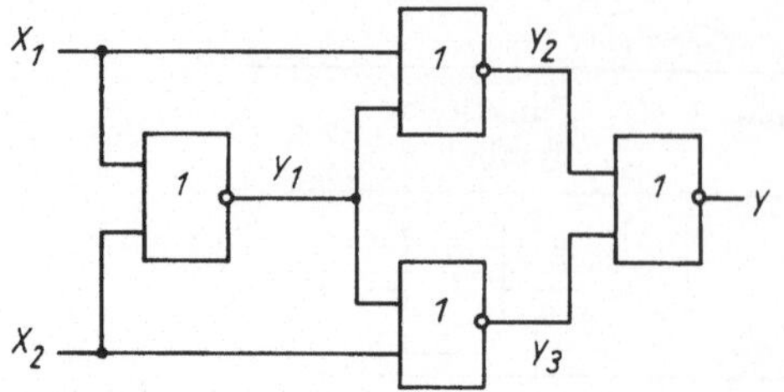

Bild 3.1. Logikschaltung zu A 3.7

3.1.1.3. Umformung von Schaltfunktionen

Die Realisierung von Logikfunktionen durch Standardschaltkreise erfordert oft ein Umformen in schaltkreistypische Logik (NAND-Logik; NOR-Logik). Redundante Schaltfunktionen sind vorher zu minimieren.

Umformungsregeln für eine Variable:

$$\bar{\bar{x}} = x \tag{3.4a}$$

$$xx = x \tag{3.4b}$$

$$x\bar{x} = 0 \tag{3.4c}$$

$$x \vee x = x \tag{3.4d}$$

$$x \vee \bar{x} = 1 \tag{3.4e}$$

Umformungsregeln für zwei und mehr Variablen:

$$x_1(x_2 \vee x_3) = x_1x_2 \vee x_1x_3 \tag{3.5a}$$

$$x_1 \vee (x_2x_3) = (x_1 \vee x_2)(x_1 \vee x_3) \tag{3.5b}$$

$$x_1 \vee x_1x_2 = x_1 \tag{3.6a}$$

$$x_1(x_1 \vee x_2) = x_1 \tag{3.6b}$$

Negationsregeln (Theoreme von De Morgan)

$$\overline{x_1x_2} = \bar{x}_1 \vee \bar{x}_2 \tag{3.7a}$$

$$\overline{x_1 \vee x_2} = \bar{x}_1\bar{x}_2 \tag{3.7b}$$

A 3.8. Die in L 3.5 entwickelte Logik (Inhibition) ist a) in NAND-Logik und b) in NOR-Logik zu konvertieren.

A 3.9. Die in L 3.7 unter a) entstandene Logikgleichung ist unter Verwendung der Umformungsregeln zu minimieren.

A 3.10. Im Bild 3.2 ist das Kontaktnetzwerk einer Steuerungsschaltung dargestellt. Zu bestimmen sind: a) Funktionsgleichung, b) minimierte Funktionsgleichung, c) Logikplan, d) Logikplan in NAND-Form (zur Realisierung mit TTL-Schaltkreisen).

Anleitung: Zu d) gehe man von den im Bild 3.3 dargestellten Identitäten aus.

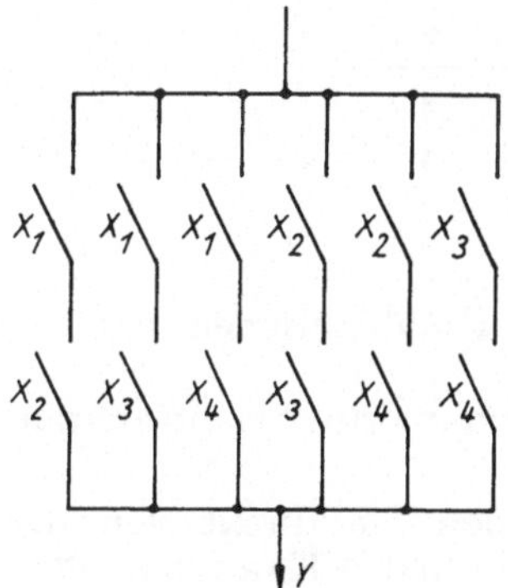

Bild 3.2. Kontaktnetzwerk zu A 3.10

3.1.1.4. Minimierung mit Karnaugh-Plan

Der KARNAUGH-Plan ist ein graphisches Kürzungsverfahren, das auf der systematischen Anwendung der Gln. (3.6a) und (3.4e) beruht; z. B. ist

$$\bar{x}_1 x_0 \vee x_1 x_0 = x_0(\bar{x}_1 \vee x_1) = x_0 \,. \tag{3.8}$$

Die zu minimierende Schaltfunktion muß in der kanonischen Normalform vorliegen. Die **kanonische disjunktive Normalform (KDN)** besteht ausschließlich aus disjunktiv verknüpften Elementarkonjunktionen der gleichen Variablenzahl. Beispiele für KDN mit 3 Variablen sind:

$$y = x_2\bar{x}_1x_0 \vee \bar{x}_2\bar{x}_1x_0 \vee \bar{x}_2\bar{x}_1\bar{x}_0 \tag{3.9a}$$

$$y = x_2x_1x_0 \vee x_2\bar{x}_1\bar{x}_0 \tag{3.9b}$$

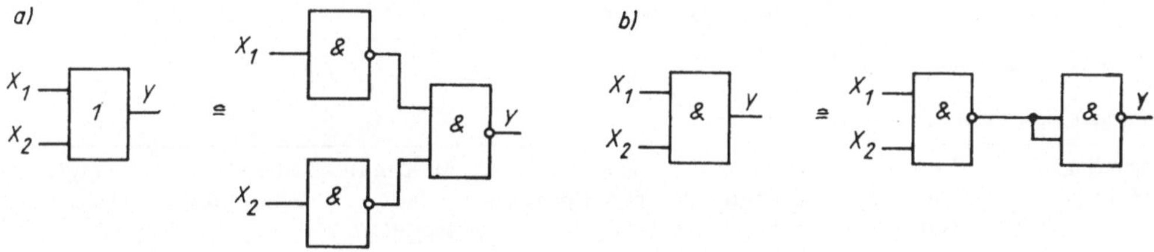

Bild 3.3. Realisierung von a) ODER und b) UND in NAND-Logik

Der KARNAUGH-Plan ist eine matrixförmige Darstellung aller *möglichen* Elementarkonjunktionen. Jedes Feld repräsentiert *eine* Elementarkonjunktion. Demnach sind bei 3 Variablen $2^3 = 8$ Felder und bei 4 Variablen $2^4 = 16$ Felder vorhanden. Die **auftretenden** Elementarkonjunktionen werden mit **1**, die **nicht auftretenden** mit **0** eingetragen (auf das Eintragen der Nullen kann auch verzichtet werden). Die Minimierung erfolgt durch Zusammenfassen von 1-Feldern zu möglichst großen Blöcken. Dabei sind nur 2^n-Blöcke möglich (z. B. 2er-, 4er-, 8er-Blöcke). Die Blöcke können sich überdecken und auch über die Ränder hinaus gebildet werden. Bei der Zuordnung der Variablen zu den Feldern des KARNAUGH-Planes ist zu beachten, daß sich benachbarte Felder *nur* durch *eine* Variable unterscheiden dürfen.

A 3.11. Die Schaltfunktion $y = \bar{x}_2 x_1 \bar{x}_0 \vee x_2 \bar{x}_1$ ist a) in die KDN-Form zu bringen und b) mit dem KARNAUGH-Plan wieder zu minimieren (Kontrolle).

A 3.12. Es ist eine Logikschaltung zu entwerfen, die alle 4-Bit-Zahlen mit $y = 1$ erkennt, deren dekadischer Zahlenwert durch 2 teilbar ist.

Anleitung: Gehen Sie von Tabelle 3.1 aus.

A 3.13. Eine Steuerungsaufgabe wurde durch folgende Funktionstabelle beschrieben:

x_4	x_3	x_2	x_1	y
1	0	1	1	1
1	1	0	1	1
1	1	1	0	1
1	1	1	1	1

Alle anderen Kombinationen ergeben $y = 0$.

Es ist die minimierte Schaltfunktion anzugeben.

Anleitung: Gehen Sie direkt von der Funktionstabelle in den KARNAUGH-Plan über.

3.1.2. Schaltkreistechnik

3.1.2.0. Allgemeines

Den binären Signalwerten (0; 1) sind genormte Gleichspannungswerte (Logische Pegel) zugeordnet.

Hoher Pegel (**H**igh):	$U_{\mathrm{H\,min}} \leqq U_{\mathrm{H}} \leqq U_{\mathrm{H\,max}}$	(3.10)
Tiefer Pegel (**L**ow):	$U_{\mathrm{L\,min}} \leqq U_{\mathrm{L}} \leqq U_{\mathrm{L\,max}}$	

Der Bereich zwischen L und H wird durch den **logischen Hub**

$\Delta U = U_{\mathrm{H\,min}} - U_{\mathrm{L\,max}}$ gekennzeichnet. (3.11)

Die Zuordnung «binäre Signalwerte $\rightleftarrows$ logische Pegel» ergibt

positive Logik: $H \triangleq 1$; $L \triangleq 0$ oder

negative Logik: $H \triangleq 0$; $L \triangleq 1$.

Tabelle 3.2. Schaltkreistechniken

Schaltkreis-technik	Verzögerungs-zeit t_d in ns	Verlust-leistung P_v in mW	Leistungs-Zeit-Produkt $P_v t_d$ in pJ	Maximale Schalt-frequenz f_{max} in MHz	Speise-spannung U_B in V	Logik-hub ΔU in V
TTL (**Standard**)	3...**10**...35	1...**10**...22	16...**100**...130	3...**35**...45	5	2...3
I^2L	2...5	0,03...0,5	0,1...2,5	15...60	4,75...7,25	0,5...0,8
ECL	0,9...8	15...55	20...300	40...400	−1,5...−5	0,6...0,8
MOS (p-Kanal-Hochvolt)	80...200	1...2	100...200	0,5	−27; −13	2...15
MNOS (TTL-kompatibel)	50...100	0,2	10...20	1	−12; +5	2
CMOS	10...30	0,1	0,1...1	2	2...15	2...15

Die verschiedenen **Schaltkreisfamilien** unterscheiden sich u. a. durch folgende Merkmale und Kenngrößen (Tabelle 3.2):

Grundschaltungstechnik (bipolar: TTL, ECL, I^2L; unipolar: PMOS, CMOS usw.),
Schalterstruktur (z. B. Übersteuerungsschalter bei TTL; Stromschalter bei ECL),
Verlustleistung je Gatter (P_v),
Verzögerungszeit je Gatter (t_d),
Störsicherheit (M),
Größe der Ein- und Ausfächerung (Lastfaktoren N).

3.1.2.1. TTL-Technik

Das TTL-Grundgatter (Bild 3.4) besteht aus

Multiemitter-Transistor (T_1) zur UND-Einfächerung,
Symmetrier- und Treiberstufe (T_2),
Gegentaktendstufe (T_3; T_4) mit Pegelversatzdiode (D) (totem-pole-Endstufe).

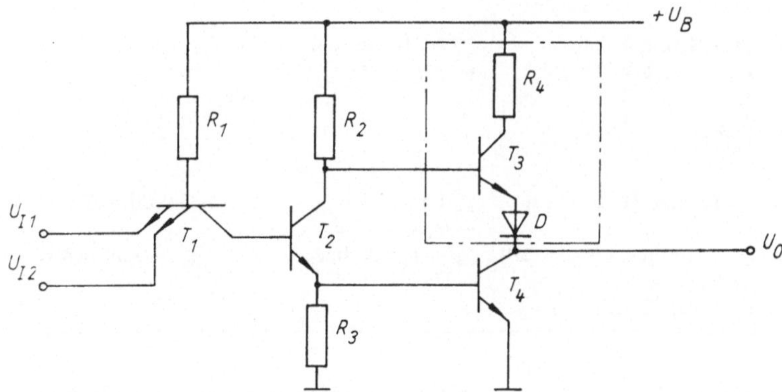

Bild 3.4. TTL-Grundgatter

Seine logische Funktion ist NAND (→ Tafel 3.1). Offene TTL-Eingänge liegen auf H. Die ausgangsseitige Parallelschaltung ist bei Gattern mit totem-pole (z. B. 7400) nicht zulässig. Gatter mit offenem Kollektor (z. B. 7403; im Bild 3.4 ohne den Komplex mit R_4; T_3; D) ergeben die verdrahtete NOR-Verknüpfung (wired-NOR).
Wichtige TTL-Parameter sind in Tabelle 3.3 zusammengestellt.

A 3.14. Analysieren Sie qualitativ die TTL-Grundschaltung mit totem-pole (Bild 3.4)
a) für Ausgang auf L und b) für Ausgang auf H.

A 3.15. Quantitative Analyse der TTL-Grundschaltung mit totem-pole (Bild 3.4): Im Standardgatter betragen die Widerstandswerte $R_1 = 4\,\text{k}\Omega$; $R_2 = 1{,}6\,\text{k}\Omega$; $R_3 = 1\,\text{k}\Omega$; $R_4 = 130\,\Omega$. Die Diodenflußspannungen werden mit 0,75 V, die Sättigungsspannungen U_{CEs} mit 0,2 V angesetzt. Zu berechnen sind für L-Pegel am Ausgang a) Basisstrom I_{B2}; b) Kollektorstrom I_{C2}; c) die Stromverstärkung B_2, die für zweifache Übersteuerung ($m = 2$) erforderlich ist; d) Basisstrom

Tabelle 3.3. Statische Kennwerte von Logikschaltkreisen

Kennwerte	TTL (Standard)	MOS (p-MOS-Hochvolt)	CMOS
Betriebsspannungen U_B	5 V	−27 V −13 V	3...5 V...18 V
Stromaufnahme I_B	2...22 mA	−1 mA	$\leqq$ 10 nA
Eingangsspannungen			
U_{IL}	$\leqq$ 0,8 V	$\leqq$ −9 V	$\leqq$ 1,5 V
U_{IH}	$\geqq$ 2 V	$\geqq$ −2 V	$\geqq$ 3,5 V
Ausgangsspannungen			
U_{OL}	$\leqq$ 0,4 V	$\leqq$ −10 V bei I_{OL} = 100 μA	$\leqq$ 0,05 V
U_{OH}	$\geqq$ 2,4 V	$\geqq$ −1 V bei $-I_{OH}$ = 10 μA	$\geqq$ 4,95 V
Eingangsströme			
I_{IL}	$\geqq$ −1,6 mA bei U_{IL} = 0,4 V	$\geqq$ −10 μA bei $-U_{IL}$ = 25 V	
I_{IH}	$\leqq$ 40,0 μA bei U_{IH} = 2,4 V		
Ausgangsströme			
I_{OL}	$\leqq$ 16 mA ($N_O = 10$)	$\leqq$ 1 mA bei $-U_{OL}$ = 5 V	$\leqq$ 0,36 mA
I_{OH}	$\geqq$ −400 μA ($N_O = 10$) $\leqq$ 250 μA (bei off. Koll.)	$\geqq$ −1 mA bei $-U_{OH}$ = 3 V	$\geqq$ −0,36 mA

I_{B4}; e) der maximale Strom $I_{OL\,max}$, der am Ausgang eingespeist werden darf, wenn bei $B_4 = 9{,}6$ ein Übersteuerungsfaktor von $m = 1{,}5$ zugelassen ist.
Für H-Pegel am Ausgang sind zu berechnen: f) die Kollektor-Emitterspannung U_{CE3} für $-I_{OH} = 400\,\mu A$ und $B_3 = 10$; g) das Ausgangspotential U_{OH} bei $-I_{OH} = 400\,\mu A$.

A 3.16. Wie viele Lastgatter vom Typ 7420 können maximal an *einem* Steuergatter-Ausgang mit $N_O = 10$ parallel angeschlossen werden, wenn a) von 4 Eingängen je Lastgatter nur 1 Eingang benutzt wird; b) alle Gattereingänge parallel geschaltet werden?

A 3.17. Begründen Sie, weshalb TTL-Gatter mit totem-pole-Endstufe ausgangsseitig nicht parallel geschaltet werden dürfen.

Anleitung: Gehen Sie von zwei parallel geschalteten Gattern aus und untersuchen Sie die möglichen Ausgangskombinationen der logischen Pegel.

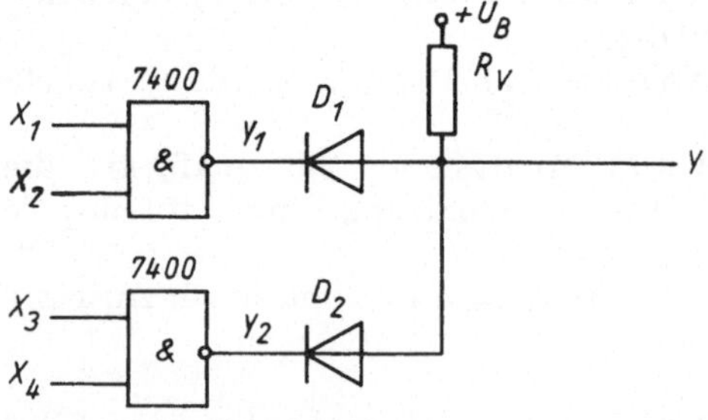

Bild 3.5. Parallelschaltung von TTL-Gattern über Entkopplungsdioden

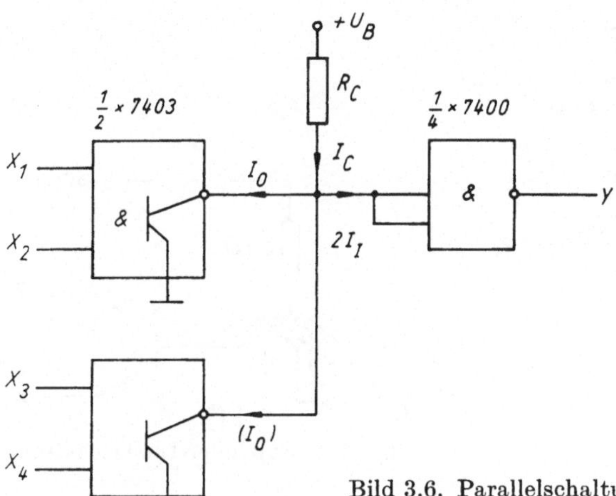

Bild 3.6. Parallelschaltung von Gattern mit offenem Kollektor

A 3.18. Bild 3.5 zeigt eine mögliche Variante, Gatter mit totem-pole-Endstufe parallel zu schalten.

a) Berechnen Sie R_v, wenn an 2 parallelen Steuergatterausgängen 3 Lastgattereingänge angeschlossen werden sollen. b) Welche Logikpegel sind an y näherungsweise zu erwarten? c) Welche Logikfunktion wird mit dieser Schaltung realisiert?

A 3.19. n_1 Steuergatter mit offenem Kollektor (7403) sind am Ausgang mit n_2 Lastgattereingängen (7400) verknüpft (Bild 3.6). a) Leiten Sie eine allgemeingültige Beziehung für die Berechnung von R_C her. b) Berechnen Sie R_C für $n_1 = n_2 = 2$ entsprechend Bild 3.6. c) Welche logische Funktion $y = f(x_1; x_2; x_3; x_4)$ ergibt sich?

A 3.20. Im Bild 3.7 ist die Übertragungskennlinie (Transferkennlinie) eines TTL-Gatters (z. B. 7400) dargestellt. Bestimmen Sie aus der Kennlinie: a) den garantierten statischen Störabstand M; b) die Umschaltspannung U_s; c) den typischen statischen Störabstand M_{typ}.

Anleitung: a) Der statische Störabstand M ist die Sicherheit gegenüber langsam verlaufenden Störeinflüssen. M wird als «worst-case»-Aussage dem Toleranzschema im Bild 3.7 entnommen. b) Als Umschaltpunkt wird $U_s = U_I = U_O$ definiert. c) M_{typ} ist auf U_s bezogen und wird aus der gemessenen Kennlinie bestimmt.

A 3.21. Der Logikpegel am Ausgang eines Leistungsgatters vom Typ 7440

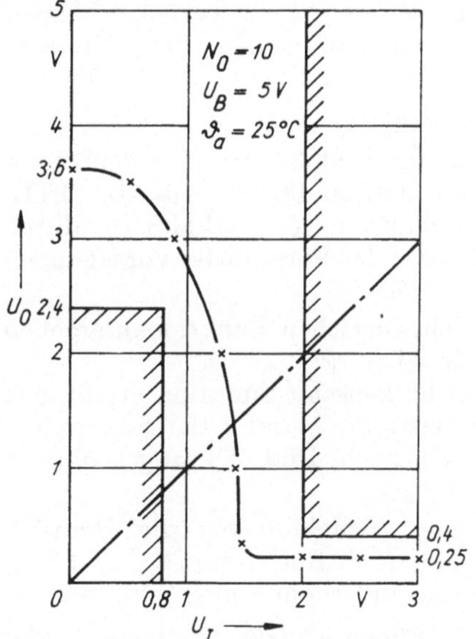

Bild 3.7. Übertragungskennlinie eines TTL-Gatters

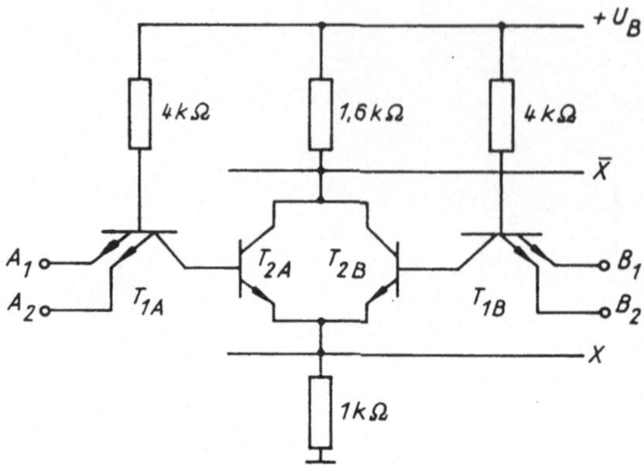

Bild 3.8. TTL-Detailschaltung zu A 3.22

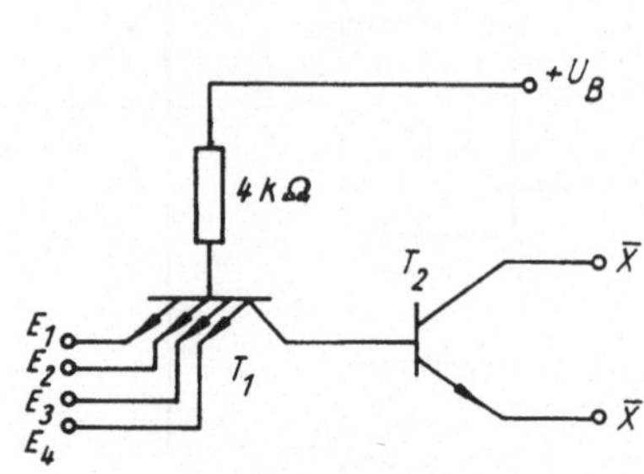

Bild 3.9. Expander-Innenschaltung

($N_0 = 30$) soll mit Leuchtdioden (LED) angezeigt werden.

a) Geben Sie eine Schaltung für die Anzeige des L-Zustandes und zwei weitere für die Anzeige des H-Zustandes an.

b) Berechnen Sie die zugehörigen Vorschaltwiderstände R_v.

Anleitung: Die Grenzwerte des angenommenen LED-Typs betragen $I_F \leqq 30$ mA; $U_F \leqq 1{,}8$ V. Bei der Schaltungsauswahl sind die maximal zulässigen Ausgangsströme (→ Tab. 3.2) zu berücksichtigen. Die Stromverstärkung der Treibertransistoren wird mit $B_N \geqq 100$ angenommen.

A 3.22. Im Bild 3.8 ist eine TTL-Substruktur dargestellt, die aus der TTL-Grundschaltung (→ Bild 3.4) durch Duplizieren der Vorstufe hervorgegangen ist.

a) Welche logischen Funktionen ergeben sich für $\bar{x}$ bzw. x?

b) Welche logische Funktion ergibt sich für y, wenn an $\bar{x}$ und x die totem-pole-Endstufe nach Bild 3.4 angeschlossen ist?

Anleitung: Beachten Sie die Parallelschaltung der Transistoren T_{2A} und T_{2B}; gehen Sie außerdem von L 3.14 aus.

A 3.23. Einem AND/NOR-Gatter (7450) wird ein Expander (7460) nach Bild 3.9 vorgeschaltet.

a) Welche logische Funktion entsteht?

b) Der zugehörige Logikplan ist darzustellen.

Anleitung: Gehen Sie von L 3.22 aus.

A 3.24. Ein AND/NOR-Gatter (7450) wird mit einer zusätzlichen Beschaltung nach Bild 3.10 betrieben.

a) Analysieren Sie das logische Verhalten dieser Schaltung.

b) Eine größere Zahl dieser speziell beschalteten Gatter soll ausgangsseitig parallel geschaltet werden und auf eine gemeinsame Busleitung arbeiten (Bustreiber). Welche zusätzlichen Steuerungsaufgaben wären zu lösen (qualitativ)?

Anleitung: Verwenden Sie zur Herleitung die Bilder 3.4 und 3.8. Untersuchen Sie getrennt das Verhalten bei $E_C = \mathrm{L}$ und $E_C = \mathrm{H}$.

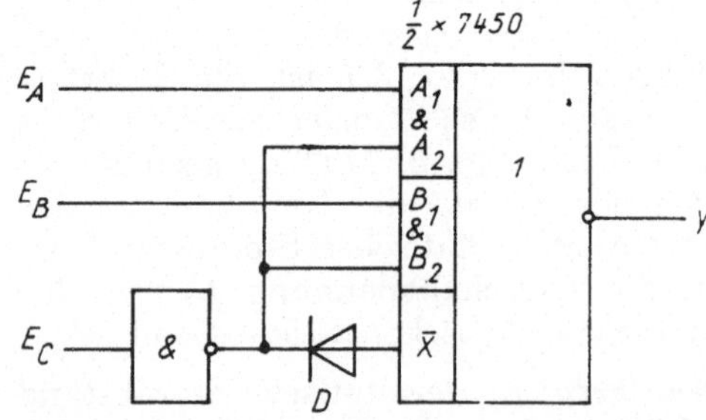

Bild 3.10. AND/NOR-Gatter mit Tri-state-Steuerung

3.1.2.2. I²L-Technik

Die Grundschaltung der Integrierten Injektionslogik (I²L) (Bild 3.11) besteht aus einem pnp-Lateraltransistor T_1 (Injektor) und einem npn-Vertikaltransistor T_2. T_1 wirkt als Konstantstromquelle, T_2 als Negator. Die offenen Kollektoren erfordern verdrahtete Logik.

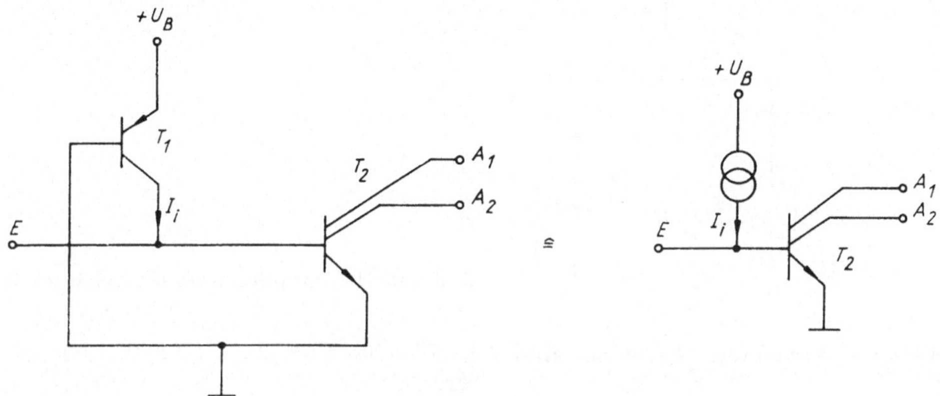

Bild 3.11. Grundschaltung der I²L

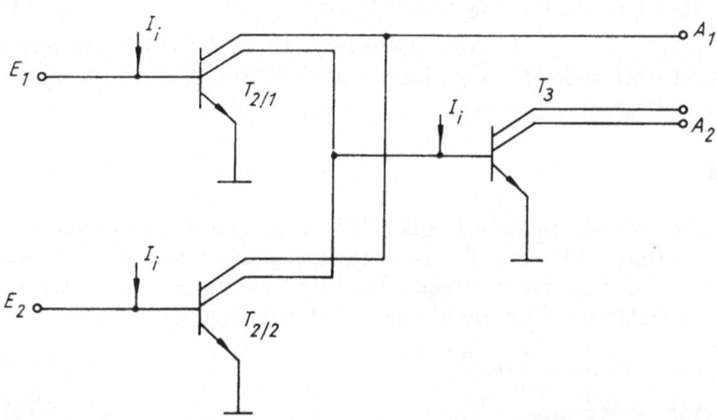

Bild 3.12. I²L-Gatter (vereinfacht)

A 3.25. a) Erklären Sie die prinzipielle Wirkungsweise der im Bild 3.11 dargestellten Grundschaltung. An A_1 ist dazu ein Kollektorwiderstand zur Speisespannung U_B zu verlegen, A_2 soll offen bleiben. b) Welche Logikfunktion ergibt sich?

Anleitung: Es wird mit positiver Logik gerechnet. Wenn T_2 gesättigt ist, so gilt dies für alle Kollektoren.

A 3.26. Im Bild 3.12 ist ein einfaches I²L-Gatter dargestellt.

a) Welche Logikfunktionen werden realisiert (Begründung)?

b) Die diesem Gatter entsprechende Logik ist symbolisch darzustellen.

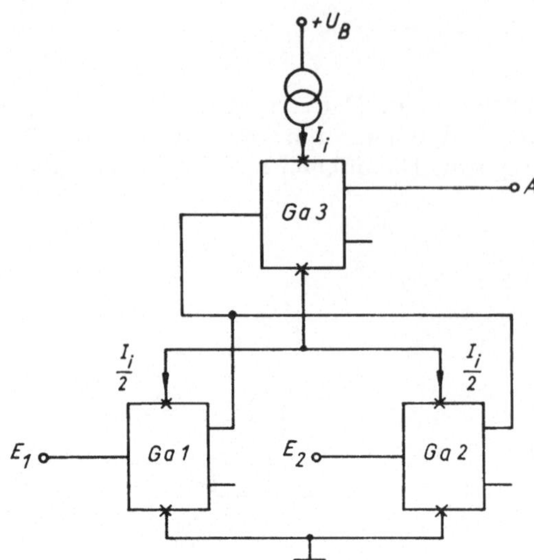

Bild 3.13. I²L-Stapelstruktur (Stapelfaktor 2)

Anleitung: Verwenden Sie auch Bild 3.3a).

A 3.27. I²L-Strukturen können hierarchisch gestapelt werden (Bild 3.13). Jedes Gatter verkörpert die Grundschaltung nach Bild 3.11.

a) Welche Logikfunktion ist vorhanden? b) Welche Vorteile bietet die Stapelstruktur?

Anleitung: Die Verzögerungszeit eines I²L-Gatters beträgt

$$t_d \approx \Delta U_I C_L / I_i; \tag{3.12}$$

ΔU_I: Logischer Hub; I_i: Injektorstrom; C_L: Lastkapazität am Kollektorknoten.

3.1.2.3. ECL-Technik

Die Grundschaltung der Emitter-gekoppelten Logik (ECL) basiert auf dem Differenzverstärker (Stromschalter) (Bild 3.14). Die Transistorarbeitspunkte liegen entweder an der Übersteuerungsgrenze oder im Sperrbereich. Im Interesse kurzer Schaltzeiten wird keine Übersteuerung zugelassen. Für die idealisierte Grundschaltung gilt:

Referenzspannung: $$U_R = (U_{IH} + U_{IL})/2 \tag{3.13}$$

Eingangssignalhub: $$\Delta U_I = 2(U_{BEX} - U_{BEY}) \tag{3.14}$$

L-Pegel am Ausgang: $$U_{O1L} = -A_N I_E R_{C1} \tag{3.15}$$

A_N: Stromverstärkung in Basisschaltung ($A_N < 1$)
(X): Transistor leitend; (Y): Transistor gesperrt

A 3.28. In der ECL-Grundschaltung (Bild 3.14) werden folgende typische Werte angenommen:

$U_B = -5{,}2$ V; $U_{IH} = -0{,}75$ V;

$U_{IL} = -1{,}55$ V

a) Welche Referenzspannung U_R ist erforderlich? b) Die Logikhübe am Ein- und Ausgang sind zu berechnen. c) Die statische Störsicherheit ist abzuschätzen. d) Welche Nachteile haften dieser Grundschaltung an?

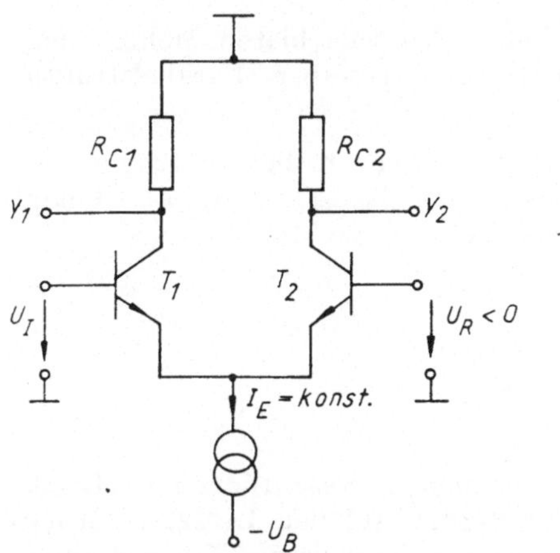

Bild 3.14. Stromschalter als ECL-Strukturelement

Anleitung: Es ist mit $U_{CBX} \approx 0$ zu rechnen.

A 3.29. Zur Angleichung von Ein- und Ausgangspegeln werden dem Stromschalter (→ Bild 3.14) Emitterfolger (Kollektorstufen) (Bild 3.15) nachgeschaltet.

a) Welche Pegelverschiebung $\Delta U_O = U_O - U_{O1}$ läßt sich realisieren?

b) Wie verändert sich durch die Pegelanpassung die statische Störsicherheit?

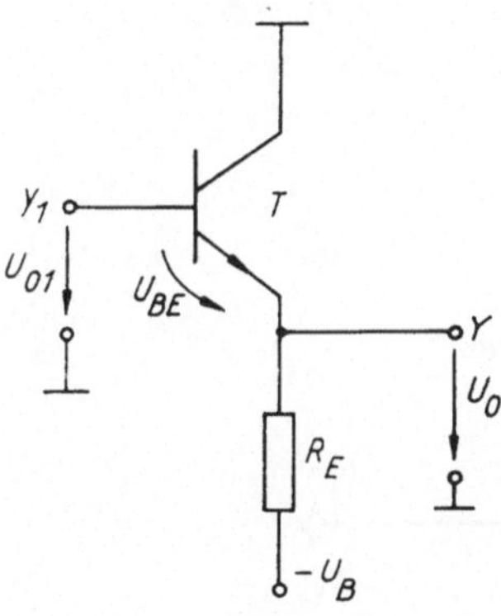

Bild 3.15. Emitterfolger zur Pegelanpassung

A 3.30. Im Bild 3.16 sind die Übertragungskennlinien des Stromschalters nach Bild 3.14 dargestellt. Berechnen Sie:

a) die Übertragungsweite w, wenn ein Ausgangssignalhub von $\Delta U_O = 750$ mV zugrunde gelegt wird, b) die Pegelbereiche am Ein- und Ausgang des Stromschalters.

Anleitung: a) Für T_1 gilt

$$U_{O1} = \frac{-\Delta U_O}{1 + \exp\left(\frac{U_R - U_I}{U_T}\right)};$$

$$U_T \approx 30 \text{ mV}. \quad (3.16)$$

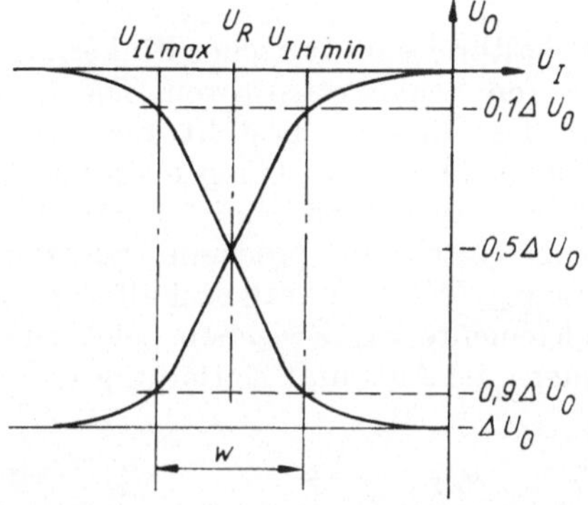

Bild 3.16. Übertragungskennlinie des ECL-Stromschalters

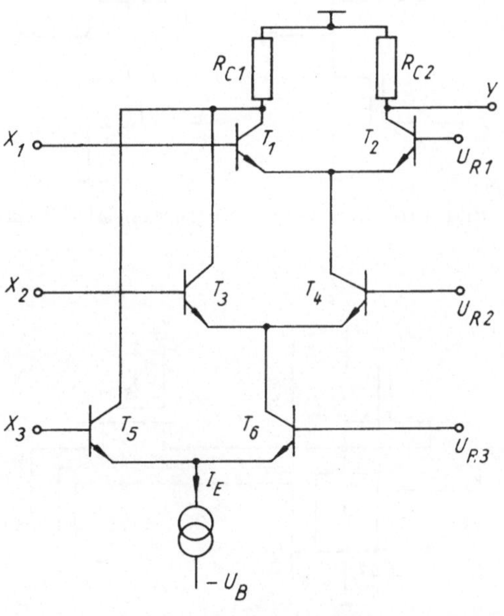

Bild 3.17. ECL-Mehrebenenstruktur

Übertragungsweite w: Breite des verbotenen Signalbereiches

$$w = U_{\mathrm{IH\,min}} - U_{\mathrm{IL\,max}} \tag{3.17}$$

A 3.31. a) Berechnen Sie die logische Funktion $y = f(x_1; x_2; x_3)$ der im Bild 3.17 dargestellten Mehrebenen-Struktur.

b) Welche Vorteile bieten Mehrebenen-Strukturen gegenüber Parallelstrukturen?

Anleitung: Die Kollektorströme der Transistoren $T_1 \dots T_6$ sind als binäre Variablen zu betrachten.

3.1.2.4. MOS-Technik

MOS-Schaltkreise in statischer Einkanaltechnik bestehen im wesentlichen aus Logikgattern und Schalttransistoren. Die Logikgatter werden auf den Inverter zurückgeführt. Der Inverter besteht aus einem Enhancement-Transistor (T_1) und einem Lastelement (T_2). Lastelemente können Enhancement-Transistoren [Bild 3.18a), b)], Depletion-Transistoren [Bild 3.18c)] oder Widerstände sein. Logische Verknüpfungen entstehen durch entsprechend zusammengeschaltete Logiktransistoren (Reihenschaltung $\triangleq$ UND; Parallelschaltung $\triangleq$ ODER). Schalttransistoren (T_s) sind als Koppelelemente für Zwischenspeicherung und Transport von Daten erforderlich; sie steuern die Auf- und Entladung von Lastkapazitäten (Bild 3.19).

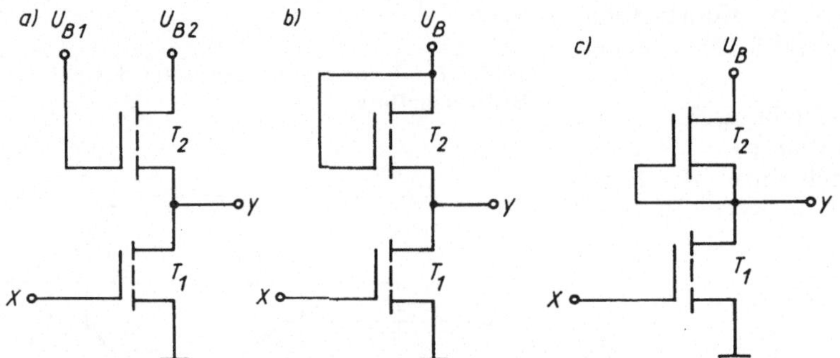

Bild 3.18. Inverter in integrierten MOS-Schaltungen

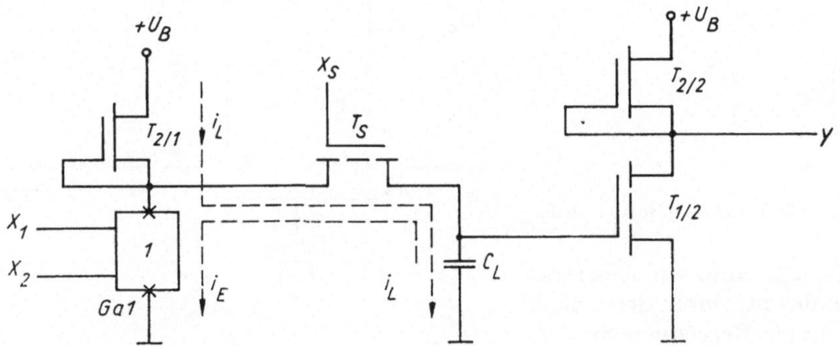

Bild 3.19. MOS-Schalttransistor als Koppelelement

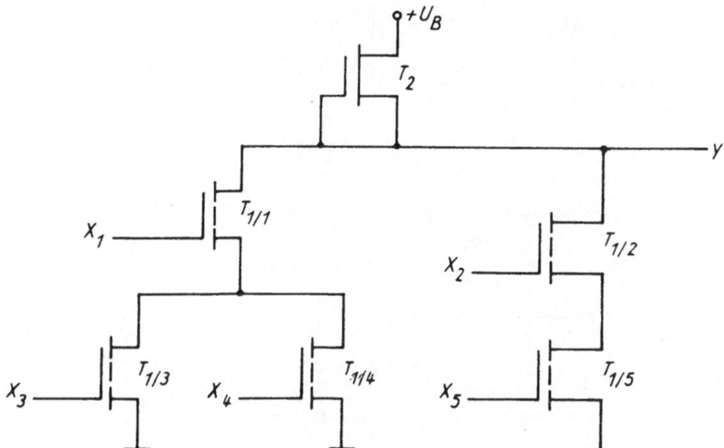

Bild 3.20. Logische Verknüpfungsstruktur zu A 3.33

A 3.32. (1) Welche Eigenschaften haben die im Bild 3.18 dargestellten Inverter? (2) Welche Polaritäten müssen die Speisespannungen U_B in a) p-Kanal-Technik, b) n-Kanal-Technik haben? (3) Begründen Sie die Inverter-Funktion dieser Schaltungen bei a) negativer Logik, b) positiver Logik.

A 3.33. Welche logische Funktion wird mit der Schaltung nach Bild 3.20 realisiert?

Anleitung: Führen Sie Drainströme als binäre Variablen ein und beachten Sie die Art der Zusammenschaltung.

A 3.34. Erläutern Sie die prinzipielle Wirkungsweise eines Schalttransistors als Koppelelement (Bild 3.19).

Anleitung: Nehmen Sie zur Erklärung positive Logik an.

A 3.35. a) Für einen 1:2-Demultiplexer ist die konventionelle NOR-Logikschaltung zu entwerfen. b) Der Logikentwurf ist unter Verwendung des Schalttransistorprinzips (Bild 3.19) MOS-gerecht zu gestalten.

Anleitung: Der 1:2-Demultiplexer ist ein Signalumschalter, der bei $x_s = L$ den Datentransport von x nach y_1 und bei $x_s = H$ von x nach y_2 ermöglicht. Zum Logikentwurf ist von der Funktionstabelle auszugehen.

A 3.36. Im Bild 3.21 b) ist ein programmierbares logisches Feld (PLA) dargestellt. Die Koppelpunkte wurden auf Kundenwunsch beim Bauelementehersteller gesetzt. Jeder Koppelpunkt wird durch einen MOS-Schalttransistor als Wiederholstruktur (library) realisiert. a) Lesen Sie aus Bild 3.21 a) die Logikfunktion eines Koppelpunktes ab. b) Welche Logikfunktionen wurden in dem vorliegenden PLA verdrahtungsprogrammiert?

Anleitung: Die Funktionen $y(x)$ sind als Konjunktionen, die Funktionen $z(y)$ als Disjunktionen zu entwickeln.

A 3.37. Die Logikgleichungen eines Volladdierers für drei einstellige Binärzahlen lauten, getrennt nach Summe S und Übertrag $Ü$:

$$S = x_1x_2x_3 \vee x_1\bar{x}_2\bar{x}_3 \vee \bar{x}_1\bar{x}_2x_3 \vee \bar{x}_1x_2\bar{x}_3 \quad (3.18\text{a})$$

$$Ü = x_1x_2 \vee x_2x_3 \vee x_1x_3 \quad (3.18\text{b})$$

a) Überprüfen Sie die Richtigkeit der Addition für $Z_1 = 1$; $Z_2 = 0$; $Z_3 = 1$.

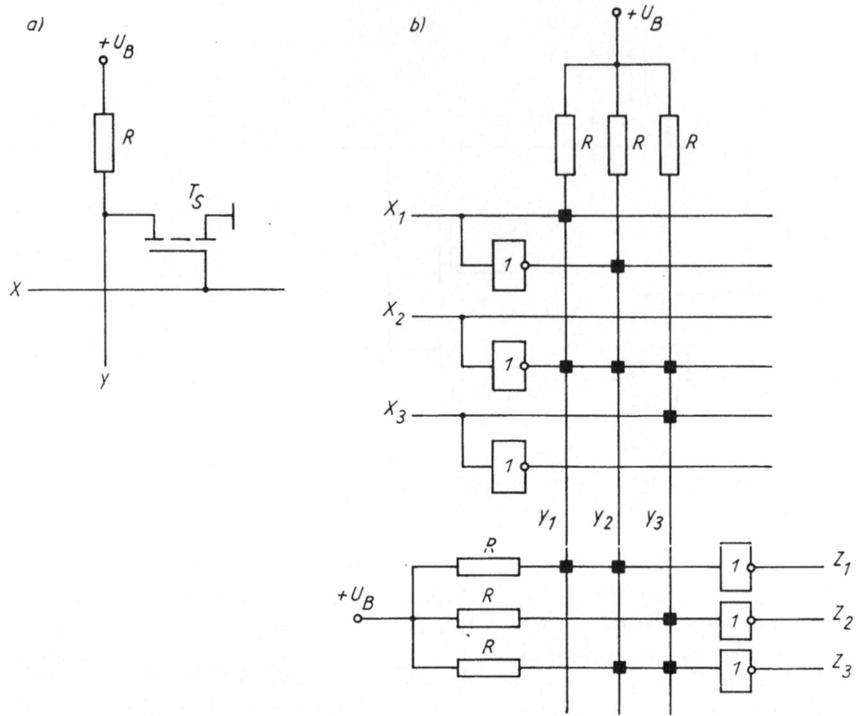

Bild 3.21. Programmierbares logisches Feld (PLA)
a) Koppelpunkt b) Darstellung für 3 Ein- und Ausgangsvariablen

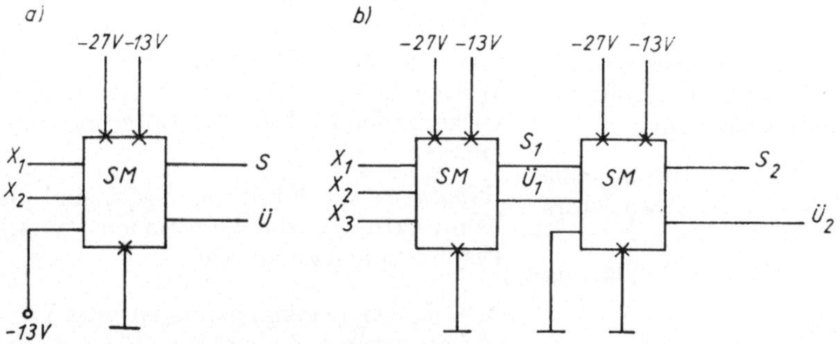

Bild 3.22. Volladdierer als Logikschaltung zu A 3.37

b) Welche Logikfunktionen entstehen mit den Schaltungen nach Bild 3.22?

Anleitung: a) Beachten Sie bei der Addition von Binärzahlen:

$1 + 0 = 1$; $1 + 1 = 0$ + Übertrag 1; $1 + 1$ + Übertrag $1 = 1$ + Übertrag 1

b) Der verwendete Schaltkreis (p-MOS) wird mit negativer Logik betrieben.

3.1.2.5. CMOS-Technik

Der CMOS-Inverter besteht aus zwei komplementären MOS-FETs vom selbstsperrenden Anreicherungstyp (Enhancement) (Bild 3.23). In der komplementären MOS-Technik werden für Logikstrukturen mit i Eingängen $2i$ Transistoren benötigt, da der Lasttransistor (T_2) durch ein inverses Logiknetzwerk ($\bar{L}$) ersetzt werden muß. Schalttransistoren erfordern gegenüber Einkanal-MOS-Schaltungen die vierfache Transistorzahl, da ein weiterer Inverter (T_3; T_4) erforderlich ist (Bild 3.24).

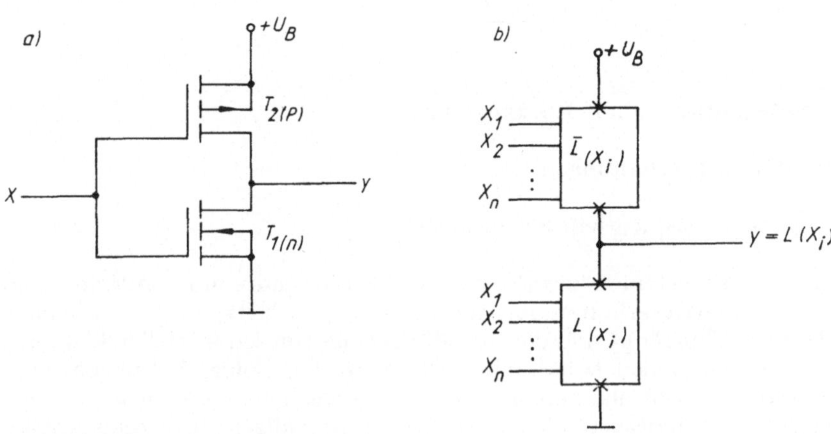

Bild 3.23. CMOS-Grundstrukturen
a) Inverter b) Logikschaltung

A 3.38. a) Erläutern Sie die prinzipielle Funktionsweise des CMOS-Inverters [Bild 3.23a)]. b) Welche theoretischen Ein- und Ausgangspegel sind zu erwarten?

Anleitung: b) Nehmen Sie eine Schwellspannung $U_T > 0$ an.

A 3.39. Für ein CMOS-Logikgatter (Typenreihe CD 4000) sind in Tabelle 3.3 einige statische Kennwerte enthalten. Berechnen Sie: a) Ausgangssignalhub ΔU_O, b) statische Störsicherheit M, c) Übertragungsweite w. Leiten Sie d) aus den Ergebnissen von a)...c) die Vorteile von CMOS ab.

A 3.40. Skizzieren Sie nach dem im Bild 3.23 dargestellten Strukturprinzip a) CMOS-NOR, b) CMOS-NAND mit jeweils zwei Eingängen.

A 3.41. Bei Impulsbetrieb von CMOS-Gattern wird die Lastkapazität C_L am Gatterausgang im Takte der Schaltfrequenz periodisch aufgeladen und entladen. a) Leiten Sie eine Beziehung für die dynamische Verlustleistung P_{vd} her. b) Bei welcher Schaltfrequenz $f_{s\max}$ würde ein CMOS-Gatter die mittlere Verlustleistung eines TTL-Gatters (10 mW) erreichen ($U_B = 5$ V; $C_L = 40$ pF)?

Anleitung: a) Es ist von einem theoretischen Signalhub $\Delta U_O = U_B$ auszugehen. Des weiteren gelten folgende Grundbeziehungen:

$$P = UI; \quad Q = CU; \quad I = Q/T; \quad f = 1/T \tag{3.19}$$

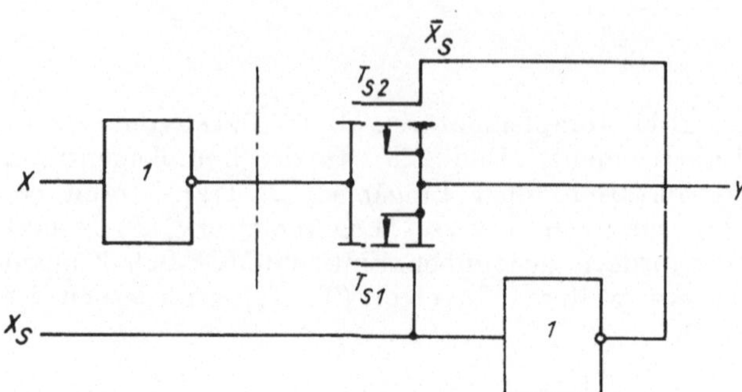

Bild 3.24. CMOS-Schalttransistor

3.2. Grundschaltungen mit Rückkopplung

3.2.1. Bistabile Kippschaltungen

3.2.1.1. Ungetaktete sequentielle Schaltungen

Rückkopplung in Schaltsystemen bewirkt bei $n \cdot 360°$ Phasendrehung (Mitkopplung) in der Schleife ein Schaltverhalten mit zwei stabilen Arbeitspunkten. Bistabile Kippglieder (Trigger, Flip-Flop) sind die Grundbausteine von sequentiellen logischen Schaltungen. Bei sequentiellen Schaltungen (Schaltwerke, Folgeschaltungen) sind die Ausgangsvariablen y sowohl von den Eingangsvariablen x als auch von den zwischengespeicherten Schaltzuständen z abhängig. Ein allgemeines sequentielles Schaltsystem besteht aus kombinatorischer Logik (L) und Trigger (T) [Bild 3.25a)]. Zur Schaltungsanalyse sind folgende BOOLEsche Gleichungen aufzustellen:

— Ergebnisfunktion $y(x; z)$ (3.20a)

— Steuerfunktion $w(x; z)$ (3.20b)

— Charakteristische Gleichung $z^+(z; x)$ (3.20c)

$z = z_n$ kennzeichnet den vorhergehenden Schaltzustand,
$z^+ = z_{n+1}$ kennzeichnet den nachfolgenden Schaltzustand.

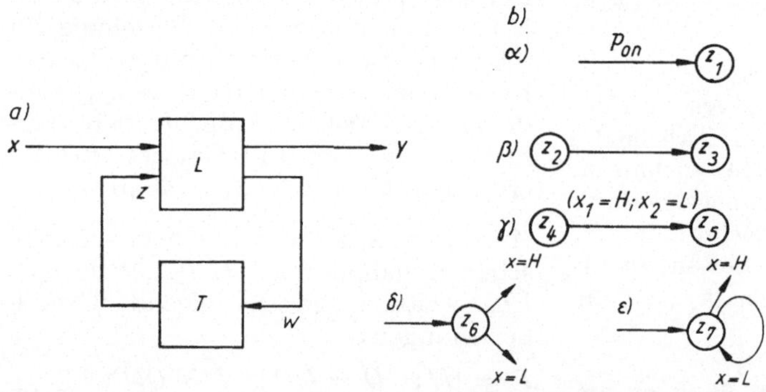

Bild 3.25. Allgemeine Struktur einer sequentiellen Schaltung

In rückgekoppelten Schaltungen *ohne* konzentrierten Speicher (Trigger) sind die Rückkopplungsschleifen zum Aufstellen der Gleichungen vorher aufzutrennen.
Beim Schaltungsentwurf (Synthese) wird folgender Weg beschritten:

> Problemstellung → Automatengraph → Übergangstabelle (Automatentabelle) → Steuerfunktionen → Ergebnisfunktion.

Der **Automatengraph** ist ein Entwurfshilfsmittel für sequentielle logische Schaltungen. Die n Zustände (z_n) des Systems werden durch n Knoten gekennzeichnet. Die m Übergänge zwischen den einzelnen Zuständen werden durch Zeiger zum Ausdruck gebracht. An den Zeigern sind die Bedingungen für die Übergänge zu vermerken (z. B. logische Zustände der Eingangsvariablen, Polarität der Taktsignale). Wenn keine Übergangsbedingungen vermerkt sind, so handelt es sich um unbedingte Übergänge. Nachdem die Zustandskodierung festgelegt ist, beschreibt der Automatengraph die Problemlösung in allgemeiner Form.
Bild 3.25b) zeigt die Bausteine des Automatengraphen:

α) definierter Anfangszustand z_1 nach Einschalten der Betriebsspannung (p_{on} = power on),
β) unbedingter Übergang von Zustand z_2 nach z_3,
γ) bedingter Übergang von Zustand z_4 nach z_5,
δ) bedingter Verzweigungszustand z_6,
ε) Wartezustand bei z_7.

A 3.42. Im Bild 3.26 ist ein RS-Trigger (RS—FF) aus NOR-Gattern dargestellt. Die Schnittstelle in der Rückführung ist bereits im Bild gekennzeichnet.

a) Die charakteristischen Gleichungen für y_1^+; y_2^+ sind aufzustellen. b) Die notwendige Bedingung für $y_1 = \bar{y}_2$ ist herzuleiten. c) Die vollständige und die reduzierte Übergangstabelle sind aufzustellen. Ordnen Sie den Eingängen x_1; x_2 die Bezeichnung Setzeingang (S); Rücksetzeingang (R) zu. d) Zustände und Übergänge sind im Automatengraphen darzustellen.

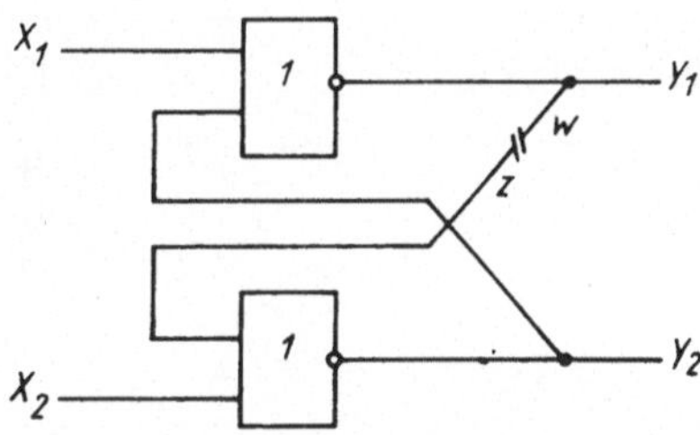

Bild 3.26. RS-NOR-Trigger

A 3.43. Das Schaltverhalten des im Bild 3.27 dargestellten Triggers ist zu analysieren.

Anleitung: Gehen Sie analog L 3.42 vor.

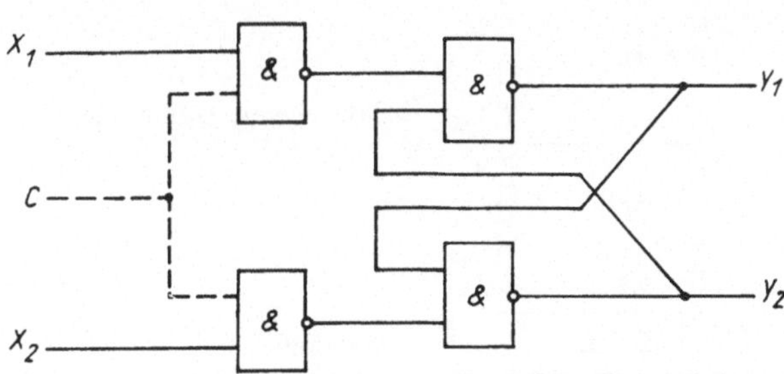

Bild 3.27. RS-NAND-Trigger (--- getaktet)

Tabelle 3.4. Triggertypen

Typ	Charakteristische Gleichung $z^+ =$	Übergangstabelle $z \to z^+$				Eigenschaften Anwendungen
RS	$S \vee \bar{R}z$; ($SR =$ L)			S	R	Basis-Trigger; statische RAM-Speicherzelle
		L	L	L	v	
		H	L	L	H	
		L	H	H	L	
		H	H	v	L	
SL	$S \vee \bar{R}z$			S	R	RS-Trigger mit Löschvorrang
		L	L	L	v	
		H	L	L	H	
		L	H	H	v	
		H	H	{H	v}	
				{v	L}	
EL	$S\bar{R} \vee \bar{R}z$			S	R	RS-Trigger mit Setzvorrang
		L	L	{v	H}	
				{L	v}	
		H	L	v	H	
		L	H	H	L	
		H	H	v	L	
DV	$DV \vee \bar{V}z$			D	V	Sperrbarer D-Trigger
		L	L	{v	L}	
				{L	v}	
		H	L	L	H	
		L	H	H	H	
		H	H	{H	v}	
				{v	L}	
JK	$J\bar{z} \vee \bar{K}z$			J	K	universell einsetzbar; Zähltrigger
		L	L	L	v	
		H	L	v	H	
		L	H	H	v	
		H	H	v	L	
D	D				D	Verzögerungstrigger, Auffangtrigger
		L	L		L	
		L	H		L	
		H	L		H	
		H	H		H	
T	$\bar{T}z \vee T\bar{z}$				T	Zähltrigger, Binärteiler
		L	L		L	
		L	H		H	
		H	L		H	
		H	H		L	
		v: H ∨ L				(beliebig)

A 3.44. Analysieren Sie die im Bild 3.28 dargestellte sequentielle Logikschaltung. Bestimmen Sie: a) Charakteristische Gleichung, b) Übergangstabelle, c) Eigenschaften dieser Schaltung.

Anleitung: Gehen Sie von der charakteristischen Gleichung des RS-Triggers aus (→ Tabelle 3.4).

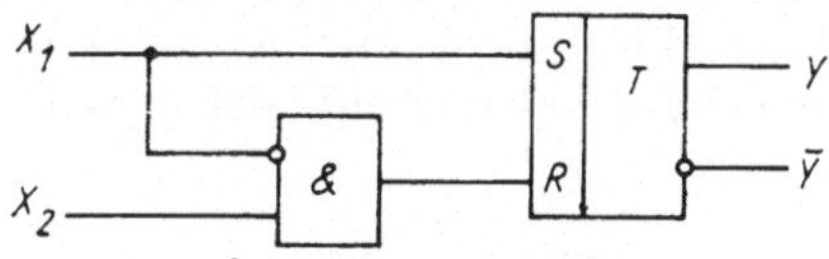

Bild 3.28. Trigger zu A 3.44

A 3.45. Durch Öffnen eines Ruhestromkreises x_1 (H → L) soll Alarm ausgelöst werden ($y = \mathrm{H}$). Der Alarmzustand soll solange gespeichert bleiben, bis ein Löschschalter x_2 (L → H) geschlossen wird. Entwerfen Sie eine geeignete Schaltung mit einem RS-Trigger und einer Verknüpfungslogik.

Anleitung: Aus der Aufgabenstellung ist der Automatengraph zu entwickeln und die Automatentabelle aufzustellen. Die auf zwei Zustände reduzierte Automatentabelle ist mit der Übergangstabelle des RS-Triggers (Tab. 3.4) zu vergleichen, um daraus die Ansteuerbedingungen für R und S zu bestimmen.

A 3.46. Bei einer Stückgutzählung soll eine Richtungsunterscheidung getroffen werden. Die Zählobjekte werden auf einem Förderband an einer Doppellichtschranke vorbeigeführt (Bild 3.29). Unterbrechung einer Lichtschranke soll L → H bedeuten. Es ist eine sequentielle Logikschaltung mit RS-Trigger zu entwerfen, die in der einen Richtung (von links nach rechts) $y = \mathrm{H}$ ausgibt, wenn

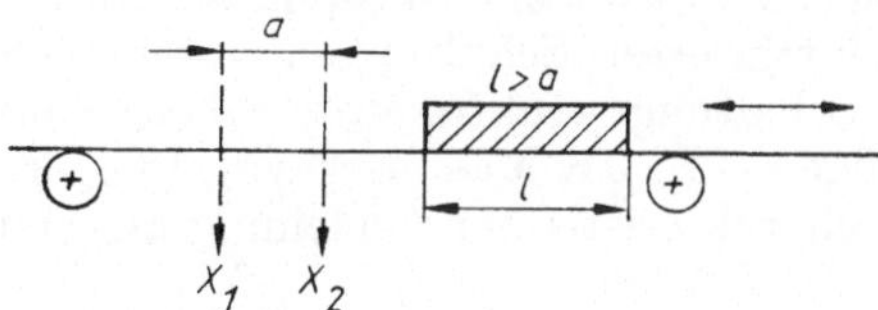

Bild 3.29. Stückgutzählung mit Richtungsunterscheidung

beide Schranken unterbrochen sind. In der anderen Richtung (von rechts nach links) soll $y = \mathrm{L}$ bleiben.

Anleitung: Beachten Sie bei der Aufstellung des Automatengraphen sämtliche möglichen Zustände und Übergänge des Systems.

A 3.47. a) Die logische Funktion der im Bild 3.30 dargestellten Relaisschaltung ist zu bestimmen. b) Zu dieser Relaisschaltung ist eine äquivalente Logikschaltung anzugeben. c) Eine sinnvolle Schaltfolge ist in einem Impulsdiagramm zu veranschaulichen.

Anleitung: Kontakte in Ruhestellung sind mit L, in Arbeitsstellung mit H zu kodieren. Stromlaufpläne werden zumeist, so auch im Bild 3.30, in Ruhestellung gezeichnet.

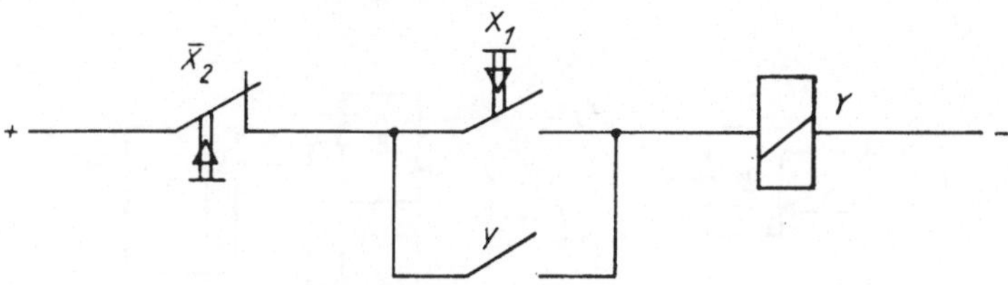

Bild 3.30. Relaisschaltung zu A 3.47

3.2.1.2. Getaktete sequentielle Schaltungen

Getaktete (synchrone) Trigger (Flip-Flop) verarbeiten die an den Eingängen (S; R; J; K; D ...) liegenden Informationen im Rhythmus der am Clock-Eingang (c) liegenden Taktimpulsfolge. Dabei wird zwischen statischer (Zustandssteuerung) und dynamischer (Flankensteuerung) Taktsteuerung unterschieden. Taktflankensteuerung wird bei diskretem Schaltungsaufbau durch vorgeschaltete CR-Glieder, bei integrierten Schaltungen durch mehrstufige Triggerstrukturen realisiert. Nach der Schaltungsstruktur unterscheidet man einstufige (z. B. RS-Trigger) oder mehrstufige (z. B. JK-Master-Slave) Trigger. Diese Unterschiede drücken sich nicht in der charakteristischen Gleichung aus, müssen aber beim Schaltungsentwurf berücksichtigt werden.

A 3.48. Analysieren Sie das Schaltverhalten der im Bild 3.31 dargestellten, statisch getakteten Triggerschaltung. Anzugeben sind: a) Charakteristische Gleichungen für $c_1 = \mathrm{H}$; $c_2 = \mathrm{L}$, b) Impulsdiagramm, c) Automatengraph, d) Schaltungsbesonderheiten.

Anleitung: Gehen Sie von der Gleichung des RS-Triggers aus (Tab. 3.4).

A 3.49. a) Wie ändert sich das Schaltverhalten eines RS-Triggers nach Bild 3.27, wenn vor die Takteingänge der NAND-Gatter Differenzierglieder gelegt werden [Bild 3.32b)]? b) Was ändert sich, wenn im Bild 3.32b x_1 mit $\bar{y}$ und x_2 mit y verbunden werden?

Anleitung: Untersuchen Sie zunächst das Verhalten des dynamischen NAND [Bild 3.32a)].

A 3.50. Die Funktionsweise eines JK-Master-Slave-Triggers nach Bild 3.33 ist durch Aufstellen des Automatengraphen zu veranschaulichen.

Anleitung: Gehen Sie von der Übergangstabelle (Tab. 3.4) aus und berücksichtigen Sie, daß T_1 auf der LH-Flanke (↑) und T_2 auf der HL-Flanke (↓) kippt.

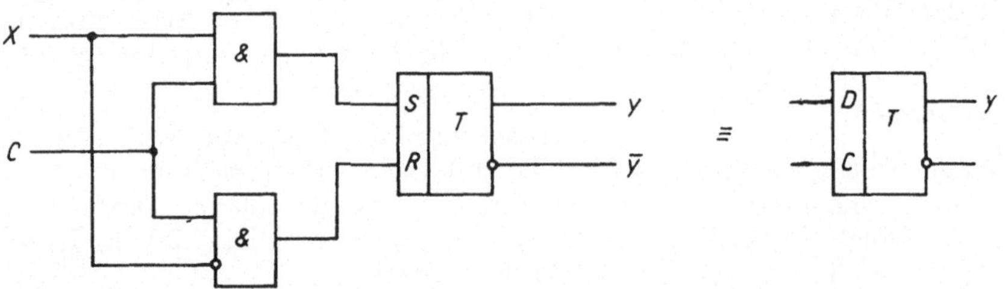

Bild 3.31. D-Trigger

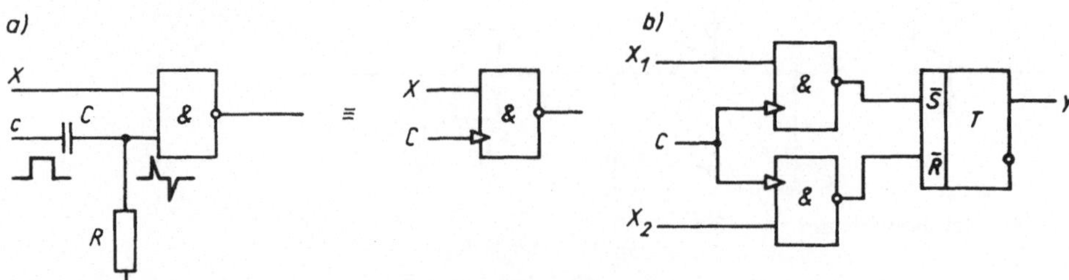

Bild 3.32. Dynamisch getakteter RS-Trigger

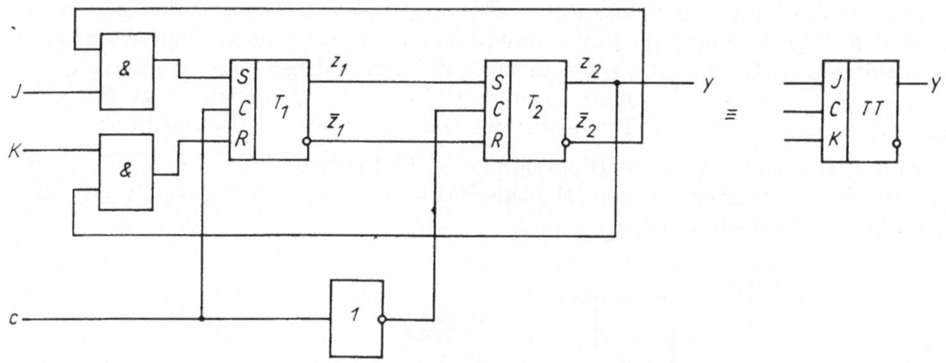

Bild 3.33. JK-Master-Slave-Trigger

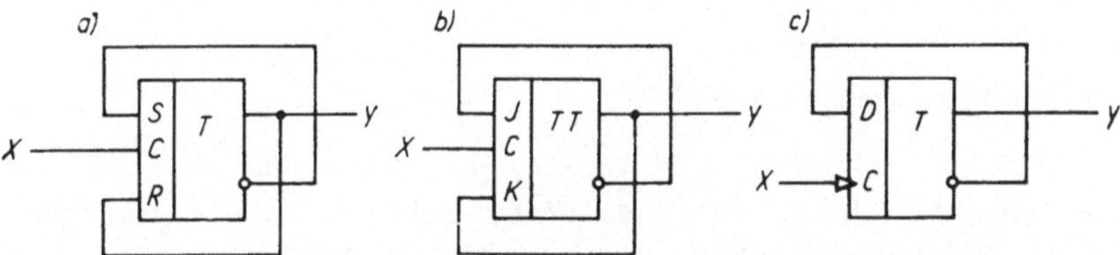

Bild 3.34. Rückkopplungsvarianten bei verschiedenen Triggern

A 3.51. Bild 3.34 zeigt einige Rückkopplungsvarianten bei verschiedenen Triggertypen:

a) statisch getakteter RS-Trigger,
b) statisch getakteter JK-Master-Slave-Trigger,
c) dynamisch getakteter D-Trigger.

(1) Welche Funktionen $y(x)$ ergeben sich, und welche Varianten sind zulässig?
(2) Wie kann Variante b) vereinfacht werden?

Anleitung: Gehen Sie von den charakteristischen Gleichungen (Tab. 3.4) aus.

A 3.52. Entwerfen Sie eine getaktete sequentielle Schaltung mit JK-MS-Trigger, die das im Bild 3.35 vorgegebene Impulsdiagramm erfüllt.

Anleitung: Über Automatengraph und Automatentabelle sind die Gleichungen für J; K; y aufzustellen.

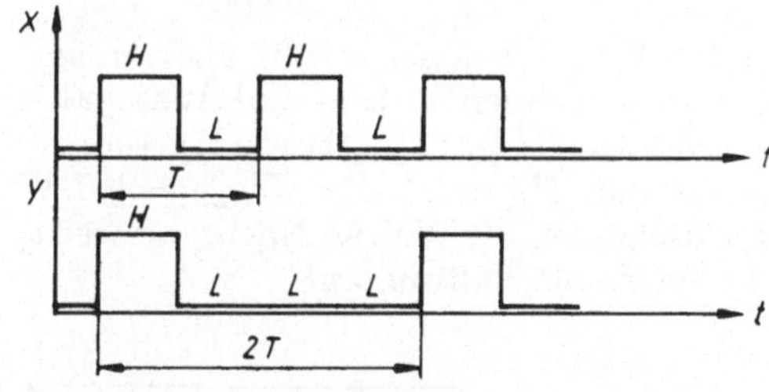

Bild 3.35. Impulsdiagramm zu A 3.52

3.2.1.3. Schwellwertschalter

Schwellwertschalter sind bistabile Kippschaltungen mit zwei Schwellspannungen. Der Schwellspannungsunterschied wird als **Schalthysterese** U_H bezeichnet (Bild 3.36):

$$U_H = U_{T1} - U_{T2} = U_{TLH} - U_{THL} \tag{3.21}$$

Zur Realisierung eignen sich besonders aktive Bauelemente und Schaltkreise mit einer steilen Transferkennlinie (hohe innere Verstärkung) und ausgeprägten Sättigungszuständen (z. B. Operationsverstärker). Bei den meisten Schaltungsstrukturen werden steile Übergänge durch Mitkopplung ($kV > 1$) erzwungen (z. B. SCHMITT-Trigger aus Logikgattern und Transistoren). Häufige Anwendungsfälle sind:

Umformung analoger Signale in Binärsignale (z. B. Initiator-IS),
Erhöhung der Störsicherheit von Digitalschaltungen (z. B. Interface-IS mit integrierten Schwellwertschaltern).

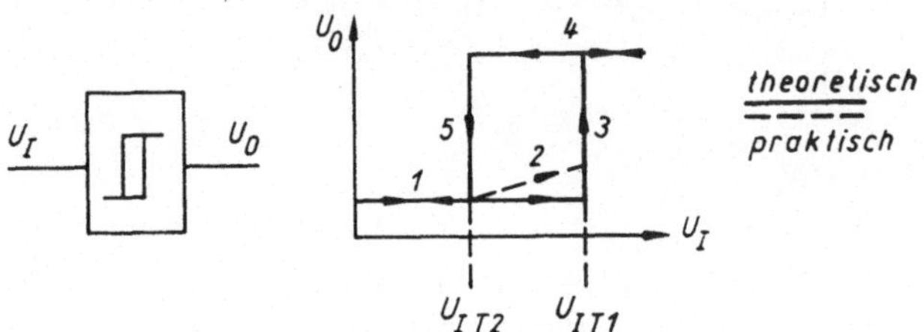

Bild 3.36. Schwellwertschalter (schematisch)

A 3.53. In der Grundschaltung des SCHMITT-Triggers (Bild 3.37) können bei Verwendung von Si-Planar-Epitaxie-Transistoren die Koppelwiderstände entfallen ($R_K = 0$; $R_B \to \infty$). Dadurch vereinfacht sich die Schaltungsbemessung. a) Ordnen Sie den Zuständen und Übergängen im Bild 3.36 die Arbeitspunktlagen (gesperrt, aktiv, gesättigt) der beiden Transistoren zu. b) Die Widerstände R_{C1}; R_{C2}; R_E sind für $U_B = 12$ V; $I_{C2} = 5$ mA; $B_1 = B_2 \approx 100$; $U_{CEsat} \approx 0{,}2$ V und $U_{OLmax} = 2$ V überschläglich zu berechnen. c) Ein- und Ausschaltspannungen (U_{IT1}; U_{IT2}) sowie Hysteresespannung U_H sind für $U_{BEF} \approx 0{,}7$ V abzuschätzen. d) Welche Nachteile weist diese Grundschaltung auf?

Anleitung: Folgende Näherungsgleichungen sind zu verwenden:

$$R_{C2} \approx U_B/I_{C2} \tag{3.22a}$$

$$R_{C1} \approx B_{2min}R_{C2}/10 \tag{3.22b}$$

$$R_E \leqq \frac{R_{C2}(U_{OLmax} - U_{CEsat})}{U_B - U_{OLmax}} \tag{3.22c}$$

Zu c): Es ist von den Spannungsabfällen an R_E [in den Zuständen a) und d)] und der Basis-Emitter-Flußspannung auszugehen.

A 3.54. Im Bild 3.38 ist eine Schwellwert-Triggerschaltung mit Diodenoptokoppler dargestellt. Der Trigger soll bei $I_{IT1} = 175\ \mu$A einen Laststrom $I_{Csat} = 50$ mA einschalten. Berechnen Sie

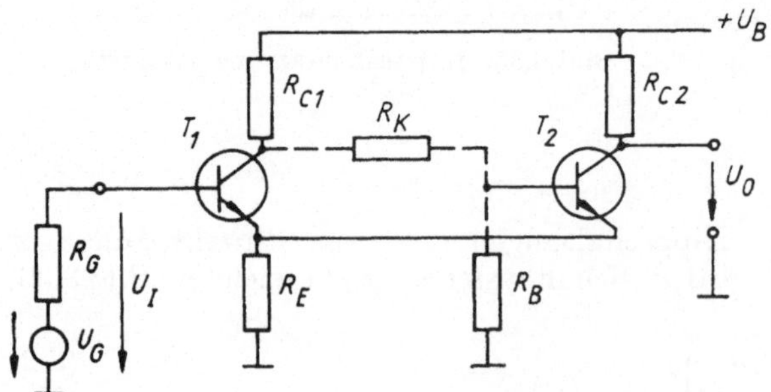

Bild 3.37. SCHMITT-Trigger-Grundschaltung

überschläglich für $K = 0{,}01$; $I_{R0} = 50\,\text{nA}$; $U_F = 1{,}05$ V; $B = 200$: $U_{BEF} = 0{,}7$ V; $U_{CEsat} = 0{,}2$ V; $U_B = 12$ V
(1) die Widerstände R_C und R_1, (2) die Stromhysterese I_H.

Anleitung: Stellen Sie die Knotenpunktgleichungen ($\sum I = 0$) im Punkt B für a) den gesperrten, b) den gesättigten Zustand des Transistors auf. Der **Konversionsfaktor** K des Optokopplers ist das Verhältnis

$$K = I_R/I_F. \tag{3.23}$$

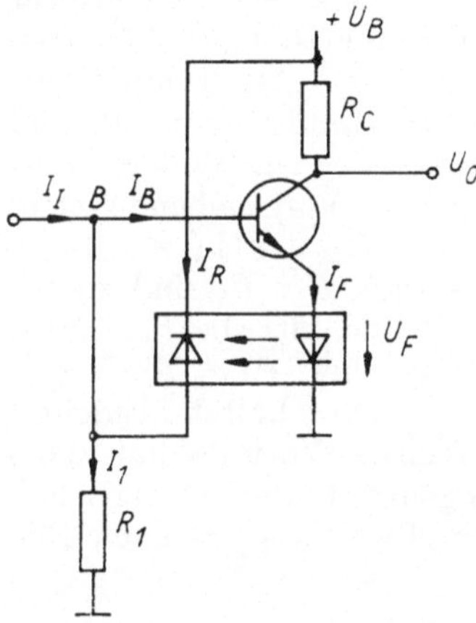

Bild 3.38. Schwellwerttrigger mit Diodenoptokoppler

A 3.55. Ein Interface-IS (UND-Gatter) mit integriertem Schwellwertschalter hat eine vernachlässigbar kleine Hysterese. Mit der im Bild 3.39 dargestellten Schaltung soll eine Hysterese von $U_H = 2$ V realisiert werden. Die Pegel der IS sind:

$U_{OH\,min} = 12$ V; $U_{OL\,max} = 1{,}4$ V; $U_{IL\,max} = 5$ V; $U_{IH\,min} = 7{,}5$ V.

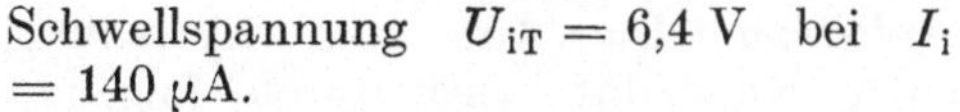
Schwellspannung $U_{iT} = 6{,}4$ V bei $I_i = 140\,\mu\text{A}$.

Berechnen Sie das Verhältnis der Widerstände R_1/R_2.

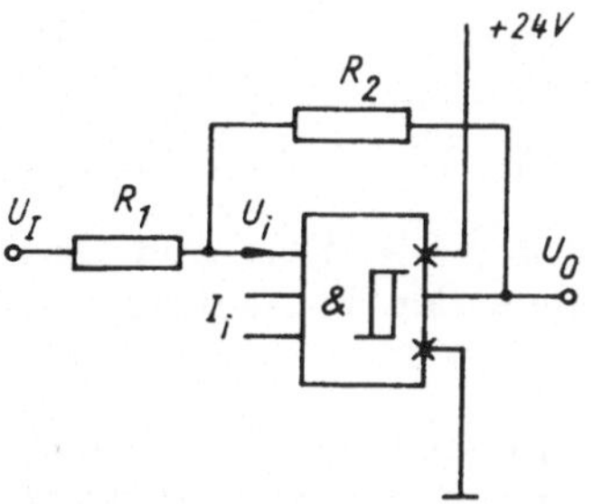

Bild 3.39. Hysteresedehnung durch externe Beschaltung

A 3.56. Ein integrierter Schwellwertschalter mit offenem Kollektorausgang wird mit einem vorgeschalteten *RC*-Glied betrieben (Bild 3.40). Die Schwellspannungen betragen $U_{IT1} = 2{,}3$ V und $U_{IT2} = 1{,}4$ V.

a) Welche Signalfunktionen entstehen an den Meßpunkten *2*, *3*, wenn an *1* eine TTL-gerechte Impulsfolge mit folgenden Parametern anliegt: $\hat{U} = 3{,}7$ V; $t_i/T = 0{,}5$; $t_i = 20$ ms?

b) Unter welcher Voraussetzung kann gleiches Delay auf Vorder- und Rückflanke angenommen werden ($t_D = t_{DHL} = t_{DLH}$)?

c) Für $t_D = 2$ ms und $R = 4{,}7\,\text{k}\Omega$ ist die erforderliche Kapazität C des Integriergliedes zu berechnen.

d) Welche Signalfunktion ergibt sich am MP *4*?

e) Wie würde sich der Signalverlauf $U_3(t)$ ändern, wenn zu zu R eine Diode parallel geschaltet würde?

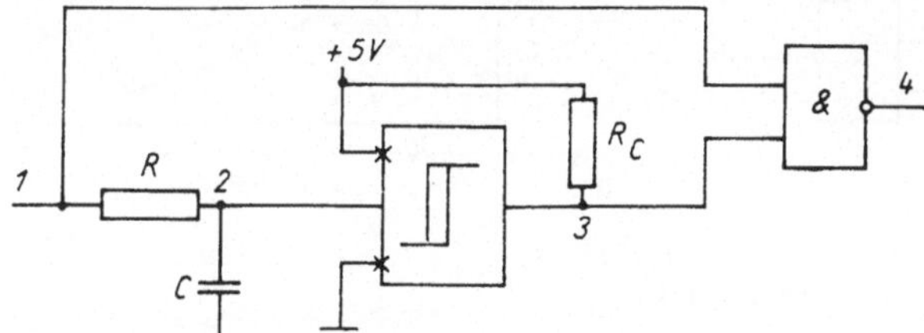

Bild 3.40. Impulsverzögerung mit Schwellwertschalter und Integrierglied

Anleitung: Die Auf- und Entladung einer Kapazität wird durch folgende Gleichungen beschrieben:

$$u_L = U[1 - \exp(-t/\tau)] \quad (3.24a)$$

$$u_E = U \exp(-t/\tau) \quad (3.24b)$$

Hierin ist

$$\tau = CR \quad (3.24c)$$

die Zeitkonstante. Die Ein- und Ausgangswiderstände der IS sind zu vernachlässigen.

A 3.57. Die Einstellung der Schaltschwellen ist bei mitgekoppelten Operationsverstärkern sehr genau möglich. Bild 3.41 zeigt die invertierende Grundschaltung eines Schwellwertschalters mit OV.

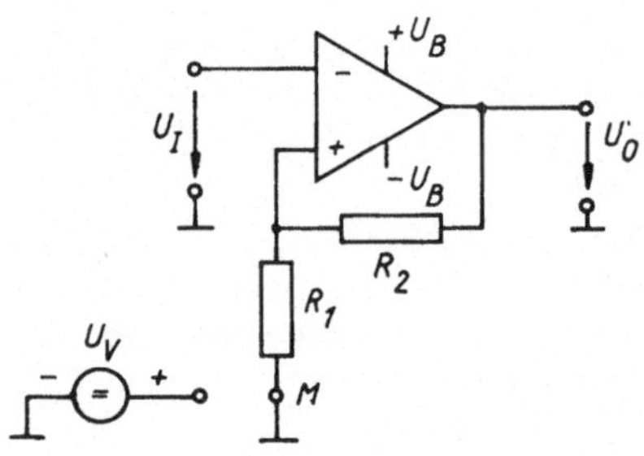

Bild 3.41. Invertierender Schwellwertschalter mit Operationsverstärker

a) Leiten Sie die Grundbeziehungen für die Schwellspannungen U_{IT1}; U_{IT2} und die Hysteresespannung U_H her. b) Wie verändern sich die Schwellspannungen, wenn am Punkt M eine positive Vorspannung angelegt wird? c) Berechnen Sie für $U_{IT1} = 5$ V und $U_H = 2$ V sowie für eine Sättigungsspannung $|U_{OS}| = 14{,}5$ V die erforderliche Vorspannung U_v und das Widerstandsverhältnis R_2/R_1.

A 3.58. Ein Temperaturschalter nach Bild 3.42a) aus zwei TTL-kompatiblen Komparatoren und einem $\overline{R}\overline{S}$-Trigger wird von einer temperaturabhängigen Meßbrücke gesteuert. Als Temperaturmeßfühler ist ein Heißleiter mit der im Bild 3.42b) angegebenen Widerstandskennlinie eingesetzt. Vorgegebene Werte: $U_B = 15$ V; $R_1 = R_3 = 10$ kΩ.

a) Die Widerstände R_4; R_5 sind zu berechnen, wenn der Schalter bei $\vartheta_1 = 50\,°C$ ausschalten und bei $\vartheta_2 = 40\,°C$ einschalten soll (eingeschaltet bedeutet $y = H$). b) Welche Vorteile hat diese Schaltung gegenüber der Grundschaltung des Schwellwerttriggers nach Bild 3.41?

Anleitung: Die Differenz-Schaltspannung der Komparatoren wird mit $U_{IDT} \to 0$ angenommen.

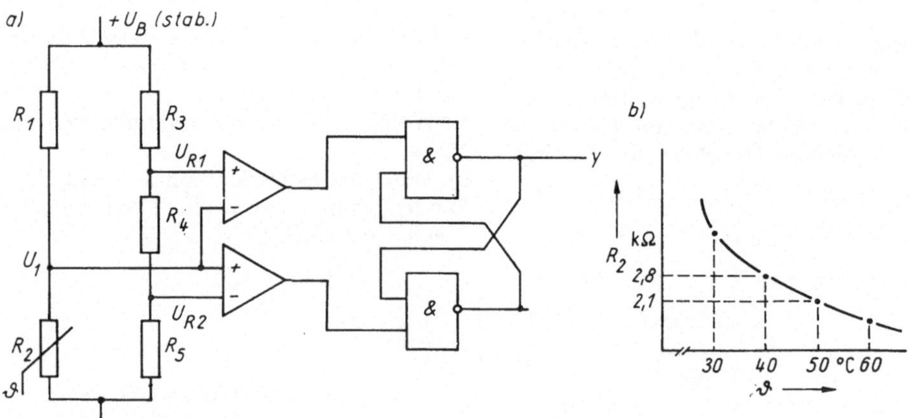

Bild 3.42. Temperaturschalter mit Fensterdiskriminator
a) Schaltung b) Kennlinie des Heißleiters

3.2.2. Monostabile Kippschaltungen

Monostabile Kippschaltungen (auch Univibratoren oder Monoflop genannt) haben *einen* stabilen Arbeitspunkt (Ruhelage). Ein zugeführter Triggerimpuls bewirkt das Umkippen in eine metastabile Arbeitslage, aus der sie nach Ablauf der Haltezeit t_H von selbst in die Ruhelage zurückkippen. Die Haltezeiten werden zumeist durch die Zeitkonstanten τ der eingesetzten *RC*-Glieder bestimmt.

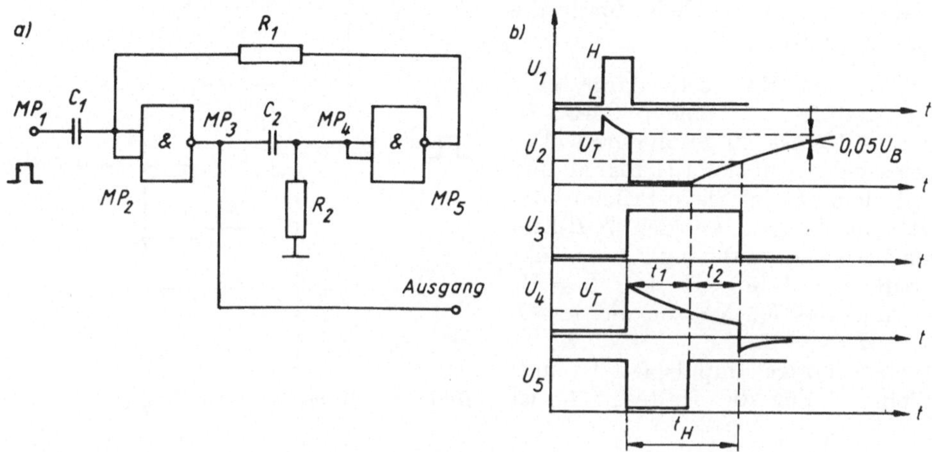

Bild 3.43. Dynamisch gesteuerte monostabile Kippschaltung mit CMOS-Gattern
a) Schaltung b) Impulsdiagramm

A 3.59. Mit CMOS-IS lassen sich einfache monostabile Kippschaltungen mit relativ großen Zeitkonstanten realisieren. Im Bild 3.43 ist ein dynamisch getriggertes Monoflop mit den Impulsverläufen an den einzelnen Meßpunkten dargestellt.
a) Leiten Sie eine Gleichung zur Berechnung der Haltezeit t_H her. Dazu wird $R_1 = R_2 = R$ und $C_1 = C_2 = C$ sowie $U_T = U_B/2$ mit $U_{OH} \approx U_B$ angenommen. b) Schätzen Sie die Erholzeit t_E ab, wenn als Kriterium für das Ende einer Kondensatorumladung $\Delta U = 0,05\ U_B$ angesetzt wird.
Anleitung: Ausgehend von der Überlegung, welche Zeitkonstanten wirksam sind, werden dann die Gln. (3.24) verwendet.

A 3.60. Im Bild 3.44 ist eine statisch gesteuerte monostabile Kippschaltung mit nur einem zeitbestimmenden *CR*-Glied dargestellt. a) Stellen Sie den

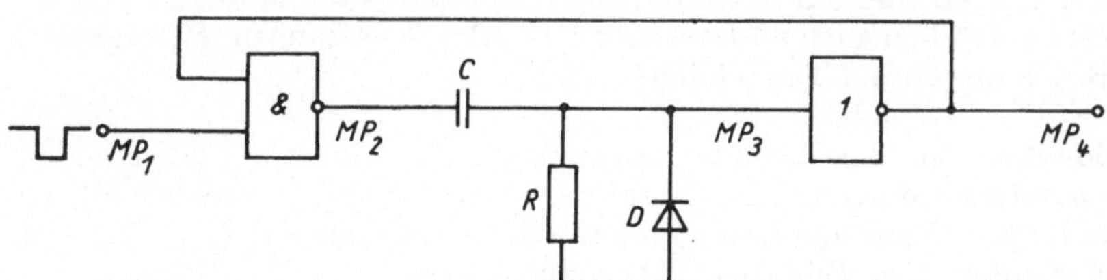

Bild 3.44. Statisch gesteuerte monostabile Kippschaltung

Impulsplan für die vier Meßpunkte graphisch dar. b) Welche Funktion hat die Diode D? c) Berechnen Sie die erforderliche Zeitkonstante τ für eine Haltezeit $t_H = 20\ \mu s$.
Anleitung: Zur Vereinfachung der Betrachtungen werden CMOS-Gatter angenommen. Die Zeitkonstanten ergeben sich dadurch ausschließlich durch die externe Beschaltung.

A 3.61. Die im Bild 3.45 dargestellte Zeit-Schaltstufe mit einem CMOS-D-Trigger (4013) ist zu analysieren. Der Trigger schaltet auf der LH-Flanke und ist nach dem Master-Slave-Prinzip konzipiert. Die Signale an den S/R-Eingängen bewirken unabhängig vom Takt das Setzen auf $y = H$ bei $S = H$; $R = L$ und das Rücksetzen auf $y = L$ bei $R = H$; $S = L$.
a) Der zugehörige Impulsplan ist aufzustellen. b) Für die Haltezeit t_H ist unter der Annahme $U_T = U_B/2$ eine Formel herzuleiten. c) Wie verhält sich die Schaltung, wenn 1. während der Haltezeit weitere Triggerimpulse eintreffen bzw. 2. die Triggerimpulsdauer größer als die Haltezeit ist?

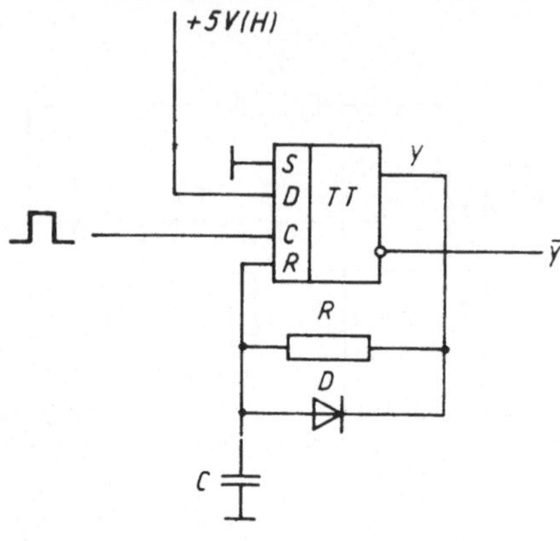

Bild 3.45. Monoflop mit D-Trigger

3.2.3. Astabile Kippschaltungen

Astabile Kippschaltungen (astabile Multivibratoren) sind einfache Funktionsgeneratoren für Rechteck- oder sägezahnähnliche Schwingungen. Zumeist liegen die frequenzbestimmenden RC-Glieder im Rückkopplungszweig aktiver Bauelemente (Transistoren, Operationsverstärker, Logikgatter). Bei den meisten symmetrischen Schaltungen beträgt die Signalfrequenz (Kippfrequenz)

$$f = \frac{1}{K \cdot RC}; \qquad K = 0{,}7 \ldots 3 \tag{3.25a}$$

und der Tastgrad ist

$$t_i/T = 0{,}5 \tag{3.25b}$$

Bei quarzstabilisierten Schaltungen bestimmt der Quarz die Schwingfrequenz. Geringfügige Korrekturen sind durch zusätzliche Ziehkapazitäten möglich.
Kippschwingungen entstehen auch an Bauelementen oder Schaltungen mit negativen Kennlinien (z. B. Glimmröhren, Tunneldioden, NIK).

A 3.62. Im Bild 3.46 ist die Grundschaltung eines astabilen Multivibrators mit OV dargestellt. Die Schaltung kann als Schwellwertschalter (→ Bild 3.41) aufgefaßt werden, dessen Eingangsspannung durch die Umladung des Kondensators autonom und periodisch an den zwei Schwellspannungen U_{T1}; U_{T2} vorbeigeführt wird.
a) Leiten Sie eine Beziehung für die

Periodendauer T her, wenn die Schwellspannungen symmetrisch zu Null sind ($U_{T1} = qU_{OS}$; $U_{T2} = -qU_{OS}$; $q = \frac{R_1}{R_1 + R_2}$).

b) Berechnen Sie die Impulsfrequenz $f = 1/T$ für $C = 4{,}7\,\text{nF}$; $R = 5\,\text{k}\Omega$; $R_1 = 10\,\text{k}\Omega$; $R_2 = 10\,\text{k}\Omega$.

Anleitung: a) Lösen Sie die Differentialgleichung

$$u_C + CR\,\frac{\mathrm{d}u_C}{\mathrm{d}t} = U_{OS} \qquad (3.26\text{a})$$

für die Anfangsbedingung

$$u_C|_{t=0} = 0 = -qU_{OS} \qquad (3.26\text{b})$$

und setzen Sie schließlich

$u_C = qU_{OS}$ für $t = T/2$ an.

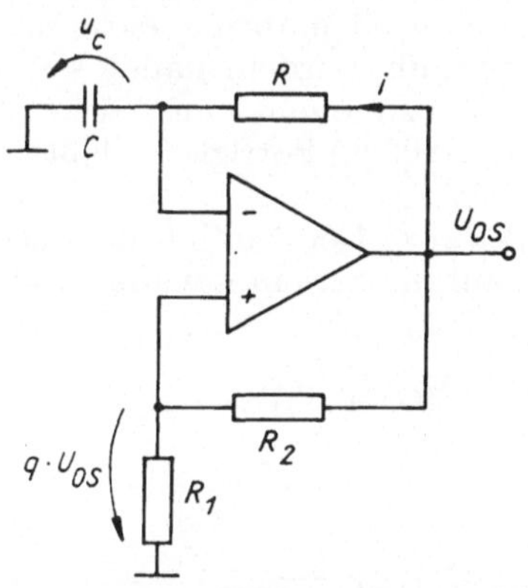

Bild 3.46. Astabiler Multivibrator mit Operationsverstärker

b) Wenn Ihnen das Lösen von Differentialgleichungen nicht geläufig ist, können Sie die unter L 3.62 a) angegebene Lösung formal verwenden.

A 3.63. Ein astabiler MV kann aus zwei NOR- oder NAND-Gattern und einem RC-Glied realisiert werden. Bild 3.47 zeigt eine Schaltung aus CMOS-Gattern (NOR).

a) Geben Sie den Impulsverlauf an den drei Meßpunkten an (die Schwellspannung liegt bei $U_T = U_B/2$).
b) Welche Tastgrade t_i/T lassen sich einstellen, wenn bei $R_v = 0{,}5R$ das Potentiometer im Bereich $r/R = 0\ldots1$ variierbar ist?
c) Welche Periodendauerdifferenz ΔT entsteht zwischen den beiden Grenzeinstellungen $r/R = 0$ und $r/R = 1$?

A 3.64. Eine sperrbare MV-Schaltung für NAND-Gatter zeigt Bild 3.48. Bei Verwendung von TTL-IS ist der optimale Widerstand mit $R \approx 220\ldots270\,\Omega$ vorgegeben.

a) Durch welches Signal am Strobe-Eingang (s) ist der MV gesperrt? Welches Ausgangssignal liegt dabei an y?
b) Lade- und Entladezeitkonstante sind für $C = 1\,\mu\text{F}$; $R = 270\,\Omega$ unter Einbeziehung der Gatterinnenschaltung (Bild 3.4) abzuschätzen. Welchen Tastgrad hat das Ausgangssignal?

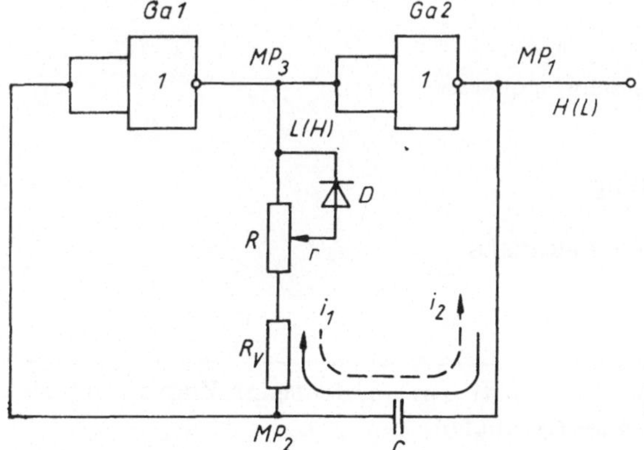

Bild 3.47. Astabiler Multivibrator mit CMOS-NOR-Gatter

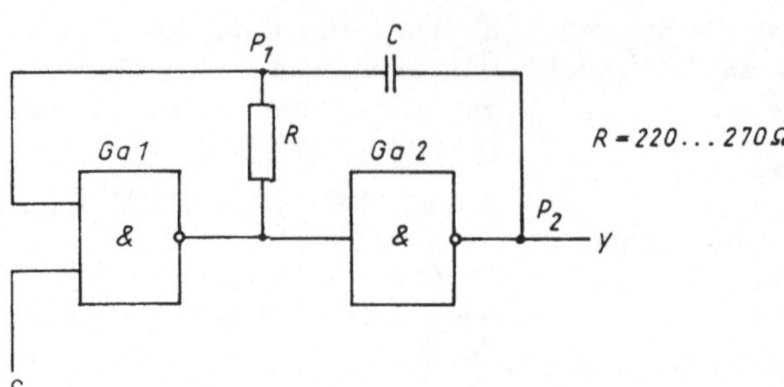

Bild 3.48. Astabiler Multivibrator mit TTL-NAND-Gattern

c) Die Impulsfrequenz ist mit der Näherung $f \approx 1/(3\tau)$ zu berechnen.
d) Mit welcher Polung muß der Elko eingebaut werden?

Anleitung: d) Gehen Sie vom gesperrten Zustand aus.

A 3.65. Zur Ansteuerung einer Zeitschaltung wird ein astabiler MV mit einem Schwingquarz als Taktgeber verwendet. In der Grundschaltung nach Bild 3.48 wird der Kondensator C durch eine Reihenschaltung aus Quarz Q und Ziehkapazität C_z ersetzt (Bild 3.49). Die Resonanzfrequenz des Quarzes beträgt $f_r = 4\,194\,304$ Hz. In der Quarz-Ersatzschaltung sind folgende Größen bekannt (Katalogwerte): $L = 95{,}99$ mH; $C_p = 5{,}5$ pF; $R = 115\ \Omega$.

a) Wie groß ist die Serienkapazität C_s, wenn der Quarz auf der Grundwelle in Serienresonanz schwingt?
b) Wie groß wäre die Parallelresonanzfrequenz f_{rp}?
c) Weshalb eignet sich für diese Schaltung nur die Serienresonanz?
d) Wie groß muß die Ziehkapazität C_z gewählt werden, damit sich die Resonanzfrequenz um etwa 1000 Hz ($\triangleq$ 0,02%) korrigieren läßt?

Anleitung: Der Einfluß der Ziehkapazität auf die Serienresonanz beträgt:

$$\frac{\Delta f}{f_r} \approx \frac{C_s}{2(C_p + C_z)}. \tag{3.27}$$

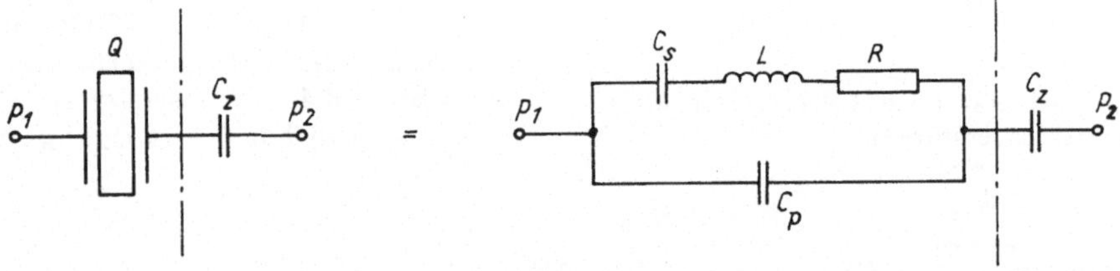

Bild 3.49. Ersatzschaltung eines Schwingquarzes

3.3. Komplexe Schaltungen

3.3.1. Kombinatorische Schaltungen

3.3.1.1. Kodewandler

Ein Kode (Code) ist eine Vorschrift zur eindeutigen Zuordnung zwischen zwei Mengen von Zeichen oder Symbolen.

Nach der **Wortlänge in bit** werden
tetradische Kodes (Tabelle 3.5) und
nichttetradische (m aus n) Kodes (Tabelle 3.6) unterschieden.

Ein 4-bit-Kodewort (4stellige Dualzahl) heißt **Tetrade**. Die tetradischen Kodes werden vorwiegend zur Kodierung von Dezimalzahlen verwendet.
Der **BCD-Kode** hat die **Wertigkeit** 8-4-2-1, d. h., dem Kodewort

H L L H ist die

Dezimalzahl

$1 \cdot 2^3 + 0 \cdot 2^2 + 0 \cdot 2^1 + 1 \cdot 2^0 = 9$

zugeordnet.

Tabelle 3.5. Tetradische Kodes

	Dual	BCD	Aiken	3-Exzeß	Gray
Wertigkeit	8 4 2 1	8 4 2 1	2 4 2 1	ohne	ohne
Dezimalzahl					
	0 L L L L	0 L L L L	0 L L L L	PT	0 L L L L
	1 L L L H	1 L L L H	1 L L L H		1 L L L H
	2 L L H L	2 L L H L	2 L L H L		3 L L H L
	3 L L H H	3 L L H H	3 L L H H	0 L L H H	2 L L H H
	4 L H L L	4 L H L L	4 L H L L	1 L H L L	7 L H L L
	5 L H L H	5 L H L H	PT	2 L H L H	6 L H L H
	6 L H H L	6 L H H L		3 L H H L	4 L H H L
	7 L H H H	7 L H H H		4 L H H H	5 L H H H
	8 H L L L	8 H L L L		5 H L L L	PT
	9 H L L H	9 H L L H		6 H L L H	
	10 H L H L	PT		7 H L H L	
	11 H L H H		5 H L H H	8 H L H H	
	12 H H L L		6 H H L L	9 H H L L	8 H H L L
	13 H H L H		7 H H L H		9 H H L H
	14 H H H L		8 H H H L		
	15 H H H H		9 H H H H		

Tabelle 3.6. Nichttetradische Kodes

Dezimalzahl	1 aus 10	2 aus 5	Siebensegment *a b c d e f g*
0	HLLLLLLLLL	HHLLL	L L L L L L H
1	LHLLLLLLLL	HLHLL	H L L H H H H
2	LLHLLLLLLL	LHHLL	L L H L L H L
3	LLLHLLLLLL	HLLHL	L L L L H H L
4	LLLLHLLLLL	LHLHL	H L L H H L L
5	LLLLLHLLLL	LLHHL	L H L L H L L
6	LLLLLLHLLL	HLLLH	(H) H L L L L L
7	LLLLLLLHLL	LHLLH	L L L H H H H
8	LLLLLLLLHL	LLHLH	L L L L L L L
9	LLLLLLLLLH	LLLHH	L L L (H) H L L

Der in Tabelle 3.6 dargestellte **Siebensegment-Kode** bezieht sich auf Anzeigeelemente, deren Segmente bei L-Ansteuerung leuchten. Des weiteren sind die zwei Darstellungsmöglichkeiten der 6 und der 9 berücksichtigt worden (Bild 3.50).

Gesichtspunkte für Wahl des Kodes sind u. a.:

geeignete Informationsausgabe an den Menschen (→ Siebensegment-Kode),

medientypische Bedingungen für Speicherkapazität und Zugriffszeit (z. B. Lochkarten-Kode),

einfache Ausführung von Rechenoperationen,

leichte Fehlererkennung (→ 1-aus-10-Kode),

optimale Ausnutzung eines Übertragungskanals,

Sicherheit gegen unbefugten Nachrichtenempfang.

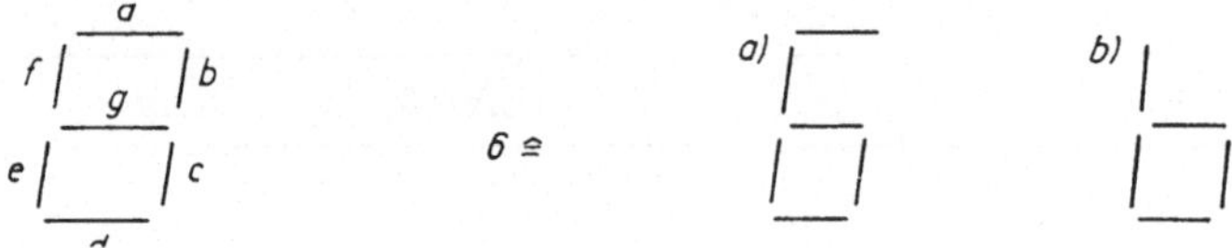

Bild 3.50. Siebensegment-Anzeige

Kodewandler werden in

Kodierer,

Dekodierer (Dekoder) und

Kodekonverter gegliedert.

Kodierer (im engeren Sinne) sind Schaltungen zur Binärverschlüsselung von Dezimalzahlen (z. B. Wandlung aus dem 1-aus-10-Kode in einen tetradischen Kode).
Dekodierer (im engeren Sinne) formen den jeweiligen Kode wieder in den 1-aus-10-Kode zurück.
Kodekonverter wandeln verschiedene Kodes, ausgenommen die 1-aus-n-Kodes, ineinander um (z. B. BCD-Kode → Siebensegment-Kode).
Aus Gl. (3.3) ergibt sich für v Zeichenkombinationen die **erforderliche Wortlänge** m in bit:

$$\boxed{m = \mathrm{ld}\, v}; \qquad \mathrm{ld} \equiv \log_2 \tag{3.28}$$

Die **Redundanz** R in bit ist die Differenz aus der im jeweiligen Kode auftretenden Bitzahl m_c und der erforderlichen Bitzahl m:

$$R = m_c - m$$

$$\boxed{R = m_c - \mathrm{ld}\, v} \tag{3.29}$$

> Je größer die Redundanz (Weitschweifigkeit) ist, desto sicherer können Fehler im Kode erkannt werden.

Zur Erkennung von Einfachfehlern (1 falsches Bit) muß $R \geqq 1$ bit sein.

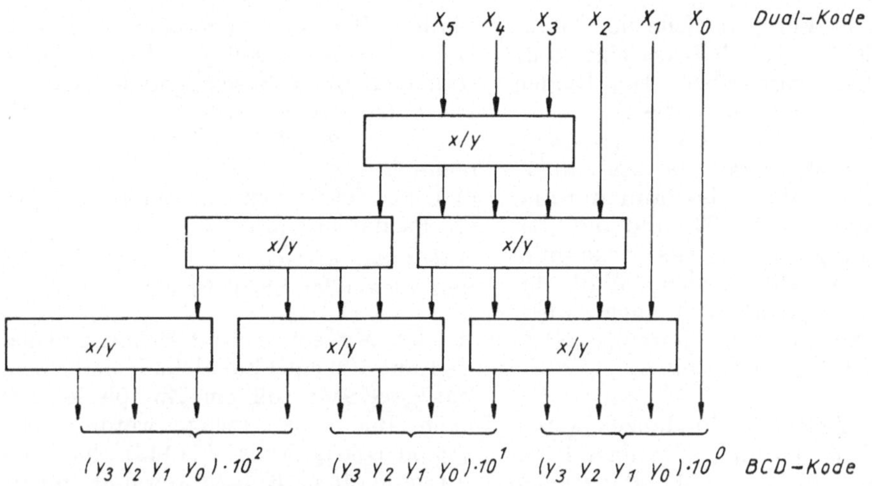

Bild 3.51. Kodewandlung «Dual/BCD» mit Korrekturnetzwerken

A 3.66. Es ist eine NAND-Logik für 4-bit-Eingabe zu entwerfen, die beim Auftreten von Pseudotetraden im BCD-Kode $y = \text{H}$ ausgibt.

Anleitung: Gehen Sie von Tabelle 3.5 aus und stellen Sie für die Pseudotetraden den KARNAUGH-Plan auf. Dabei ist positive Logik zu verwenden (→ Abschn. 3.1.2.).

A 3.67. Zur Wandlung des Dualkodes in den BCD-Kode müssen die Pseudotetraden unterdrückt und die Überträge in die höherwertigen Tetraden gebildet werden. Die dazu erforderlichen Korrekturnetzwerke übertragen die Zahlen 0...4 unverändert und die Zahlen 5...9 mit der Korrektur +3. Tabelle 3.7 zeigt die zugehörige Funktionstabelle.

a) Die Umkodierung gemäß Tabelle 3.7 ist durch eine Diodenmatrix (einfacher ROM-Speicher) mit vorgeschalteter Verknüpfungslogik zu realisieren.

b) Dualzahlen mit mehr als 4 bit Informationsgehalt können mit hierarchisch gestapelten Korrekturnetzwerken in den BCD-Kode konvertiert werden (Bild 3.51). Entwickeln Sie den Korrekturrahmen gemäß Bild 3.51 für Dualzahlen bis zum dekadischen Wert 99.

Tabelle 3.7. Funktionstabelle der Dual/BCD-Konvertierung

Dezimalzahl	x_3	x_2	x_1	x_0	$y =$	y_3	y_2	y_1	y_0
0	L	L	L	L	$f(x)$	L	L	L	L
1	L	L	L	H	$f(x)$	L	L	L	H
2	L	L	H	L	$f(x)$	L	L	H	L
3	L	L	H	H	$f(x)$	L	L	H	H
4	L	H	L	L	$f(x)$	L	H	L	L
5	L	H	L	H	$f(x) + 3$	H	L	L	L
6	L	H	H	L	$f(x) + 3$	H	L	L	H
7	L	H	H	H	$f(x) + 3$	H	L	H	L
8	H	L	L	L	$f(x) + 3$	H	L	H	H
9	H	L	L	H	$f(x) + 3$	H	H	L	L

Anleitung: a) Für jede Zeile der Funktionstabelle (→ Tab. 3.7) ist eine Zeile des Speichers vorzusehen. Die Dioden sind für alle y = H zu verdrahten.
b) Zunächst ist die benötigte Bit-Zahl für beide Kodierungen zu bestimmen. Der Korrekturrahmen ist dann an Hand eines Beispiels (z. B. 99), und mit Berücksichtigung der bereits bekannten 3er-Korrektur aufzustellen. Wird das dekadische Äquivalent 4 nicht überschritten, so kann das jeweilige Netzwerk nach Bild 3.51 entfallen.

A 3.68. a) Welche Redundanzen weisen die in Tabelle 3.5 und 3.6 aufgeführten Kodes bei 10 Zeichenkombinationen auf?
b) Dem 4-bit-Dualkode soll zur Fehlererkennung ein Prüfbit p hinzugefügt werden. Bei einer ungeraden Zahl von H im Kodewort soll p = H, bei einer geraden Zahl p = L sein (gerade Parität). Die entsprechende Kodetabelle ist aufzustellen und die Redundanz zu berechnen.
c) Über welche logische Funktion kann die Parität überprüft werden?
Anleitung: c) Gehen Sie von 2 bit aus und verwenden Sie Tafel 3.1.

A 3.69. Mit einem 4-bit-Dekoder (Dual → 1-aus-10), einer Zähldekade und einem Taktgenerator soll ein Zweiphasentakt nach Bild 3.52 erzeugt werden. Der Dekoder-Schaltkreis (74145) hat am Ausgang offene Kollektoren und gibt im aktivierten Zustand y = L aus. Die Schaltung des geforderten Taktgebers ist zu entwickeln.

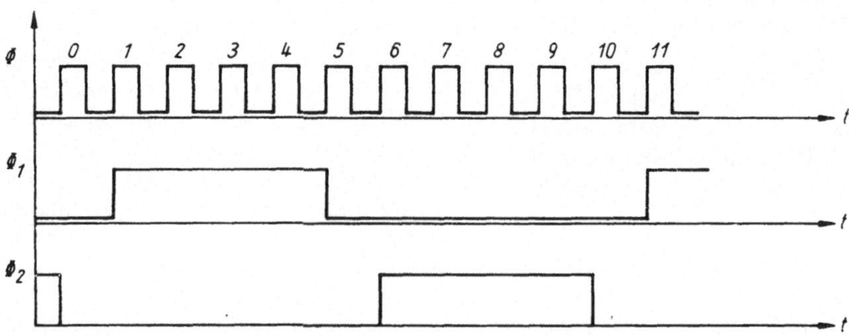

Bild 3.52. Taktdiagramm zu A 3.69

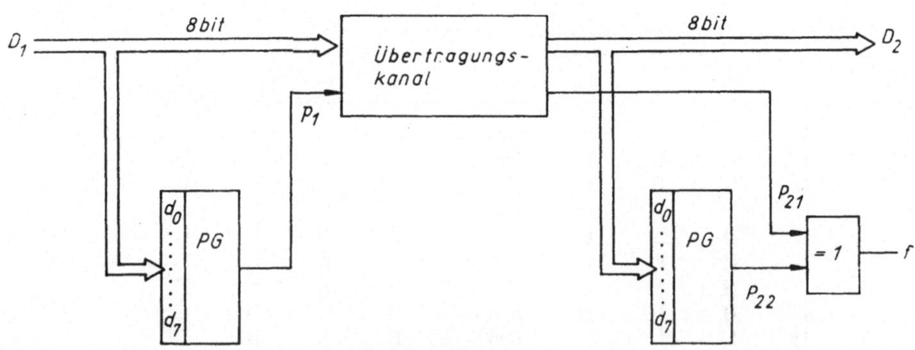

Bild 3.53. Datenübertragung mit Paritätsprüfung

A 3.70. Bild 3.53 zeigt das Prinzip einer Datenübertragung mit Paritätsprüfung. Die logische Struktur der Paritätsgeneratoren (PG) für 8 bit und gerade Parität ist anzugeben.

Anleitung: Verwenden Sie dazu die Erkenntnisse von L 3.68.

A 3.71. Zur Toleranzbestimmung bei Werkstücklängen wird eine optische Abtastung über ein Kodelineal vorgenommen. Es sollen dabei 8 Toleranzbereiche erfaßt und getrennt angezeigt werden (z. B. fällt die Länge l in den Toleranzbereich 5, dann muß Anzeige 5 leuchten). Zur Vermeidung von Übergangsfehlern ist ein einschrittiger Kode zu verwenden.

a) Welcher Kode kommt für das Kodelineal in Frage?
b) Der prinzipielle Aufbau des Kodelineals ist zu skizzieren.
c) Die prinzipielle Logikschaltung des Toleranzprüfplatzes ist anzugeben.

Anleitung: Überprüfen Sie an Hand von Tab. 3.5, welche tetradischen Kodes einschrittig sind (je Schritt 1 bit Änderung).

3.3.1.2. Multiplexer und Komparatoren

Multiplexer (MUX) sind adressengesteuerte elektronische Umschalter. Technische Realisierungsformen kommen sowohl in der Analogtechnik (Analogmultiplexer, Analogschalter) als auch in der Digitaltechnik (Datenwähler, Datenselektor) vor. Am Ausgang eines Multiplexers erscheinen die verschiedenen Eingangssignale auf *einer* Leitung (Bus) im **Zeitmultiplex**, d. h. zeitlich seriell. Beim **Demultiplexer** (DEMUX) werden die seriellen Eingangsdaten wieder auf die verschiedenen Datenausgänge verteilt. Durch das Taktsignal wird der Synchronismus zwischen Multiplexer und **Demultiplexer** gewährleistet. Bild 3.54 zeigt das Prinzip einer Datenübertragung im Zeitmultiplex.
Digitale Komparatoren sind Schaltungen zum Vergleichen von digitalen Größen (Zahlen in kodierter Form). Die wichtigsten Vergleichskriterien sind $x_1 = x_2$, $x_1 < x_2$, $x_1 > x_2$.

A 3.72. Es ist eine Komparatorschaltung zu entwerfen, die zwei binäre Variable x_1; x_2 miteinander vergleicht und die Zustände $x_1 = x_2$; $x_1 < x_2$; $x_1 > x_2$ getrennt anzeigt. Gesucht sind: a) Logikplan, b) Realisierung in NAND-Logik.

Anleitung: Über die Funktionstabelle sind die Logikfunktionen y_1; y_2; y_3 aufzustellen.

A 3.73. Aus zwei 4-bit-Komparatorschaltkreisen (7485) ist ein 8-bit-Komparator aufzubauen.

Anleitung: Die IS 7485 verfügt neben den zwei 4-bit-Dateneingängen ($I_{A0\cdots3}$; $I_{B0\cdots3}$), den drei Komparatorausgängen (Q_1: Q_2; Q_3) über drei Erweiterungseingänge ($E_1 = I_{A<B}$; $E_2 = I_{A=B}$; $E_3 = I_{A>B}$).

A 3.74. Die Logikfunktion eines 4-bit-Multiplexers lautet:

$$y = D_0\bar{A}_0\bar{A}_1 \vee D_1A_0\bar{A}_1 \vee D_2\bar{A}_0A_1 \vee D_3A_0A_1 \qquad (3.30)$$

Hierin sind D_3; D_2; D_1; D_0 die 4 Datenbit, die in Abhängigkeit von der 2-bit-Adresse (A_1; A_0) zum Ausgang y durchgeschaltet werden.

a) Der Logikplan dieses Multiplexers ist zu skizzieren.
b) Es ist eine Erweiterung von 4 bit auf 8 bit vorzunehmen. Dazu soll eine Schaltungsvariante entwickelt werden.

Anleitung: b) Die Ausgangssperreingänge (strobe) der IS 74153 (2× 4-bit-Multiplexer) sind mit zu verwenden.

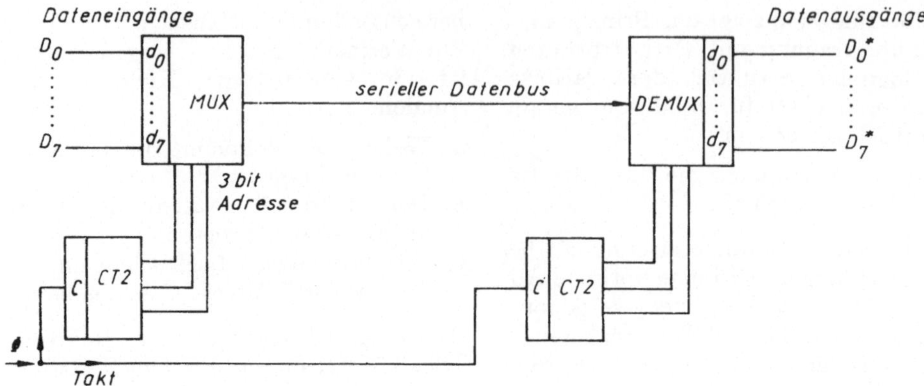

Bild 3.54. Prinzip des Zeitmultiplexbetriebes

A 3.75. Die prinzipielle Konzeption einer 8stelligen Siebensegment-Anzeige im Zeitmultiplex ist zu entwickeln. Folgende Funktionsgruppen sollen eingesetzt werden: 8stellige LED-Anzeigeeinheit, 7-Segment-Dekoder, 1-aus-8-Dekoder, Binärzähler, Taktgenerator und 8-bit-Multiplexer.

Anleitung: Die gleichliegenden Segmente aller Ziffern sind in der Anzeigeeinheit parallel geschaltet. Die Anoden werden im Takt ($\geqq$ 60 Hz) zyklisch umgeschaltet, so daß immer nur eine der 8 Anoden an der Betriebsspannung liegt.

3.3.1.3. Arithmetikschaltungen

Addierer sind digitale Schaltungen zur Addition (oder auch Subtraktion) von kodierten Zahlen. Sie werden als **Volladdierer** im Dualkode komplett integriert (Beispiele sind: TTL-IS 7480 [1 bit]; 7482 [2 bit]; 7483 [4 bit]) oder als integrierter Bestandteil komplexer Recheneinheiten (z. B. ALU 74181) realisiert. Die **Arithmetik-Logik-Einheit** (ALU) in MOS-Struktur ist wiederum integrierter Bestandteil eines Mikroprozessors. Die ALU des Mikroprozessors 8080 (Intel 8080; Z 80; U 880) kann folgende **Funktionen** ausführen:

Addition, Subtraktion, Inkrementieren (erhöhen um 1), Dekrementieren (erniedrigen um 1), Bitsetzen, Bitrücksetzen, Bittesten, Rotieren und Verschieben, AND, OR und ExOR.

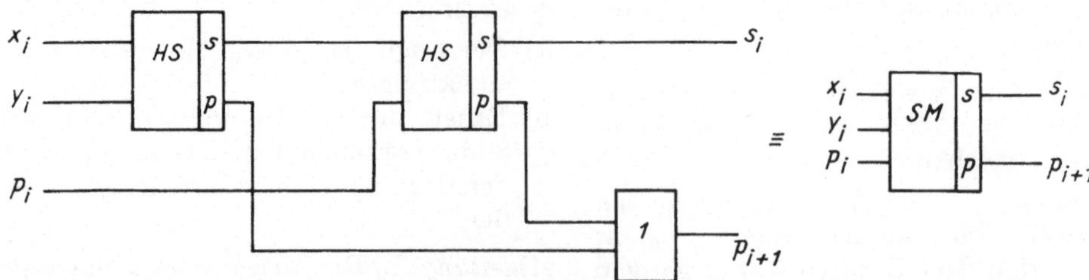

Bild 3.55. Logische Struktur des 1-bit-Volladdierers

Volladdierer (SM) für 1 bit sind kombinatorische Schaltungen mit 3 Eingängen (2 Signaleingänge x_i; y_i und 1 Übertrageingang p_i) und 2 Ausgängen (Summenausgang s_i und Übertragausgang p_{i+1}). Die logische Struktur des Volladdierers kann auf zwei Halbaddierer und eine OR-Verknüpfung zurückgeführt werden (Bild 3.55). Der **Halbaddierer** (HS) addiert zwei einstellige Dualzahlen *ohne* Berücksichtigung eines Übertrages am Eingang. Die Addition von relativen Dualzahlen (vorzeichenbehaftete Dualzahlen) geschieht im Mikrorechner zumeist im **Zweierkomplement** $z^{(2)}$:

$$z^{(2)} = \begin{Bmatrix} |z|; & z \geqq 0 \\ 2^n - |z|; & z < 0 \end{Bmatrix} \tag{3.31}$$

Zur Bildung des Zweierkomplementes für negative Dualzahlen sind alle Ziffern zu negieren, die sich links von der am weitesten rechts stehenden 1 befinden. Alle rechts von dieser 1 stehenden Ziffern und diese 1 selbst werden beibehalten. Andere Darstellungsformen sind

— die **Einerkomplementdarstellung**

$$z^{(1)} = \begin{Bmatrix} |z|; & z \geqq 0 \\ 2^n - |z| - 1; & z < 0 \end{Bmatrix}. \tag{3.32}$$

Zur Bildung des Einerkomplementes für negative Dualzahlen sind alle Ziffern zu negieren.

— die **Vorzeichenbitdarstellung**

$$z^{(v)} = \begin{Bmatrix} |z|; & z \geqq 0 \\ 2^{n-1} + |z|; & z < 0 \end{Bmatrix}. \tag{3.33}$$

Die Interpretation von Gl. (3.33) ergibt folgende Vorzeichenbit in der höchsten Stelle:

$v = 1$ bei $z < 0$ und $v = 0$ bei $z \geqq 0$.

A 3.76. Entwickeln Sie die logische Struktur eines Halbaddierers zur Addition von zwei einstelligen Dualzahlen.

Anleitung: Einstellige Dualzahlen werden folgendermaßen addiert:

$0 + 0 = 0$
$0 + 1 = 1$
$1 + 0 = 1$
$1 + 1 = 10$

Entwickeln Sie daraus die Funktionstabelle für Summe s_i und Übertrag p_{i+1}.

A 3.77. a) Die Funktionsgleichungen eines 1-bit-Volladdierers sind aufzustellen.

b) Aus 4× 1-bit-Volladdierern ist ein 4-bit-Addierer zu realisieren.

Anleitung: a) Gehen Sie von Bild 3.55 und L 3.76 aus.
b) Die Übertraglogik ist seriell zu gestalten.

A 3.78. a) Die Dualzahlen 0; 1; 10; 11 sowie −1; −10; −11 sind in

1. Zweierkomplement-,
2. Einerkomplement- und
3. Vorzeichenbitdarstellung

mit 3-bit-Wörtern zu notieren.

b) Die Dezimalzahl −53 ist als Dualzahl im Zweierkomplement anzugeben.
c) Die Zahlen -10_2 und -11_2 sind in Zweierkomplementdarstellung zu ad-

dieren und zu subtrahieren. Die Ergebnisse sind zu diskutieren.

d) Mit einem 8-bit-Addierer sollen relative 9-bit-Zahlen im Zweierkomplement addiert werden. Das Ergebnis wird als 8-bit-Zahl im Zweierkomplement mit zusätzlichem Vorzeichenbit (9. Bit) erwartet. Geben Sie die Schaltungsstruktur an.

Anleitung:

b) Gehen Sie von L 3.2 aus.

c) Die Subtraktion wird auf eine Addition zurückgeführt. Damit umgeht man die Realisierung einer Subtraktionsschaltung gemäß den Regeln:

$0 - 0 = 0$
$1 - 1 = 0$
$1 - 0 = 1$
$0 - 1 = 1$ mit Entleihung von 1

d) Die Übertragslogik ist nach den Erkenntnissen von L 3.78c) zu gestalten.

A 3.79. Bei dem im Bild L 3.39 dargestellten Addierer mit seriellem Übertrag müssen die Eingangsdaten solange anliegen, bis der Übertrag alle Stufen durchlaufen hat (niedrige Rechengeschwindigkeit). In integrierten ALU wird daher die parallele Übertragslogik (Look-ahead carry) angewandt (Bild 3.56). Dazu werden die internen Signale des Volladdierers $g_i = p_a$ (generate) und $p_i^* = s_a$ (propagate) verwendet (→ Bild 3.55).

a) Zeigen Sie, daß der Übertrag p_{i+1} von den internen Signalen g_i und p_i^* abhängig ist.

b) Welche Funktionen muß die Übertragslogik im Bild 3.56 erfüllen?

Anleitung: Gehen Sie von L 3.77 aus.

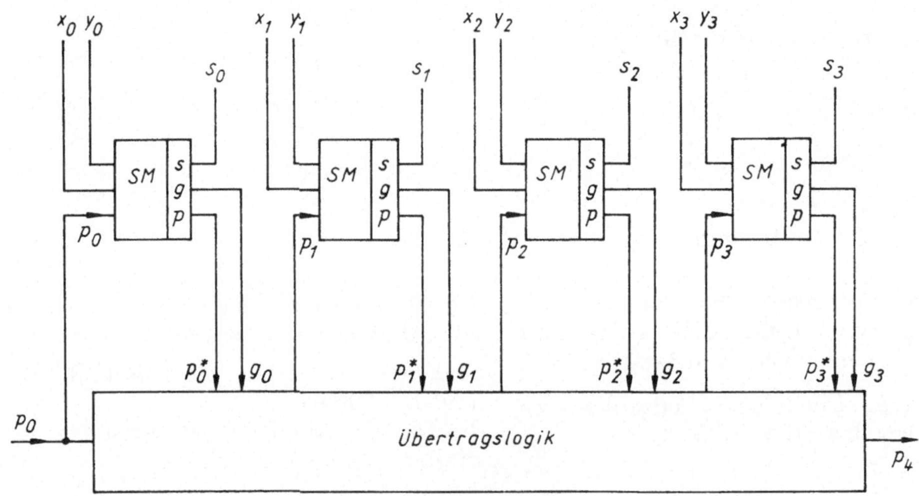

Bild 3.56. 4-bit-Addierer mit paralleler Übertragslogik

3.3.2. Sequentielle Schaltungen

3.3.2.1. Zähler und Frequenzteiler

Zähler sind digitale Schaltungen (zumeist in integrierter Form) zum Zählen von Impulsen. Sie bestehen aus Kettenschaltungen von Zähltriggern (JK-MS-FF oder flankengetriggerte D-FF, → Abschn. 3.2.1.2. und Tab. 3.4) und einer Steuerlogik zur Kodierung des Zählergebnisses sowie zur Realisierung weiterer Funktionen

(z. B. Umschaltung der Zählrichtung, Voreinstellung [load], Rückstellung [clear]). **Frequenzteiler** auf Zählerbasis sind modulo-m-Zähler ohne besondere Kodierung des Zählergebnisses. Zumeist wird, entsprechend dem gewünschten Teilerverhältnis, nur ein Ausgang verwendet. **Zähler und Frequenzteiler** werden nach folgenden Merkmalen unterschieden:

Art der Taktung:

seriell: asynchrone Schaltungen
parallel: synchrone Schaltungen

Kodierung des Zählergebnisses:

Dualkode: Dualzähler
BCD-Kode: Dezimalzähler, Zähldekade

Zählrichtung:

Vorwärtszähler, Rückwärtszähler, Umkehrzähler

Die **Zählkapazität** c eines Dualzählers aus n Triggerstufen ohne Rückführungen beträgt

$$\boxed{c = 2^n - 1} \tag{3.34}$$

Ein Zähler mit der Zählkapazität c zählt von $0 \ldots c$. Die Zahl der kodierten Zählerzustände beträgt dabei $2^n = c + 1$. Werden durch eine Steuerlogik k Zustände von 2^n übersprungen, so verbleiben m **Zählerzustände**:

$$\boxed{m = 2^n - k}; \qquad k < (2^n - 2^{n-1}) \tag{3.35}$$

Beim **modulo-m-Zähler** sind demnach m Zustände kodiert. Mit dem m-ten Zählimpuls erfolgen die Rückstellung in den Ausgangszustand ($z = 1$) und ein Übertrag zur nächsten Zählerstufe.

A 3.80. a) Welche Zählkapazität hat ein Dualzähler aus 4 Triggerstufen? b) Wie viele Triggerstufen (Flip-Flop) sind 1. für einen Dezimalzähler, 2. für einen modulo-6-Zähler erforderlich? c) Wie viele Zählerzustände müssen übersprungen werden, wenn die Zähler (b1) und (b2) mit minimaler Stufenzahl zu realisieren sind?

A 3.81. Im Bild 3.57 ist ein asynchroner 4-bit-Dualzähler dargestellt.

a) Überprüfen Sie die Ansteuerbedingungen (J; K) der TTL-Zähltrigger.
b) Stellen Sie 1. die Funktionstabelle und 2. den Impulsplan für 16 Zählimpulse auf (die Verzögerungszeiten der Trigger sind zu vernachlässigen).
c) Welche Teilerverhältnisse ergeben sich

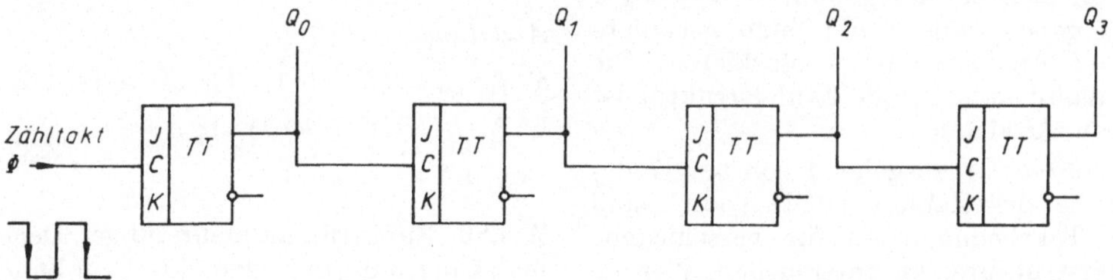

Bild 3.57. Asynchroner Dualzähler

bei getrennter Verwendung der 4 Zählerausgänge?

d) Welche Verzögerungszeit t_{DHL} hat der Zähler im ungünstigsten Fall (zwischen der H/L-Flanke des 16. Impulses und der H/L-Flanke des Q_3-Ausganges), wenn jede Triggerstufe eine Verzögerung von $t_{dHL} = 25$ ns verursacht?

Anleitung: a) Gehen Sie von Tabelle 3.4 aus.

A 3.82. Aus 4 JK-MS-Flip-Flop ist ein asynchroner Dezimalzähler (Zähldekade) aufzubauen. Das Zählergebnis wird im BCD-Kode erwartet. Mit dem 10. Impuls soll die Rückstellung in die Ausgangslage erfolgen.

a) Geben Sie die Schaltungsstruktur an.
b) Welche Nachteile hat dieses Schaltungskonzept?

Anleitung: Es ist von der Grundschaltung des Dualzählers (→ Bilder 3.57 und L 3.41) auszugehen und eine Rückstelllogik unter Verwendung der Rücksetzeingänge (R) der FF zu entwickeln.

A 3.83. Die Nachteile der Zählkapazitätsbegrenzung durch eine Rückstellogik (→ L 3.82) werden umgangen, wenn die Vorbereitungseingänge (J; K) der Flip-Flop in geeigneter Weise verwendet werden (Zählkapazitätsbegrenzung durch Vorbereitungslogik). Es ist eine asynchrone Zähldekade im BCD-Kode aus vier JK-MS-Flip-Flop zu entwerfen.

a) Entwerfen Sie zuerst eine möglichst einfache Taktlogik.
b) Die nicht erwünschten Übergänge, die sich bei der gewählten Taktlogik ergeben, sind durch eine geeignete JK-Ansteuerung zu blockieren. Die damit entstehende Zählerstruktur ist zu skizzieren.

Anleitung: a) Ausgehend von der Kodetabelle des Zählers (BCD-Kode), sind die Taktbedingungen für verschiedene Taktstrukturen zu untersuchen. Werden die der Kodierung entsprechenden Taktbedingungen nicht erfüllt, so muß eine günstigere Taktlogik gewählt werden.
b) Verwenden Sie die Übergangstabelle des JK-Triggers (→ Tab. 3.4). Im Interesse möglichst großer Blöcke im KARNAUGH-Plan können die Variablen mit $v = $ H belegt werden. Die dadurch entstehenden Lösungen sind jedoch zumeist nicht optimal, so daß Überlegungen zur weiteren Vereinfachung erforderlich werden (heuristische Lösungen).

A 3.84. Es ist ein synchroner Modulo-5-Zähler im Dualkode aus JK-MS-Flip-Flop aufzubauen. Entwerfen Sie die Schaltungsstruktur.

Anleitung: Bei Synchronzählern sind nur die Ansteuerbedingungen für die Vorbereitungseingänge (J; K) festzulegen. Die Taktlogik ist durch die Vorgabe «Synchronzähler» bereits definiert. Als Entwurfsmethode wird folgender Weg vorgeschlagen:

Zählerübergangstabelle → Logikgleichungen für Q_n^+ → Koeffizientenvergleich mit der charakteristischen Gleichung des JK-Triggers → Minimierung über KARNAUGH-Plan.

A 3.85. Nach dem im Bild 3.58 dargestellten Schaltungsprinzip werden ungeradzahlige Teilerverhältnisse nach Gl. (3.36) realisiert.

a) Welche Teilerverhältnisse ergeben sich bei Verwendung von Binärteilern mit 1 bit, 2 bit, 3 bit und 4 bit?
b) Durch Schachtelung sind weitere Teilerverhältnisse möglich [Gl. (3.37)]. Geben Sie die Schaltungsstruktur eines 11:1-Teilers an.

Anleitung:

a) $$f_I : f_O = (2N + 1) : 1; \quad N > 1 \tag{3.36}$$

b) $$f_I : f_O = (2N^* + 1) : 1; \quad N^* = 2N + 1 \tag{3.37}$$

A 3.86. Zum Aufbau mehrstufiger Dezimalzähler müssen in den einzelnen Zähldekaden (IS) Überträge gebildet und

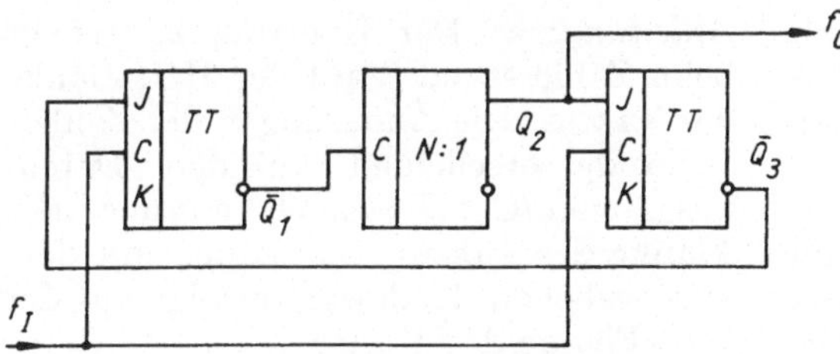

Bild 3.58. Frequenzteiler für ungeradzahlige Teilerverhältnisse

innerhalb des Zählers logisch verknüpft werden. Geben Sie je eine Logikschaltung für a) asynchrone und b) synchrone Übertragsbildung an. Der Übertrag wird als L-Signal erwartet.

Anleitung: Der asynchrone Übertrag wird nur aus den Zählerzuständen gebildet. Der synchrone Übertrag erfolgt mit dem 10. Takt (→ Bild 3.41).

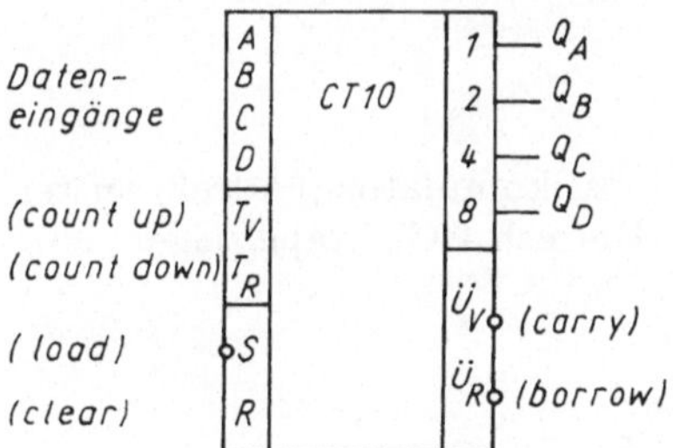

Bild 3.59. Anschlüsse des Schaltkreises 74192

A 3.87. a) Aus dezimalen Umkehrzählern mit getrennten Takteingängen und interner, synchroner Übertragsbildung (z. B. TTL-IS 74192 im Bild 3.59) ist eine asynchrone Dekadenschaltung mit seriellem Übertrag aufzubauen, die von 0...99 oder von 99...0 zählt.

b) Welche Eigenschaften hat dieses Schaltungsprinzip?

A 3.88. Im Bild 3.60 ist das synchrone Schaltungsprinzip für mehrstufige Zähler bei seriellem Übertrag dargestellt. Dazu müssen die Zählerbausteine mit Übertragseingängen E_{cd} (Zählersperre; Zählerfreigabe [enable]) ausgestattet sein. Entwerfen Sie eine geeignete Zusatzlogik für die TTL-IS 74192 (→ Bild 3.59). Die Schaltung soll als Vorwärtszähler arbeiten.

Anleitung: Die Takteingänge für Vorwärtszählen (T_v) sind durch Logikgatter so zu erweitern, daß sowohl die Taktsignale als auch die Übertragssignale zugeführt werden können.

A 3.89. Im Bild 3.61 ist ein programmierbarer Frequenzteiler dargestellt. Der Baustein (z. B. 74193) fungiert hier als

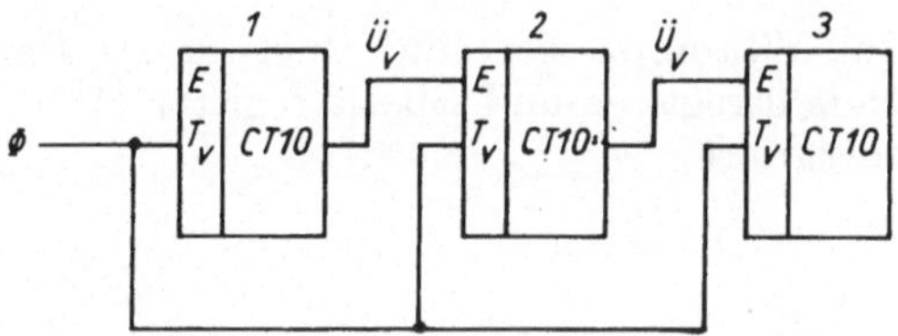

Bild 3.60. Synchroner Dekadenzähler mit seriellem Übertrag

Rückwärtszähler im Dualkode. Die Programmierung erfolgt durch Voreinstellung des Zählers von den Dateneingängen (A; B; C; D) aus.

a) Stellen Sie ein Impulsdiagramm auf. Die internen Verzögerungszeiten sind dabei zu vernachlässigen.

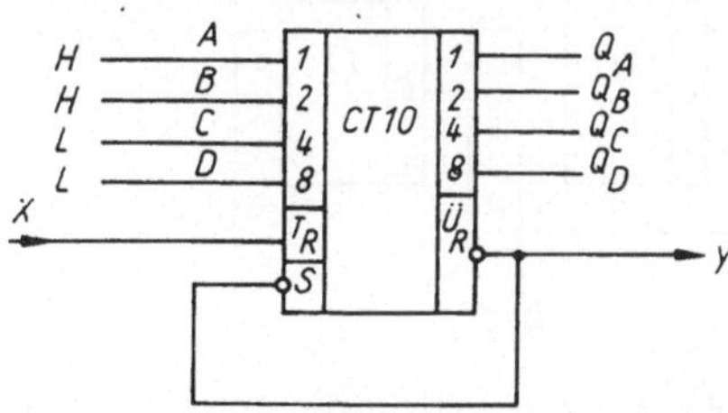

Bild 3.61. Programmierbarer Frequenzteiler

b) Welches Teilerverhältnis ist durch das Kodewort LLHH programmiert?
c) Welche anderen Teilerverhältnisse sind einstellbar?
d) Für Eingangssignale mit dem Tastgrad $t_i/T = 1:1$ muß der L-Zustand am Zählereingang etwa 100 ns lang anliegen. Welche maximale Eingangsfrequenz f_{max} ist möglich?

Anleitung: a) Der Übertrag $ü_R$ erfolgt beim Zählerstand 0 auf der H/L-Flanke des Taktes. Die Änderungen der Zählerzustände erscheinen an den Datenausgängen (Q_A; Q_B; Q_C; Q_D) mit der L/H-Flanke des Taktes. Das Laden mit dem vorgegebenen Kodewort erfolgt auf der H/L-Flanke des Taktes.

3.3.2.2. Register

Register sind einfache Halbleiterspeicher (zumeist Flip-Flop-Strukturen) zur kurzzeitigen Speicherung von Binärdaten, bei denen die einzelnen Bits in vorgegebener zeitlicher Folge eingeschrieben und ausgelesen werden. Nach der Art der Informations-Eingabe und -Ausgabe unterscheidet man (Bild 3.62):

Parallel-Parallel-Register (PIPO),
Parallel-Serie-Register (PISO),
Serie-Parallel-Register (SIPO) und
Serie-Serie-Register (SISO).

Im Mikroprozessor sind Register als Datenregister (Akkumulator), Adreßregister, Befehlsregister und Spezialregister (Interrupt-RG, Refresh-RG, Stapelzeiger usw.) integriert.

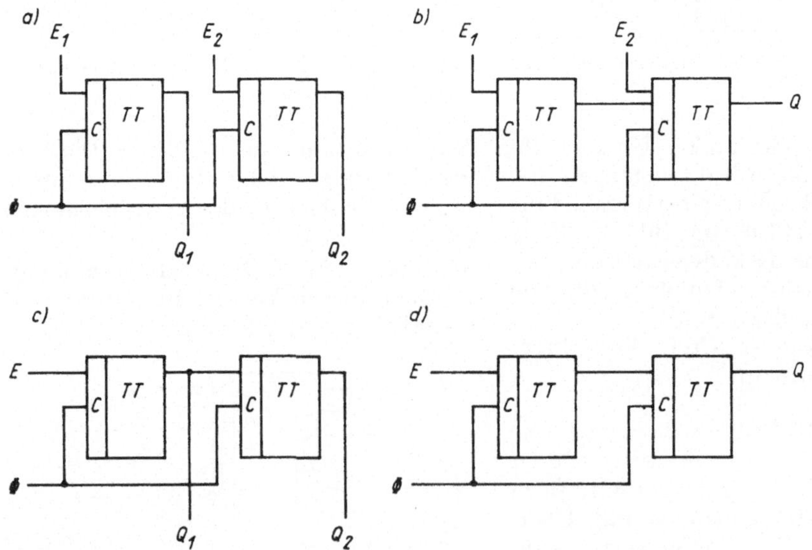

Bild 3.62. Prinzipschaltungen von Registern
a) PIPO b) PISO c) SIPO d) SISO

Schieberegister sind Kettenschaltungen aus 1-bit-Speicherzellen (Flip-Flop), bei denen die Einzelinformationen mit dem Schiebetakt von Speicherzelle zu Speicherzelle weitergegeben werden. Dabei ist zwischen Rechts- und Linksschiebebetrieb zu unterscheiden. In Schieberegistern mit Datenkreislauf werden die seriell ausgelesenen Bits am Eingang wieder seriell eingeschrieben (Umlaufspeicher, Ringzähler).

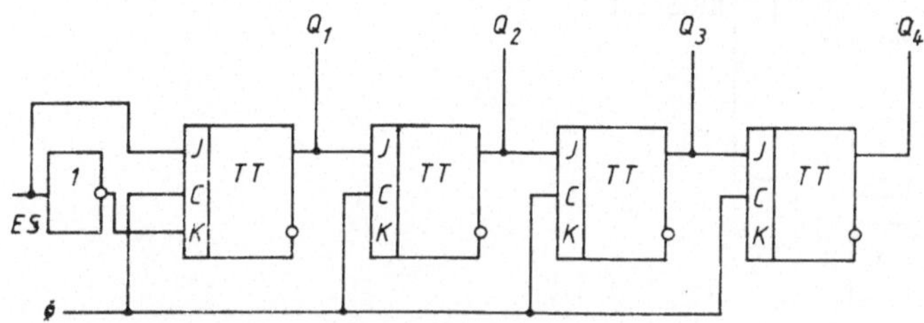

Bild 3.63. 4-bit-Schieberegister aus JK-Triggern

A 3.90. Im Bild 3.63 ist ein 4-bit-Schieberegister aus JK-Flip-Flop dargestellt.

a) Welcher Triggertyp (→ Tab. 3.4) ist durch die JK-Ansteuerung im Bild 3.63 verdrahtet?

b) Am Eingang *ES* wird das Kodewort HLHH seriell eingeschrieben (1. Bit $\triangleq$ H; 2. Bit $\triangleq$ H; 3. Bit $\triangleq$ L; 4. Bit $\triangleq$ H). Skizzieren Sie das Impulsdiagramm für die 4 Parallelausgänge.

c) Nach welchem Taktimpuls liegt die seriell eingeschriebene Information parallel an den Ausgängen?

d) Nach welcher Verzögerungszeit t_v verläßt die seriell eingeschriebene Information am Ausgang Q_4 das Register, wenn mit einer Taktfrequenz f_Φ = 10 kHz gearbeitet wird?

A 3.91. Im Bild 3.64 ist die vereinfachte Steuerschaltung eines TTL-Registers aus taktflankengesteuerten D-Flip-Flop dargestellt. Die Eingänge haben folgende Bedeutung: *MD* (mode) $\triangleq$ Eingabeumschaltung; *ES* $\triangleq$ serieller Eingang; *CLR* (clear) $\triangleq$ Löscheingang.

a) Welche Logikpegel (H ∨ L) müssen am Steuereingang *MD* angelegt werden, wenn das Register mit 1. serieller Eingabe, 2. mit paralleler Eingabe arbeiten soll?

b) Welches Betriebsverhalten ergibt sich, wenn bei *MD* = H alle Ausgänge der Flip-Flop mit den vorherliegenden Paralleleingängen verbunden werden (Q_B mit *A*; Q_C mit *B*; usw.)?

c) In das Register wird parallel die Dualzahl 0110 in positiver Logik eingeschrieben. Welche Dualzahlen stehen nach einem Schiebeimpuls im Register, wenn 1. Rechtsschiebebetrieb und 2. Linksschiebebetrieb gewählt wird?

Anleitung: c) Die verschobenen Bits werden dabei 1. von links, 2. von rechts durch Nullen aufgefüllt (im Bild 3.64 nicht mit dargestellt).

A 3.92. In einer Ablaufsteuerung sind *m* Verbraucher im zyklischen Wechsel durch *y* = H anzusteuern. Der Zeittakt wird durch einen Taktgenerator mit wählbarer Frequenz vorgegeben. Aus dem Ruhezustand (*y* = L) heraus soll nach dem Start immer zunächst der 1. Verbraucher H-Pegel erhalten. Das Rückstellen muß aus einem beliebigen Momentanzustand heraus möglich sein.

a) Für *m* = 3 sind die Funktionstabelle und der Automatengraph aufzustellen.

b) Welche Lösungsvarianten bieten sich?

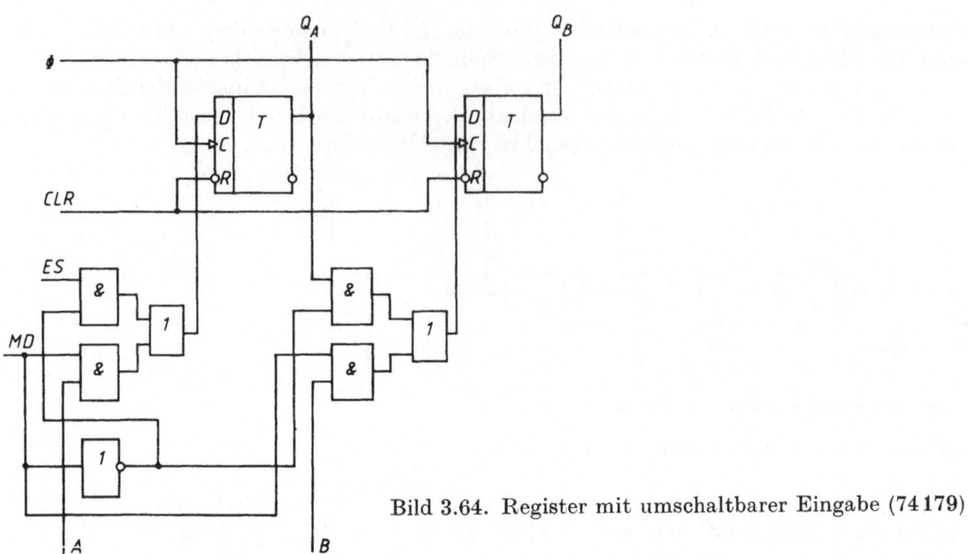

Bild 3.64. Register mit umschaltbarer Eingabe (74179)

c) Zur Lösung soll ein Ringzähler aus taktflankengesteuertem D-Flip-Flop mit negierten Setz- und Rücksetzeingängen aufgebaut werden. Entwerfen Sie die entsprechende Schaltung.

3.3.2.3. Matrixspeicher

Matrixspeicher sind Speicher mit beliebigem Zugriff (random access). Durch die Anordnung der Speicherzellen in Matrixform ist die Zugriffszeit zu allen Zellen etwa gleich groß.
Die **Speicherkapazität** C in bit berechnet sich aus der Gesamtzahl der Speicherzellen in der Matrix. Bei N Zeilen und M Spalten ist

$$\boxed{C \mathrel{\hat{=}} MN} \quad (C \text{ in bit}). \tag{3.38}$$

Bei großen Speicherkapazitäten sind zur Bezeichnung «bit» noch die Vorsätze «K» und «M» gebräuchlich:

1 Kbit $= 2^{10}$ bit $=$ 1024 bit

1 Mbit $= 2^{20}$ bit $=$ 1048576 bit

Nach der Adressierungsart wird zwischen Adreßspeicher und Assoziativspeicher (inhaltsadressiert) unterschieden.

Organisationsformen von Adreßspeichern sind:

direkte Bitorganisation (nur bei kleinen Speicherkapazitäten),
Wortorganisation (Zeilenadressierung über Dekoder) und
kodierte Bitorganisation (Koinzidenzadressierung, Zeilen- und Spaltenadressierung über Dekoder).

Unter «Wort» versteht man eine Folge von Bits, die der Mikrorechner als Informationseinheit erfaßt. Das kleinste Wort (z. B. einfacher Mikrorechnerbefehl) besteht aus einem Byte:

1 Byte = 8 bit

Nach der Programmierbarkeit und Löschbarkeit werden unterschieden:

Schreib-Lese-Speicher (RAM)
(statische RAM; dynamische RAM),
Festwertspeicher (ROM)
(maskenprogrammiertes ROM),
Programmierbarer Festwertspeicher (PROM),
Programmier- und löschbarer Festwertspeicher (EPROM)
(Löschen durch UV-Licht),
Programmier- und löschbarer Festwertspeicher (EAROM)
(elektrisch löschbar).

Durch ROM-Speicher können kombinatorische und sequentielle Logikfunktionen realisiert werden.

A 3.93. Ein Matrixspeicher (ROM) besteht aus 256 Zeilen und 8 Spalten.

a) Welche Speicherkapazität hat das ROM?

b) Wie viele Chipanschlüsse k wären zur Adressierung bei

   1. direkter Bitorganisation,
   2. Wortorganisation und
   3. kodierter Bitorganisation

   erforderlich?

c) Die Zeilenadressen liegen binär kodiert in paralleler Form an. Welche Ausgangskodierung muß der im Speicherschaltkreis integrierte Dekoder besitzen?

A 3.94. Im Bild 3.65a) ist das vereinfachte Blockschaltbild eines MOS-RAM in 256× 1-bit-Organisation dargestellt. Bei $\overline{CS}$ = L (chip select) ist der Speicher freigegeben, bei $\overline{CS}$ = H blockiert. Für $RD/\overline{WR}$ = L (read/write) wird die 1-bit-Information vom Dateneingang DI eingeschrieben, für $RD/\overline{WR}$ = H liegt die 1-bit-Information der angewählten Zelle negiert am Datenausgang $\overline{DO}$. Die Matrix besteht aus statischen n-Kanal-MOS-Speicherzellen (Flip-Flop). Jede Zelle besitzt zwei Adreßleitungen (Wortleitungen x_i; y_i) und zwei Bitleitungen BL; $\overline{BL}$ (Datenleitungen) [Bild 3.65b)]. Die Bitleitungen sämtlicher Zellen sind miteinander verbunden.

a) Erläutern Sie das Koinzidenzauswahlprinzip. Für welche Logikpegel (positive Logik) an x_i; y_i ist eine Speicherzelle aktiviert?

b) Die prinzipielle Logik der Ein-Ausgabesteuerung ist unter Verwendung von Gattern mit Tri-state-Ausgängen zu entwickeln.

A 3.95. Durch Zusammenschalten mehrerer RAM-Schaltkreise mit 256× 1 bit (→ A 3.94) soll die Speicherkapazität auf 1 Kbit erhöht werden. Die Prinzipschaltungen sind für

a) die Erweiterung der Speicherwortzahl auf 1024× 1 bit,

b) die Erweiterung der Wortbreite auf 256× 4 bit

anzugeben.

Anleitung: a) Die Steuerung ist über die Chipauswahl-Anschlüsse $\overline{CS}$ vorzunehmen.

A 3.96. Ein PROM ist als Kodewandler (BCD-zu-7-Segment) zu programmieren.

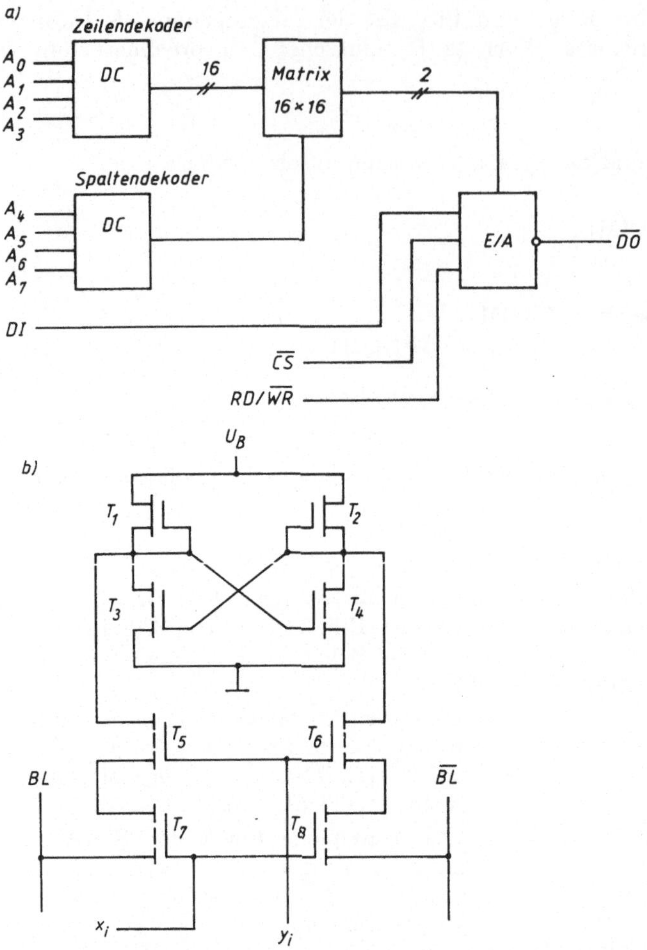

Bild 3.65. Statischer RAM-Speicher
a) Blockschaltbild b) MOS-Speicherzelle

Als Zeilenadresse sind die BCD-verschlüsselten Dezimalzahlen 0...15 einzugeben. Die Ausgangswörter stehen nach entsprechender Programmierung (z. B. durch Ausbrennen leitender Verbindungen) im 7-Segment-Kode in N Zeilen des Speichers. Die Pseudotetraden 10...14 sind durch das Fehlerzeichen «E» (error) zu kennzeichnen. Bei der Pseudotetrade 15 soll kein Zeichen auf dem Display erscheinen.

a) Die erforderliche Speicherkapazität C und die Organisationsform des PROM sind anzugeben.

b) Das gespeicherte Programm ist schematisch durch Koppelpunkte in der Matrix darzustellen ($1 \triangleq H$ durch Leitungsverbindung; $0 \triangleq L$ durch Leitungskreuzung).

c) Welche funktionellen Unterschiede bestehen zwischen einem PROM und einem programmierbaren logischen Feld (PLA)?

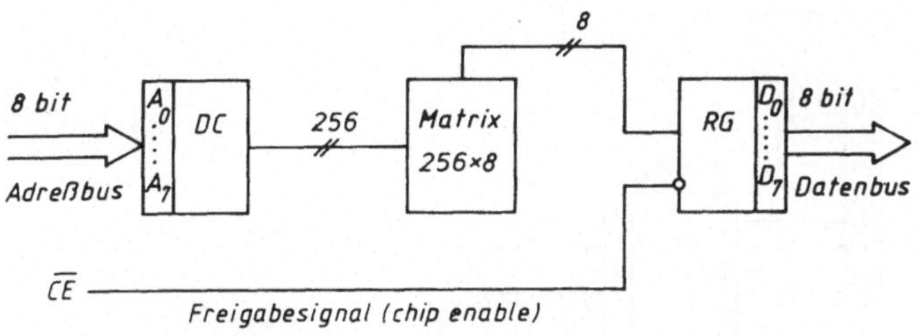

Bild 3.66. ROM-Struktur (256 × 8 bit)

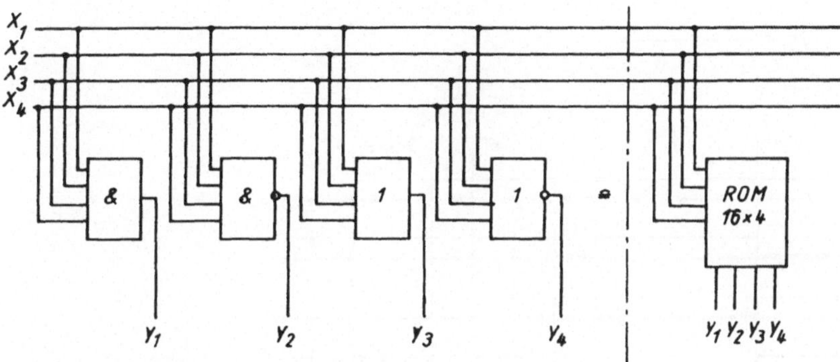

Bild 3.67. Realisierung logischer Grundfunktionen mit ROM

Anleitung: b) Gehen Sie von den Tabellen 3.5 und 3.6 sowie Bild 3.50 aus. c) Vergleichen Sie A 3.36 und Bild 3.21 b) mit dem Blockschaltbild eines ROM-Speichers (Bild 3.66).

A 3.97. Mit einem ROM (16×4 bit) sind die Logikfunktionen $y_1 = x_1x_2x_3x_4$; $y_2 = \overline{x_1x_2x_3x_4}$; $y_3 = x_1 \vee x_2 \vee x_3 \vee x_4$ und $y_4 = \overline{x_1 \vee x_2 \vee x_3 \vee x_4}$ zu realisieren (Bild 3.67).

a) Die Programmierung des Speichers ist anzugeben (1 ≙ .).

b) Wie viele Funktionen mit welchen Variablenzahlen könnten auf dem ROM-Speicher nach Bild 3.66 programmiert werden?

A 3.98. Verbindet man die Datenausgänge eines PROM über Schaltungen mit Speicherverhalten (Flip-Flop, Register oder Zähler) mit den Adreßeingängen, so entsteht eine sequentielle Logikschaltung (Schaltwerk) (→ Bild 3.25). Im Bild 3.68a) ist ein speicherprogrammierbares Steuerwerk dargestellt, das vier Steuersignale als Bitmusterfolge erzeugt. Zähler *2* wird durch die vier niederwertigen Datenbit voreingestellt und zählt rückwärts bis Null. Der Übertrag „borrow" schaltet den Zähler *1* um eine Ziffer vorwärts und adressiert die nächste Zeile im PROM, usw.

a) Geben Sie das zu speichernde Programm an, wenn die im Bild 3.68b) angegebenen Bitmusterfolgen erzeugt werden sollen.

b) Wodurch unterscheidet sich allgemein der im Bild 3.68a) angegebene Automat von einem MEALY-Automaten [→ Bild L 3.15b)]?

A 3.99. Die sequentielle Logik nach A 3.46 soll unter Verwendung eines PROM als MEALY-Automat (Bild 3.69) realisiert werden. Als 2-bit-Register ist

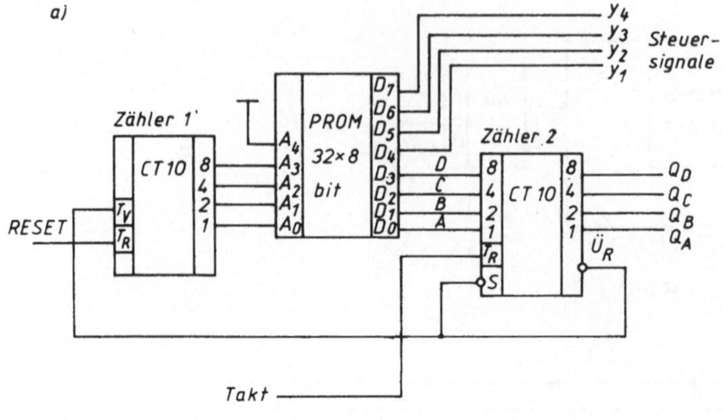

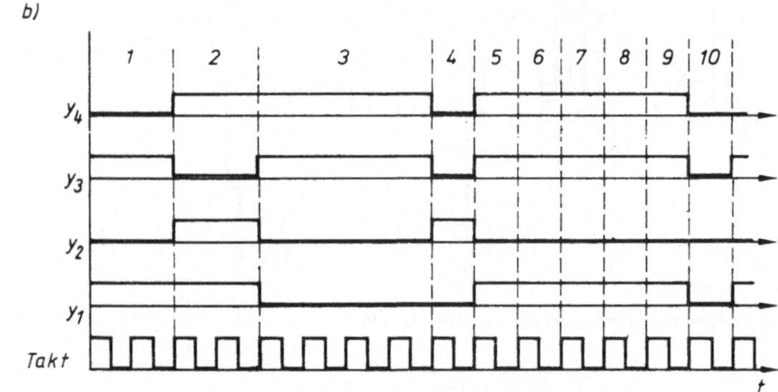

Bild 3.68. Programmierbares Steuerwerk mit ROM

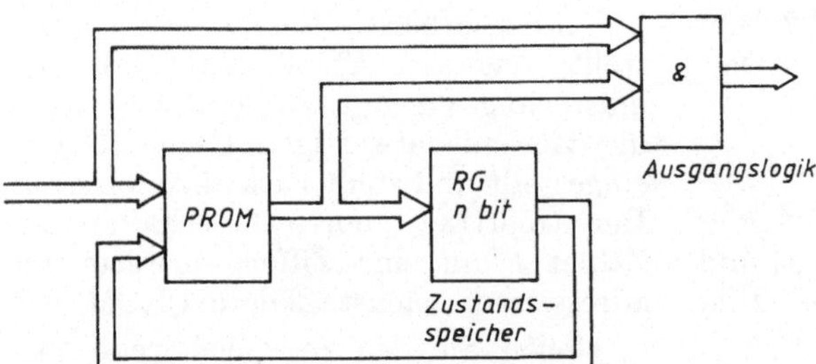

Bild 3.69. MEALY-Automat mit PROM

ein Binärteiler aus einem taktflankengesteuerten D-Flip-Flop (→ Bild 3.34) zu verwenden. Entwickeln Sie das im PROM zu speichernde Programm.

A 3.100. Aus 8× 1-Kbyte-EPROM ist eine 8-Kbyte-ROM-Speichereinheit aufzubauen und an das Bus-System eines 8-bit-Mikroprozessors (z. B. Intel 8080 A) anzuschließen. Die Chip-Selekteingänge $\overline{CS}$ der EPROMs sind von einem Dekoder (BCD → 1-aus-8) anzuwählen. Die Auswahl der 8 Speicherbereiche soll durch Vergleich zwischen einer 3-bit-Steuerinformation und einer 3-bit-Adresse mittels Komparators erfolgen.

a) Reicht die Adreßbusbreite der CPU von 16 bit für diese Aufgabenstellung aus?

b) Die prinzipielle Schaltungskonfiguration ist anzugeben.

3.4. Literaturverzeichnis

[1] Taschenbuch Elektrotechnik. Bd. 3. Bauteile und Bausteine der Informationstechnik / Hrsg.: PHILIPPOW, E. — 2. Aufl., — Berlin: Verl. Technik, 1984

[2] Mikroelektronik. Eine Übersicht / PAUL, R. — Berlin: Verl. Technik; Heidelberg: Hüthig, 1981

[3] Von der einfachen Logikschaltung zum Mikrorechner / MATSCHKE, J. — Berlin: Verl. Technik, 1981; Heidelberg: Hüthig, 1982

[4] Grundlagen der Digitaltechnik / LEONHARDT, E. — München: Hanser, 1976; Berlin: Verl. Technik, 1976

[5] Einführung in die strukturelle Automatentheorie / BOCHMANN, D. — Berlin: Verl. Technik, 1975

[6] Arbeitsbuch Automatisierungstechnik / Hrsg.: TÖPFER, H.; RUDERT, S. — 2. Aufl. — Berlin: Verl. Technik, 1981; Düsseldorf: VDI-Verl., 1981

[7] Arbeitsbuch zur digitalen Schaltungstechnik / ECKHARDT, D.; GROSS, W. — Berlin: Militärverl., 1975

[8] Handbuch Integrierte Schaltkreise / KÜHN, E.; SCHMIED, H. — 2. Aufl., — Berlin: Verl. Technik, 1980

[9] Einführung in die digitale Steuerungstechnik / SIEGFRIED, H.-J. — München: Franzis-Verl., 1978

[10] Einführung in die Digitaltechnik / MORRIS, N. M. — Braunschweig; Wiesbaden: Vieweg, 1977

[11] Das große Schaltkreis-Bastelbuch / JAKUBASCHK, H. — Berlin: Militärverl., 1978

[12] CMOS — Einführung, Entwurf, Schaltbeispiele. Teil 1; Teil 2 / BERNSTEIN, H. — München: Hofacker Verl., 1976

[13] Dimensionierung von Halbleiterschaltungen / Hrsg.: SARKOWSKI, H. — 3. Aufl. — Grafenau: erxpertverl.; Berlin [West]: VDE-Verl., 1980

[14] Hochintegrierte digitale Schaltungen und ihre Anwendung / ECKHARDT, D.; KONRAD, E.; LEUPOLD, W. — 3. Aufl. — Berlin: Verl. Technik, 1980; Heidelberg: Hüthig, 1981 (Reihe Automatisierungstechnik: Band 184)

[15] Halbleiter-Schaltungstechnik / TIETZE, U.; SCHENK, C. — 6. Aufl. — Berlin [West]; Heidelberg; New York: Springer-Verl., 1983

[16] Transistor-Elektronik: Anwendung von Halbleiterbauelementen und Schaltkreisen / RUMPF, K.-H.; PULVERS, M. — 9. Aufl. — Berlin: Verl. Technik, 1984

[17] Digitale Schaltungen und Schaltkreise / SEIFART, M. — Berlin: Verl. Technik; Heidelberg: Hüthig, 1982 (Reihe Elektronische Festkörperbauelemente)

[18] Mikroprozessortechnik: Aufbau u. Anwendung des Mikroprozessorsystems U880 / KIESER, H.; MEDER, M. — 2. Aufl. — Berlin: Verl. Technik, 1984

[19] Mikrorechner: Wirkungsweise — Programmierung — Applikation / SCHWARZ, W.; MEYER, G.; ECKHARDT, D. — 3. Aufl. — Berlin: Verl. Technik, 1984

4. Lösungen

L 1.1.

E 24: Widerstandswerte in den Spalten 1, 3, 5 und 7;
E 12: Widerstandswerte in den Spalten 1 und 5;
E 6: Widerstandswerte in der Spalte 1

L 1.2. $18(1 \pm 20\%)\ \mathrm{k\Omega}$; $5{,}6(1 \pm 2\%)\ \mathrm{k\Omega}$; $2{,}3(1 \pm 1\%)\ \mathrm{M\Omega}$; $0{,}3(1 \pm 2\%)\ \Omega$

L 1.3. Bild L 1.1

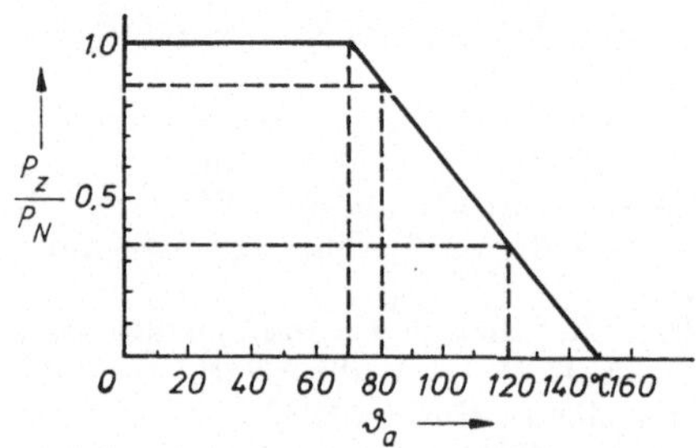

Bild L 1.1. Lastminderungskurve (A 1.3)

L 1.4.

ϑ_a in °C	150	120	80	70	40
P_z/P_N	0	0,35	0,85	1	1

L 1.5. $R_{th} = 85\ \mathrm{K}/(2\ \mathrm{W}) = \underline{42{,}5\ \mathrm{K/W}}$;
$P_{80} = 45\ \mathrm{K}/(42{,}5\ \mathrm{K/W}) = \underline{1{,}06\ \mathrm{W}}$

L 1.6. $A = 8{,}01\ \mathrm{cm}^2$;
$\lambda = 1/R_{th}A = \underline{2{,}94 \cdot 10^{-3}\ \mathrm{W/(K\ cm^2)}}$

L 1.7. $\Delta R/R = TK_R\, \Delta T = -500 \cdot 10^{-6} \cdot 40 = \underline{-2 \cdot 10^{-2} = -2\%}$;
$\Delta R = -2 \cdot 10^{-2} \cdot 47\ \mathrm{k\Omega} = \underline{-0{,}94\ \mathrm{k\Omega}}$

L 1.8.

Reihenschaltung

a) $1{,}27\ \mathrm{k\Omega}$; $-6{,}3 \cdot 10^{-6}\ \mathrm{K}^{-1}$
b) $1{,}27\ \mathrm{k\Omega}$; $-294 \cdot 10^{-6}\ \mathrm{K}^{-1}$

Parallelschaltung

a) $213\ \Omega$; $-294 \cdot 10^{-6}\ \mathrm{K}^{-1}$
b) $213\ \Omega$; $-6{,}3 \cdot 10^{-6}\ \mathrm{K}^{-1}$

L 1.9.

a) $\dfrac{R_1 TK_{R1} + R_2 TK_{R2}}{R_1 + R_2} = 0$

$\dfrac{R_1}{R_2} = \dfrac{TK_{R2}}{TK_{R1}} = \dfrac{-50}{-200} = 1/4$

$R_{ges} = R_1 + R_2 = R_1 + 4R_1$;

$R_1 = \underline{200\ \Omega}$; $R_2 = \underline{800\ \Omega}$

b) $\dfrac{R_1 TK_{R2} + R_2 TK_{R1}}{R_1 + R_2} = 0$

$\dfrac{R_1}{R_2} = \dfrac{TK_{R1}}{TK_{R2}} = \dfrac{200}{50} = 4$

$1/R_{ges} = 1/R_1 + 1/R_2 = 1/4R_2 + 1/R_2$

$R_2 = \underline{1{,}25\ \mathrm{k\Omega}}$; $R_1 = \underline{5{,}0\ \mathrm{k\Omega}}$

L 1.10. $I_{max} = \sqrt{\dfrac{3\ \mathrm{W}}{2{,}5 \cdot 10^3\ \Omega}} = \underline{0{,}034\ \mathrm{A}}$

L 1.11.

$R_{iers} = 0$, wenn $R_x = 0$ oder $R_x = R_{max}$;
$R_{iers} =$ maximal, wenn $R_x = 0{,}5 R_{max}$,
denn $\dfrac{dR_i}{dR_x} = 1 - \dfrac{2R_x}{R_{max}} = 0$; $R_x = \dfrac{1}{2} R_{max}$

L 1.12. Bild L 1.2

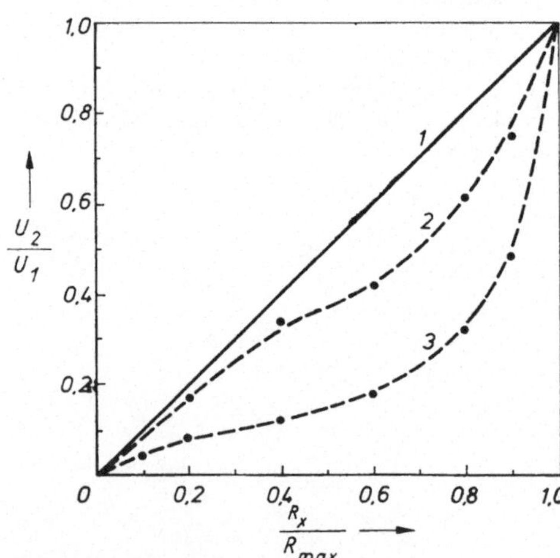

Bild L 1.2. Potentiometerkennlinien (A 1.12)
1: $R_L = \infty$; *2:* $R_L/R_{max} = 0{,}5$;
3: $R_L/R_{max} = 0{,}1$

L 1.13. $P = \Delta T \cdot G_{th} = 0{,}5\ \text{K} \cdot 0{,}6\ \text{mW/K} = \underline{0{,}3\ \text{mW}}$

L 1.14.

ϑ in °C	0	20	40	60	80	100	120
R_T in kΩ	10,6	4,7	2,06	1,23	0,714	0,435	0,280

Bild L 1.3

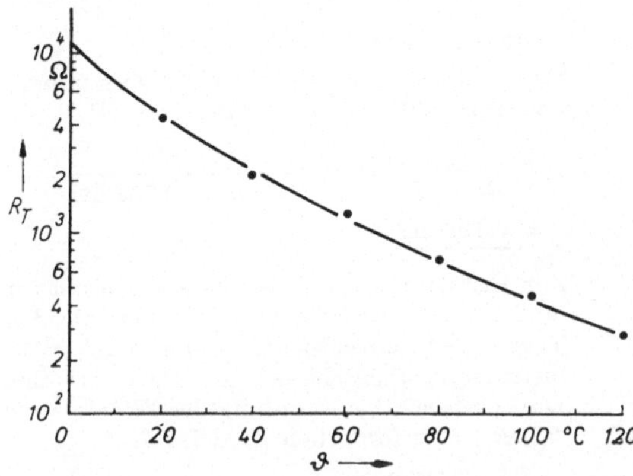

Bild L 1.3. Thermistorwiderstand in Abhängigkeit von der Temperatur (A 1.14)

L 1.15. Bild L 1.4; $TK_R = \dfrac{-b}{T^2}$

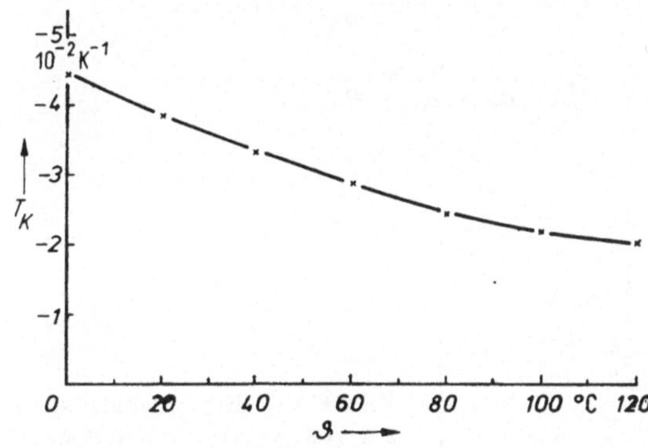

Bild L 1.4. Abhängigkeit des Temperaturkoeffizienten eines Heißleiters von der Temperatur (A 1.15)

L 1.16. $R_{T100} = 435\ \Omega$; $R_{T100} + R_{ii} = 535\ \Omega$;

$$R_v = \frac{1\ \text{V}}{1\ \text{mA}} - 0{,}535\ \text{k}\Omega$$

a) $R_v = \underline{465\ \Omega}$

b) $I = \dfrac{U_b}{R_v + R_T + R_{ii}}$ (Bild L 1.5)

L 1.17. $P_T = P_{max}$, wenn $R_T = R_v + R_{ii}$ (Anpassung); $R_T = 565\ \Omega$;

$$I = \frac{I_k}{2} = \frac{U_b}{2(R_v + R_{ii})};\quad P = P_{max} = I^2 \cdot R_T$$

$$= \frac{U_b^2}{4(R_v + R_{ii})} = \underline{0{,}442\ \text{mW}}$$

L 1.18.

$R_T = R_{20} \cdot e^{-b\left(\frac{1}{293\text{K}} - \frac{1}{T}\right)}$ nach T umstellen:

$$T = \frac{b \cdot 293\ \text{K}}{293\ \text{K}(\ln R_T - \ln R_{20}) + b}$$

$$= 362\ \text{K} \mathrel{\hat{=}} \underline{89\text{°C}}$$

L 1.19. Die Brücke ist abgeglichen ($I = 0$), wenn $R_T : R_3 = R_2 : R_4$; $R_T = R_{T60} = 1{,}23\ \text{k}\Omega$ (siehe Aufg. 1.14);

$$R_4 = \frac{1\ \text{k}\Omega \cdot 1\ \text{k}\Omega}{1{,}23\ \text{k}\Omega} = \underline{813\ \Omega}$$

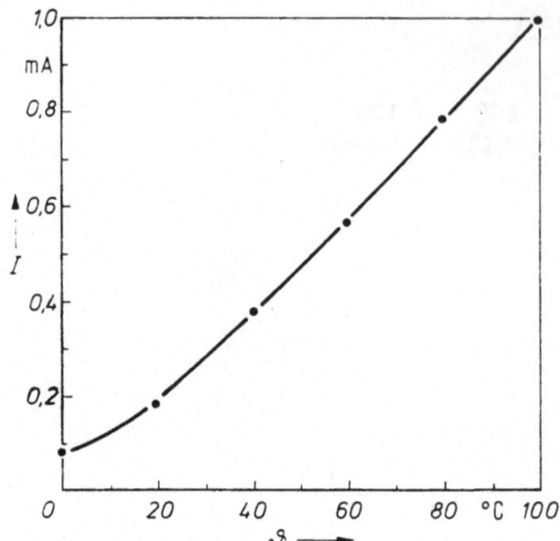

Bild L 1.5. Kalibrierkurve für eine Temperaturmeßschaltung (A 1.16)

L 1.20. $R_{T100} = 435\,\Omega$ (siehe Aufg. 1.14); Lösung nach der Zweipoltheorie:

Meßinstrument = passiver ZP mit $R_{ii} = 500\,\Omega$; Brückenschaltung = aktiver ZP mit den Anschlußklemmen A und B;

$$R_{iers} = \frac{R_T R_2}{R_T + R_2} + \frac{R_3 R_4}{R_3 + R_4} = 0{,}752\text{ k}\Omega;$$

Bild L 1.6.

Masche M:

$$I_1 R_T + U_{AB\text{leer}} - I_2 R_3 = 0$$

$$I_1 = \frac{U_B}{R_T + R_2} = 0{,}697\text{ mA},$$

$$I_2 = \frac{U_B}{R_3 + R_4} = 0{,}551\text{ mA}.$$

$$U_{AB\text{leer}} = I_2 R_2 - I_1 R_T = 0{,}248\text{ V};$$

Strom durch das Instrument: Zusammenschaltung aktiver ZP und passiver ZP

$$I = \frac{U_{AB\text{leer}}}{R_{ii} + R_{iers}} = \frac{0{,}248\text{ V}}{0{,}5\text{ k}\Omega + 0{,}752\text{ k}\Omega}$$

$$= \underline{0{,}198\text{ mA}}$$

Zur Ermittlung der Leistung am Thermistor muß die Stromstärke bekannt sein, die den Thermistor durchfließt, wenn das Meßinstrument angeschaltet ist. Dazu ist eine Dreieck-Stern-Umwandlung der Widerstände R_{ii}, R_2, R_4 erforderlich, Bild L 1.7.

$$r_i = \frac{R_2 R_4}{R_2 + R_4 + R_{ii}} = 351{,}5\,\Omega;$$

$$r_2 = \frac{R_{ii} R_4}{R_2 + R_4 + R_{ii}} = 175{,}7\,\Omega;$$

$$r_4 = \frac{R_{ii} R_2}{R_2 + R_4 + R_{ii}} = 216{,}2\,\Omega;$$

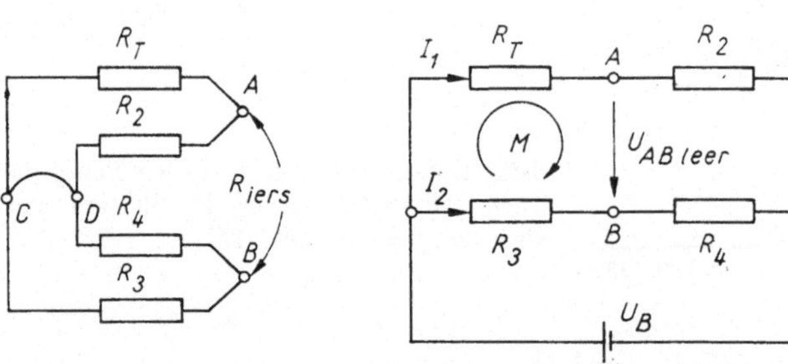

Bild L 1.6. Ersatzschaltungen zur WHEATSTONEschen Brücke (A 1.20)

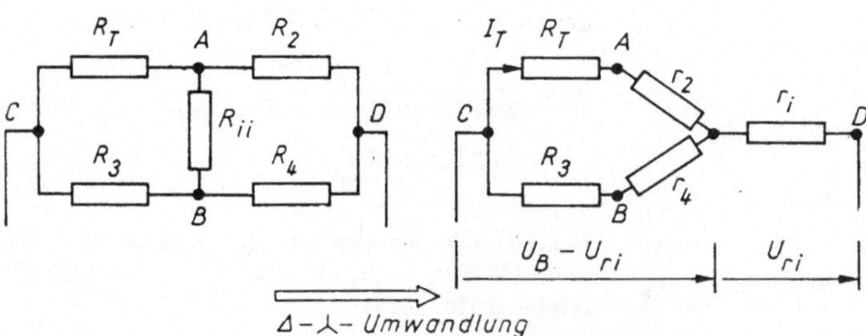

Bild L 1.7. Dreieck-Stern-Umwandlung an der WHEATSTONEschen Brücke (A 1.20)

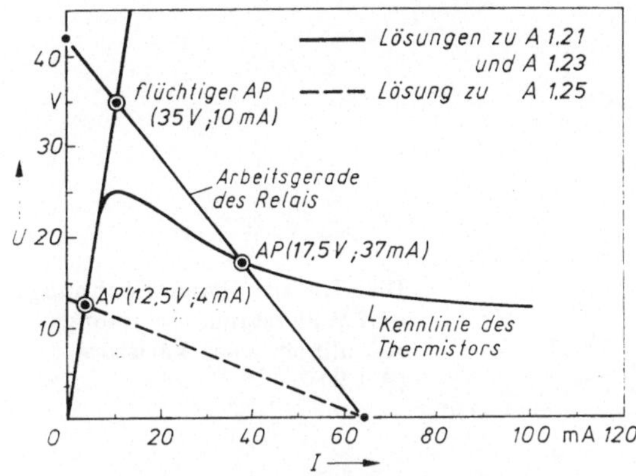

Bild L 1.8. Thermistor- und Widerstandskennlinien zur Ermittlung der sich einstellenden Arbeitspunkte (A 1.21)

$$I_{ges} = \frac{U_B}{\frac{(R_T + r_2)(R_3 + r_4)}{R_T + r_2 + R_3 + r_4} + r_i}$$
$= 1{,}319$ mA;

$U_{ri} = I_{ges} r_i = 0{,}463$ V;

$$I_T = \frac{U_B - U_{ri}}{R_T + r_2} = 0{,}879 \text{ mA};$$

$P_T = I_T^2 R_T = 0{,}773 \cdot 10^{-6} \cdot 435$ W
$= \underline{0{,}336 \text{ mW}}$

L 1.21. Kaltwiderstand R_{20}: Linearen Teil der Kennlinie verlängern, Ablesung z. B. bei 35 V; 10 mA; $R_{20} = \underline{3{,}5\ \text{k}\Omega}$ (Bild L 1.8)

I in mA	10	20	40	100
R_T in Ω	2500	1150	400	120

L 1.22. $P_T = UI = 12\ \text{V} \cdot 0{,}1\ \text{A} = \underline{1{,}2\ \text{W}}$;

$$\Delta T = \frac{P_T}{G_{th}} = \frac{1200 \text{ mW}}{10 \text{ mW/K}} = \underline{120 \text{ K}}$$

L 1.23. Arbeitsgerade des Relais einzeichnen (Bild L 1.8); diese geht durch $U_B = 42$ V und $U_B/R_{rel} = 64{,}6$ mA.
Im Einschaltmoment stellt sich der flüchtige Arbeitspunkt 35 V, $\underline{10 \text{ mA}}$ ein. Der statische Strom ist im Schnittpunkt der Thermistorkennlinie mit der Arbeitsgeraden abzulesen: $I_{st} = \underline{37 \text{ mA}}$;

Spannung am Thermistor $U_T = \underline{17{,}5 \text{ V}}$
Spannung am Relais
$U_{rel} = U_B - U_T = \underline{24{,}5 \text{ V}}$
Leistung am Thermistor
$P_T = 17{,}5\ \text{V} \cdot 37\ \text{mA} = \underline{647{,}5 \text{ mW}}$
Leistung am Relais
$P_{rel} = 24{,}5\ \text{V} \cdot 37\ \text{mA} = \underline{906{,}5 \text{ mW}}$

L 1.24. $\Delta T = \frac{P_T}{G_{th}} = \underline{64{,}75 \text{ K}}$

Im AP ist $R_T = 17{,}5$ V/(37 mA) = 473 Ω.
In der Umgebung des AP liest man z. B. ab:
19 V; 30 mA; 633 Ω; 570 mW;
16 V, 45 mA; 356 Ω; 720 mW;

ΔT bei 30 mA: 57 K; ΔT bei 40 mA: 72 K;

$$TK = \frac{\Delta R}{\Delta T \cdot R_T} = \frac{-277\ \Omega}{15\ \text{K} \cdot 473\ \Omega}$$
$= \underline{-3{,}9 \cdot 10^{-2}\ \text{K}^{-1}}$

L 1.25. (Bild L 1.9)

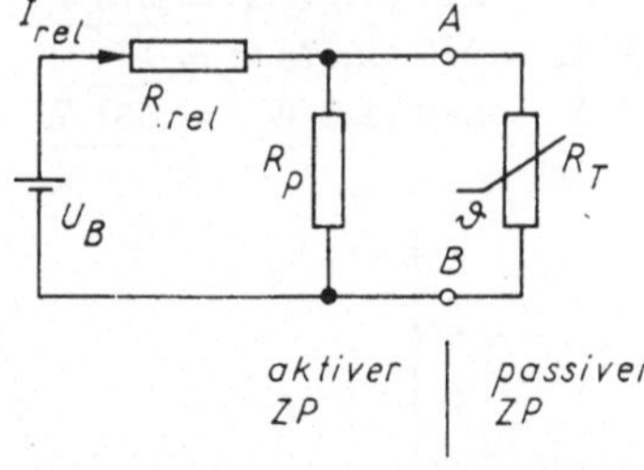

Bild L 1.9. Stromkreis mit Relais und Thermistor (A 1.25)

U_B, R_{rel} und R_p bilden den aktiven ZP; für diesen gilt:

$$R_{iers} = \frac{R_p R_{rel}}{R_p + R_{rel}} = 205\ \Omega;$$

$$U_{AB\,leer} = U_B \frac{R_p}{R_p + R_{rel}} = 13{,}26\ \text{V}.$$

Die Kennlinie des aktiven ZP geht durch 13,26 V; 64,6 mA (Bild L 1.8), es stellt sich AP' mit 12,5 V, 4 mA ein; dort ist R_T

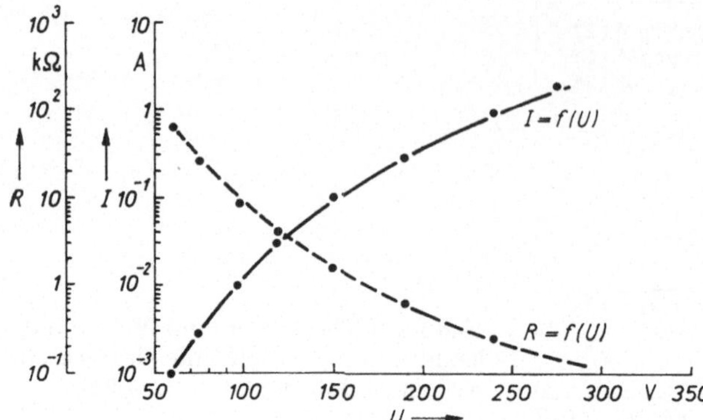

Bild L 1.10. Strom-Spannungs- und Widerstands-Spannungs-Kennlinien eines Varistors (A 1.27)

$= R_{20} = 3{,}5\ \text{k}\Omega$ (Aufg. 1.21);

$$I_{\text{rel}} = \frac{U_{\text{B}}}{R_{\text{rel}} + \dfrac{R_{\text{T}} R_{\text{p}}}{R_{\text{T}} + R_{\text{p}}}} = \underline{45\ \text{mA}};$$

$$U_{\text{rel}} = I_{\text{rel}} R_{\text{rel}} = \underline{29{,}4\ \text{V}}$$

$U_{\text{T}} = 12{,}5$ V; $I_{\text{T}} = 4$ mA; $P_{\text{T}} = 50$ mW.

Bei 50 mW stellt sich am Thermistor eine Übertemperatur von 5 K ein; der Thermistor kühlt ab.

L 1.26. Gln. (1.17); (1.18); (1.19); für $I = 2$ A erhält man z. B.:

$U = 240 \cdot 2^{0,2}\ \text{V} = 240 \cdot 1{,}149\ \text{V} = \underline{276\ \text{V}}$

$R = 240 \cdot 2^{-0,8}\ \Omega = 240 \cdot 0{,}574\ \Omega = \underline{138\ \Omega}$

$P = 240 \cdot 2^{1,2}\ \text{W} = 240 \cdot 2{,}3\ \text{W} = \underline{551\ \text{W}}$

	I in A	2	1	0,3	0,1
a)	U in V	276	240	189	151
b)	R in kΩ	0,14	0,24	0,63	1,51
	P in W	551	240	57	15
	I in A	0,03	0,01	0,003	0,001
a)	U in V	119	96	75	60
b)	R in kΩ	3,97	9,6	25	60
	P in W	3,6	0,96	0,23	0,06

L 1.27. Bild L 1.10

L 1.28. Gl. (1.17) nach I umstellen:

$I = (U/C)^{\frac{1}{\beta}}$; Bild L 1.11

$\pm U$ in V	12	11	10	8	7
$\pm I$ in mA	63	43	28	10	5,5
$\pm U$ in V	6	5	4	3	
$\pm I$ in mA	2,7	1,2	0,4	0,12	

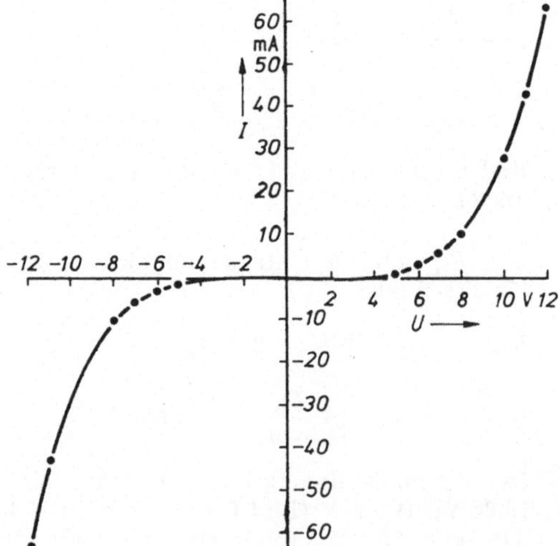

Bild L 1.11. Strom-Spannungs-Kennlinie eines Varistors (A 1.28)

L 1.29. (Bild L 1.12)

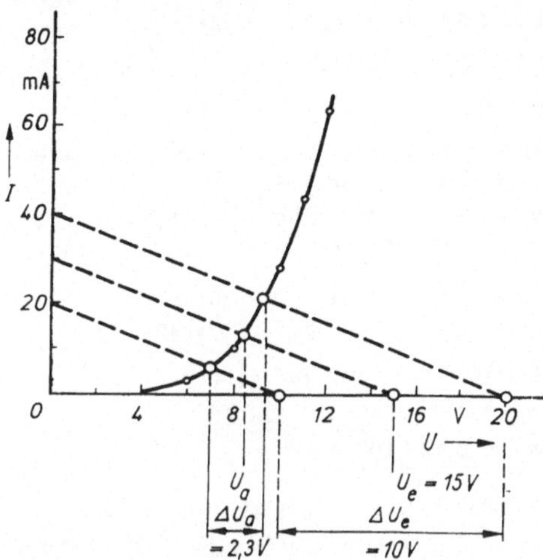

Bild L 1.12. Kennlinien zur Spannungsstabilisierung mittels Varistors (A 1.29)

Kennlinienfeld Bild L 1.11 (1. Quadrant) verwenden. Nach der Zweipoltheorie wird (U_e, R_v) als aktiver ZP, der Varistor als passiver ZP aufgefaßt. Die Kennlinien des aktiven ZP schneiden die U- und I-Achse bei 10 V, 20 mA; 15 V, 30 mA; 20 V, 40 mA. Die Eingangsspannung schwankt um ± 5 V $\triangleq \pm 33{,}3\%$.
Aus dem Kennlinienfeld liest man an den Schnittpunkten der Widerstandskennlinie mit der Varistorkennlinie ab:

$U_a = \underline{8{,}3\ \text{V}}$; $\Delta U_a = +1$ V und $-1{,}3$ V; entspr. $+12{,}5\%$ und $-16{,}3\%$.

L 1.30. (Bild L 1.13)

Es wird das Kennlinienfeld aus Bild L 1.10 verwendet. Zweipoltheorie: Varistor ist passiver ZP; (U_e, R_v, R_a) ist aktiver ZP. Für den aktiven ZP gilt bei

$U_e = 200$ V: $R_i = R_v R_a/(R_v + R_a) = 1\ \text{k}\Omega$;
$U_{ers} = U_e R_a/(R_a + R_v) = 100$ V.
$U_e = 800$ V: $R_i = 1\ \text{k}\Omega$;
$U_{ers} = 400$ V

Die Kennlinien des aktiven ZP schneiden die U-Achse bei 100 V bzw. 400 V, die I-Achse bei $I = U_{ers} R_i = 100$ mA bzw. 400 mA.

a) Die Schnittpunkte der Widerstandskennlinie mit der Varistorkennlinie (Lastkennlinie) liefern die gesuchten Spannungen
$\underline{U_a = 98\ \text{V}}$; $\underline{\hat{U}_a = 160\ \text{V}}$

b) $\underline{U_a = 100\ \text{V}}$; $\underline{\hat{U}_a = 400\ \text{V}}$

L 1.31.

a) $C_{ges} = \underline{147\ \text{nF}}$; $Q_{ges} = 147 \cdot 10^{-9}$ A s/V $\cdot$ 250 V $= \underline{36{,}75 \cdot 10^{-6}\ \text{C}}$; $W = (C/2)\, U^2 = (147/2 \cdot 10^{-9}) \cdot 6{,}25 \cdot 10^4$ V A s $= \underline{4{,}6 \cdot 10^{-3}\ \text{J}}$;
$U_{C1} = U_{C2} = U_{ges} = \underline{250\ \text{V}}$

b) $C_{ges} = \dfrac{C_1 C_2}{C_1 + C_2} = \underline{32\ \text{nF}}$;

$Q_{ges} = \underline{8 \cdot 10^{-6}\ \text{C}}$; $W_{ges} = \underline{1 \cdot 10^{-3}\ \text{J}}$;

$\dfrac{U_{C1}}{U_{ges}} = \dfrac{C_{ges}}{C_1}$, $U_{C1} = 250\ \text{V} \cdot \dfrac{32}{100} = \underline{80\ \text{V}}$;

$U_{C2} = \underline{170\ \text{V}}$

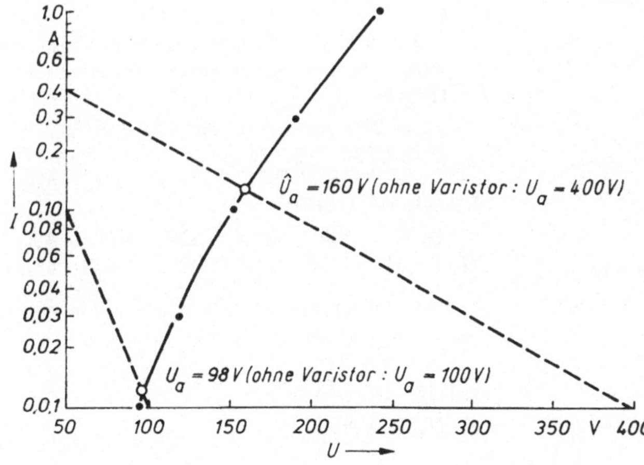

Bild L 1.13. Strom-Spannungs-Kennlinien zur Darstellung der Dämpfung von Spannungsspitzen mittels Varistors (A 1.30)

L 1.32. $1/C_{ges} = 1/20 + 1/47 + 1/10 = 161/940$; $C_{ges} = \underline{5{,}84\ \mu F}$;
$1/U_{ges} : 1/U_{C1} = C_{ges} : C_1$;
$U_{C1} = 800\ V \cdot \frac{5{,}84}{20} = \underline{233{,}6\ V}$;
$U_{C2} = \underline{99{,}2\ V}$; $U_{C3} = \underline{467{,}2\ V}$;
$Q_{ges} = Q_{C1} = Q_{C2} = Q_{C3} = C_{ges} U_{ges} = 5{,}84 \cdot 10^{-6} \cdot 800\ A\ s = \underline{4{,}67 \cdot 10^{-3}\ C}$

L 1.33. $W = W_{ges} - W_{rest} = \frac{C}{2}(U_{Cges}^2 - U_{Crest}^2)$,
$$C = \frac{2W}{U_{Cges}^2 - U_{Crest}^2} = \frac{2 \cdot 60\ W\ s}{(3{,}6^2 - 0{,}7^2) \cdot 10^4\ V^2} = \underline{0{,}962 \cdot 10^{-3}\ F} \approx \underline{1000\ \mu F}$$

L 1.34.
$$W = W_{ges} - W_{rest} = \frac{C}{2} U_e^2 - \frac{C}{2} U_{rest}^2,$$
$$U_{rest} = \sqrt{U_e^2 - \frac{2W}{C}}.$$
a) $U_{rest} = \underline{198\ V}$ b) $U_{rest} = \underline{380\ V}$
c) $U_{rest} = \underline{437\ V}$

L 1.35. a) Gl. (1.22) nach ε_r umstellen:
$$\varepsilon_r = \frac{C(\ln r_2 - \ln r_1)}{\varepsilon_0 \cdot 2\pi l} = \frac{2 \cdot 10^{-9}(\ln 4 - \ln 3{,}8)}{8{,}86 \cdot 10^{-12} \cdot 6{,}28 \cdot 30 \cdot 10^{-3}} = \underline{61}$$
Anmerkung: C in F (2000 pF $= 2 \cdot 10^{-9}$ F), l in m (30 mm $= 30 \cdot 10^{-3}$ m) einsetzen! $\ln 4 = 1{,}386$; $\ln 3{,}8 = 1{,}335$
b) $TK_C = \frac{-48}{30 \cdot 2 \cdot 10^3\ K} = \underline{-800 \cdot 10^{-6}\ K^{-1}}$

L 1.36. $TK_C = \frac{C_1 TK_{C1} + C_2 TK_{C2}}{C_1 + C_2} = 0$,
$C_1 TK_{C1} + C_2 TK_{C2} = 0$;
$C_1/C_2 = -TK_{C1}/TK_{C2} = -\frac{-400}{80} = 5$;
$C_{ges} = C_1 + C_2 = C_2 + 5C_2 = 6C_2$;
$C_2 = 270\ pF/6 = 45\ pF$;
$C_1 = \underline{225\ pF}$ mit $TK_{C1} = 80 \cdot 10^{-6}\ K^{-1}$;
$C_2 = \underline{45\ pF}$ mit $TK_{C2} = -400 \cdot 10^{-6}\ K^{-1}$

L 1.37. Gl. (1.35); Tabelle 1.4
a) $W = 25{,}88 \cdot 10^{-3}$ eV; $\Delta W/W \approx \underline{43}$
b) $W = 36{,}2 \cdot 10^{-3}$ eV; $\Delta W/W \approx \underline{30}$

L 1.38. Gl. (1.36);
$k = 1{,}38 \cdot 10^{-23}\ kg\ m^2/(s^2\ K)$,
$v = \underline{1{,}168 \cdot 10^5\ m/s}$

L 1.39. Gl. (1.38); Tabelle 1.4
a) $\varkappa = 5{,}38 \cdot 10^{-6}\ S/cm = 5{,}38 \cdot 10^{-4}\ S/m$;
$\varrho = 1/\varkappa = \underline{1{,}86 \cdot 10^3\ \Omega\ m}$
b) $\varkappa = 21{,}6 \cdot 10^{-3}\ S/cm = 2{,}16\ S/m$;
$\varrho = \underline{0{,}463\ \Omega\ m}$

Vergleich: $\varkappa = 56 \cdot 10^6\ S/m$;
$\varrho = 17{,}85 \cdot 10^{-3}\ \Omega\ m$

L 1.40. Gl. (1.40) und (1.41);
$p_p = N_A^- = \underline{2 \cdot 10^{16}\ cm^{-3}}$;
$n_p = \underline{2{,}42 \cdot 10^{10}\ cm^{-3}}$

L 1.41. Gln. (1.40), (1.41) und (1.42);
$n_n = N_D^+ = 10^{14}\ cm^{-3}$; $p_n = 2{,}56 \cdot 10^6\ cm^{-3}$;
$\varkappa = 2{,}4$ S/m ($p_n \mu_n$ vernachlässigt, da $p_n/n_n \approx 2{,}6 \cdot 10^{-8}$); $\varrho = 1/\varkappa = \underline{0{,}417\ \Omega\ m}$

L 1.42. Gl. (1.38); $\varkappa_{Cu} = 56 \cdot 10^6\ S/m$;
$n = 8{,}4 \cdot 10^{28}\ m^{-3}$
a) $\mu_n = 4{,}167 \cdot 10^{-3}\ m^2/(V\ s) = \underline{41{,}67\ cm^2/(V\ s)}$
b) $\mu_{nCu}/\mu_{nGe} = \underline{1{,}068 \cdot 10^{-2}}$;
$\mu_{nCu}/\mu_{nSi} = \underline{2{,}778 \cdot 10^{-2}}$

L 1.43. Gln. (1.40), (1.41) und (1.42); Bilder 1.15 und 1.16
a) $p_p = N_A^- = 10^{16}\ cm^{-3}$;
$n_p = 2{,}56 \cdot 10^4\ cm^{-3}$; $p_p/n_p = \underline{3{,}9 \cdot 10^{11}}$
$\mu_p = 460\ cm^2/(V\ s)$ (Bild 1.16);
$\varrho = \underline{1{,}36 \cdot 10^{-2}\ \Omega\ m}$
b) $p_p = 10^{16}\ cm^{-3}$; $n_p = 10^{10}\ cm^{-3}$;
$p_p/n_p = \underline{10^6}$

Feststellung: Temperaturerhöhung bewirkt starkes Anwachsen der Minoritätsträger.

$\mu_p = 200\ cm^2/(V\ s)$ (Bild 1.16);
$\varrho = \underline{3{,}125 \cdot 10^{-2}\ \Omega\ m}$

L 1.44. Gl. (1.45)

T in K	250	300	350	400	450
U_T in mV	21,56	25,88	30,19	34,50	38,81

L 1.45. Gl. (1.44);
$U_D = \underline{357{,}5\ mV}$

L 1.46. Gl. (1.48)
a) $U_D = \underline{0{,}69\ V}$

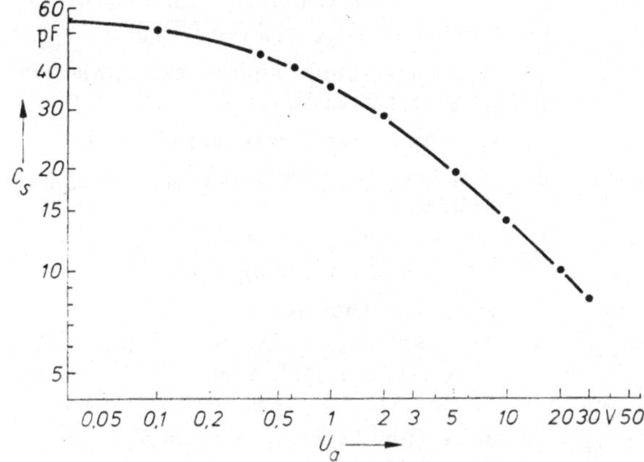

Bild L 1.14. Abhängigkeit der Sperrschichtkapazität von der Sperrspannung eines pn-Übergangs (A 1.48)

b)

$-U_a$ in V	0	10	30	100	1000
d_s in µm	0,95	3,73	6,3	11,4	36,1

L 1.47.

$-U_a$ in V	0	10	30	100	1000
E in kV/mm	0,73	2,9	4,8	8,8	27,7

Anmerkung: Bei $-U_a = 1000$ V wird die Durchschlagfeldstärke überschritten.

L 1.48. Gl. (1.50)

a) $C_{s0} = \underline{55 \text{ pF}}$

b)

$-U_a$ in V	0,1	0,4	0,6	1,0	2,0	5,0
C_s in pF	51,4	44	40	35	28	19

$-U_a$ in V	10	20	30
C_s in pF	14	10	8,3

Bild L 1.14

L 1.49. Gl. (1.52); $I_S/I_{S0} = e^{C\Delta T}$

a) $I_S/I_{S0} = \underline{11}$ b) $I_S/I_{S0} = \underline{1340}$

L 1.50. $U_S = 0{,}6$ V; $U_{RBR} \approx 550$ V

U_F in V	0,4	0,5	0,6	0,7	0,8
I_F in A	0,02	0,1	0,4	1	1,75

U_R in V	100	200	400
I_R in µA	31	37	46

L 1.51.

U_F in V	0,6	0,8	
R_D in Ω	1,5	0,46	
r_F in Ω	0,25	0,13	(Tangente anlegen)
g_R in µS	etwa $4 \cdot 10^{-2}$		(Tangente anlegen)

L 1.52.

U_F in V	0,4	0,5	0,6	0,7	0,8
P_F in mW	8	50	240	700	1400

L 1.53. Widerstandskennlinie einzeichnen (Bild L 1.15);

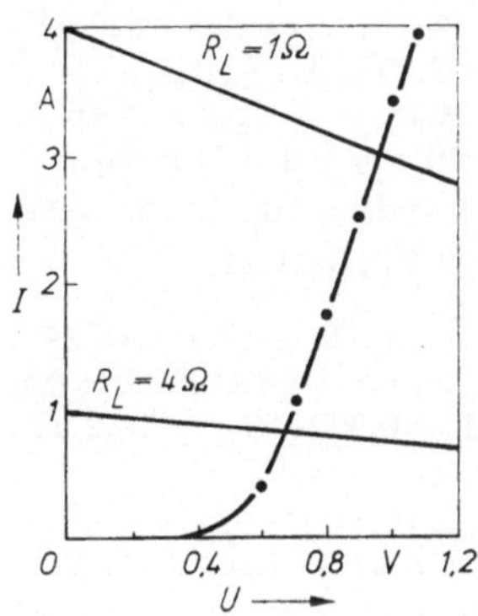

Bild L 1.15. Dioden- und Widerstandskennlinien zur Ermittlung der Arbeitspunkte (A 1.53)

Steigung der Geraden für $R_L = 1\,\Omega$: 1 A/V,

Steigung der Geraden für $R_L = 4\,\Omega$: 0,25 A/V

Die Schnittpunkte der Geraden mit der Kennlinie ergeben

$R_L = 1\,\Omega$: $U_F = 0{,}96$ V; $I_L = 3{,}04$ A; $U_{RL} = 3{,}04$ V

$R_L = 4\,\Omega$: $U_F = 0{,}67$ V; $I_L = 0{,}833$ A; $U_{RL} = 3{,}33$ V

L 1.54. Tab. 1.7; Gln. (1.61), (1.62), (1.63);

$U_{AV} = \underline{54 \text{ V}}$; $I_L = \underline{0{,}54 \text{ A}}$; $I_{FRMS} = \underline{0{,}848 \text{A}}$; $I = \underline{0{,}848 \text{ A}}$;

$P_F = 0{,}6\ \text{V} \cdot 0{,}54\ \text{A} + 0{,}25\ \Omega \cdot 1{,}57^2 \times 0{,}54^2\ \text{A}^2 = 0{,}504\ \text{W}$; $P_R = 170\ \text{V} \cdot 35{,}5 \times 10^{-6}\ \text{A} + 2{,}47 \cdot 170^2\ \text{V}^2 \cdot 6 \cdot 10^{-8}\ \text{A/V} = 10{,}35\ \text{mW}$; $P_{ges} = \underline{515\ \text{mW}}$

L 1.55. Tab. 1.7; $I_L = I_{FAV} = 2$ A; $U_F = 0{,}84$ V; $\tilde{U} \approx 54$ V; $U_R = 77$ V; $I_{FRMS} = 3{,}14$ A; $\hat{I} = 3{,}14$ A; $P_F = 2{,}9$ W; P_R vernachlässigbar

L 1.56. Tabelle 1.7

a) $\tilde{U} = 27$ V; $I_{FRMS} = 1{,}58$ A; $\hat{I} = 1{,}58$ A; $U_R = 77$ V; $U_F = 0{,}7$ V; $I_{FAV} = 1$ A; $P_F = 1$ W.

b) $\tilde{U} = 28$ V; $I_{FRMS} = 1{,}58$ A; $\hat{I} = 2{,}22$ A; $U_R = 40$ V; $U_F = 0{,}7$ V; $I_{FAV} = 1$ A; $P_F = 1$ W

L 1.57. (Bild 1.25) Gln. (1.70), (1.73)...(1.79), (1.81); $I_L = 0{,}4$ A; $pR_L/R_i = 13{,}5$; $\alpha = 46°$; $\tan\alpha = 1{,}036$. $\arctan\delta = 0{,}0536$; $\delta = 3°$, (Gl. 1.73); $C_L = 198\ \mu\text{F}$, gewählt $200\ \mu\text{F}$, (Gl. 1.74); $\tilde{U} = 275$ V, (Gl. 1.70); $I_{FRMS} = \bar{I} = 0{,}878$ A, (Gl. 1.78); $I_{FM} = 2{,}46$ A, (Gl. 1.79); $\tau = 10 \cdot 10^{-3}$ s, (Gl. 1.75); $I_{CM} = 7{,}78$ A, (Gl. 1.76); $\int i^2\,dt = 30{,}25 \cdot 10^{-2}\ \text{A}^2\,\text{s}$, (Gl. 1.77); $U_R = 778$ V, (Gl. 1.81)

L 1.58. $I_L = 0{,}4$ A; $pR_L/R_i = 27$; $\alpha = 38°$; $\tan\alpha = 0{,}781$; $\arctan\delta = 0{,}071$; $\delta = 4°$; $\tan\delta = 0{,}07$; $\cos\delta = 0{,}998$; $C_L = 78{,}2\ \mu\text{F}$; gewählt $100\ \mu\text{F}$.

$\tilde{U} = 243$ V; $I_{FRMS} = 0{,}486$ A; $I_{FM} = 1{,}49$ A; $\bar{I} = 0{,}683$ A; $I_{CM} = 6{,}87$ A; $U_R = 344$ V

L 1.59. $I_{CM} = 63{,}64$ A; I_L wird schätzungsweise 0,8 A; deshalb genügt eine Diode vom Typ 1. $\tau = 4{,}7$ ms; $\int i^2\,dt = 9{,}52\ \text{A}^2\,\text{s}$. Da $I_{CM} > I_{FSM}$ und $\int i^2\,dt > 8\ \text{A}^2\,\text{s}$, muß ein Schutzwiderstand vorgesehen werden. Dieser wird mit der Diode in Reihe geschaltet; gewählt $R_S = 2\ \Omega$. Damit erhöht sich R_i auf $3\ \Omega$. Nun erhält man: $I_{CM} = 21{,}2$ A; $\tau = 14{,}1$ ms; $\int i^2\,dt = 3{,}17\ \text{A}^2\,\text{s}$; $pR_L/R_i = 20$; $\alpha = 41{,}5°$; $\cos\alpha = 0{,}749$; $\sin\alpha = 0{,}663$; $R_LC_L = 0{,}282$ s; $\delta = 2{,}5°$; $\cos\delta = 1$; $\sin\delta = 0{,}044$; $U_{AV} = 47{,}67$ V; $I_L = 0{,}79$ A; $\hat{U}_w = 1{,}86$ V; $k_w = 3{,}9\%$; $I_{FRMS} = 1{,}836$ A; $I_{FRM} = 5{,}41$ A; $U_R = 127{,}3$ V

L 1.60.

a) Leerlauf: $U_{AV} = 2121$ V; Belastung: $pR_L/R_i = 100$; $R_LC_L = 4{,}4 \cdot 10^{-2}$ s; $\alpha = 25°$; $\cos\alpha = 0{,}906$; $\sin\alpha = 0{,}423$; $\tan\alpha = 0{,}466$; $\delta = 24°$; $\cos\delta = 0{,}914$; $\sin\delta = 0{,}423$; $\tan\delta = 0{,}466$; $U_{AV} = 1755{,}7$ V.

Die Gleichspannung ändert sich zwischen 1755,7 V und 2121 V.

b) $k_w = \tan\alpha\,\tan\delta = 0{,}217$; $\hat{U}_w = 381$ V

c) U_{CB} gewählt 2500 V ($U_{C\,max} = U_{AV\,max} = 2121$ V)

d) $n \geqq \dfrac{2 \cdot 2121}{800}\left(\dfrac{1 + 0{,}05}{1 - 0{,}05}\right) > 5{,}86$;
gewählt 6 Dioden

e) $R_p = 888\ \text{k}\Omega$; gewählt $820\ \text{k}\Omega$; $P_{Rp} = 0{,}78$ W; gewählt 1 W.
$C_p = 6 \cdot 10^{-9}$ F; gewählt 6,8 nF/1 kV

f) $I_L = 89$ mA; $I_{FRM} = 1{,}006$ A;
$I_{CM} = 10{,}6$ A

L 1.61.

a) Leerlauf: $U_{AV} = 2121$ V; Belastung: $pR_L/R_i = 200$; $R_LC_L = 4{,}4 \cdot 10^{-2}$ s; $\alpha = 20°$; $\cos\alpha = 0{,}94$; $\sin\alpha = 0{,}342$; $\tan\alpha = 0{,}364$; $\delta = 16°$; $\cos\delta = 0{,}961$; $\sin\delta = 0{,}276$; $\tan\delta = 0{,}287$; $U_{AV} = 1916$ V.

Die Gleichspannung schwankt zwischen 1916 V und 2121 V.

b) $k_w = 0{,}104$; $\hat{U}_w = 199{,}3$ V

c) $U_{CB} = 2500$ V

d) $n \geqq 2{,}93$; gewählt 3 Dioden in jedem Zweig, insgesamt 12 Dioden

e) $R_p = 762\ \text{k}\Omega$; gewählt $680\ \text{k}\Omega$; $C_p = 3$ nF; gewählt 3,3 nF

f) $I_L = 95{,}25$ mA; $I_{FRM} = 0{,}673$ A;
$I_{CM} = 10{,}6$ A

L 1.62.

Diode	1	2	3	4	5	6
$I_{z\,max}$ in mA	185	122	89	70	59	50
$I_{z\,min}$ in mA	19	12	9	7	6	5

L 1.63. Gln. (1.82) und (1.85)
$U_z = 5$ V;

a) $\Delta U_z = \underline{\pm 0{,}18\ \text{V}}$;
$\Delta U_z/U_z = \underline{\pm 0{,}036 = \pm 3{,}6\%}$

b) $\Delta U_z = \underline{-0{,}075\ \text{V}}$;
$\Delta U_z/U_z = \underline{-0{,}015 = -1{,}5\%}$

L 1.64. Gln. (1.87) und (1.85)

a)

Diode	1	2	3	4	5	6
U_z in V	4,8	8	11	14	17	20
P_{tot} in mW	192	320	440	560	680	800
ϑ_j in °C	49,2	62	74	86	98	110

b) $U_z = \underline{12{,}8\ \mathrm{V}}$
$\Delta U_{z1} = -0{,}0184\ \mathrm{V}$; $\Delta U_{z2} = 0{,}128\ \mathrm{V}$;
$\Delta U_z = \underline{0{,}109\ \mathrm{V}}$
$\Delta U_z/U_z = \underline{0{,}0085 = 0{,}85\%}$

L 1.65. (Bild 1.29) Gln. (1.88) und (1.86)

a) $R_{tha} = 20\ \mathrm{K/W}$; $P_{tot} = \underline{1{,}78\ \mathrm{W}}$;
$I_{z\,max} = \underline{223\ \mathrm{mA}}$

b) $\vartheta_C = \underline{85{,}7\,°\mathrm{C}}$

L 1.66. $I_{z\,max} = 110\ \mathrm{mA}$; $I_{z\,min} = 11\ \mathrm{mA}$; $I_{L\,max} = 30\ \mathrm{mA}$; $I_{L\,min} = 0$
$R_v' \geqq 127\ \Omega$; $R_v'' \leqq 195\ \Omega$; $R_v = 160\ \Omega$ (E 24; $\pm 5\%$)

Mit dem unteren Toleranzwert $R_v = 152\ \Omega$ wird weitergerechnet. (Denn von Interesse ist der zu erwartende minimale Stabilisierungsfaktor.)

$P_{Rv} = \underline{1{,}29\ \mathrm{W}}$; $S_{min} = \underline{18{,}1}$; $G_{min} = \underline{38}$

Aus Gl. (1.90a) und $R_{v\,min} = 152\ \Omega$ bzw. Gl. (1.90b) und $R_{v\,max} = 168\ \Omega$ erhält man

$I_{z\,max} = 92\ \mathrm{mA}$; $P_{z\,max} = \underline{829\ \mathrm{mW}}$;
$I_{z\,min} = 17{,}6\ \mathrm{mA}$; $P_{z\,min} = \underline{158\ \mathrm{mW}}$

Feststellung: I_z liegt innerhalb der zulässigen Grenzen; $P_{z\,max} < P_{tot}$

L 1.67. $I_{z\,max} = 50\ \mathrm{mA}$; $I_{z\,min} = 5\ \mathrm{mA}$;
Toleranzwerte von R_v: $R_{v\,min} = 351\ \Omega$; $R_{v\,max} = 429\ \Omega$. Aus Gl. (1.90a) und (1.90b) erhält man

$I_{L\,min} = \underline{12{,}5\ \mathrm{mA}}$; $I_{L\,max} = \underline{27{,}5\ \mathrm{mA}}$

L 1.68. Zunächst bestimmt man die möglichen Last- und Z-Stromstärken:

$I_{L\,max} = 60\ \mathrm{mA}$; $I_{L\,min} = 0$; $I_{z\,max} = 200\ \mathrm{mA}$; $I_{z\,min} = 20\ \mathrm{mA}$. Wegen der angegebenen Widerstandstoleranz und Eingangsspannungsschwankung wird $R_v' = 0{,}8 R_v$; $R_v'' = 1{,}2\ R_v$; $U_{I\,min} = 0{,}85 U_I$; $U_{I\,max} = 1{,}15\ U_I$.
Mit diesen Werten setzt man Gl. (1.90a) und (1.90b) an. Beide Gleichungen gleichsetzen und nach U_I auflösen; $U_I = \underline{15\ \mathrm{V}}$; U_I in Gl. (1.90a) einsetzen: $R_v = \underline{70{,}3\ \Omega}$;

$$P_{Rv} = \frac{(1{,}15 U_I - U_z)^2}{0{,}8 R_v} = \underline{2{,}25\ \mathrm{W}}$$

L 1.69.

a) $U_{AB} = \underline{1{,}6\ \mathrm{V}}$

b) $I_{1min} = I_{z\,min} + I_{L\,max} = 50\ \mathrm{mA}$;
$I_{1max} = I_{z\,max} + I_{L\,min} = 110\ \mathrm{mA}$;
$I_{2\,max} = I_{z\,max} - I_{L\,max} = 70\ \mathrm{mA}$;
$I_{2\,min} = I_{z\,min} - I_{L\,min} = 10\ \mathrm{mA}$;
$(U_{I\,min} - U_{z1})/I_{1\,min} \geqq R_1$
$\geqq (U_{I\,max} - U_{z1})/I_{1\,max}$
$\underline{200\ \Omega \geqq R_1 \geqq 127\ \Omega}$
$(U_{I\,max} - U_{z2})/I_{2\,max} \leqq R_2$
$\leqq (U_{I\,min} - U_{z2})/I_{2\,min}$
$\underline{223\ \Omega \leqq R_2 \leqq 1160\ \Omega}$

Für minimale Stromaufnahme der Schaltung wählt man möglichst große Widerstandswerte; z. B. $R_1 = 180\ \Omega$ (E 12; $\pm$ 10%); $R_2 = 1\ \mathrm{k}\Omega$ (E 12; $\pm 10\%$)

L 1.70. $R_1 < 480\ \Omega$; gewählt $R_1 = \underline{430\ \Omega}$ (E 24).

L 1.71. $R_1 < 390\ \Omega$; gewählt $R_1 = \underline{360\ \Omega}$ (E 24); $R_2 < 390\ \Omega$; gewählt $R_2 = \underline{360\ \Omega}$ (E 24); $C > 8{,}55\ \mu\mathrm{F}$; gewählt $C = \underline{10\ \mu\mathrm{F}}$ (MP-Kondensator); $P_v = I_L U_T = \underline{20\ \mathrm{W}}$; Thyristor muß ein Kühlblech erhalten.

L 1.72. Mit Gl. (1.88) und Bild 1.29 erhält man $R_{tha} = 2{,}2\ \mathrm{K/W}$; $a = \underline{18\ \mathrm{cm}}$, $\underline{2\ \mathrm{mm}}$ $\underline{\text{dickes Al-Blech}}$ oder $a = \underline{15\ \mathrm{cm}}$, $\underline{5\ \mathrm{mm}\ \text{dickes Al-Blech}}$.

L 1.73. Der Verbraucher erhält Gleichstrom, da der Thyristor lediglich als Schalter für den Zweiweg-Gleichrichter dient.

L 1.74. Es muß $U_{DRM} > U_B$ und $I_{TRM} > I_L$ sein.

L 1.75. Der Thyristor geht in den Wechselstromschaltungen bei jedem Nulldurchgang der Betriebsspannung in den Blockierzustand, so daß er zu Beginn jeder Halbperiode erneut gezündet werden muß. Bei Betrieb mit Gleichspannung bleibt der Thyristor auch ohne ständigen Zündstrom durchgeschaltet, sofern der Laststrom größer als der Haltestrom ist.

L 1.76. Die Thyristorparameter, insbesondere der Zündstrom und die Zündspannung, sind stark temperaturabhängig.

L 1.77. a) Wegen des starken Oberwellengehaltes des Laststromes ist ein Störschutz unbedingt erforderlich.

b) TSE-Beschaltung ist nötig, weil beim Übergang vom Durchlaß- in den Blockierzustand in den Induktivitäten des Lastkreises hohe Induktionsspannungsspitzen entstehen, die den Thyristor gefährden.

L 1.78. (Bild L 1.16) Kontrollwert:

Für $\alpha = 45°$ wird $\overline{|u|}/U = 0{,}45(1 + \cos 45°)$ $= \underline{0{,}768}$

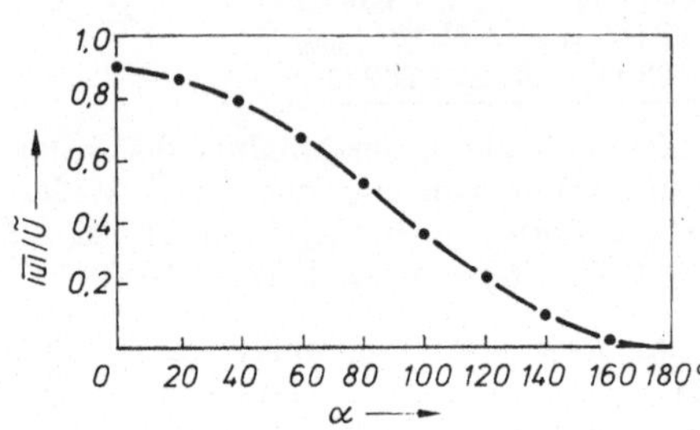

Bild L 1.16. Gleichrichtwert in Abhängigkeit vom Zündverzögerungswinkel (A 1.78)

L 1.79. $C_i = \underline{30\ \text{nF}}$; $R_i \geqq \underline{18\ \Omega}$

L 1.80.

	$-U_{GS}$ in V	0	1	2	3	4
a) I_D	in mA	10,6	6,8	3,8	1,7	0,4
b) I_D	in mA	6,0	4,5	3,0	1,5	0,3

L 1.81. Bild 1.40: Für den Schnittpunkt der Abschnürgrenzkurve U_{DSp} mit der Kennlinie $-U_{GS} = 0$ ergibt sich unmittelbar U_p $= U_{GS} - U_{DSp} = \underline{-5\ \text{V}}$.

Bild 1.46: Im Schnittpunkt $U_{GS} = -12$ V mit U_{DSp} ergibt sich $U_{DS} = -7$ V; U_{T0} $= U_{GS} - U_{DSp} = -12\ \text{V} - (-7\ \text{V})$ $= \underline{-5\ \text{V}}$.

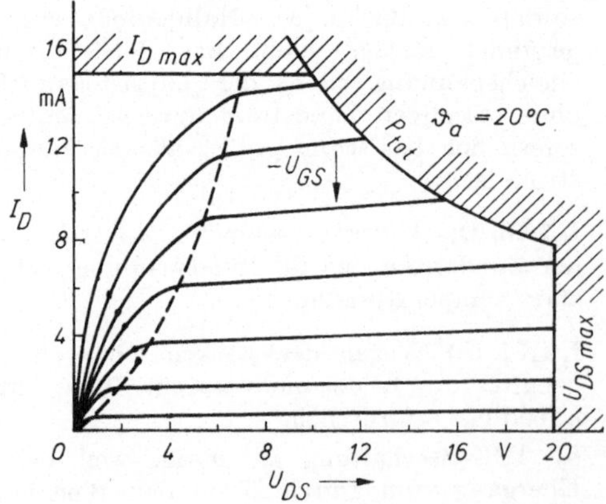

Bild L 1.18. Begrenzung des Ausgangskennlinienfeldes eines FET durch Grenzwerte (A 1.83)

L 1.82. Bild L 1.17

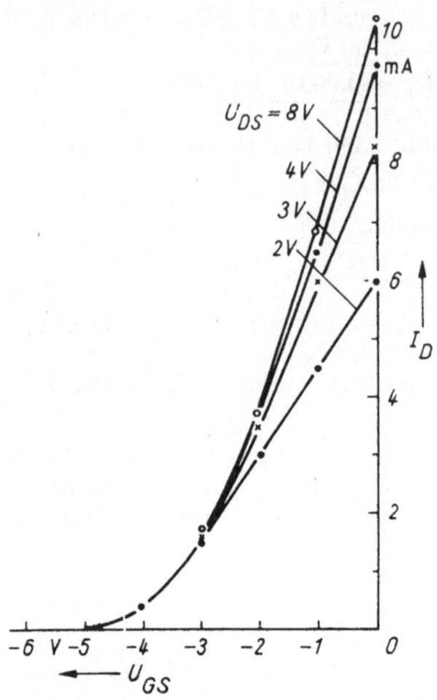

Bild L 1.17. Übertragungskennlinien eines FET (A 1.82)

L 1.83. Bild L 1.18

L 1.84. Gl. (1.108)

Bemerkung: Bei FET wird statt ϑ_j (j: junction, Übergang) ϑ_{ch} (ch: channel, Kanal) geschrieben.

ϑ_a in °C	50	75	100
P_{tot} in mW	125	83	42

L 1.85.

$I_D' = \underline{4\ \text{mA}}$; $I_{D0} = \underline{2{,}6\ \text{mA}}$;
$U_{DS0} = \underline{4{,}2\ \text{V}}$; $U_{GS0} = \underline{-2{,}5\ \text{V}}$

L 1.86.

$I_{DSS} = 10{,}6\ \text{mA}$; $U_p = -5\ \text{V}$;
$U_{GS0} = -2{,}5\ \text{V}$; $S \approx \underline{2{,}12\ \text{mS}}$;
$V_u \approx SR_D = \underline{6{,}3}$

L 1.87. Aussteuerbarkeit $11\ \text{V} \geqq U_{DS} \geqq 3\ \text{V}$

a) $U_{DS0} = \dfrac{11\ \text{V} - 3\ \text{V}}{2} + 3\ \text{V} = \underline{7\ \text{V}}$;

$U_{GS0} = \underline{-3\ \text{V}}$; $I_{D0} = \underline{1{,}67\ \text{mA}}$

b) $S \approx \underline{1{,}7\ \text{m S}}$; $V_u \approx \underline{5}$

L 1.88.

a) AP gewählt: $U_{GS0} = \underline{-3{,}7\ \text{V}}$;
$U_{DS0} \approx \underline{10\ \text{V}}$; $I_{D0} \approx \underline{0{,}6...0{,}7\ \text{mA}}$

b) $S \approx \underline{1{,}1\ \text{mS}}$; $V_u \approx \underline{3{,}3}$

L 1.89.

$I_D' = 11\ \text{mA}$; Aussteuerbarkeit $11{,}5\ \text{V} \geqq U_{DS} \geqq 4{,}5\ \text{V}$;

$U_{DS0} = \dfrac{11{,}5\ \text{V} - 4{,}5\ \text{V}}{2} + 4{,}5\ \text{V} = \underline{8\ \text{V}}$;

$U_{GS0} = \underline{-2{,}1\ \text{V}}$; $I_{D0} = \underline{3{,}6\ \text{mA}}$;
$S \approx \underline{1{,}1\ \text{mS}}$; $V_u \approx \underline{1{,}2}$

L 1.90.

U_B wird zunächst zu $U_B' = 12\ \text{V}$ gewählt. Arbeitsgerade schneidet die Achsen bei 12 V und 5,45 mA. Nun setzt man beispielsweise AP: $U_{GS0} = \underline{-2{,}5\ \text{V}}$; $I_{D0} = \underline{2{,}6\ \text{mA}}$; $U_{DS0} = \underline{6{,}1\ \text{V}}$; $R_S = 960\ \Omega$, gewählt $\underline{1\ \text{k}\Omega}$; $U_B = U_B' + U_{GS0} = \underline{14{,}5\ \text{V}}$

L 1.91.

$R_D = \underline{2\ \text{k}\Omega}$; $R_1/R_2 = 0{,}8$; $R_1 = 0{,}8R_2$; $R_2 = \underline{18\ \text{M}\Omega}$; $R_1 = 14{,}4\ \text{M}\Omega$, gewählt $\underline{15\ \text{M}\Omega}$

L 1.92.

a) Auf der Arbeitsgeraden ist der Punkt zu suchen, bei dem $U_{GS} = U_{DS}$. Wir finden $U_{GS0} = U_{DS0} \approx \underline{8\ \text{V}}$; $I_{D0} = \underline{4{,}2\ \text{mA}}$

b) Mögliche Aussteuerungsgrenzen sind:
U_{GS}: $-8{,}5$ V und -6 V
U_{DS}: $-4{,}0$ V und -20 V
Für symmetrische Aussteuerung ist
$\Delta U_{GS} = \pm 0{,}5\ \text{V}$; $\Delta U_{DS} = \pm 4{,}0\ \text{V}$.

c) Der Tiefpaß verhindert eine Gegenkopplung der Wechselspannung; die Gleichspannungsverhältnisse werden nicht geändert.

L 1.93. I_D' läßt sich nicht einzeichnen; deshalb Widerstandsgerade mit U_B und einem beliebigen Punkt, der der Geradengleichung genügt, zeichnen;

z. B. $I_{Dx} = 15\ \text{mA}$; $\Delta U_{DS} = I_{Dx}R_D = 18\ \text{V}$

a) $U_{DSx} = U_B - \Delta U_{DS} = 6\ \text{V}$;
$U_{GS0} = U_{DS0} \approx \underline{10{,}5\ \text{V}}$; $I_{D0} \approx \underline{11{,}3\ \text{mA}}$

b) Mögliche Aussteuerungsgrenzen sind
U_{GS}: $-11{,}3$ V und -6 V
U_{DS}: -7 V und -23 V
Für symmetrische Aussteuerung ist
$\Delta U_{GS} = \pm 0{,}8\ \text{V}$; $\Delta U_{DS} = \pm 3{,}7\ \text{V}$.

L 1.94. $V_u = \underline{-9}$; $Z_2 = \underline{1{,}8\ \text{k}\Omega}$;
$Z_1 \approx \underline{2{,}2\ \text{M}\Omega}$; $C_e = \underline{18{,}5\ \text{pF}}$

L 1.95. $V_u = \underline{-3{,}83}$; $Z_2 = \underline{23{,}5\ \text{k}\Omega}$

L 1.96. $V_u = \underline{0{,}796}$; $C_e = \underline{2{,}02\ \text{pF}}$;
$Z_2 = \underline{79\ \Omega}$; $C_a = \underline{1{,}76\ \text{pF}}$

L 1.97.

U_{GS} in V	+2	0	−4	−6
R_{DS1} in kΩ	0,25	0,3	0,7	2,0
R_{DS2} in kΩ	–	$>10^4$	$>10^4$	1,4

U_{GS} in V	−8	−10	−12
R_{DS1} in kΩ	25	$>10^4$	$>10^4$
R_{DS2} in kΩ	0,4	0,25	0,2

L 1.98.

a) $U_{GS} = 0\ \text{V}$; $R_{DS} = 0{,}3\ \text{k}\Omega$;
$U_O/U_I = \underline{0{,}057}$; $U_{GS} = -10\ \text{V}$;
$R_{DS} > 10^4\ \text{k}\Omega$; $U_O/U_I = \underline{1}$

b) $U_{GS} = 0\ \text{V}$; $R_a \| R_{DS} = 0{,}283\ \text{k}\Omega$;
$U_O/U_I = \underline{0{,}054}$; $U_{GS} = -10\ \text{V}$;
$R_a \| R_{DS} = R_a$; $U_O/U_I = \underline{0{,}5}$

L 1.99.

$U_{GS} = 0\ \text{V}$; $R_{DS} = 0{,}3\ \text{k}\Omega$; $U_O/U_I = \underline{0{,}94}$;
$U_{GS} = -8\ \text{V}$; $R_{DS} > 10^4\ \text{k}\Omega$; $U_O/U_I \approx \underline{0}$

L 1.100.

$$\frac{U_O}{U_I} = \frac{R_a \| R_{DS2}}{(R_a \| R_{DS2}) + R_{DS1}};$$

$U_{GS} = 0$; $R_{DS1} = 0{,}3\ \text{k}\Omega$; $R_{DS2} > 10^4\ \text{k}\Omega$;
$U_O/U_I = \underline{0{,}77}$; $U_{GS} = -12\ \text{V}$;
$R_{DS1} > 10^4\ \text{k}\Omega$; $R_{DS2} = 0{,}2\ \text{k}\Omega$; $U_O/U_I \approx \underline{0}$

L 1.101.

	I_B in µA	10	20	40	80
a)	I_C in mA	1,6	3,5	8,0	18,4
b)	I_C in mA	1,7	3,7	8,6	20,2

L 1.102. Kontrollwerte: 20 V, 15 mA; 15 V, 20 mA; 10 V, 30 mA

L 1.103. a) $I_C = I_{C\max} = \underline{100\text{ mA}}$
b) $I_C = \underline{20\text{ mA}}$ c) $I_C = \underline{8\text{ mA}}$

L 1.104. Kontrollwerte:

	I_B in µA	20	40	60	80
a)	I_C in mA	3,5	8,2	13,5	18,8
b)	I_C in mA	4,0	9,1	15,2	22,4

L 1.105.

		a) 7	b) 38	c) 67
I_B	in µA	a) 7	b) 38	c) 67
U_{BE}	in mV	640	700	710

L 1.106. Die Arbeitsgerade schneidet die Achsen bei $U_{CE} = 18$ V und $I_C' = 12$ mA; $I_{C0} = \underline{5{,}3\text{ mA}}$; $I_{B0} = \underline{26\ \mu\text{A}}$; $U_{BE0} = \underline{680\text{ mV}}$

L 1.107.

		a)	b)	c)	d)	e)
I_{C0}	in mA	0	1,9	8,6	10,6	11,8
U_{CE0}	in V	18	15	5	2	0,3

L 1.108. A 1.106: $R_B = \underline{665\text{ k}\Omega}$
A 1.107: a) $\underline{\infty}$; b) $\underline{1{,}73\text{ M}\Omega}$; c) $\underline{433\text{ k}\Omega}$; d) $\underline{346\text{ k}\Omega}$; e) $\underline{173\text{ k}\Omega}$

L 1.109. $I_C' = 4{,}17$ mA; $U_B/(U_B - U_{CE0}) = I_C'/I_{C0}$; $I_{C0} = \underline{1{,}95\text{ mA}}$; $I_{B0} = I_{C0}/B = \underline{32{,}5\ \mu\text{A}}$; $R_B = \underline{0{,}44\text{ M}\Omega}$, gewählt: $R_B = \underline{430\text{ k}\Omega}$ (E 24)

L 1.110. Mit $R_B = 430\text{ k}\Omega \pm 21{,}5\text{ k}\Omega$ aus L 1.109 und $B = 40...80$ wird: $I_{C0\min} = 1{,}27$ mA; $I_{C0\max} = 2{,}80$ mA; nach Bild L 1.19 gilt $\dfrac{U_B}{U_B - U_{CE0}} = \dfrac{I_C'}{I_{C0}}$;

$U_{CE0} = U_B\left(1 - \dfrac{I_{C0}}{I_C'}\right)$; $U_{CE0\max} = \underline{10{,}44\text{ V}}$; $U_{CE0\min} = \underline{4{,}93\text{ V}}$

L 1.111. $R_C = \underline{2{,}7\text{ k}\Omega}$ (E 24); $R_E = 790\ \Omega$, gew. $\underline{820\ \Omega}$ (E 24); $R_1 = 388$ kΩ, gew. $\underline{390\text{ k}\Omega}$ (E 24)

L 1.112. $R_C = \underline{2{,}7\text{ k}\Omega}$ (E 24); $R_E = 790\ \Omega$, gew. $\underline{820\ \Omega}$ (E 24); $R_1 = 64{,}7$ kΩ, gew. $\underline{65\text{ k}\Omega}$ (E 48); $R_2 = 18{,}4$ kΩ, gew. $\underline{18\text{ k}\Omega}$ (E 24)

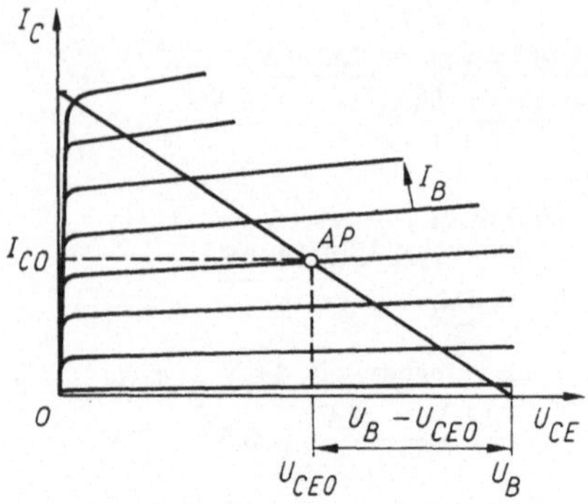

Bild L 1.19. Lage des Arbeitspunktes am Analogverstärker (A 1.110)

L 1.113. $I_{C0} = \underline{1{,}94\text{ mA}}$; $I_{B0} = \underline{32\ \mu\text{A}}$; $R_1 = 229$ kΩ, gew. $\underline{240\text{ k}\Omega}$ (E 24)

L 1.114. $I_{C0} = \underline{1{,}82\text{ mA}}$; $I_{B0} = \underline{30\ \mu\text{A}}$; $R_1 = 60$ kΩ, gew. $\underline{59\text{ k}\Omega}$ (E 48); $R_2 = 7{,}7$ kΩ, gew. $\underline{7{,}5\text{ k}\Omega}$ (E 24)

L 1.115. *zur Schaltung nach Bild 1.57:*
$I_{C0\min} = \underline{1{,}33\text{ mA}}$; $I_{C0\max} = \underline{2{,}66\text{ mA}}$; $U_{CE0\max} = \underline{10{,}2\text{ V}}$; $U_{CE0\min} = \underline{5{,}43\text{ V}}$. Die Abweichung vom Sollwert beträgt +27,5% bzw. −32,1%.

zur Schaltung nach Bild 1.59:
Durch Ableitung gemäß Anleitung erhält man

$$U_{CE0} = \frac{U_B R_1 + U_{BE0} R_C (B + 1)}{R_1 + R_C (B + 1)};$$

$B = 80$: $U_{CE0\min} = \underline{7{,}15\text{ V}}$; $B = 40$: $U_{CE0\max} = \underline{9{,}55\text{ V}}$. Die Abweichung vom Sollwert beträgt +19,4% bzw. −10,6%.

L 1.116. $R_E = 600\ \Omega$, gew. $\underline{620\ \Omega}$ (E 24); $R_1 = 21{,}2$ kΩ, gew. $\underline{22\text{ k}\Omega}$ (E 24); $R_2 = 40{,}2$ kΩ, gew. $\underline{43\text{ k}\Omega}$ (E 24)

L 1.117. $h_{11e} \approx \underline{5\text{ k}\Omega}$; $h_{21e} \approx \underline{210}$; $h_{22e} \approx \underline{78\ \mu\text{S}}$

L 1.118. $h_{11c} = \underline{6{,}9\text{ k}\Omega}$; $h_{12c} = \underline{1}$; $h_{21c} = \underline{-511}$; $h_{22c} = \underline{64\ \mu\text{S}}$

L 1.119. $\Delta h_e = \underline{0{,}233}$; $h_{11b} = \underline{13{,}5\ \Omega}$; $h_{12b} = \underline{4{,}55 \cdot 10^{-4}}$; $h_{21b} = \underline{-0{,}998}$; $h_{22b} = \underline{0{,}125\ \mu\text{S}}$

L 1.120. $R_a = 2{,}12\,\text{k}\Omega$; $\Delta h = 70 \cdot 10^{-3}$; $Z_1 = \underline{2{,}21\,\text{k}\Omega}$; $Z_2 = \underline{24\,\text{k}\Omega}$; $V_i = \underline{108}$; $V_u = \underline{-104}$; $V_p = \underline{11{,}2 \cdot 10^3}$

L 1.121. $R_g = 4250\,\Omega$; $R_a = 383\,\Omega$; $Z_1 = \underline{48{,}26\,\text{k}\Omega}$; $Z_2 = \underline{55\,\Omega}$; $V_i = \underline{-120}$; $V_u = \underline{0{,}953}$; $V_p = \underline{114}$

L 1.122. $U_B = \underline{12\,\text{V}}$; $I_{C0} = \underline{40\,\text{mA}}$; $U_{CE0} = \underline{12\,\text{V}}$; $I_{B0} = \underline{300\,\mu\text{A}}$; $R_1 = \underline{4{,}7\,\text{k}\Omega}$; $R_2 = \underline{0{,}286\,\text{k}\Omega}$; $P_C = \underline{480\,\text{mW}}$; $R_L = \underline{300\,\Omega}$; $\ddot{u} = \underline{6}$; $P_{a\,max} = \underline{216\,\text{mW}}$; $\eta = \underline{0{,}45} \triangleq \underline{45\%}$

L 1.123. $R_L = \underline{6\,\Omega}$; $\tilde{P}_{a\,max} = \underline{24\,\text{W}}$; $P_{Cges} = \underline{34{,}4\,\text{W}}$; $\eta = \underline{0{,}69} \triangleq \underline{69\%}$

L 1.124. a) $U_B = \underline{16\,\text{V}}$ b) $U_{CE0} = \underline{0{,}83\,\text{V}}$; $U_{BE0} = \underline{0{,}83\,\text{V}}$; $I_{B0} = \underline{0{,}6\,\text{mA}}$; $I_{C0} = \underline{76\,\text{mA}}$ c) $k = \underline{1{,}67}$; $I_{Cx} = \underline{78\,\text{mA}}$ d) bei U_{CE0}: $P_{V0} = \underline{63\,\text{mW}}$; bei U_{CEx}: $P_{Vx} = \underline{25\,\text{mW}}$ e) $P_{V\,max} = \underline{320\,\text{mW}}$

L 1.125. Gl. (1.170); $U_{Ix} \geqq \underline{1{,}87\,\text{V}}$
Gl. (1.169); $U_{Iy} \leqq \underline{0{,}55\,\text{V}}$

L 1.126.
a) Gl. (1.171) nach R_1 umstellen; $R_1 = \underline{2\,\text{k}\Omega}$
b) Gl. (1.172); $U_{Iy} \leqq \underline{0{,}75\,\text{V}}$

L 1.127. (Bild L 1.20)
$\vartheta > 80\,°\text{C}$: R_2 ist vom Thermometer kurzgeschlossen; der Transistor muß durchgesteuert sein.

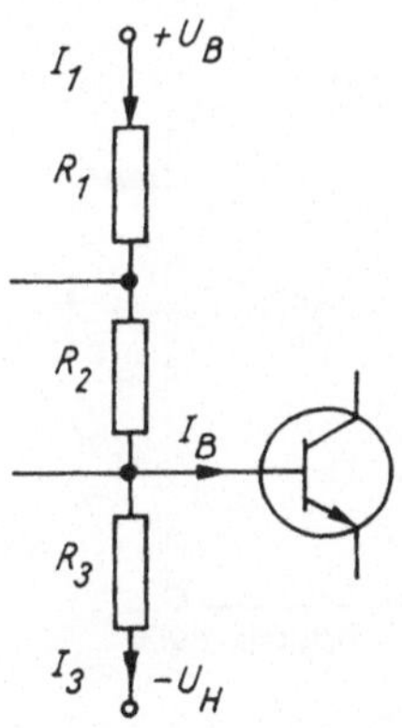

Bild L 1.20. Teilschaltung zum Schaltverstärker des Zweipunkt-Temperaturreglers (A 1.127)

$I_C = 80\,\text{mA}$; $I_{Bx} = kI_C/B = 5\,\text{mA}$; $U_{BEx} \approx 0{,}8\,\text{V}$; $I_3 = \dfrac{U_{BE} - U_H}{R_3} = 0{,}68\,\text{mA}$; $I_1 = I_{Bx} + I_3 \approx 5{,}68\,\text{mA}$; $R_1 = \dfrac{U_B - U_{BEx}}{I_1} = 4{,}08\,\text{k}\Omega$, gewählt $R_1 = \underline{3{,}9\,\text{k}\Omega}$ (E 24).

$\vartheta < 80\,°\text{C}$: Der Transistor muß gesperrt sein; $I_C = 0$; $I_B = 0$; $U_{BE} \leqq 0$, gewählt $U_{BE} \approx -1\,\text{V}$; $I_1 = I_3 \leqq \dfrac{U_{BE} - U_H}{R_3} \leqq 0{,}7\,\text{mA}$;

$$R_1 + R_2 \geqq \frac{U_B - U_{BE}}{I_1} \geqq 35{,}7\,\text{k}\Omega;$$

$R_2 \geqq (35{,}7 - 3{,}9)\,\text{k}\Omega \geqq 31{,}8\,\text{k}\Omega$, gewählt $R_2 = \underline{33\,\text{k}\Omega}$

L 1.128. a) *H-Signal* am Eingang: $U_{Ix} = 2{,}5\,\text{V}$; T_1 und T_2 durchgesteuert. Für die durchgesteuerten Transistoren wird angesetzt: $U_{BE} = 0{,}7\,\text{V}$, $U_{CE} = 0{,}2\,\text{V}$; $I_{B1} = \dfrac{(2{,}5 - 0{,}7)\,\text{V}}{22\,\text{k}\Omega} = \underline{82\,\mu\text{A}}$;

$$I_{C1} = \frac{(12 - 0{,}2)\,\text{V}}{3{,}3\,\text{k}\Omega} = 3{,}58\,\text{mA};$$

$k = \dfrac{I_{B1}B}{I_{C1}} = \underline{2{,}3}$. *L-Signal* am Eingang: $I_B = \underline{0}$; $I_1 = -0{,}1\,\text{mA}$

b) *H-Signal* am Eingang: $U_{Ix} = 2{,}5\,\text{V}$; T_1 und T_2 durchgesteuert.

$$I_{B2} = \frac{U_B - U_{BE2} - U_{CE1}}{R_4} = \underline{0{,}180\,\text{mA}};$$

$$I_{C2} = \frac{U_B - U_{CE2} - U_H}{R_5 + R_6} = \underline{5{,}93\,\text{mA}};$$

$$U_0 = U_B - U_{CE2} - I_{C2}R_5 = \underline{5{,}87\,\text{V}}.$$

L-Signal am Eingang, T_1 und T_2 sind gesperrt.
$I_{B2} = \underline{0}$; $I_{C2} = \underline{0}$; $U_0 = U_H = \underline{-6\,\text{V}}$

L 1.129.

E_v in lx	0,01	0,1	0,2	0,3	0,4	0,5
R_F in kΩ	190	33	20	15	12	10
E_v in lx	0,6	0,8	1,0	10	100	
R_F in kΩ	8,8	7,1	6,0	1,1	0,19	

L 1.130.

Aus $\dfrac{R_2}{R_1} = \dfrac{KE_2^{-\gamma}}{KE_1^{-\gamma}}$ erhält man

$$\gamma = \frac{\lg R_2 - \lg R_1}{\lg E_1 - \lg E_2};\quad \gamma = \underline{0{,}6};\quad K = \underline{10^4\,\Omega}$$

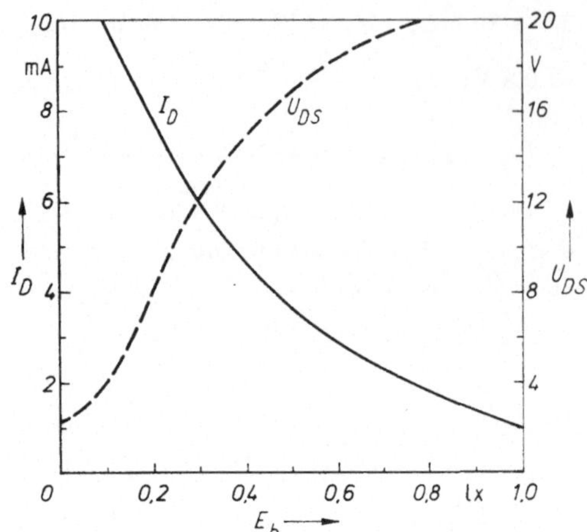

Bild L 1.21. Strom- und Spannungswerte des FET-Verstärkers in einer opto-elektronischen Schaltung (A 1.132)

L 1.131. $E_{v1} = \underline{4{,}63 \cdot 10^{-4}\,\text{lx}}$; $E_{v2} = \underline{7{,}44\,\text{lx}}$

L 1.132. (Bild L 1.21)

Es lassen sich nur Beleuchtungsstärken zwischen 0,1 und 1 lx erfassen; $R_F = f(E_v)$ siehe Aufg. 1.129!

Kontrollwerte:			
E_v in lx	0,1	0,5	1,0
U_{GS} in V	10,15	7,52	6,0
U_{DS} in V	2,3	16,5	23,0
I_D in mA	9,8	3,7	1,0

L 1.133. $I_p = sAE_v/K = \underline{105\,\mu\text{A}}$

L 1.134. Leerlauf: $I_p = 0$; U_p auf der Abszissenachse ablesen. Kurzschluß: $U_p = 0$; I_p auf der Ordinatenachse ablesen.

E_v in lx	500	2000	4000	10000
U_p in mV	60	115	135	≈ 145
I_p in µA	35	160	315	—

L 1.135.

I_p in µA	60	125	300	1000
E_v in lx	600	1350	3600	12000 (geschätzt)
E_e in mW/cm²	2,9	6,4	17,1	57

L 1.136. Die Widerstandskennlinie geht durch den Koordinatenursprung und beispielsweise die Koordinate 100 mV, 250 µA; Bild L 1.22

L 1.137. a) Die Widerstandskennlinie schneidet die Achsen bei $U_p = 50$ V und $I_p = 250\,\mu$A.

b)

E_v in lx	0	500	1000	2000	3000	4000
I_p in µA	0	45	100	170	250	250
U_L in V	0	9	20	34	50	50

L 1.138.

a) $R_{L1} \approx 400$ kΩ, gew. $\underline{390\,\text{k}\Omega}$ (E 24)

b) $R_{L2} \approx 76$ kΩ, gew. $\underline{75\,\text{k}\Omega}$ (E 24)

L 1.139. a) Bild L 1.23 b) Bild L 1.24

L 1.140.

$$R_v = \frac{(U_B - U_F)\,U_F}{0{,}4\,P_{tot}} = 875{,}5\,\Omega,\ \text{gew.}\ \underline{910\,\Omega}$$

L 1.141. a) $t = \underline{30 \cdot 10^3\,\text{h}} \approx \underline{3{,}5\ \text{Jahre}}$

b) $t = \underline{90 \cdot 10^3\,\text{h}} \approx \underline{10\ \text{Jahre}}$

L 1.142. Stromstärke je Segment und Punkt $I_1 \approx 0{,}7P_{tot}/(8 \cdot 3{,}6\,\text{V}) = 10$ mA;
Vorwiderstände für die Segmente
$R_{Vs} = \underline{140\,\Omega}$, gew. $\underline{150\,\Omega}$;

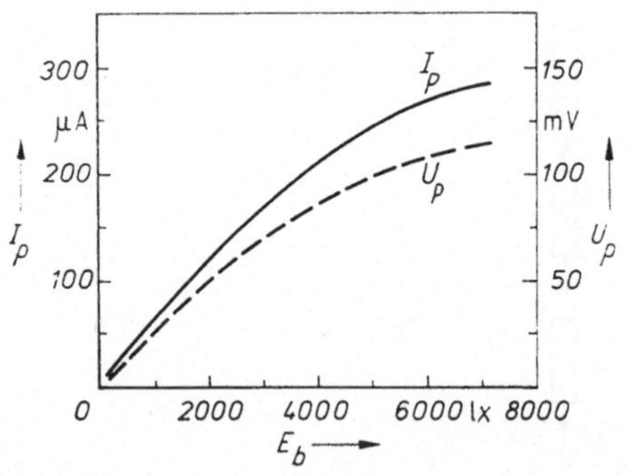

Bild L 1.22. Fotostrom und Fotospannung an einer als Element betriebenen Fotodiode (A 1.136)

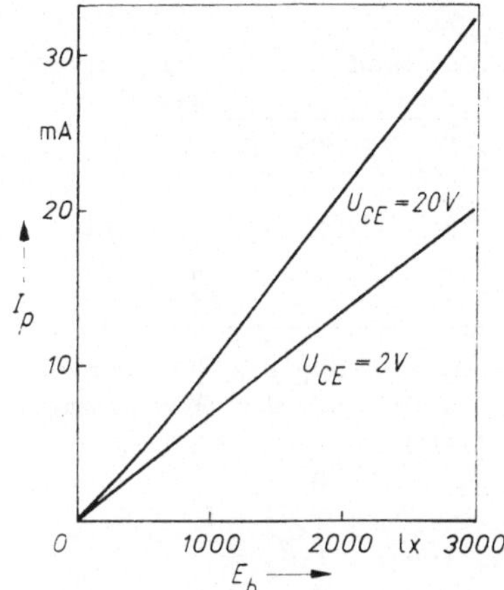

Bild L 1.23. Kennlinien eines Fototransistors in linearer Darstellung (A 1.139a)

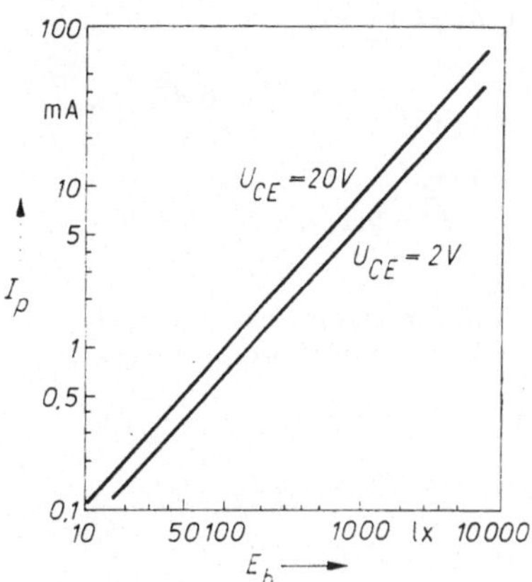

Bild L 1.24. Kennlinien eines Fototransistors in logarithmischer Darstellung (A 1.139b)

Vorwiderstand für den Punkt

$R_{Vp} = \underline{320\,\Omega}$, gew. $\underline{330\,\Omega}$

L 1.143. IG 2 (MSI); analoge, bipolare IC

L 1.144. $V_{u0} = \underline{2 \cdot 10^5}$; $V_{gl} = \underline{16\text{ dB}} = \underline{6{,}3}$

L 1.145. a) $V_u = 10^{v_u/26} = 20$; $R_1 = \underline{2\text{ k}\Omega}$; $R_2 = \underline{40\text{ k}\Omega}$; $R_3 \approx \underline{1{,}9\text{ k}\Omega}$

b) $U_{\text{I max}} = \underline{\mp 0{,}5\text{ V}}$

c) $C_{k1} = \underline{47\text{ nF}}$; $C_{k2} = \underline{1{,}5\text{ nF}}$; $R_{k1} = \underline{27\,\Omega}$; $R_{k2} = \underline{270\,\Omega}$

L 1.146. a) Bild L 1.25

b) Allgemein gilt $V_u = 1 + R_2/R_1$

$= \dfrac{R_1 + R_2}{R_1}$; $R_1 = 10\text{ k}\Omega/V_u$

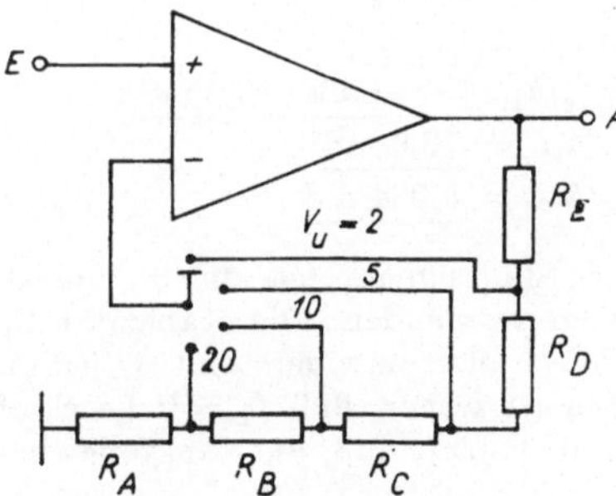

Bild L 1.25. Umschaltung der Verstärkung eines nichtinvertierenden Operationsverstärkers (A 1.146)

V_u	R_1	R_2
20	$\underline{R_A = 0{,}5\text{ k}\Omega}$	$R_B + R_C + R_D + R_E$
10	$R_A + R_B = 1\text{ k}\Omega$	
5	$R_A + R_B + R_C = 2\text{ k}\Omega$	
2	$R_A + R_B + R_C + R_D = 5\text{ k}\Omega$	
		$\underline{R_E = 5\text{ k}\Omega}$
	$\underline{R_B = 0{,}5\text{ k}\Omega}$; $\underline{R_C = 1\text{ k}\Omega}$;	$\underline{R_D = 3\text{ k}\Omega}$

c) $v_{u\,\text{min}} = 20 \cdot \lg 2 = 6\text{ dB}$; $C_{k1} = \underline{4{,}7\text{ nF}}$; $R_{k1} = \underline{1{,}5\text{ k}\Omega}$; $C_{k2} = \underline{220\text{ pF}}$

L 1.147. Der Gegenkopplungswiderstand werde mit R_5, die Eingangswiderstände mit $R_1 \ldots R_4$ bezeichnet.

a) $R_1 = R_5/2 = \underline{16{,}5\text{ k}\Omega}$; $R_2 = \underline{3{,}3\text{ k}\Omega}$; $R_3 = R_4 = \underline{11\text{ k}\Omega}$

b) $U_0 = -(2 + 10 + 3 + 3)\,U_I$; $U_{\text{I max}} = \underline{\mp 0{,}5\text{ V}}$

L 1.148. (Bild 1.94)

$R_2/R_1 = U_0/U_{I2} = 4$; $R_1 = R_3 = R_4 = \underline{1{,}25\text{ k}\Omega}$

L 1.149. IG 2 (MSI); analoge, bipolare IC mit unipolarer Komponente

L 1.150. $R_2 = 5{,}035\text{ k}\Omega$; $R_1 = 2{,}115\text{ k}\Omega$. Man setzt den Teiler aus den Festwiderständen $\underline{4{,}9\text{ k}\Omega}$ und $\underline{2{,}0\text{ k}\Omega}$ (E 48) und einem Potentiometer $\underline{250\,\Omega}$ zusammen.

$I_{L\,max} = 500\ mW/(13{,}5\ V - 5\ V) = 58\ mA$,
$R_s = \underline{12\ \Omega}$; $R_3 = \underline{1{,}5\ k\Omega}$

L 1.151. a) $U_{Bmin} = 18\ V \triangleq 0{,}8 U_{Bnenn}$; $U_{Bnenn} = \underline{22{,}5\ V}$; $U_{Bmax} = 27\ V$
b) $I_{L\,max} = \underline{33\ mA}$
c) $R_1 + R_2 = 14{,}9\ k\Omega$; $R_2 = \underline{7{,}15\ k\Omega}$; $R_1 = 7{,}75\ k\Omega$

Man teilt R_1 auf in einen Festwiderstand von $\underline{7{,}5\ k\Omega}$ (E 24) und ein Potentiometer $\underline{1\ k\Omega}$.
$R_s = \underline{21\ \Omega}$; $R_3 = \underline{3{,}6\ k\Omega}$

L 1.152. $B \geqq \underline{30}$; $R_s = \underline{0{,}7\ \Omega}$

L 1.153.
a) $W = \underline{3\ V}$

	Logik	Pegel	Signalwert
b)	negativ	0...−2 V H	«0»
		−5...−9 V L	«1»
c)	positiv	0...−2 V H	«1»
		−5...−9 V L	«0»

L 1.154. $M_H = 2{,}4\ V - 2\ V = \underline{0{,}4\ V}$; $M_L = 0{,}8\ V - 0{,}4\ V = \underline{0{,}4\ V}$;
$W = \underline{1{,}2\ V}$ für Input; $W = \underline{2\ V}$ für Output

L 1.155. *1:* $Pt = 10^3 \cdot 10^{-9}\ s \cdot 10^{-6}\ W = 10^{-12}\ W\,s = 1\ pW\,s = \underline{1\ pJ}$;
2: $\underline{100\ pJ}$; *3:* $\underline{20\ pJ}$; *4:* $\underline{50\ pJ}$;
5: $\underline{150\ pJ}$; *6:* $\underline{300\ pJ}$; *7:* $\underline{1...25\ pJ}$

L 1.156.

Eingangspegel		Zustand		Ausgangspegel
E1	E2	T1	T2	A
L	L	N	—	H
H	L	N	—	H
L	H	N	—	H
H	H	I	+	L

Es bedeuten N: Normalbetrieb; I: Inversbetrieb; —: gesperrt; +: durchgesteuert

L 1.157.

Eingangspegel		Zustand		Ausgangspegel
E1	E2	T1	T2	A
H	H	—	—	$L = -U_B$
L	H	+	—	H = 0 V
H	L	—	+	H
L	L	+	+	H

L 1.158.

Eingangspegel		Zustand				Ausgangspegel
E1	E2	T1	T2	T3	T4	A
L	L	—	+	—	+	$H = +U_B$
H	L	+	—	—	+	L = 0 V
L	H	—	+	+	—	L
H	H	+	—	+	—	L

L 2.1. Die Anwendung des Knotenpunktsatzes «$\sum I = 0$» und des Maschensatzes «$\sum U = 0$» ergibt:

K_1: $I_1 + I_2 - I_3 = 0$
M_1: $-U_1 + I_1 R_1 + I_3 R_3 = 0$
M_2: $-U_2 + I_2 R_2 + I_3 R_3 = 0$

Nach Eliminieren von I_3 sind die verbleibenden zwei Gleichungen in die Form der Gl. (2.1) zu bringen:

$$\begin{pmatrix} U_1 \\ U_2 \end{pmatrix} = \begin{pmatrix} R_1 + R_3 & R_3 \\ R_3 & R_2 + R_3 \end{pmatrix} \cdot \begin{pmatrix} I_1 \\ I_2 \end{pmatrix}$$

L 2.2. Gl. (2.1) wird auf beiden Seiten von links mit der Kehrmatrix $(z)^{-1}$ multipliziert:

$$(z)^{-1} \cdot \begin{pmatrix} u_1 \\ u_2 \end{pmatrix} = (z)^{-1} \cdot (z) \cdot \begin{pmatrix} i_1 \\ i_2 \end{pmatrix}$$

$(z)^{-1} \cdot (z)$ ergibt die Einheitsmatrix $(E) = \begin{pmatrix} 1 & 0 \\ 0 & 1 \end{pmatrix}$. Somit ist die Leitwertform [Gl. (2.2)] hergestellt. Dabei ist $(y) = (z)^{-1}$. Mit den Gln. (2.5) und (2.6) ergibt sich:

$$(y) = \frac{1}{(R_1 + R_3)(R_2 + R_3) - R_3^2} \times \begin{pmatrix} R_2 + R_3 & -R_3 \\ -R_3 & R_1 + R_3 \end{pmatrix}$$

L 2.3. Aus Tab. 2.2 folgt:

$y_{11e} = 1/h_{11e} = \underline{0{,}145\ mS}$;
$y_{12e} = -h_{12e}/h_{11e} = \underline{-0{,}59 \cdot 10^{-4}\ mS}$;
$y_{21e} = h_{21e}/h_{11e} = \underline{73{,}9\ mS}$;
$y_{22e} = \Delta h_e/h_{11e} = \underline{0{,}034\ mS}$

L 2.4. Für Sinussignale ist die komplexe Rechnung zu verwenden. Die Kapazität C_k hat den Wechselstromwiderstand $1/(j\omega C_k)$. Zu beachten ist ferner, daß $I_2 = 0$ Leerlauf und $U_2 = 0$ Kurzschluß am Ausgang bedeuten.

$\underline{a}_{11} = [R_k + 1/(j\omega C_k)]/R_k = 1 + 1/(j\omega C_k R_k)$
$\underline{a}_{12} = -1/(j\omega C_k)$; hier gilt $I_1 = -I_2$
$\underline{a}_{21} = 1/R_k$; $\underline{a}_{22} = -1$

Die Kettenmatrix lautet damit:

$$(\underline{a}) = \begin{pmatrix} 1 + 1/(j\omega C_k R_k) & -1/(j\omega C_k) \\ 1/R_k & -1 \end{pmatrix}$$

L 2.5. Die Lösung entspricht dem Bild 2.4b), wobei folgende Zuordnungen zu beachten sind:

Masseleitung $\triangleq$ Emitter
linker oberer Anschluß $\triangleq$ Basis
rechter oberer Anschluß $\triangleq$ Kollektor

L 2.6. Nach KIRCHHOFF ergibt sich:

$I_1 = U_1 Y_1 + I_3$ (1)

$I_2 + I_3 = U_1 Y_4 + U_2 Y_2$ (2)

$U_1 - U_2 - I_3/Y_3 = 0$ (3)

Nach Elimination von I_3 ist das Gleichungssystem in die Form der Gl. (2.2) zu bringen. Der nachfolgende Koeffizientenvergleich ergibt:

$Y_{11} = Y_1 + Y_3$; $Y_{12} = -Y_3$;
$Y_{21} = Y_4 - Y_3$; $Y_{22} = Y_2 + Y_3$.

Damit wird:

$Y_1 = Y_{11} + Y_{12} \approx Y_{11}$;
$Y_2 = Y_{22} + Y_{12} \approx Y_{22}$;
$Y_3 = -Y_{12}$; $Y_4 = Y_{21} - Y_{12} \approx Y_{21}$

L 2.7. Mit den Ergebnissen von A 2.8 ergibt sich

$\underline{Y}_1 = \underline{Y}_{11} + \underline{Y}_{12} = (6{,}3 + j5{,}55)$ mS
$\underline{Y}_2 = \underline{Y}_{22} + \underline{Y}_{12} = (1{,}42 + j0{,}99)$ mS
$\underline{Y}_3 = -\underline{Y}_{12} = (0{,}3 + j1{,}75)$ mS
$\underline{Y}_4 = \underline{Y}_{21} - \underline{Y}_{12} = (23{,}8 - j1{,}75)$ mS

Die Ersatzschaltelemente berechnen sich wie folgt (Bild L 2.1):

$\underline{Y}_1 = 1/R_1 + j\omega C_1$
$R_1 = 158{,}7\ \Omega$; $C_1 = B_1/\omega = 8{,}8$ pF

Analog ergibt sich

$R_2 \approx 705\ \Omega$; $C_2 \approx 1{,}6$ pF; $R_3 \approx 9{,}3$ kΩ;
$C_3 \approx 2{,}8$ pF

L 2.8. Infolge Symmetrie ist $z_{11} = z_{22} = R_1 + R_3 = 3$ kΩ; infolge Umkehrbarkeit ist $z_{12} = z_{21} = R_3 = 2$ kΩ.

Aus Tab. 2.2 folgt:

$h_{11} = \Delta z/z_{22} = z_{11} - z_{12}^2/z_{11} = 1{,}67$ kΩ.

Nach Gl. (2.14) berechnet sich der Wellenwiderstand zu $Z_w = 2{,}24$ kΩ. $Z_1 = U_1/I_1$ errechnet sich aus der Widerstandskombination «T-Glied mit Z_w als Last»:

$Z_1 = R_1 + (R_2 + Z_w)\, R_3/(R_2 + Z_w + R_3)$
$= 2{,}24$ kΩ

Man erkennt: Wenn ein symmetrischer, umkehrbarer Vierpol mit seinem Wellenwiderstand abgeschlossen wird, dann hat der Eingangswiderstand den gleichen Betrag wie der Wellenwiderstand.

L 2.9. $R_C = (U_B - U_{CE})/I_C = 3$ kΩ; Lastwiderstand des Transistorvierpols ist $Z_L = R_C \parallel R_a$. Somit wird $Z_{L(1)} = 0$; $Z_{L(2)} = 1{,}5$ kΩ; $Z_{L(3)} = 3$ kΩ

a) Aus Tab. 2.3: $V_u = -h_{21e} Z_L/(\Delta h_e Z_L + h_{11e})$; $V_{u(1)} = 0$; $V_{u(2)} = -105{,}5$; $V_{u(3)} = -201{,}4$

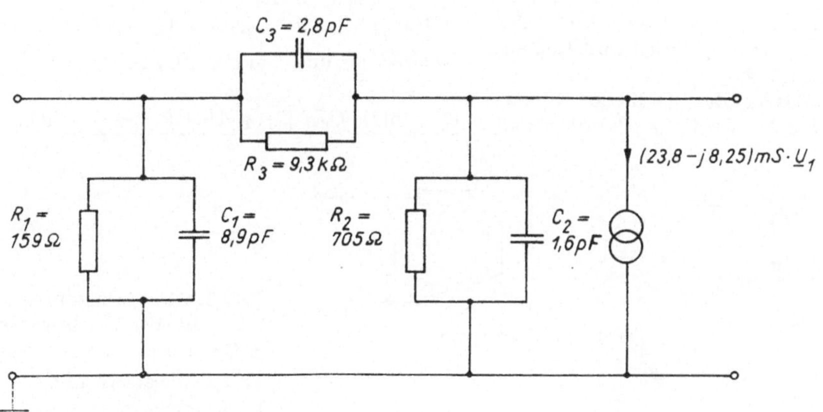

Bild L 2.1. π-Ersatzschaltbild

Die Minuszeichen besagen, daß eine Emitterstufe die Phase der Spannung um 180° dreht.

b) Aus Tab. 2.3: $Z_1 = h_{11e} - h_{12e}h_{21e}Z_L/(h_{22e}Z_L + 1)$, $Z_{1(1)} = h_{11e} = \underline{6{,}9\ \mathrm{k\Omega}}$; $Z_{1(2)} \approx \underline{6{,}6\ \mathrm{k\Omega}}$; $Z_{1(3)} \approx \underline{6{,}4\ \mathrm{k\Omega}}$

Man erkennt: Mit hinreichender Genauigkeit ist $Z_1 \approx h_{11e}$.

L 2.10. Mit Tab. 2.3 ergibt sich $U_1/U_2 = z_{11}/z_{21} + \Delta z/z_{21}Z_L$.

a) $Z_L \to \infty$: $U_1/U_2 = z_{11}/z_{21} = 1 + R_1/R_3$; $a_u = \ln 1{,}5 = \underline{0{,}41\ \mathrm{Np}}$

b) $Z_L = 2{,}24\ \mathrm{k\Omega}$: $U_1/U_2 = 1 + R_1/R_3 + \sqrt{(1 + R_1/R_3)^2 - 1} = 2{,}618$; $a_u = \underline{0{,}96\ \mathrm{Np}}$

L 2.11. Aus L 2.1 folgt für $R_2 = R_3 = 0$: $(z)_{R_E} = \begin{pmatrix} R_E & R_E \\ R_E & R_E \end{pmatrix}$. Mit Tab. 2.2 wird $(z)_T = \begin{pmatrix} \Delta h/h_{22} & h_{12}/h_{22} \\ -h_{21}/h_{22} & 1/h_{22} \end{pmatrix}$. Für Reihenschaltung gilt nach Tafel 2.1:

$$(z)_T{}^* = (z)_T + (z)_{R_E} = \begin{pmatrix} \Delta h/h_{22} + R_E & h_{12}/h_{22} + R_E \\ -h_{21}/h_{22} + R_E & 1/h_{22} + R_E \end{pmatrix}$$

Damit wird:

$h_{21}^* = -z_{21}/z_{22} = \underline{(h_{21} - h_{22}R_E)/(1 + h_{22}R_E)}$

$h_{11}^* = \Delta z/z_{22} \approx \underline{h_{11} + R_E(1 + h_{21})/(1 + h_{22}R_E)}$

Diskussion: Im allgemeinen ist $h_{22}R_E \ll 1$, so daß überschläglich mit $h_{21}^* \approx h_{21}$ und $h_{11}^* \approx h_{11} + R_E(1 + h_{21})$ gerechnet werden **kann.**

L 2.12. a) Zerlegungsvarianten sind hier Parallelschaltung [Bild L 2.2a)] und Reihenschaltung [Bild L 2.2b)].

b) Da die z-Matrix des T-Gliedes bereits bekannt ist (L 2.1), wird die Parallelschaltung verwendet: Für den Längswiderstand gilt mit $1/R = G$

$$(y)_- = \begin{pmatrix} G & -G \\ -G & G \end{pmatrix}$$

Für das T-Glied ergibt sich mit Tab. 2.2:

$$(y)_T = \begin{pmatrix} 2/3G & -1/3G \\ -1/3G & 2/3G \end{pmatrix}$$

Somit wird:

$$(y) = (y)_- + (y)_T = \begin{pmatrix} 5/3G & -4/3G \\ -4/3G & 5/3G \end{pmatrix}$$

L 2.13. $(y)_T{}^* = (y)_T + (y)_{R_P}$

$$= \begin{pmatrix} 1/h_{11} & -h_{12}/h_{11} \\ h_{21}/h_{11} & \Delta h/h_{11} \end{pmatrix} + \begin{pmatrix} 1/R_p & -1/R_p \\ -1/R_p & 1/R_p \end{pmatrix}$$

$$(y)_T{}^* = \begin{pmatrix} 1/h_{11} + 1/R_p & -h_{12}/h_{11} - 1/R_p \\ h_{21}/h_{11} - 1/R_p & \Delta h/h_{11} + 1/R_p \end{pmatrix}$$

Infolge $h_{12} \approx 0$ wird $y_{11}^* = 1/h_{11} + 1/R_p = 1{,}14\ \mathrm{mS}$; $y_{22}^* \approx h_{22} + 1/R_p = 1{,}06\ \mathrm{mS}$; $\Delta y^* \approx h_{21}/R_p h_{11} = 73{,}9\ 1/\mathrm{k\Omega}^2$. Mit $R_C = 1{,}5\ \mathrm{k\Omega}$ wird

$Z_1{}^* = (y_{22}^* Z_L + 1)/(\Delta y^* Z_L + y_{11}^*) \approx \underline{23\ \Omega}$

L 2.14. a) Zweckmäßig ist die Zerlegung in drei gleiche T-Halbglieder. Die Kettenmatrix berechnet sich mit L 2.4 wie folgt:

$$(\underline{a}) = \begin{pmatrix} 1 + 1/j\omega CR & 1/j\omega C \\ 1/R & 1 \end{pmatrix} \times \begin{pmatrix} 1 + 1/j\omega CR & 1/j\omega C \\ 1/R & 1 \end{pmatrix} \times \begin{pmatrix} 1 + 1/j\omega CR & -1/j\omega C \\ 1/R & -1 \end{pmatrix}$$

Der gesuchte Parameter ist $\underline{a}_{11}$:

$$\underline{a}_{11} = [(1 + 1/j\omega CR)^2 + 1/j\omega CR]\,[1 + 1/j\omega CR] + [(1 + 1/j\omega CR)\,1/j\omega C + 1/j\omega C]\,1/R$$

Nach Real- und Imaginärteil geordnet:

$$\underline{a}_{11} = \underline{[1 - 5(1/\omega CR)^2] + j[(1/\omega CR)^3 - 6/\omega CR]}$$

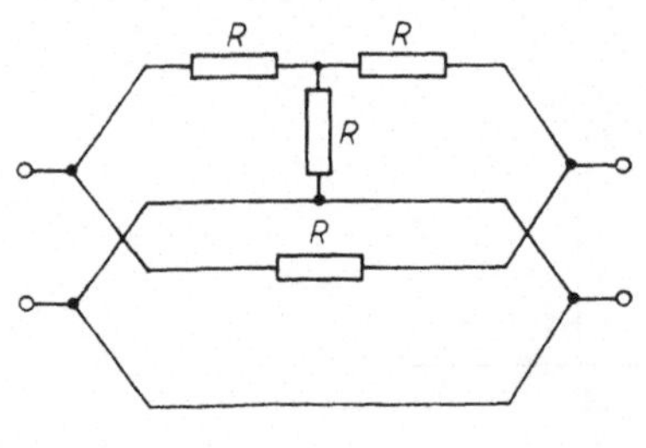

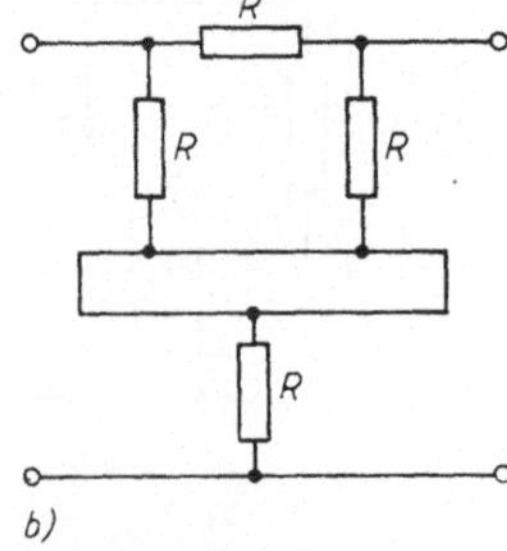

Bild L 2.2. Zerlegungsvarianten des überbrückten T-Gliedes
a) Parallelschaltung
b) Reihenschaltung

b) Aus Im $\{\underline{a}_{11}\} = 0$ folgt $\omega_0 = \underline{1/\sqrt{6}CR}$

L 2.15.

$$U_G Y_G = U_1(Y_G + Y_1) + (U_1 - U_2)\, Y_3$$
$$U_2 Y_2 = (U_1 - U_2)\, Y_3$$

Gleichungssystem geordnet:

$$U_G Y_G = (Y_G + Y_1 + Y_3)\, U_1 - Y_3 U_2$$
$$0 = -Y_3 U_1 + (Y_2 + Y_3)\, U_2$$

Der Vergleich mit der Matrixgleichung (2.18) ergibt:

$I_1 = U_G Y_G$; $I_2 = 0$ und $y_{11} = \underline{Y_G + Y_1 + Y_3}$; $y_{12} = \underline{-Y_3}$; $y_{21} = \underline{-Y_3}$; $Y_{22} = \underline{Y_2 + Y_3}$

L 2.16. a)

$$\begin{pmatrix} I_1 \\ I_2 \\ I_3 \\ I_4 \end{pmatrix} = \begin{pmatrix} Y_1 + Y_3 + Y_4 & -Y_3 & -Y_4 & -Y_1 \\ -Y_3 & Y_2 + Y_3 + Y_6 & -Y_6 & -Y_2 \\ -Y_4 & -Y_6 & Y_4 + Y_5 + Y_6 & -Y_5 \\ -Y_1 & -Y_2 & -Y_5 & Y_1 + Y_2 + Y_5 \end{pmatrix} \begin{pmatrix} U_1 \\ U_2 \\ U_3 \\ U_4 \end{pmatrix}$$

b) Für $U_3 = 0$ sind die 3. Zeile und die 3. Spalte zu streichen:

$$\begin{pmatrix} I_1 \\ I_2 \\ I_4 \end{pmatrix} = \begin{pmatrix} Y_1 + Y_3 + Y_4 & -Y_3 & -Y_1 \\ -Y_3 & Y_2 + Y_3 + Y_6 & -Y_2 \\ -Y_1 & -Y_2 & Y_1 + Y_2 + Y_5 \end{pmatrix} \cdot \begin{pmatrix} U_1 \\ U_2 \\ U_4 \end{pmatrix}$$

L 2.17. Aus Gl. (2.19) wird

$$\begin{pmatrix} i_B \\ i_C \\ i_E \end{pmatrix} = \begin{pmatrix} y_{11e} & y_{12e} & -(y_{11e} + y_{12e}) \\ y_{21e} & y_{22e} & -(y_{21e} + y_{22e}) \\ -(y_{11e} + y_{21e}) & -(y_{12e} + y_{22e}) & \sum y_e \end{pmatrix} \cdot \begin{pmatrix} u_{B0} \\ u_{C0} \\ u_{E0} \end{pmatrix}$$

$$\sum y_e = y_{11e} + y_{12e} + y_{21e} + y_{22e}$$

Kollektor an Masse gelegt (0 = C), ergibt:

$$\begin{pmatrix} i_B \\ i_E \end{pmatrix} = \begin{pmatrix} y_{11e} & -(y_{11e} + y_{12e}) \\ -(y_{11e} + y_{21e}) & \sum y_e \end{pmatrix} \cdot \begin{pmatrix} u_{BC} \\ u_{EC} \end{pmatrix}$$

Damit ist

$y_{11C} = \underline{y_{11e}}$; $y_{12C} = \underline{-(y_{11e} + y_{12e}) \approx -y_{11e}}$; $y_{21C} = \underline{-(y_{11e} + y_{21e}) \approx -y_{21e}}$; $y_{22} = \underline{\sum y_e \approx y_{21e}}$

L 2.18.

$$(y)_T^0 = \begin{pmatrix} y_{11} & 0 & -y_{11} & 0 \\ y_{21} & y_{22} & -(y_{21} + y_{22}) & 0 \\ -(y_{11} + y_{21}) & -y_{22} & y_{11} + y_{21} + y_{22} & 0 \\ 0 & 0 & 0 & 0 \end{pmatrix}$$

$$(y)_{R_E}^0 = \begin{pmatrix} 0 & 0 & 0 & 0 \\ 0 & 0 & 0 & 0 \\ 0 & 0 & Y_E & -Y_E \\ 0 & 0 & -Y_E & Y_E \end{pmatrix} \qquad (y)_{R_C}^0 = \begin{pmatrix} 0 & 0 & 0 & 0 \\ 0 & Y_C & 0 & -Y_C \\ 0 & 0 & 0 & 0 \\ 0 & -Y_C & 0 & Y_C \end{pmatrix}$$

Die Addition der drei Matrizen ergibt

$$(y)^0 = \begin{pmatrix} y_{11} & 0 & -y_{11} & 0 \\ y_{21} & Y_C + y_{22} & -(y_{21}+y_{22}) & -Y_C \\ -(y_{11}+y_{21}) & -y_{22} & Y_E + y_{11} + y_{21} + y_{22} & -Y_E \\ 0 & -Y_C & -Y_E & Y_C + Y_E \end{pmatrix}$$

Knoten *4* ist nun wieder mit Masse zu verbinden, d. h., die 4. Zeile und die 4. Spalte sind zu streichen:

$$(y) = \begin{pmatrix} y_{11} & 0 & -y_{11} \\ y_{21} & Y_C + y_{22} & -(y_{21}+y_{22}) \\ -(y_{11}+y_{21}) & -y_{22} & Y_E + y_{11} + y_{21} + y_{22} \end{pmatrix}$$

L 2.19. Beachten Sie, daß entsprechend der Knotennumerierung im Bild 2.17 $S_1 = y_{31}$ und $S_2 = y_{23}$ ist. Der Lösungsweg ist dem in L 2.18 gleich; es ergibt sich:

$$(y) = \begin{pmatrix} Y_K & 0 & 0 & -Y_K \\ 0 & Y_{C2} & S_2 & -S_2 \\ S_1 & 0 & Y_{C1} & 0 \\ -Y_K & 0 & -S_2 & S_2 + Y_K + Y_E \end{pmatrix}$$

L 2.20. Aus L 2.18 folgt:

$$(y) = \left(\begin{array}{cc|c} 0 & 0 & 0 \\ S & Y_C & -S \\ \hline -S & 0 & S + Y_E \end{array}\right) = \begin{pmatrix} (A) & (B) \\ (D) & (C) \end{pmatrix}$$

Da die Matrix (C) hier nur aus einem Element y_{31} besteht, beträgt die Kehrmatrix $(C)^{-1} = 1/y_{31}$.

Somit wird

$$(y)^* = \begin{pmatrix} 0 & 0 \\ S & Y_C \end{pmatrix} - \begin{pmatrix} 0 \\ -S \end{pmatrix} \times 1/(S + Y_E) \cdot (-S \quad 0)$$

$$(y)^* = \begin{pmatrix} 0 & 0 \\ S & Y_C \end{pmatrix} - \begin{pmatrix} 0 \\ -S \end{pmatrix} \times (-S/(S + Y_E) \quad 0)$$

$$(y)^* = \begin{pmatrix} 0 & 0 \\ S - S^2/(S + Y_E) & Y_C \end{pmatrix}$$

Da R_C in $(y)^*$ bereits berücksichtigt ist, muß die Leerlaufverstärkung $V_u^*/R_L \to \infty$ gebildet werden. Aus Tab. 2.3 wird V_u entnommen:

$$\lim_{Z_L \to \infty} \frac{-y_{21}^* Z_L}{y_{22}^* Z_L + 1} = -y_{21}^*/y_{22}^*;$$

$$\underline{V_u^* \approx -SR_C/(1 + SR_E)}$$

Wenn steile Transistoren verwendet werden, gilt zumeist $SR_E \gg 1$. In diesem Falle ist

$$\underline{V_u^* \approx -R_C/R_E}$$

Das Minuszeichen deutet auf eine Phasendrehung von 180° hin.

L 2.21.

$R_{C1} = 9\ \text{V}/(1{,}1\ \text{mA}) = 8{,}2\ \text{k}\Omega$; $Y_{C1} = 0{,}122\ \text{mS}$; $R_{C2} = 3{,}7\ \text{V}/(10\ \text{mA}) = 370\ \Omega$; $Y_{C2} = 2{,}7\ \text{mS}$; $R_{E2} = 2{,}3\ \text{V}/(10\ \text{mA}) = 230\ \Omega$; $Y_{E2} = 4{,}35\ \text{mS}$;

$$R_K \approx \frac{I_{C2}R_{E2} - U_{BE1}}{I_{C1}} B_1 \approx \frac{1{,}6\ \text{V}}{1\ \text{mA}} \cdot 100$$

$= 160\ \text{k}\Omega$; $Y_K = 0{,}00625\ \text{mS}$. Mit Gl. (2.24) wird $S_1 \approx 1\ \text{mA}/(26\ \text{mV}) = 38\ \text{mS}$; $S_2 \approx 10\ \text{mA}/(26\ \text{mV}) = 380\ \text{mS}$. Mit L 2.19 und Gl. (2.25a) ergeben sich folgende Teilmatrizen:

$$(A) = \begin{pmatrix} Y_K & 0 \\ 0 & Y_{C2} \end{pmatrix}; \quad (B) = \begin{pmatrix} 0 & -Y_K \\ S_2 & -S_2 \end{pmatrix};$$

$$(C) = \begin{pmatrix} Y_{C1} & 0 \\ -S_2 & S_2 + Y_K + Y_E \end{pmatrix};$$

$$(D) = \begin{pmatrix} S_1 & 0 \\ -Y_K & 0 \end{pmatrix}.$$

Die Kehrmatrix $(C)^{-1}$ wird nach Gl. (2.5) berechnet:

$$(C)^{-1} = 1/Y_{C1}(S_2 + Y_K + Y_E) \times \begin{pmatrix} S_2 + Y_K + Y_E & 0 \\ S_2 & Y_{C1} \end{pmatrix}$$

Die Elemente der reduzierten Matrix (y) werden dann mit Gl. (2.25b) berechnet; es ergibt sich:

$$y_{11}^* = Y_K \left[1 + \frac{S_1S_2 - Y_K Y_{C1}}{Y_{C1}(S_2 + Y_K + Y_{E2})}\right] \approx Y_K S_1/Y_{C1};$$

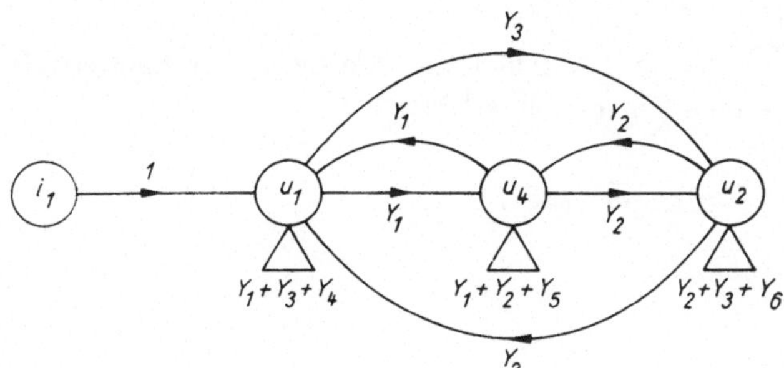

Bild L 2.3. NM-Graph zu L 2.22

$$y_{21}^* = \frac{S_1S_2{}^2 - S_2Y_K Y_{C1} - S_1S_2(S_2 + Y_K + Y_{E2})}{Y_{C1}(S_2 + Y_K + Y_{E2})}$$

$$\approx -S_1Y_{E2}/Y_{C1};$$

$$y_{12}^* = 0; \quad Y_{22}^* = Y_{C2}.$$

Mit Tab. 2.2 und 2.3 ergibt sich:

$$Z_1{}^* = z_{11}^* = y_{22}^*/\Delta y^* \approx \underline{R_K/S_1R_{C1} = 513\,\Omega};$$

$$V_u{}^* = -y_{21}^*/y_{22}^* \approx \underline{S_1R_{C1} \cdot R_{C2}/R_{E2} = 501}$$

Diskussion: Die Parallel-Gegenkopplung über R_K hat keinen Einfluß auf die Spannungsverstärkung. Dagegen wird der Eingangswiderstand des Verstärkers durch R_K herabgesetzt.

L 2.22. Die Anordnung der Knoten im Graphen wird der Schaltungstopologie entsprechend gewählt. Infolge der Umkehrbarkeit passiver Netzwerke ist $Y_{ik} = Y_{ki}$. Jeder Übertragungsleitwert zwischen zwei Senkenknoten ergibt im Graphen eine Schleife $L = Y_{ik}^2$. Die Lösung ist im Bild L 2.3 dargestellt.

L 2.23. Als Lösung ergibt sich Bild L 2.4.

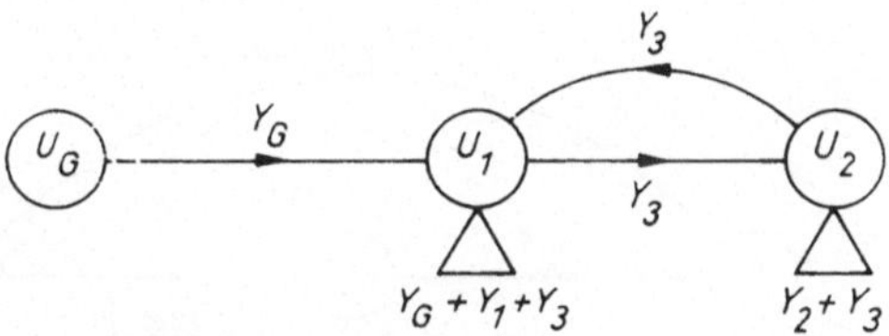

Bild L 2.4. NM-Graph zu L 2.23

L 2.24. Nach Bildung einer äquivalenten Stromquelle und Übergang zur Leitwertschreibweise $G = 1/R$ ergibt sich die Ersatzschaltung [Bild L 2.5a)] und der zugehörige NM-Graph [Bild 2.5b)]. Beachten Sie, daß Knoten *1* durch diese Umwandlung verlorengegangen ist.

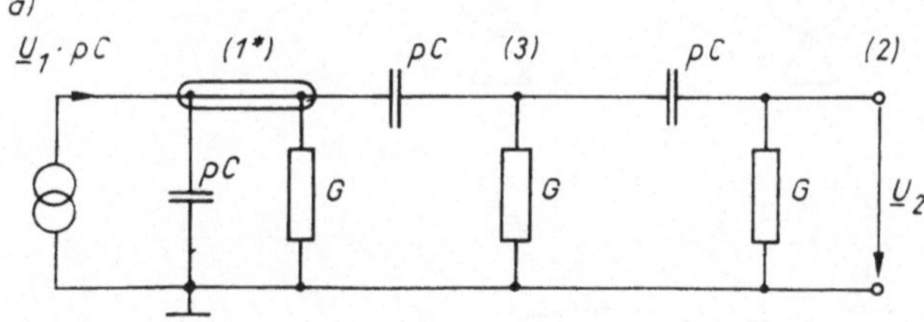

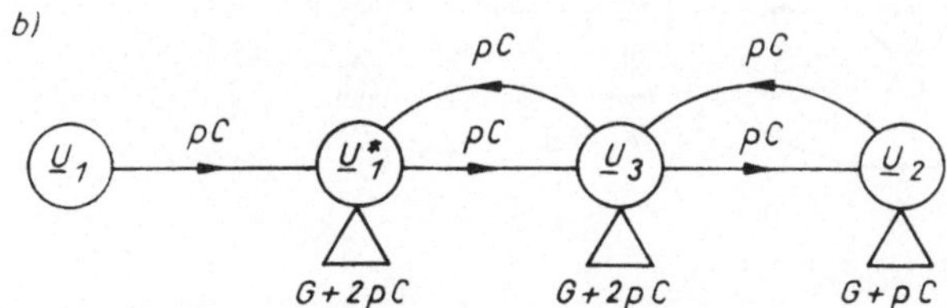

Bild L 2.5. a) Ersatzschaltbild und b) NM-Graph zu L 2.24

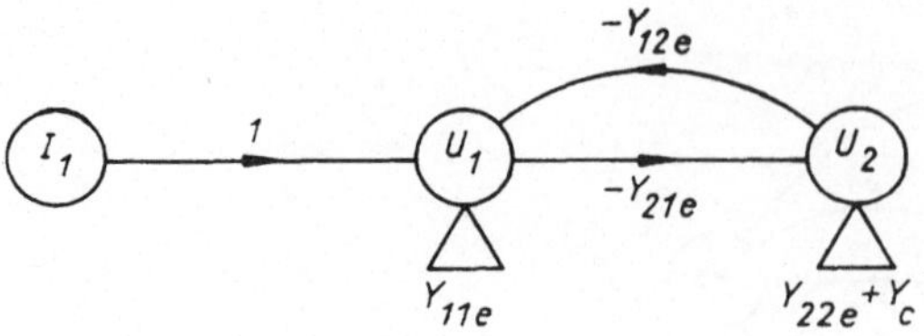

Bild L 2.6. NM-Graph der Emitterstufe mit y-Parametern

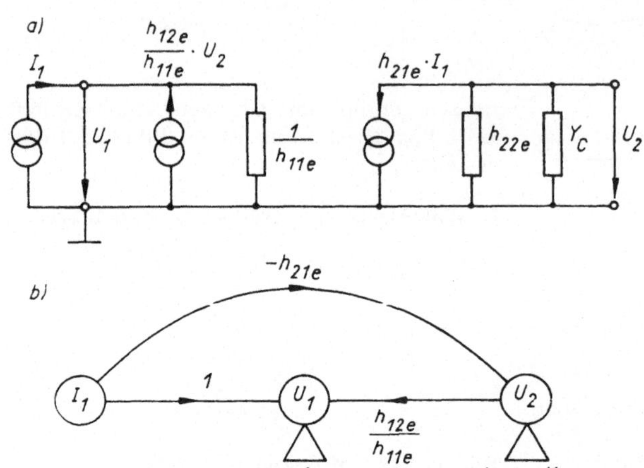

Bild L 2.7. a) Ersatzschaltung und b) NM-Graph der Emitterstufe mit h-Parametern

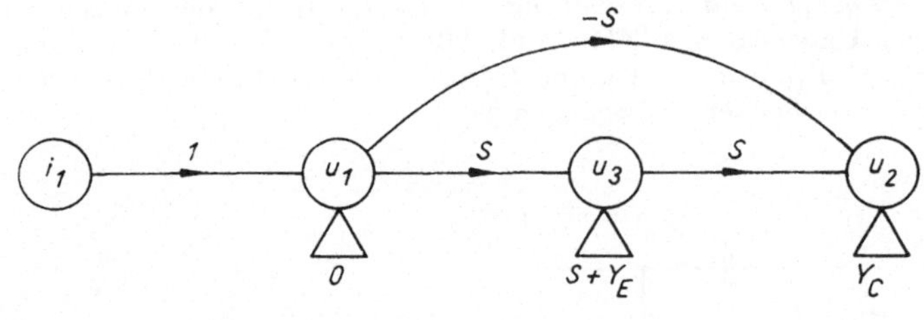

Bild L 2.8. NM-Graph zu L 2.26

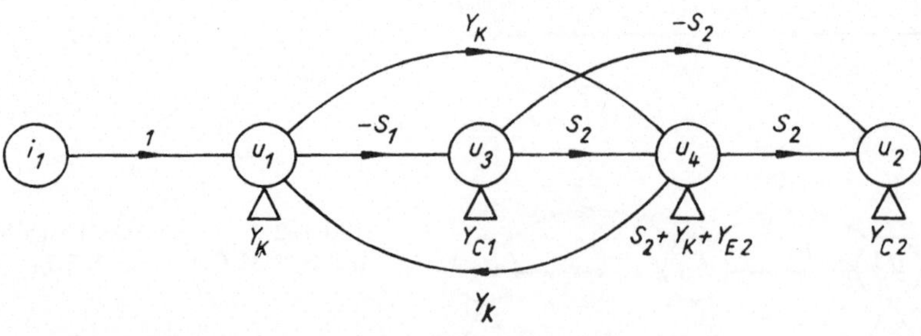

Bild L 2.9. NM-Graph zu L 2.27

L 2.25. a) Hierzu kann der NM-Graph ohne vorherige Umwandlung nach dem Ersatzschaltbild [Bild 2.4b)] konstruiert werden. Y_C liegt am Ausgang parallel. Da die gesteuerten Ströme von den Knotenpunkten wegfließen, ergeben sich negative Zweigtransmissionen. Bild L 2.6 zeigt die Lösung.

b) In diesem Falle ist die Umwandlung der gesteuerten Spannungsquelle in eine Stromquelle erforderlich. Bild L 2.7 zeigt die Lösung.

L 2.26. In die Basis des Transistors (Knoten *1*) wird ein Quellenstrom i_1 eingespeist. Mit den genannten Zusammenhängen zwischen bestimmter Leitwertmatrix und NM-Graph ergibt sich als Lösung Bild L 2.8.

L 2.27. Mit den bekannten Regeln entsteht als Lösung Bild L 2.9.

L 2.28. Im Graphen treten auf:

1 Pfad: $P_k = Y_G Y_3$; $\quad k = 1$

1 Schleife: $L_j = Y_3^2$; $\quad j = 1$

2 Normierungen ($n = 2$):

$N_n = (Y_G + Y_1 + Y_3)(Y_2 + Y_3)$

Mit Gl. (2.28) wird dann

$$U_2/U_G = \frac{Y_G Y_3}{(Y_G + Y_1 + Y_3)(Y_2 + Y_3) - Y_3^2}$$

L 2.29. Im Graphen treten auf:

1 Pfad: $P_k = (pC)^3$

2 Schleifen: $L_j = (pC)^2$; $\quad j = 1$

$L_j = (pC)^2$; $\quad j = 2$

$N_{\bar{j}} = G + pC \qquad N_{\bar{j}} = G + 2pC$

3 Normierungen: $N_n = (G + 2pC)^2 (G + pC)$

Mit Gl. (2.28) ergibt sich:

$$\underline{U}_1/\underline{U}_2 = T^{-1} = \frac{(G + 2pC)^2 (G + pC) - (pC)^2 (G + pC) - (pC)^2 (G + 2pC)}{(p \times C)^3}$$

Durch elementare Umformungen mit $p = \mathrm{j}\omega$ und $R = 1/G$ entsteht das gleiche Ergebnis wie in L 2.14.

L 2.30.

$$\begin{pmatrix} i_1 \\ 0 \\ 0 \end{pmatrix} = \begin{pmatrix} g_{BE} & 0 & -g_{BE} \\ S & Y_C & -S \\ -S & 0 & Y_E + S \end{pmatrix} \cdot \begin{pmatrix} u_1 \\ u_2 \\ u_3 \end{pmatrix}$$

Der zugehörige NM-Graph ist im Bild L 2.10 dargestellt.

a) $Z_1^* = u_1/i_1$ kann direkt nach dem Übertragungsgesetz [Gl. (2.28)] gebildet werden:

$P_k = 1$; $\quad N_{\bar{k}} = (S + Y_E) Y_C$; $\quad N_n = g_{BE}(S + Y_E) Y_C$; $L_j = S g_{BE}$; $N_{\bar{j}} = Y_C$

$$Z_1^* = \frac{(S + Y_E) Y_C}{g_{BE}(S + Y_E) Y_C - S g_{BE} Y_C}$$

Nach elementaren Umformungen ergibt sich

$Z_1^* = \underline{r_{BE}(S + 1/R_E)}$

Diskussion: Nimmt man $SR_E \gg 1$ an, so wird

$Z_1^* \approx \underline{S r_{BE}}$

Die Gegenkopplung über einen Emitterwiderstand bewirkt eine Vergrößerung des Eingangswiderstandes der Verstärkerstufe.

b) $V_u^* = u_2/u_1$ läßt sich auch mit dem Übertragungsgesetz [Gl. (2.28)] bilden, da

$u_2/u_1 = \dfrac{u_2/i_1}{u_1/i_1}$ gilt.

Es sind demnach nur die Senkenwerte [Zähler der Gl. (2.28)] zu dividieren. Die Quellenwerte [Nenner der Gl. (2.28)] werden nicht benötigt. Ausgehend von Bild L 2.10 ergibt sich:

u_2: $P_k = S^2$; $k = 1 \qquad P_k = -S$; $k = 2$

$N_{\bar{k}} = 1 \qquad N_{\bar{k}} = S + Y_E$

u_1: $P_k = 1$

$N_{\bar{k}} = (S + Y_E) Y_C$

Damit wird nach Gl. (2.28):

$$V_u^* = \frac{S^2 - S(S + Y_E)}{(S + Y_E) Y_C} = -\underline{\frac{SR_C}{1 + SR_E}}$$

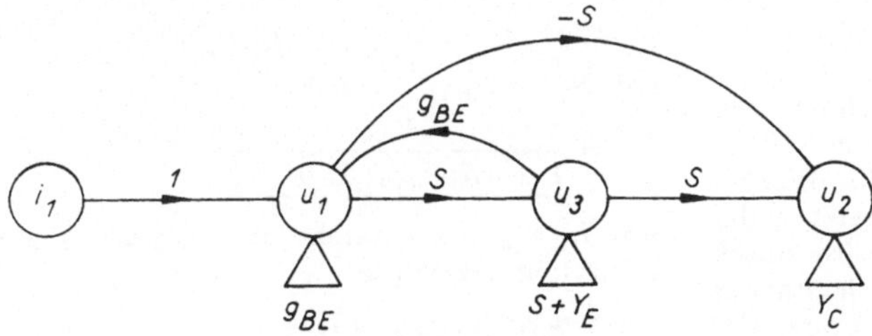

Bild L 2.10. NM-Graph zu L 2.30

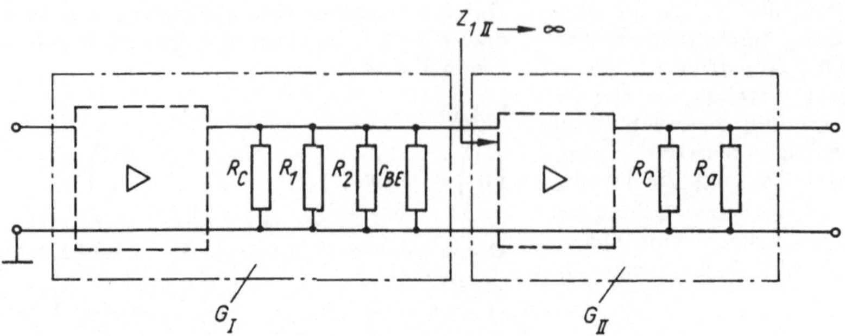

Bild L 2.11. Kettenschaltung von Verstärkerstufen (zu L 2.32)

Dieses Ergebnis kann mit L 2.20 verglichen werden.

L 2.31. Die Lösung erfolgt nach Gl. (2.28):

a) $$Z_1{}^* = \frac{Y_{C1}(S_2 + Y_K + Y_{E2}) \times \times Y_{C2}}{Y_K Y_{C1}(S_2 + Y_K + Y_{E2}) \times \times Y_{C2} - Y_K{}^2 Y_{C1} Y_{C2} + S_1 S_2 Y_K Y_{C2}}$$

Nach elementaren Umformungen ergibt sich

$$Z_1{}^* = \frac{Y_{C1}(S_2 + Y_K + Y_{E2})}{Y_K[Y_{C1}(S_2 + Y_{E2}) + S_1 S_2]} = \underline{518\ \Omega}$$

b) $$V_u{}^* = \frac{S_1 S_2(S_2 + Y_K + Y_{E2}) + + Y_K S_2 Y_{C1} - S_1 S_2{}^2}{Y_{C1}(S_2 + Y_K + Y_{E2}) \times Y_{C2}}$$

$$V_u{}^* = \frac{S_2[S_1(Y_K + Y_{E2}) + Y_K Y_{C1}]}{Y_{C1} Y_{C2}(S_2 + Y_K + Y_{E2})} = \underline{496{,}9}$$

Die Ergebnisse können mit denen aus L 2.21 verglichen werden.

L 2.32. Die Rückwirkungsfreiheit kann wegen $y_{12e} \ll y_{21e}$ bei NF näherungsweise vorausgesetzt werden. Die Koppelkapazitäten C_K wirken sich bei $f = 1$ kHz infolge $1/\omega C_K \to 0$ nicht auf den Frequenzgang aus.

a) $S \approx I_C/U_T = 77$ mS;
$\underline{V}_{u1} \approx -SR_C = \underline{-231}$

b) $R_L = R_C \parallel R_a = \underline{2{,}3\ \text{k}\Omega}$;
$\underline{V}_{u2} \approx -SR_L = \underline{-177}$

c) Die Gesamtverstärkung berechnet sich aus der Kettenschaltung von Übertragungsgliedern (→ Tafel 2.3). Die geforderte Belastungsunabhängigkeit an der Schnittstelle (→ Bild 2.22) wird durch Einbeziehung des Eingangswiderstandes der 2. Stufe in den Lastwiderstand der 1. Stufe realisiert (Bild L 2.11):

$r_{BE} \approx \beta/S = 6{,}6\ \text{k}\Omega$;
$R_{LI} = R_C \parallel R_1 \parallel R_2 \quad r_{BE} \approx 1{,}9\ \text{k}\Omega$;
$G_I = V_{uI} \approx -SR_{LI} = -146$;
$G_{II} = V_{u2} = -177$;
$V_{ug} = G = G_I G_{II} \approx \underline{25840}$

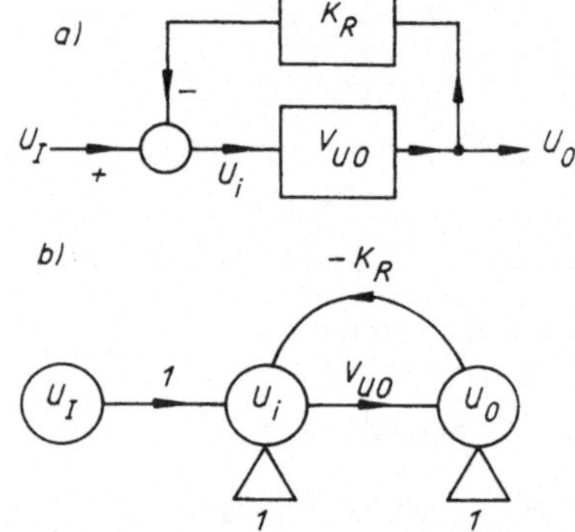

Bild L 2.12. a) Signalflußbild und b) NM-Graph des nichtinvertierenden Operationsverstärkers

L 2.33. Das Signalflußbild ist in Bild L 2.12a) dargestellt. Den daraus folgende NM-Graphen zeigt Bild L 2.12b). Mit Gl. (2.28) ergibt sich dann

$V_u = U_0/U_I = V_{u0}/(1 + K_R V_{u0})$
mit $K_R = R_1/(R_1 + R_2)$

$$V_u = \frac{V_{u0}}{1 + (R_1 V_{u0})/(R_1 + R_2)}$$

Für $K_R V_{u0} \gg 1$ entsteht die oft verwendete Näherungsbeziehung

$V_u \approx \underline{1 + R_2/R_1}$

L 2.34. Der NM-Graph ist im Bild L 2.13 dargestellt. Nach Gl. (2.28) ergibt sich

$$V_u = U_O/U_I = \frac{1(Y_1 + Y_2)}{0 - (-Y_2)} = \underline{1 + R_2/R_1}$$

Das Ergebnis kann mit L 2.43 verglichen werden.

L 2.35. Die NM-Graphen sind im Bild L 2.14 dargestellt. Nach Gl. (2.28) ergibt sich:

a) $\underline{V}_u = U_O/U_I = -Y_1/Y_2 = \underline{-R_2/R_1}$

b) $Z_1 = U_I/I_I = \dfrac{1(0 + Y_2)}{-Y_1Y_2 \cdot 0 + Y_2Y_1} = \underline{R_1}$

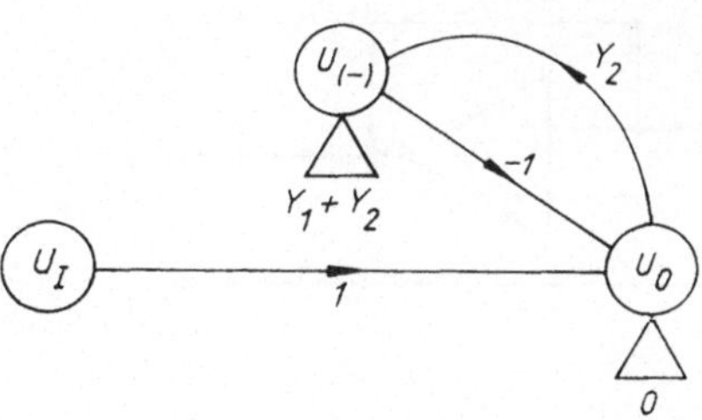

Bild L 2.13. NM-Graph des idealen, nichtinvertierenden OV

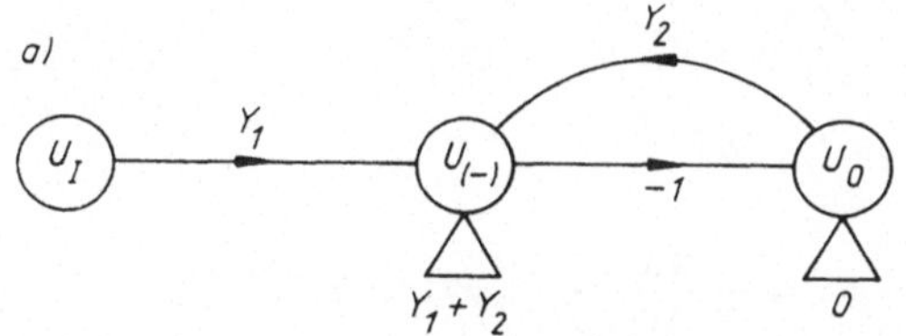

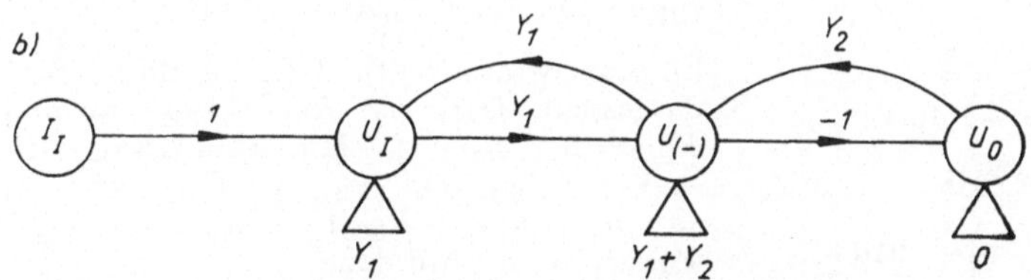

Bild L 2.14. NM-Graph des idealen, invertierenden OV

L 2.36. Die Auswertung des NM-Graphen nach Bild L 2.15 ergibt mit Gl. (2.28):

$$\underline{V}_u = U_O/U_I = \frac{-Y_1(Y_2 + Y_3 + Y_4)}{Y_2Y_3} = \underline{-19}$$

L 2.37. Entsprechend $V_u = 1 + R_2/R_1$ wird für $R_2 = 0$ und $R_1 \to \infty$: $V_u = 1$; Bild L 2.16a). Bei der Aufstellung des NM-Graphen ist dann die 3. Idealisierungsstufe (→ Tafel 2.4) mit der Normierung **1** zu verwenden. Bild L 2.16b) zeigt den NM-Graphen. Die Übertragungsfunktion beträgt dann

$$\underline{U}_2/\underline{U}_1 = Y^2/(Y + pC)^2 = \underline{\frac{1}{(1 + j\omega CR)^2}}$$

Diskussion: Das Ergebnis hätte man auch durch Multiplikation der Übertragungsfunktionen der einzelnen *RC*-Glieder erhalten. Also: Der OV verkoppelt die *RC*-Glieder rückwirkungsfrei und belastungsunabhängig miteinander.

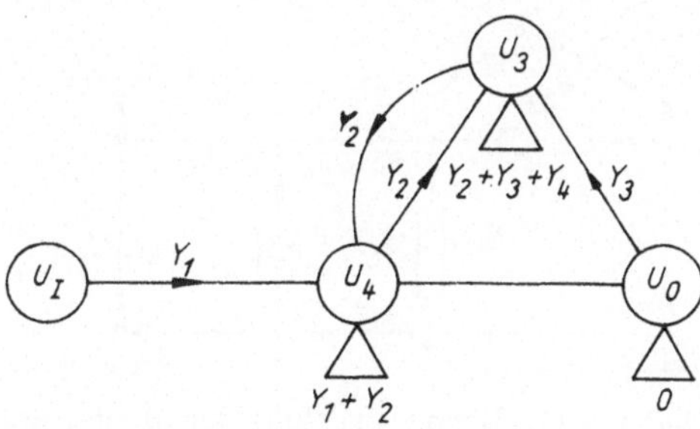

Bild L 2.15. NM-Graph zu L 2.36

L 2.38. Für $R_E \gg 1/S$ ist $Z_2 \approx 1/S$:
$S \approx 1/Z_2 = 0{,}1$ S; $I_C \approx SU_T = 3$ mA (für $U_T = 30$ mV); $R_E \approx (U_B - U_{CE})/I_C = 2$ kΩ; $Z_L = R_E \parallel R_A = 0{,}67$ kΩ; für $R_B \gg r_{BE}(1 + SZ_L)$ ist $r_{BE} \approx Z_1/(1 + SZ_L) = 735$ Ω; $I_B \approx U_T/r_{BE} = 0{,}041$ mA; $B = I_C/I_B = \underline{73{,}2}$; $R_B = (U_B - U_{BE})/I_B = 278$ kΩ

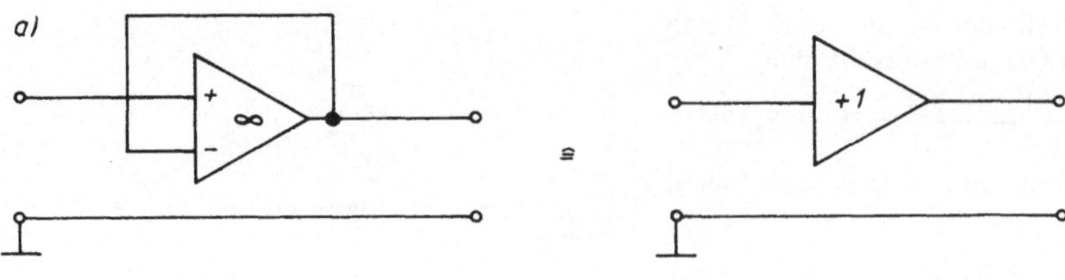

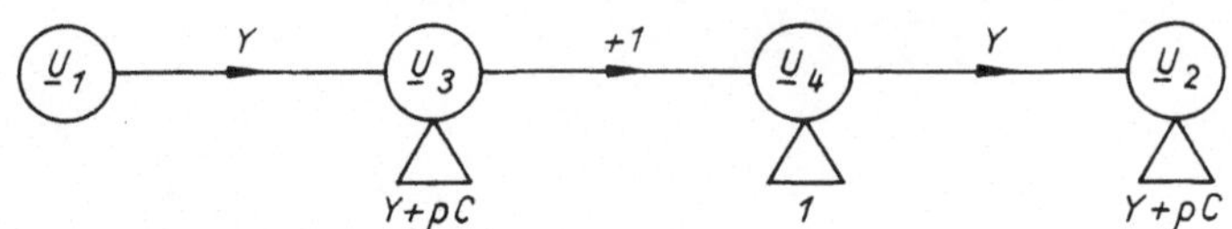

Bild L 2.16. a) Umformung und b) NM-Graph zu L 2.37

Bei größerem B erhöht sich r_{BE} und damit Z_1. R_B muß dann für das jeweilige B neu berechnet werden.

L 2.39. a) Aus Gl. (2.41) folgt

$U_{GS} = U_p(1 - \sqrt{I_D/I_{D0}}) = -1{,}46$ V;

$R_S = (U_B - U_{DS})/I_D = \underline{2{,}8\ \text{k}\Omega}$;

$$R_1 = R_2\left(\frac{U_B}{I_D R_S - |U_{GS}|} - 1\right) = \underline{910\ \text{k}\Omega}$$

b) Wegen $r_{GS} \to \infty$ ist $Z_1 = R_1 \parallel R_2 = \underline{480\ \text{k}\Omega}$.

Mit Gl. (2.40) wird

$S = (2/|U_p|)\sqrt{I_D I_{D0}} = 2{,}82$ mS.

Damit ergibt sich sinngemäß nach Tafel 2.5:

$Z_2 = R_S/(1 + SR_S) = \underline{315\ \Omega}$.

Ebenfalls nach Tafel 2.5:

$Z_L = R_S \parallel R_A = 1{,}79$ kΩ;

$V_u = SZ_L/(1 + SZ_L) = \underline{0{,}83}$

Die Spannungsverstärkung von Drainschaltungen liegt ebenso wie bei Kollektorschaltungen stets unter eins.

L 2.40. a) $R_3 = 1$ V/(12,5 μA);

$I_B = I_C/B = 12{,}5$ μA; $R_3 = \underline{80\ \text{k}\Omega}$

$$R_1 = \frac{12\ \text{V} - 7{,}6\ \text{V}}{6 \cdot 12{,}5\ \mu\text{A}} = \underline{58{,}7\ \text{k}\Omega};$$

$$R_E = U_E/I_C = \frac{6\ \text{V}}{5\ \text{mA}} = \underline{1{,}2\ \text{k}\Omega}$$

$$R_2 = \frac{7{,}6\ \text{V}}{5 \cdot 12{,}5\ \mu\text{A}} = \underline{121{,}6\ \text{k}\Omega};$$

$r_{BE} = 30$ mV/(12,5 μA) = 2,4 kΩ

b) Das Ersatzschaltbild ist im Bild L 2.17 dargestellt. Darin ist $R_{BE} = r_{BE} \parallel R_3$ und $R_{EC} = R_1 \parallel R_2 \parallel R_E$. Mit $u_1 = i_1 R_{BE} + (i_1 + Su_{BE})\,R_{EC}$ und $u_{BE} = i_1 R_{BE}$ wird $Z_1 = u_1/i_1 = R_{BE} + R_{EC}(1 + \beta R_3/(R_3 + r_{BE})$. Für $R_3 \gg r_{BE}$ wird dann

$Z_1 \approx (1 + \beta)\,R_E = \underline{481{,}2\ \text{k}\Omega}$

Mit $u_2 = (i_1 + Su_{BE})\,R_{EC}$ folgt weiter aus Bild L 2.17:

$$V_u = \frac{u_2}{u_1} = \frac{1}{1 + \dfrac{R_{BE}}{(1 + SR_{BE})\,R_{EC}}}.$$

Mit den gleichen Näherungen wird

$$V_u \approx \frac{1}{1 + r_{BE}/Z_1} = \underline{0{,}995}$$

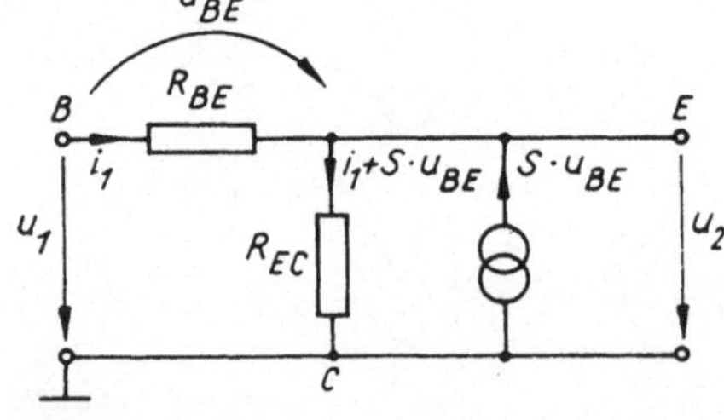

Bild L 2.17. Ersatzschaltbild der Bootstrap-Kollektorstufe

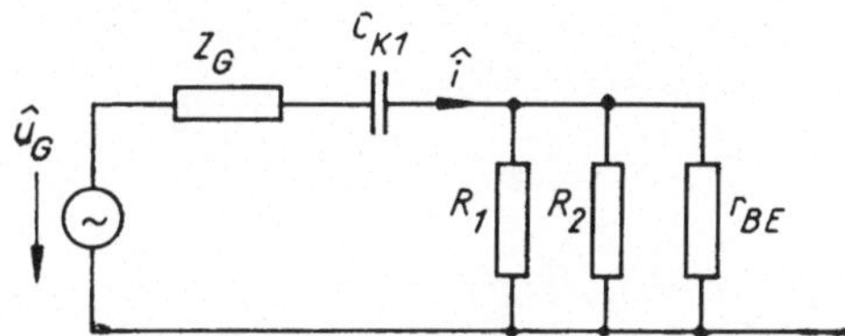

Bild L 2.18. Ersatzschaltung zur Berechnung der Koppelkapazität am Eingang

L 2.41. a) Bei bipolaren Transistoren rechnet man mit der relativen Stromverstärkung. Deshalb muß der Generatorwiderstand Z_G mit in die Rechnung einbezogen werden. Die Eingangs-Ersatzschaltung zeigt Bild L 2.18. Damit wird

$R_{K1} = Z_G + R_1 \,||\, R_2 \,||\, r_{BE} = 1{,}1\ \text{k}\Omega.$

Mit Gl. (2.43) ergibt sich

$$f_{gu} = \frac{1}{6{,}28 \cdot 10^{-5}\ \text{A s/V} \cdot 1{,}1 \cdot 10^3\ \text{V/A}} = \underline{14{,}5\ \text{Hz}}$$

b) Bei $f_m = 10\,f_{gu} = 145$ Hz ist die volle Verstärkung gemäß L 2.46 wirksam:

$\hat{u}_2 = \hat{u}_1\,|V_u| = \underline{400\ \text{mV}}$

L 2.42. $R_{K1} = Z_G + Z_1 = 50{,}6\ \text{k}\Omega$;
$R_{K2} = Z_2 + Z_L = 680\ \Omega$. Mit Gl. (2.44) und Tab. 2.4 wird

$$C_{K1} = \frac{1{,}55}{2\pi \cdot 10\ \text{s}^{-1} \cdot 50{,}6 \cdot 10^3\ \text{V/A}} = \underline{0{,}49\ \mu\text{F}}$$

$C_{K2} = C_{K1}\,R_{K1}/R_{K2} = \underline{36{,}5\ \mu\text{F}}$

L 2.43. Mit Gl. (2.45) wird

$\tau \approx t_i/d = 1$ s.

Aus Gl. (2.43) folgt

$f_{gu} = 1/2\pi\tau = \underline{0{,}16\ \text{Hz}}$

L 2.44. Aus Tab. 2.2 folgt $h_{21} = y_{21}/y_{11}$. Somit wird

$$|\underline{h}_{21e}| = \frac{|\underline{y}_{21e}|}{|\underline{y}_{11e}|} = \frac{\sqrt{23{,}5^2 + 40^2}}{\sqrt{6{,}6^2 + 7{,}3^2}} = 4{,}7;$$

$f_{h21e} \approx f_T|\underline{h}_{21e}| = \underline{74{,}5\ \text{MHz}}$

$f_{h21b} = f_{h21e}(1 + |\underline{h}_{21e}|) = \underline{425\ \text{MHz}}$

L 2.45. a) Es entsteht

$$\underline{K} = \frac{1}{[1 - 1/(\omega^2C^2R^2)] - \text{j}[3/(\omega CR)]}.$$

Mit $\omega CR = 6{,}28$ wird

$\underline{K} = 1/(0{,}975 - \text{j}\,0{,}478)$.

Die Schaltung des nichtinvertierenden Verstärkers hat die Betriebsverstärkung $\underline{V}^*$

$$= \frac{\underline{V}}{1 + \underline{K}\underline{V}}.$$ Mit $\underline{V} = 100/(1 + \text{j}\,5)$ ergibt sich $1 + \underline{K}\underline{V} = 10{,}6 - \text{j}\,12{,}5$ und $\underline{|1 + \underline{K}\underline{V}| = 16{,}39 > 1}$. Es liegt Gegenkopplung vor.

b) Mit o. g. Gleichung wird

$$\underline{V}^* = \frac{100}{(1 + \text{j}\,5)(10{,}6 - \text{j}\,12{,}5)} = 1{,}047 - \text{j}\,0{,}579,$$

$\underline{V}^* = \underline{1{,}2\ \text{e}^{\text{j}-0{,}505}}$; die Phasendrehung beträgt im Gradmaß $-28{,}9°$.

L 2.46. a) $V_u = 10(v/\text{dB})/20 = 100$; mit $V_u = 1 + R_2/R_1$ ergibt sich $R_2/R_1 = \underline{99}$.

b) Aus $V_u = \dfrac{V_{u0}}{1 + K_R V_{u0}}$ ergibt sich über das totale Differential

$\Delta V_u/V_u \approx \dfrac{1}{1 + K_R V_{u0}}\,\Delta V_{u0}/V_{u0}$. Mit $K_R = 1/V_u = 0{,}01$ und $V_{u0} = \dfrac{40000 + 50000}{2} = 45000$ sowie $\Delta V_{u0}/V_{u0} = \pm(5000/45000) \times 100\% = \pm 11{,}1\%$ wird $\Delta V_u/V_u \approx \underline{0{,}025\%}$.

Erkenntnis: Die relativ hohen Verstärkungstoleranzen wirken sich bei der starken Gegenkopplung nur noch unwesentlich auf das Betriebsverhalten aus.

L 2.47.

75 dB $\triangleq 10^{75/20} = 5623{,}4$
30 dB $\triangleq 10^{30/20} = 31{,}6$

Die Bandbreite ist wegen $f_{gu} = 0$ mit $B = f_{go}$ beschrieben, so daß gilt:

$V_u f_{go} = V_u^* f_{go}^*$ und damit
$f_{go}^* = (V_u/V_u^*)\,f_{go} = \underline{3826\ \text{kHz}}$

Erkenntnis: Durch Gegenkopplung vergrößert sich die obere Grenzfrequenz und damit die Bandbreite des Verstärkers.

L 2.48. a) $\underline{K} = \underline{K}\underline{U}_2/\underline{U}_2 = 1/\text{j}\omega C/(R + 1/\text{j}\omega C)$
$\underline{K} = \underline{1/(1 + \text{j}\omega CR)}$.

$|\underline{K}|$ nimmt mit steigender Frequenz ab, also liegt Tiefpaßverhalten vor.

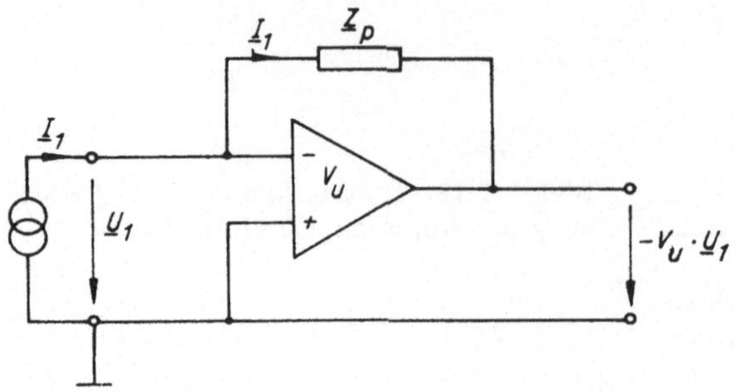

Bild L 2.19. Verstärker mit PP-GK

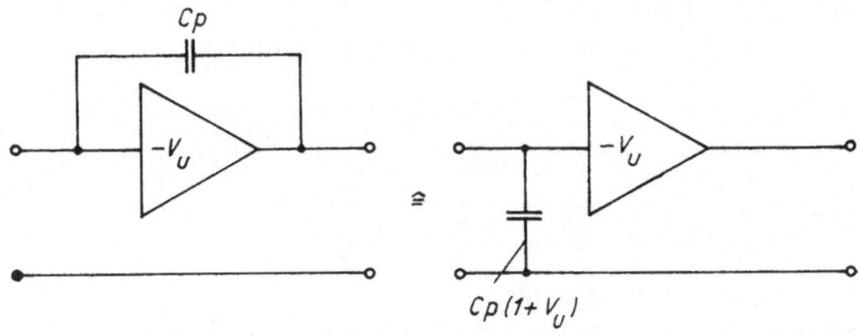

Bild L 2.20. Zur Erläuterung des MILLER-Effektes

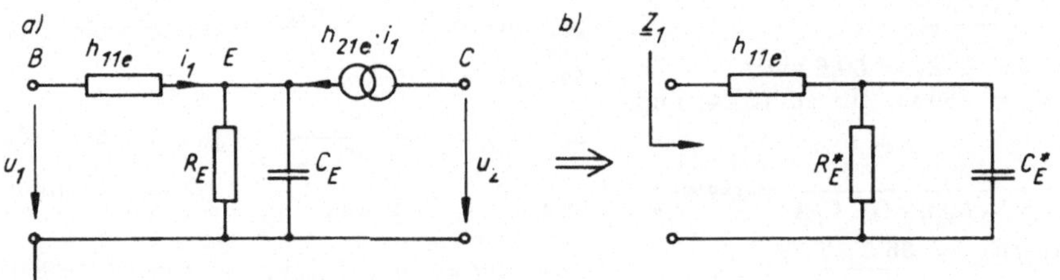

Bild L 2.21. Zur Berechnung der Emitterkapazität

b) Beim nichtinvertierenden Verstärker ist $\underline{V}^* \approx 1/\underline{K}$: $\underline{V}^* \approx \underline{1 + j\omega CR}$

$\underline{V}$ nimmt mit steigender Frequenz zu, also liegt Hochpaßverhalten vor. Bei Gleichspannung ($\omega = 0$) ist $V^* = 1$.

Erkenntnis: Bei frequenzabhängiger Gegenkopplung ist das Frequenzverhalten des Verstärkers invers zu dem des Gegenkopplungsnetzwerkes (aus HP-Verhalten wird TP-Verhalten und umgekehrt).

L 2.49. a) Bild L 2.19 zeigt den Lösungsansatz. Mit $\sum \underline{U} = 0$ wird $\underline{I}_1\underline{Z}_P - V_u\underline{U}_1 - \underline{U}_1 = 0$ und damit $\underline{Z}_1 = \underline{\underline{Z}_P/(1 + V_u)}$.

b) Mit $\underline{Z}_P = 1/j\omega C_P$ wird

$$\underline{Z}_1 = \frac{1}{j\omega C_P\,(1 + V_u)}.$$

Die Eingangskapazität beträgt damit

$$C_1^* = C_P(1 + V_u) = 100\,\text{pF} \cdot 10001$$
$$\approx \underline{100\,\text{nF}}.$$

Bild L 2.20 zeigt die Ersatzschaltung. Die Parallelkapazität C_P wird mit dem Faktor $(1 + V_u)$ an den Eingang übertragen. Die Kapazität C_1^* wird als «MILLER-Kapazität» bezeichnet.

L 2.50. a) Aus Bild L 2.21a) folgt

$$\underline{Z}_1 = \underline{U}_1/\underline{I}_1 = h_{11e} + \frac{1}{\dfrac{1}{R_E(1 + h_{21e})} + j\omega\dfrac{C_E}{1 + h_{21e}}}.$$

Damit ergibt sich die Eingangs-Ersatzschaltung Bild L 2.21b) mit $R_E^* = R_E(1 + h_{21e})$ und $C_E^* = \dfrac{C_E}{1 + h_{21e}}$.

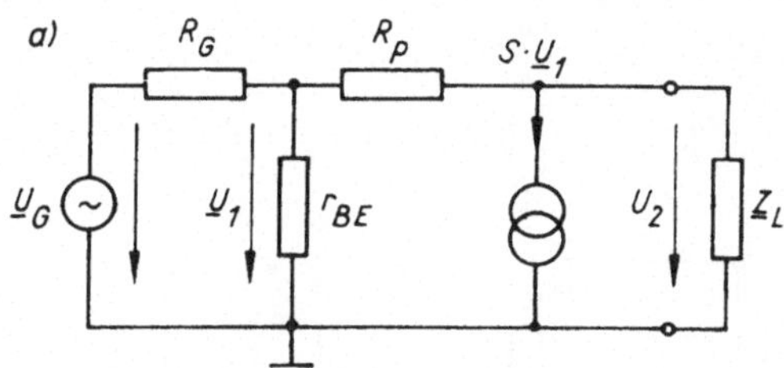

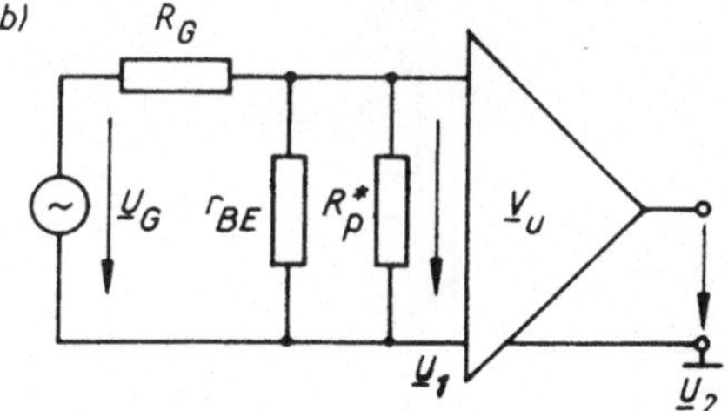

Bild L 2.22. Ersatzschaltung der Emitterstufe mit PP-GK

b) Für $R_E^* \gg 1/\omega_{gu} C_E^*$ wird analog Gl. (2.44)

$$C_E = \frac{(1 + h_{21e})\, a_n}{2\pi f_{gu} R_K}$$

mit $R_K = h_{11e} + R_G \parallel R_1 \parallel R_2$.

c) f_{gu} wird durch 2 CR-Glieder bestimmt (C_K; C_E^*), demnach ist nach Tab. 2.4 $a_n = 1{,}55$.
Für $R_G \approx 0$ ist $R_K = h_{11e} = r_{BE} \approx (U_T/I_C)\,\beta$, $R_K \approx 4{,}5\,\text{k}\Omega$.
Damit wird $C_E \approx \underline{1650\,\mu\text{F}}$.
Dieses Ergebnis stimmt der Größenordnung nach mit L 2.60 überein, ist aber genauer als jenes.

L 2.51. a) I_I fließt ausschließlich über R, so daß mit $\sum U = 0$ $I_I R + U_O - U_{ID} = 0$ wird. Für $U_{ID} = 0$ ist dann $\underline{U_O = -I_I R}$.

b) $R = |U_O|_{max}/|I_I|_{max} = 5\text{ V}/(20\text{ mA})$
$R = \underline{250\,\Omega}$

L 2.52. a) $S = I_C/U_T = 66{,}7$ mS; $r_{BE} = (U_T/I_C)\,\beta = 3\,\text{k}\Omega$. Die Ersatzschaltung ist im Bild L 2.22a) dargestellt. Durch Einführung des MILLER-Widerstandes $R_P^* = R_P/(1 + |\underline{V}_u|)$ und $\underline{V}_u = -S\underline{Z}_L$ entsteht Bild L 2.22b). Damit wird

$$\underline{V}_{uG} = \underline{V}_u \frac{r_{BE} \parallel R_P^*}{R_G + r_{BE} \parallel R_P^*}.$$

Mit hinreichender Genauigkeit ist dann

$$\underline{V}_{uG} \approx \frac{\underline{V}_u}{1 + R_G/r_{BE} - R_G \underline{V}_u/R_P}$$

b) Bei $f = f_m$ ist $Z_L = R_C$:

$$\underline{V}_{um} = -66{,}7\text{ mS} \cdot 2\,\text{k}\Omega = -133{,}4;$$

$$\underline{V}_{uGm} \approx \frac{-133{,}4}{1 + 1/3 + (1/440) \cdot 133{,}4} = \underline{-81{,}5}$$

c) Für $R_G = 0$ wirkt keine Gegenkopplung, so daß

$$\underline{V}_u = -S\underline{Z}_L = \frac{-S}{1/R_C + j\omega C_A} = \frac{-SR_C}{1 + j\omega C_A R_A} \text{ ist.}$$

$$\frac{V_{um}}{\sqrt{1 + (\omega_{g0} C_A R_C)^2}} = \frac{V_{um}}{\sqrt{2}}; \text{ daraus folgt}$$

$$f_{g0} = 1/2\pi C_A R_C \approx \underline{8\text{ kHz}}$$

d) $$\underline{V}_u = \frac{-133{,}4}{1 + j\,1} = -(66{,}7 - j\,66{,}7),$$

$$\underline{V}_{uG} \approx \frac{-(66{,}7 - j\,66{,}7)}{1 + 1/3 + 1/440(66{,}7 - j\,66{,}7)} = \frac{-(66{,}7 - j\,66{,}7)}{1{,}48 - j\,0{,}15}.$$

Daraus folgt der Betrag der Verstärkung $|\underline{V}_{uG}| \approx \underline{63{,}4}$; der Verstärkungsabfall beträgt nur 1/1,29; daraus folgt, daß sich durch GK die obere Grenzfrequenz auf $f_{go}^* > 8$ kHz erhöht hat.

L 2.53. a) $$|V_{uD}| \approx \frac{I_K R_C}{2U_T} = 38{,}5 \mathrel{\hat{=}} \underline{31{,}7\text{ dB}};$$

$$Z_{ID} \approx 100 \cdot \frac{2 \cdot 26\text{ mV}}{4 \cdot 10^{-5}\text{ A}} \approx \underline{130\,\text{k}\Omega}$$

b) $U_{ID} = U_{I1} - U_{I2} = 10$ mV;
$U_{OD} = \underline{V}_{uD} U_{ID} = -385$ mV.

Wegen $U_{OD} = U_{O1} - U_{O2}$ und der vorausgesetzten Schaltungssymmetrie ist $\underline{U_{O1}} = U_{OD}/2 = \underline{-192{,}5\text{ mV}}$ und $\underline{U_{O2}} = -U_{OD}/2 = \underline{192{,}5\text{ mV}}$.

L 2.54. a) Infolge symmetrischer Aussteuerung $I_{E1} + \Delta I_E$ und $I_{E2} - \Delta I_E$ bleibt I_E **konstant**. Punkt E bildet eine virtuelle Masse. R_E bewirkt **keine** GK. Bild L 2.23a) zeigt die Ersatzschaltung einer DV-Hälfte

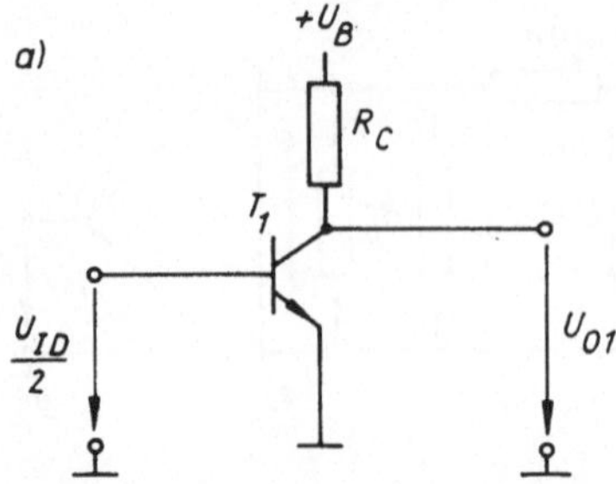

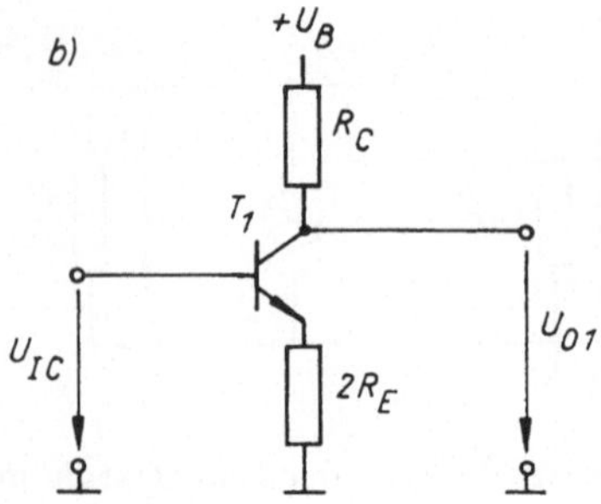

Bild L 2.23. Ersatzschaltungen des DV
a) Differenzbetrieb b) Gleichtaktbetrieb

Damit ist

$\underline{V}_{uD} \approx -SR_C/2$ mit $S \approx I_C/U_T$,

$\underline{\underline{V}_{uD} \approx -38{,}5}$

b) Mit $I_{E1} + \Delta I_E$ und $I_{E2} + \Delta I_E$ ändert sich das Knotenpotential an E um $2\Delta I_E R_E$; somit bewirkt R_E Gegenkopplung, und es gilt [Bild L 2.23b)]:

$\underline{V}_{uC} \approx -R_C/(2R_E) = \underline{\underline{-1}}$

c) $G = |\underline{V}_{uD}/\underline{V}_{uC}| \approx SR_E = 38{,}5$;
$CMR = 20 \lg 38{,}5 = \underline{\underline{31{,}7 \text{ dB}}}$

L 2.55. $U_{ID} = U_{I1} - U_{I2} = 9$ mV;
$U_{IC} = (U_{I1} + U_{I2})/2 = 0{,}5$ mV;
$U_{O1} = V_{uD}U_{ID} + V_{uC}U_{IC}$,
$U_{O1} = V_{uD}(U_{ID} + U_{IC}/G)$
$= -38{,}5\,(9 \text{ mV} + 0{,}5 \text{ mV}/38{,}5)$
$\underline{\underline{U_{O1} = -347 \text{ mV}}}$
$U_{O2} = V_{uD}(-U_{ID} + U_{IC}/G)$
$= -38{,}5\,(-9 \text{ mV} + 0{,}5 \text{ mV}/38{,}5)$
$\underline{\underline{U_{O2} = 346 \text{ mV}}}$

Erkenntnis: Ein DV verstärkt die Gleichtaktkomponente wesentlich geringer als die Differenzkomponente eines Signals. Wenn Störsignale als Gleichtaktkomponenten in Erscheinung treten (z. B. Temperaturdrift; Speisespannungsschwankungen), erhöht sich der Signal-Störabstand in dB.

L 2.56. a) Die Lösung zeigt Bild L 2.24. T_1 wirkt als Kollektorstufe, T_2 als Basisstufe. Infolge des niedrigen Eingangswiderstandes der Basisstufe wird $\underline{U}_{EB}(T_2) \approx \underline{U}_1/2$. Die Basisstufe bringt die Verstärkung $\underline{V}_{u2} \approx SR_C$ (→ Tafel 2.5), so daß $\underline{V}_u \approx \underline{\underline{SR_C/2}}$ wird.

b) Die Signaldiskussion ergibt bei *1* Phasengleichheit (nichtinvertierender Verstärker) und bei *2* Phasendrehung um 180° (invertierender Verstärker).

L 2.57. Nach Umstellen von Gl. (2.64b) und Einsetzen der Vorgaben erhält man die transzendente Gleichung

$\ln I_L + 7{,}692 \cdot 10^{-3}\, I_L - 5{,}521 = 0$;
I_L in μA.

Zur Lösung mit dem NEWTONschen Näherungsverfahren wird zunächst ein Schätzwert für I_L bestimmt, indem man von einem mittleren Spiegelverhältnis $S_p = 0{,}5$ ausgeht:

$I_L \approx -U_T(\ln S_p)/R_E = -26 \text{ mV}(\ln 0{,}5)/200$
$\approx \underline{90\,\mu\text{A}}$

Newtonsches Näherungsverfahren: $x_{i+1} = x_i - f(x_i)/f'(x_i)$; $f(90) = \ln 90 + 7{,}692 \cdot 10^{-3} \times 90 - 5{,}521 = -0{,}329$.

Die 1. Ableitung der Funktion lautet:

$f'(I_L) = 1/I_L + 7{,}692 \cdot 10^{-3}$;
$f'(90) = 1/90 + 7{,}692 \cdot 10^{-3} = 0{,}019$.

Damit ergibt sich der verbesserte Näherungswert

$I_L = (90 + 0{,}329/0{,}019)\,\mu\text{A} = \underline{107{,}3\,\mu\text{A}}$.

Die Probe in der Ausgangsgleichung ergibt mit $-0{,}02 \approx 0$ eine ausreichende Genauigkeit.

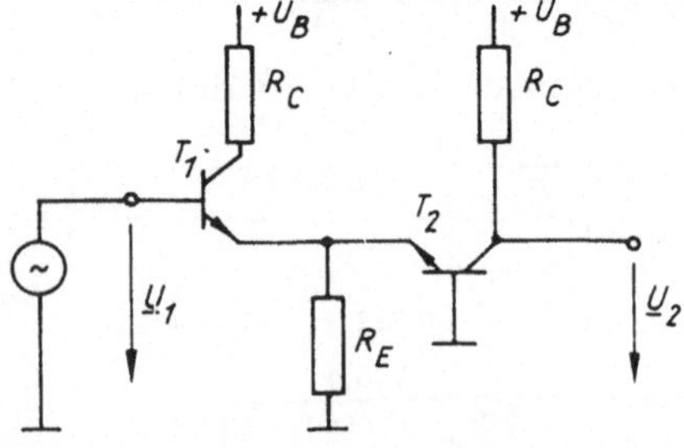

Bild L 2.24. DV im unsymmetrischen Betrieb

L 2.58. a) Mit $\sum U = 0$ ergibt sich
$-U_R + I_L R_1 + U_{ID} = 0$;
für $U_{ID} = 0$ ist dann $I_L = \underline{U_R/R_1}$
b) $R_1 = U_R/I_L = 15\ \text{V}/(1{,}5\ \text{mA}) = \underline{10\ \text{k}\Omega}$
c) Mit $\underline{V}_u = -R_2/R_1$ wird hier $|U_O| = U_R U_L/R_1$. Somit ist
$R_{L\,max} = |U_{OS}| R_1/U_I = 14\ \text{V}/(15\ \text{V}) \cdot 10\ \text{k}\Omega = \underline{9{,}3\ \text{k}\Omega}$

L 2.59. Aus Bild 2.44 folgt mit $U_{IO} = 0$ und $V_{uc} = 0$: $U_O = V_{u0} U_{ID} = V_{u0}(U_{Ip} - U_{In})$. Die Lösung zeigt Bild L 2.25.

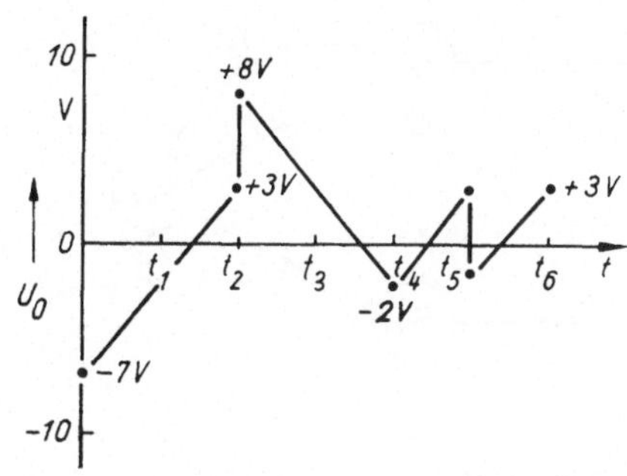

Bild L 2.25. Lösung zu A 2.59

b) $U_{I\,max} = U_{O\,max}/|V_u| = \pm 10\ \text{V}/100 = \underline{\pm 100\ \text{mV}}$

L 2.60. a) Bei Belastung ergibt sich im Ausgangskreis des OV:
$\hat{U}_O = \hat{U}_{O0} R_L/(Z_O + R_L)$ mit $\hat{U}_{O0} = U_{OS} = 14\ \text{V}$;
$\hat{U}_O = 14\ \text{V} \cdot 900\ \Omega/1050\ \Omega = \underline{12\ \text{V}}$
b) Bei Belastung erhöht sich die Verlustleistung etwa um $\Delta P_v = \hat{U}_{O0}^2/(Z_O + R_L) = U_{OS}^2/[2(Z_O + R_L)] \approx 93\ \text{mW}$ auf $\underline{P_v + \Delta P_v \approx 213\ \text{mW}}$; $213\ \text{mW} < 500\ \text{mW}$, also zulässig.

L 2.61. a) $R_1 = Z_1 = \underline{10\ \text{k}\Omega}$; $|V_u| = 10^{40/20} = 100$; $R_2 = |V_u| R_1 = \underline{1\ \text{M}\Omega}$

L 2.62. Bild L 2.26a) zeigt die Ersatzschaltung, Bild L 2.26b) den NM-Graphen. Es ergibt sich
$U_{OO} = U_{ID}(Y_1 + Y_2)/Y_2 + I_{In} \cdot 1/Y_2$
$U_{OO} = U_{ID}(1 + R_2/R_1) + I_{In} R_2$;
$I_{In} = I_I - I_{IO}/2 = 90\ \text{nA}$.
Damit wird $U_{OO} = 202\ \text{mV} + 90\ \text{mV} = \underline{292\ \text{mV}}$

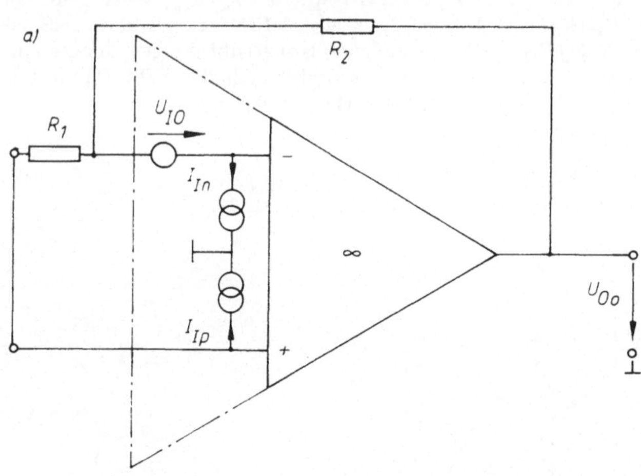

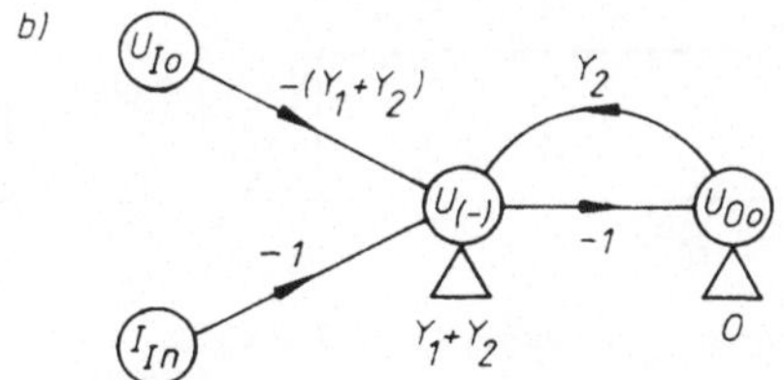

Bild L 2.26. Lösung zu A 2.62
a) Ersatzschaltung
b) NM-Graph

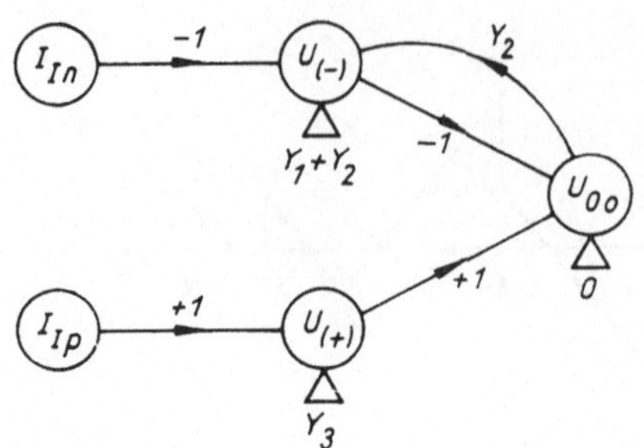

Bild L 2.27. NM-Graph zu L 2.63

L 2.63. Bild L 2.27 zeigt den NM-Graphen. Es ergibt sich:

$$U_{OO} = I_{In}\,\frac{Y_3}{Y_2Y_3} + I_{Ip}\,\frac{-(Y_1+Y_2)}{Y_2Y_3},$$

$$U_{OO} = I_{In}R_2 - I_{Ip}(1 + R_2/R_1)\,R_3.$$

Mit $R_3 = R_1 \parallel R_2 = R_2/(1 + R_2/R_1)$ wird

$U_{OO} = \underline{-I_{IO}R_2}$;

$U_{OO} = -20\,\text{nA} \cdot 1\,\text{M}\Omega = \underline{-20\,\text{mV}}$

Der Betrag des Fehlerstromanteiles ist gegenüber L 2.62 von 90 mV auf 20 mV gesunken.

L 2.64. $U_{OO} = -I_{IO}R_2 + U_K(1 + R_2/R_1)$. Für $U_{OO} = 0$ wird $U_K = I_{IO}R_2/(1 + R_2/R_1) = I_{IO}(R_1 \parallel R_2)$; $U_K \approx 0{,}02\,\mu\text{A} \cdot 10\,\text{k}\Omega = \underline{0{,}2\,\text{mV}}$

L 2.65. (1)

a) $V_u \approx 1 + R_2/R_1 = 10^3 \triangleq 60\,\text{dB}$;

b) $V_u \approx 1 + R_2/R_1 = 10^1 \triangleq 20\,\text{dB}$.

Die Konstruktion im BODE-Diagramm zeigt Bild L 2.28. Die abgelesenen Schnittfrequenzen betragen:

$\underline{f_{sa} \approx 100\,\text{kHz}}$; $\underline{f_{sb} \approx 3{,}2\,\text{MHz}}$

(2) Aus Gl. (2.65) folgt:

a) $\varphi_V \approx -\arctan(f/f_{g1}) = \underline{89{,}4°}$

b) $\varphi_V \approx -[\pi/2 + \arctan(f/f_{g2})] = \underline{162{,}7°}$

(3) An den Schnittpunkten A und B im Bild L 2.28 ist die Schleifenverstärkung jeweils $|K\underline{V}_{u0}| = 1$, so daß die Phasensicherheiten aus den berechneten Winkeln φ_V abgeschätzt werden können:

a) $\varphi_R = 180° - 89{,}4° = \underline{90{,}6°}$;

b) $\varphi_R = 180° - 162{,}7° = \underline{17{,}3°}$

Diskussion: Zumeist wird $\varphi_R \geqq 45°$ gefordert. Im Falle b) ist eine zusätzliche Frequenzgangkompensation erforderlich.

L 2.66. a) Die logarithmische Spannungsverstärkung des *RC*-Gliedes beträgt $|v_u| \approx 0\,\text{dB} - 20\lg(f/f_K)$ mit $f_K = \dfrac{1}{2\pi C_K R_K}$. Bei $f = f_K$ ergibt sich $\varphi_K = -45°$. Legt man als Schnittfrequenz $f_s = f_{g1}$ fest, so ist $\sum \varphi = \varphi_K + \varphi_V < 135°$. Im Bild L 2.28 ist die zugehörige Konstruktion gestrichelt eingetragen. Es ergibt sich der Schnittpunkt C und $f_K \approx \underline{1\,\text{Hz}}$.

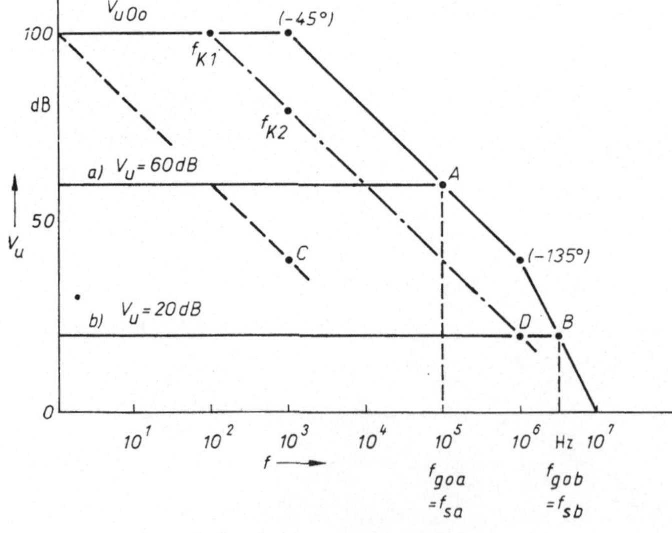

Bild L 2.28. BODE-Diagramm

b) Die Kleinsignalbandbreite wird stark reduziert; Anwendung nur für reine Gleichspannungsverstärker möglich. Die geringe Bandbreite kann dann im Interesse eines niedrigen Rauschpegels von Vorteil sein.

L 2.67. Der komplexe Spannungsteiler ergibt

$$\frac{\underline{U}_2}{\underline{U}_1} = \frac{1 + j\omega C_K R_K}{1 + j\omega C_K (R_i + R_K)}.$$

Hierin ist $f_{K1} = 1/[2\pi C_K(R_i + R_K)]$ und $f_{K2} = 1/(2\pi C_K R_K)$.
Der zugehörige Frequenzgang wurde im Bild L 2.28 strichpunktiert eingetragen. Vom Punkt D aus ergibt sich $f_{K1} \approx 100$ Hz und $f_{K2} \approx 1$ kHz.
Die Gleichungen für f_{K1}; f_{K2} sind nach C_K; R_K aufzulösen; es ergibt sich

$$C_K = \frac{1}{2\pi R_i}\left(\frac{1}{f_{K1}} - \frac{1}{f_{K2}}\right) \approx \underline{1\ \text{nF}}$$

$$R_K = 1/(2\pi C_K f_{K2}) \approx \underline{160\ \text{k}\Omega}$$

Achtung: Für jeden OV-Typ sind die in den Applikationsunterlagen enthaltenen Hinweise zur Frequenzgangkompensation zu beachten.

L 2.68. a) $f_G \approx S_{L\,max}/2\pi\hat{U}_O = \underline{16\ \text{kHz}}$
b) $\hat{U}_{OF} = \hat{U}_O f_G/f = \underline{3{,}33\ \text{V}}$

L 2.69. a) Der NM-Graph zu Bild 2.50 ist im Bild L 2.29 dargestellt. Mit Gl. (2.28) ergibt sich:

$$V_u = U_O/U_I$$
$$= -Y_1(Y_4 + Y_5 + Y_2)/(Y_2 Y_4)$$
$$V_u = \underline{(-R_2/R_1)(1 + R_4/R_2 + R_4/R_5)}$$

b) $\underline{R_1 = R_2 = Z_I = 500\ \text{k}\Omega}$;

$R_4 \ll R_2$ könnte z. B. mit $\underline{R_4 = 5\ \text{k}\Omega}$ erfüllt werden. Damit ist $R_4/R_5 = 100 - 1 - 0{,}01$

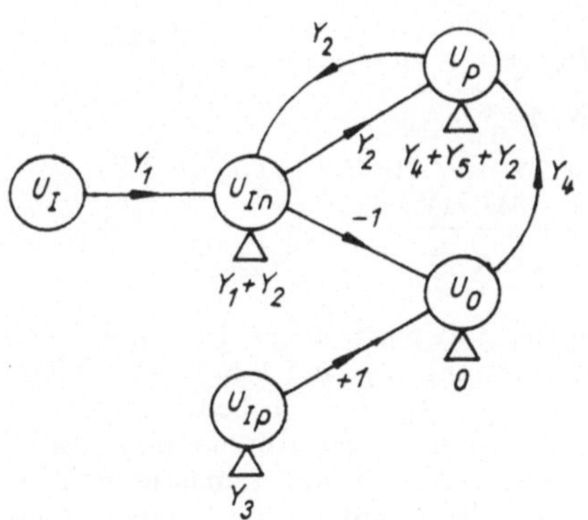

Bild L 2.29. NM-Graph zu L 2.69

≈ 99 und $R_5 \approx R_4/99 = \underline{50{,}5\ \Omega}$

c) $U_{OO} = 200\ U_{IO} + 505\ \text{k}\Omega \cdot I_{IO}$,
$U_{OO} = 300\ \text{mV} + 50{,}5\ \text{mV} \approx \underline{350\ \text{mV}}$

d) $\Delta U_{OO} = 200\ \Delta U_{IO} + 505\ \text{k}\Omega \cdot \Delta I_{IO}$ mit
$\Delta U_{IO} = TK_u \Delta\vartheta = 5\ \mu\text{V/K} \cdot 20\ \text{K}$
$= 0{,}1\ \text{mV}$,
$\Delta I_{IO} = TK_i \Delta\vartheta = 0{,}1\ \text{nA/K} \cdot 20\ \text{K}$
$= 2\ \text{nA}$.

Damit ergibt sich

$U_{OO} \approx 21$ mV und
$\underline{\Delta U_{OO}/U_{OO} \approx 6\%}$

L 2.70. a) $U_{Ip} = U_{I2}R_2/(R_1 + R_2)$;
$U_{In} = U_{I1}R_2/(R_1 + R_2) + U_O R_1/(R_1 + R_2)$.
Mit $U_{Ip} = U_{In}$ ergibt sich

$U_O = \underline{(R_2/R_1)(U_{I2} - U_{I1})}$

b) Wir wählen $R_2 = R_1$ und legen die erforderliche Verstärkung im vorzuschaltenden Impedanzwandler fest. Bild L 2.30 zeigt die Lösung. Für angenommene Symmetrie der OV_1; OV_2 wäre der Abgriff an R_2 in Mittenstellung, und es gilt

$U_O = \underline{(1 + 2R_3/R_2)(U_{I2} - U_{I1})}$

L 2.71. a) $V_{um} = 1 + R_2/R_1 = \underline{151}$; $Z_1 = R_3 = \underline{150\ \text{k}\Omega}$

b) Mit den Vorgaben wird $\tau_2 \approx \tau_3$, somit vereinfacht sich Gl. (2.70): $\underline{V}_u \approx \dfrac{j\omega\tau_2}{1 + j\omega\tau_1}$.
Hieraus folgt

$f_{gu} \approx 1/(2\pi C_1 R_1) = \underline{8\ \text{Hz}}$

c) Für $\omega > 0$ ist $\underline{U}_O = \left(1 + \dfrac{R_2}{R_1 + \dfrac{1}{j\omega C_1}}\right)$
$\times\ \underline{U}_{ID}$. Bei $\omega = 0$ wird $U_{OO} = 1 \cdot U_{IO} = \underline{1{,}5\ \text{mV}}$

d) Die Eingangsfehlerspannung als Störgröße wird nur mit dem Faktor 1 verstärkt, das Nutzsignal mit der Frequenz $f \gg 8$ Hz dagegen mit dem Faktor 150.

L 2.72. Bei unipolarer Speisespannung würde sich etwa die im Bild L 2.31 a) gezeigte Übertragungskennlinie ausbilden. Um lineares Verhalten und einen annähernd symmetrischen Aussteuerbereich zu gewährleisten, wird der Arbeitspunkt A durch eine Vorspannung am Eingang auf $U_{OA} = 10$ V gelegt. Da die Driftverstärkung gleich eins ist, muß am

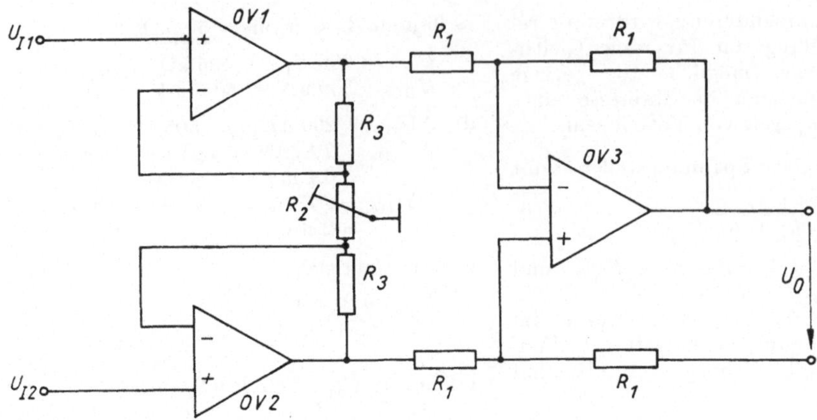

Bild L 2.30. Brückenspannungsverstärker mit OV

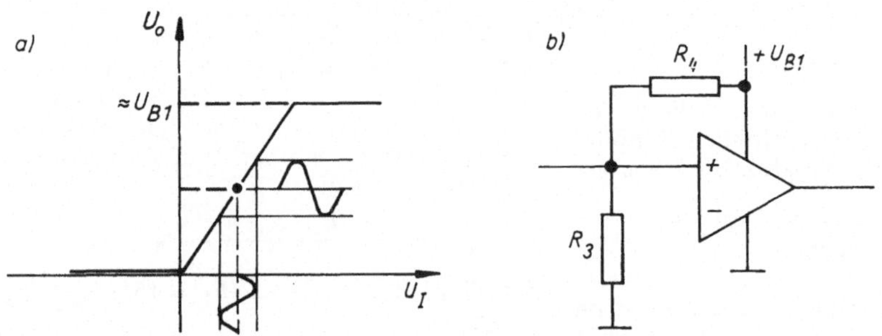

Bild L 2.31. OV mit unipolarer Speisespannung
a) Übertragungskennlinie b) Schaltungsdetail

(+)-Eingang $U_{\mathrm{Ip}} = 10$ V angelegt werden. Damit ergibt sich Bild L 2.31b) als zusätzliches Schaltungsdetail zu Bild 2.52 mit $R_4 = R_3 = 150$ kΩ.

L 2.73. a) Mit der Graphenmethode ergibt sich

$$V_u = \frac{Y_1Y_4 - Y_2Y_3}{Y_4(Y_1 + Y_3)} + \frac{Y_1Y_{\mathrm{GS}}}{Y_4(Y_1 + Y_3)}.$$

Mit $Y_1Y_4 - Y_2Y_3$ bzw. $R_1/R_2 = R_3/R_4$ wird

$$\underline{V_u = \frac{R_4}{1 + R_1/R_3} \cdot \frac{1}{R_{\mathrm{DS}}}}$$

b) Aus der Steuerkennlinie des MOSFET [Bild 2.53b)] folgt $R_{\mathrm{DS\,min}} = 50\ \Omega$ und $R_{\mathrm{DS\,max}} = 100$ kΩ. Damit wird $V_u \approx$ <u>2,4 bis 4765</u>

L 2.74. a) Punkt C ist wegen $U_{\mathrm{ID}} \approx 0$ eine virtuelle Masse, so daß $U_{\mathrm{O}} = -U_{\mathrm{BE}}$ und $U_{\mathrm{I}} = I_{\mathrm{C}}R_1$ wird. Damit folgt aus der vorgegebenen Gleichung

$$\underline{U_{\mathrm{O}} \approx -U_{\mathrm{T}} \ln \frac{U_{\mathrm{I}}}{AI_{\mathrm{ES}}R_1}}$$

b) $AI_{\mathrm{ES}} \approx I_{\mathrm{C}}/\exp(U_{\mathrm{BE}}/U_{\mathrm{T}}) = \frac{1\ \mathrm{mA}}{e^{500/26}}$
$= 4{,}45 \cdot 10^{-9}$ mA;

$U_{\mathrm{O2}} \approx -26\ \mathrm{mV} \cdot \ln(5\ \mathrm{V}/4{,}45 \cdot 10^{-9}\ \mathrm{V})$
$= \underline{-541\ \mathrm{mV}}$;

$U_{\mathrm{O3}} \underline{\approx -559\ \mathrm{mV}}$

c) Emitter-Sättigungsstrom I_{ES} und Temperaturspannung U_{T} sind temperaturabhängig. Wenn es die Betriebsbedingungen erfordern, muß der Logarithmiertransistor in einem Thermostaten auf konstanter Temperatur gehalten werden. Zur Frequenzgangkonstruktion im Bode-Diagramm muß zu-

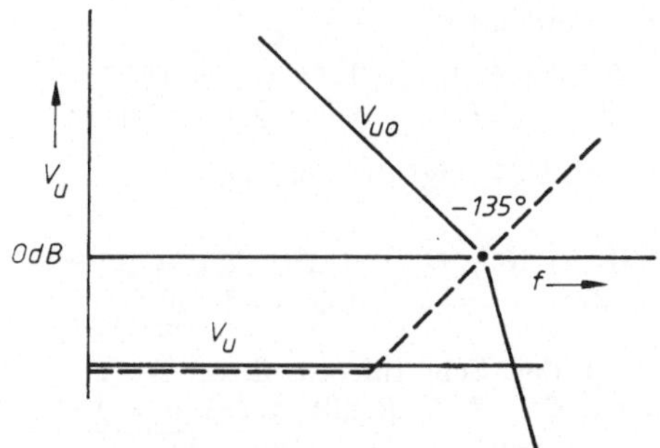

Bild L 2.32. BODE-Diagramm des logarithmischen Verstärkers

nächst die Betriebsverstärkung des Inverters abgeschätzt werden. Wegen $U_{BE} = U_{CE}$ ist $r_{CE} = r_{BE} \approx U_T/I_C$, $r_{CE} \approx 26\,\text{mV}/(1...10\,\text{mA}) = 26...2{,}6\,\Omega$. Damit wird $\underline{V_u} \approx -r_{CE}/R_1 = \underline{-(2{,}6 \cdot 10^{-2}...2{,}6 \cdot 10^{-3})}$. Wird der auf 0 dB kompensierte OV verwendet, so ist trotzdem Instabilität möglich (Bild L 2.32). Durch zusätzliche Kompensationsglieder mit TP-Verhalten (im Bild L 2.32 gestrichelt eingetragen) kann dem entgegengewirkt werden.

L 2.75. a) $\underline{Z}_1 = \dfrac{a_{12} - a_{11}\underline{Z}_L}{a_{22} - a_{21}\underline{Z}_L}$; mit Gl. (2.72) wird $\underline{Z}_1 = \underline{(1/g_0^2)\,\underline{Z}_L}$

b) Ein komplexer Lastwiderstand wird in einen dazu dualen Eingangswiderstand transformiert (Gyrator = Dualübersetzer). $Z_0^2 = 1/g_0^2$ ist die Dualitätsinvariante.

c) $\underline{Z}_1 = \mathrm{j}\omega C_2 Z_0^2$; damit ist $L_1 = C_2 Z_0^2 = \underline{10\,\mu\text{H}}$

L 2.76. a) Im NM-Graphen (Bild L 2.33) sind 4 Schleifen erster Ordnung und zwei Schleifen zweiter Ordnung vorhanden. Mit Gl. (2.27) ergibt sich

$$Z_1 = \frac{1(0 + Y_M \cdot 0 - - Y_2 \cdot 0 + + Y_M Y_2 Y_M + Y_M^2(Y_M + Y_2) - + Y_M Y_2 \cdot 1)}{0 + Y_M \cdot 0 + Y_M \cdot 0 - Y_2 \cdot 0 + - Y_M Y_2 \cdot 2Y_M};$$

$$Z_1 = Y_2/Y_M^2 = \underline{R_M^2/Z_2}$$

b) Unter der Annahme idealer OV und exakter Übereinstimmung aller Widerstandswerte ergibt sich **ideales Gyratorverhalten:**

$\underline{Z_2 = 0 \text{ ergibt } Z_1 \to \infty}$;

$\underline{Z_2 \to \infty \text{ ergibt } Z_1 = 0}$

L 2.77. a) $Z_1 = \Delta U_1/\Delta I_1$

$$= \frac{1{,}3\text{ V} - 10{,}5\text{ V}}{15{,}8\text{ mA} - 8{,}4\text{ mA}} = \underline{-1{,}25\text{ k}\Omega}$$

b) Zeichnet man die Generatorkennlinie nach der Gleichung $U_1 = U_G - I_1 R_v$ in das Bild 2.56b) ein, so ergeben sich formal 3 Schnittpunkte, von denen jedoch nur die im Bereich I und III stabil sind. Der Arbeitspunkt ergibt sich graphisch oder durch Gleichsetzen der Kennliniengleichungen zu

$\underline{U_{1A} = 7{,}5\text{ V};\ I_{1A} = 6\text{ mA}}$

c) Wird die Generatorspannung auf $U_{GK} = U_{1\max} + I_1 R_v = 12{,}6$ V erhöht, dann kippt der Arbeitspunkt in den Bereich III der Kennlinie. Der UNIK wirkt damit als Schwellwertschalter.

L 2.78. a) $I_L = \underline{-2\text{ mA}}$. Der Laststrom fließt entgegen dem im Bild 2.57 angenommenen Zählpfeil. b) R_L geht auf Gl. (2.76a) nicht ein. Bezüglich der Veränderung von R_L liegt Konstantstromverhalten vor.

c) Aus Gl. (2.76c) folgt

$Z_1 = U_I/I_I = -R_L R_1/R_2 = \underline{-2\text{ k}\Omega}$

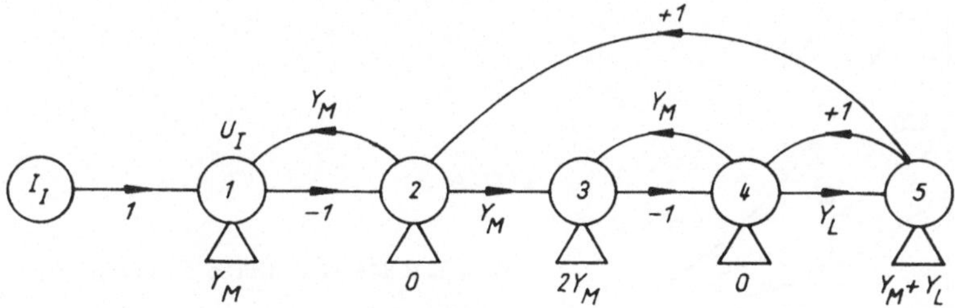

Bild L 2.33. NM-Graph zu Bild 2.56

d) Aus Gl. (2.76b) folgt

$$\underline{I_{\text{Imax}}} = \frac{|U_{\text{OS}}|}{R_1(1 + R_{\text{L}}/R_2)} = \underline{4{,}8\ \text{mA}}$$

L 2.79. a) TP 1 nach Bild 2.59a)

b) Ausgehend von der Grundgleichung des Inverters ergibt sich

$$\underline{V} = -\frac{R^2 \parallel X_{\text{C2}}}{R_1} = -\frac{R_2/R_1}{1 + j\omega C_2 R_2};$$

Koeffizientenvergleich mit Gl. (2.78) und Gl. (2.80) ergibt

$V_0 = -R_2/R_1$ und $\omega_g = 1/(C_2R_2)$;
$\underline{R_1} = Z_1 = \underline{1\ \text{k}\Omega}$; $\underline{R_2} = |V_0|\, R_1 = \underline{100\ \text{k}\Omega}$;

$$|V_{50}| = \frac{100}{\sqrt{1 + (\omega C_2 R_2)^2}} = 1;$$

$\omega C_2R_2 \approx 100$; $\underline{C_2 \approx 3{,}2\ \mu\text{F}}$

c) $\underline{f_g} = 1/2\pi C_2 R_2 \approx \underline{0{,}5\ \text{Hz}}$

L 2.80. a) Über den NM-Graphen entsteht

$$T(p) = \frac{V_0}{1 + RC(3 - V_0)\,p + R^2C^2p^2}.$$

Der Koeffizientenvergleich ergibt

$a_1 = \omega_g RC(3 - V_0)$; $a_2 = \omega_g{}^2 R^2 C^2$

Hieraus folgt $\underline{V_0 = 3 - a_1/\sqrt{a_2}}$

Mit Tab. 2.8 wird dann bei

I: $V_0 = 1{,}000$; III: $V_0 = 1{,}586$
II: $V_0 = 1{,}267$; IV: $V_0 = 2{,}235$

b) Der Vergleich mit Gl. (2.81) ergibt

$\tau_1 = (3 - V_0)\,RC$ und $\tau_2 = RC$.

Mit den Gln. (2.82) und (2.83) wird

$\underline{\omega_x = 1/RC}$ und $\underline{Q_x = 1/(3 - V_0)}$

Damit entsteht bei

I: $Q_x = 0{,}500$; III: $Q_x = 0{,}707$
II: $Q_x = 0{,}577$; IV: $Q_x = 1{,}307$

c) Bild L 2.34 zeigt die Lösung.

L 2.81. a) $20 \lg Q_x = 1\ \text{dB}$; $Q_x = 10^{1/20} = 1{,}122$; $V_0 = 3 - 1/Q_x = \underline{2{,}109}$

b) Aus der Schaltungsstruktur ist zu erkennen, daß $Z_1 \geqq R$ gilt; also: $\underline{R = 10\ \text{k}\Omega}$. Aus $\omega_x = 1/RC$ folgt $\underline{C} = 1/(2\pi f_x R) \approx \underline{15{,}9\ \text{nF}}$

L 2.82. a) Aus Tab. 2.8 folgt: $a_1 = 1{,}414$; $a_2 = 1{,}000$. Damit ergeben sich die TP-Bauelemente:

$$C_1 = \frac{a_1}{3\omega_g R} = \underline{375\ \text{nF}};$$

$$C_2 = \frac{3a_2}{a_1\omega_g R} = \underline{1{,}69\ \mu\text{F}}$$

b) Die normierten Größen sind dann

$R^* = R/R_{\text{B}} = 1$; $C_1{}^* = \omega_{\text{B}} C_1 R_{\text{B}} = 0{,}471$;
$C_2{}^* = \omega_{\text{B}} C_2 R_{\text{B}} = 2{,}123$.

Mit der TP-HP-Transformation entsteht:

$C^*_{\text{HP}} = 1/R^*_{\text{TP}} = 1$; $R^*_{1\text{HP}} = 1/C^*_{1\text{TP}} = 2{,}123$;
$R^*_{2\text{HP}} = 1/C^*_{2\text{TP}} = 0{,}471$.

Die Bauelemente des HP betragen damit:

$\underline{C} = C^*/(\omega_{\text{B}} R_{\text{B}}) = \underline{796\ \text{nF}}$;
$\underline{R_1} = R_1{}^* R_{\text{B}} = \underline{2{,}123\ \text{k}\Omega}$;
$\underline{R_2} = R_2{}^* R_{\text{B}} = \underline{471\ \Omega}$

L 2.83. a) Über den NM-Graphen ergibt sich:

$$V^* = \frac{V_0}{1 + R_3/R_4 - V_0 R_3/R_4}$$

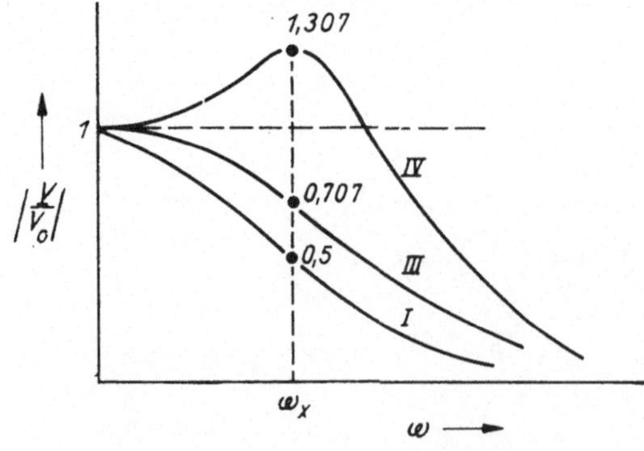

Bild L 2.34. Normierte Frequenzgänge von TP 2

a) Für $R_4/R_3 = 2$ wird

$$V^* = \frac{V_0}{1{,}5 - 0{,}5\, V_0};$$

V_0	1	2	2,5	2,9	3
V^*	1	4	10	58	∞

b) Bei $V_0 = \underline{3}$ schwingt der Verstärker.

L 2.84. a) $\varphi_k + \varphi_v = 0$ erfordert für $\varphi_v = 0$ (nichtinvert. Verstärker) auch $\varphi_k = 0$.

Aus $\underline{K} = \dfrac{1}{3 + \mathrm{j}[\omega RC - 1/(\omega RC)]}$ folgt $\underline{\omega_0} \underline{= 1/RC}$ für $\varphi_k = 0$.

b) Mit Gl. (2.93) wird für $\omega = \omega_0$: $\underline{V_0} = 1/K = \underline{3}$; vergleichen Sie L 2.83.

c) Mit $\Omega = f/f_0 = \omega/\omega_0$ wird

$$\varphi = -\arctan \frac{\Omega - 1/\Omega}{3};$$

bei $\Omega_1 = 0{,}99$: $\varphi_1 = 0{,}384°$
bei $\Omega_2 = 1{,}01$: $\varphi_2 = -0{,}380°$

Daraus wird $\Delta\varphi/\Delta\Omega = -38{,}2°$ und mit $\Delta\Omega = \Delta f/f_0$

$\underline{\Delta\varphi/\Delta f = -38{,}2°/f_0}$

Man erkennt: Mit zunehmender Oszillatorfrequenz wird die Phasensteilheit geringer. Die Schaltung eignet sich besonders für niedrige Frequenzen.

L 2.85. a) $V_{max} = 1 + R_2/R_1$;
$R_2 = (V_{max} - 1)\, R_1 = \underline{2{,}1\ \mathrm{k\Omega}}$

$$V_{min} = 1 + \frac{R_2 \parallel R_3}{R_1};$$

$R_2 \parallel R_3 = (V_{min} - 1)\, R_1 = 1{,}9\ \mathrm{k\Omega}$;
$R_3 = 1{,}9\ \mathrm{k\Omega} \cdot 2{,}1\ \mathrm{k\Omega}/(0{,}2\ \mathrm{k\Omega}) \approx \underline{20\ \mathrm{k\Omega}}$

b) $\hat{U}_{0\,max} \approx 0{,}6\ \mathrm{V}\,(1 + R_1/R_2) = \underline{0{,}89\ \mathrm{V}}$

L 3.1. Die Zeichenfolge hat nach Gl. (3.2) den Zahlenwert

$$z = 1 \cdot 2^6 + 0 \cdot 2^5 + 0 \cdot 2^4 + 1 \cdot 2^3 + 0 \cdot 2^2 + 0 \cdot 2^1 + 1 \cdot 2^0 = \underline{73}$$

L 3.2.

53 : 2 = 26 Rest 1
26 : 2 = 13 Rest 0
13 : 2 = 6 Rest 1
6 : 2 = 3 Rest 0
3 : 2 = 1 Rest 1
1 : 2 = 0 Rest 1

$\underline{1\ 1\ 0\ 1\ 0\ 1_2}$

L 3.3. 1. Konvertierung:

4 B C 3
0100 1011 1100 0011

2. Konvertierung:

010 | 010 | 111 | 100 | 000 | 11 → 0100|1 0 1|1 1 1|0 0 0|0 1 1

(Gruppen: 4, 5, 7, 0, 3)

also: $4\,\mathrm{B}\,\mathrm{C}\,3_{16} = \underline{4\ 5\ 7\ 0\ 3_8}$

L 3.4. a) Mit $v = 100$ folgt aus Gl. (3.3):
$m = \lg v/\lg b = \lg 100/\lg 2 = 6{,}64$ $\underline{(m = 7)}$

b) $2^7 = 128$; $r = 128 - 100 = \underline{28\ \text{Zahlenwerte}}$

L 3.5.

y	0	**1**	0	0
x_1	0	**1**	0	1
x_2	0	**0**	1	1

$y = \underline{x_1\bar{x}_2}$; es handelt sich um die Inhibition (→ Tafel 3.1).

L 3.6. a)

x_1	0	1	0	1
x_2	0	0	1	1
y	0	1	1	0

$y = x_1\bar{x}_2 \vee \bar{x}_1x_2$; es handelt sich um die Antivalenz (→ Tafel 3.1)

b) Bild L 3.1a) zeigt die 1. Lösungsetappe. Schließer und Öffner der gleichen Variablen können zu Umschaltern zusammengefaßt werden [Bild L 3.1b)].

L 3.7. a) $y_1 = \overline{x_1 \vee x_2}$; $y_2 = \overline{x_1 \vee y_1}$;
$y_3 = \overline{x_2 \vee y_1}$; $y = \overline{y_2 \vee y_3}$

Damit ergibt sich:

$$\underline{y = \overline{\overline{\overline{x_1 \vee \overline{x_1 \vee x_2}} \vee \overline{x_2 \vee \overline{x_1 \vee x_2}}}}}$$

b)

x_1	0	1	0	1
x_2	0	0	1	1
y_1	1	0	0	0
y_2	0	0	1	0
y_3	0	1	0	0
y	1	0	0	1

c) Es handelt sich um «Äquivalenz» (→ Tafel 3.1). Die aufgestellte Funktion kann demnach in

$y = \underline{\bar{x}_1\bar{x}_2 \vee x_1x_2}$ vereinfacht werden.

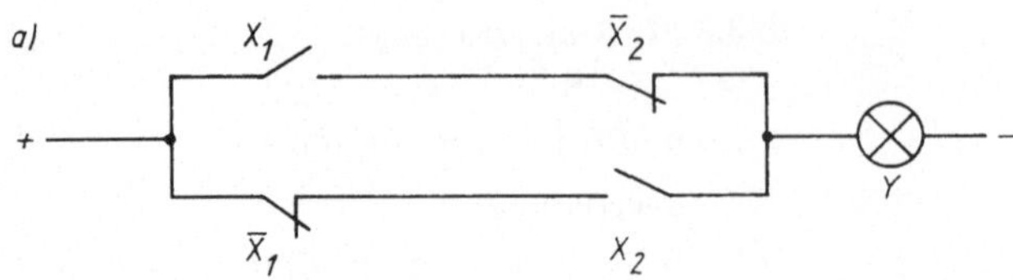

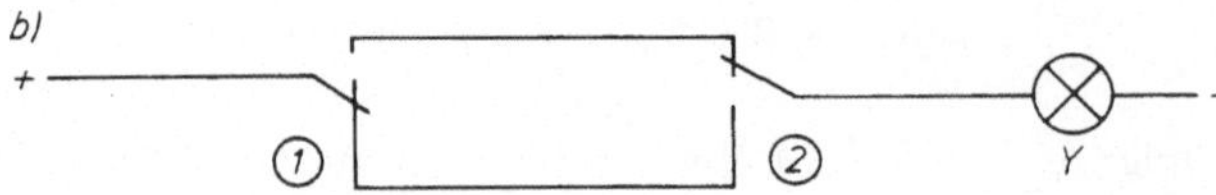

Bild L 3.1. Kontaktdarstellung der Antivalenz

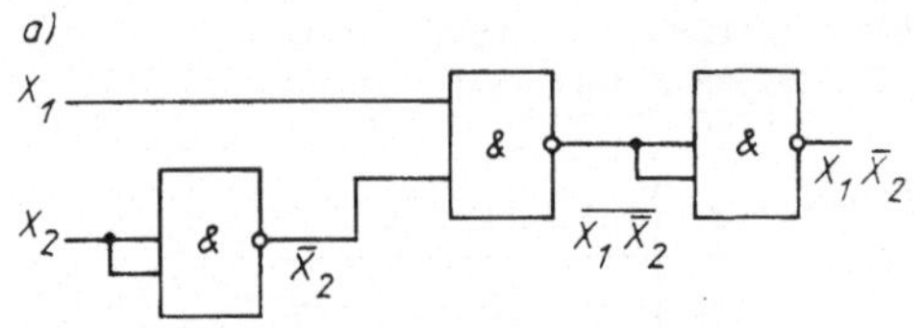

Bild L 3.2. Darstellung der Inhibition in
a) NAND-Logik und b) NOR-Logik

L 3.8. a) Mit Gl. (3.4a) wird

$y = \overline{\overline{x_1\bar{x}_2}} = x_1\bar{x}_2$ [Bild L 3.2a)].

b) Mit Gl. (3.7a) wird

$\bar{y} = \overline{x_1\bar{x}_2} = \bar{x}_1 \vee x_2; \quad y = \underline{\overline{\bar{x}_1 \vee x_2}}$
[Bild L 3.2b)].

L 3.9. Mit den Gln. (3.4a) und (3.7b) wird

$y = (x_1 \vee \overline{x_1 \vee x_2})\,(x_2 \vee \overline{x_1 \vee x_2})$.

Weiter mit Gl. (3.5b):

$y = \overline{x_1 \vee x_2} \vee x_1x_2$ und mit Gl. (3.7b)
$y = \underline{\bar{x}_1\bar{x}_2 \vee x_1x_2}$

L 3.10. a)

$y = \underline{x_1x_2 \vee x_1x_3 \vee x_1x_4 \vee x_2x_3 \vee x_2x_4 \vee x_3x_4}$
($\triangleq$ 12 Kontakte)

b) Zweimalige Anwendung von Gl. (3.5a) ergibt:

$y = x_1(x_3 \vee x_4) \vee x_1x_2 \vee x_2(x_3 \vee x_4) \vee x_3x_4$
($\triangleq$ 10 Kontakte)
$y = \underline{(x_3 \vee x_4)\,(x_1 \vee x_2) \vee x_1x_2 \vee x_3x_4}$
($\triangleq$ 8 Kontakte)

c) Darstellung im Bild L 3.3a)

d) Nach Anwendung von Bild 3.3 ergeben sich drei doppelte Negationen, so daß mit Gl. (3.4a) vereinfacht werden kann. Bild L 3.3b) zeigt die Lösung.

L 3.11. a) Da x_0 im 2. Term fehlt, wird es mit $x_0 \vee \bar{x}_0 = 1$ eingeführt:

$y = \bar{x}_2x_1\bar{x}_0 \vee x_2\bar{x}_1(x_0 \vee \bar{x}_0)$
$y = \underline{\bar{x}_2x_1\bar{x}_0 \vee x_2\bar{x}_1x_0 \vee x_2\bar{x}_1\bar{x}_0}$

b) Der Karnaugh-Plan ist im Bild L 3.4 dargestellt. Der 2er-Block ergibt $x_2\bar{x}_1$, da $\bar{x}_0 \vee x_0 = 1$ ist. Damit entsteht wieder die Ausgangsform

$y = \underline{\bar{x}_2x_1\bar{x}_0 \vee x_2\bar{x}_1}$

L 3.12. Der Karnaugh-Plan ist im Bild L 3.5a) dargestellt. Man liest ab:

$y = x_1\bar{x}_0 \vee x_3\bar{x}_0 \vee x_2\bar{x}_0$.

Nach Gl. (3.5a) kann weiter vereinfacht werden:

$y = \underline{\bar{x}_0(x_1 \vee x_2 \vee x_3)}$

Bild L 3.5b) zeigt die zugehörige Logikschaltung.

L 3.13. Bild L 3.6 zeigt den benötigten Ausschnitt aus dem Karnaugh-Plan mit 16 Feldern. Man liest ab:

$y = x_4x_2x_1 \vee x_4x_3x_1 \vee x_4x_3x_2$.

Zweimalige Anwendung von Gl. (3.5a) ergibt schließlich

$y = \underline{x_4[x_2(x_1 \vee x_3) \vee x_3x_1]}$

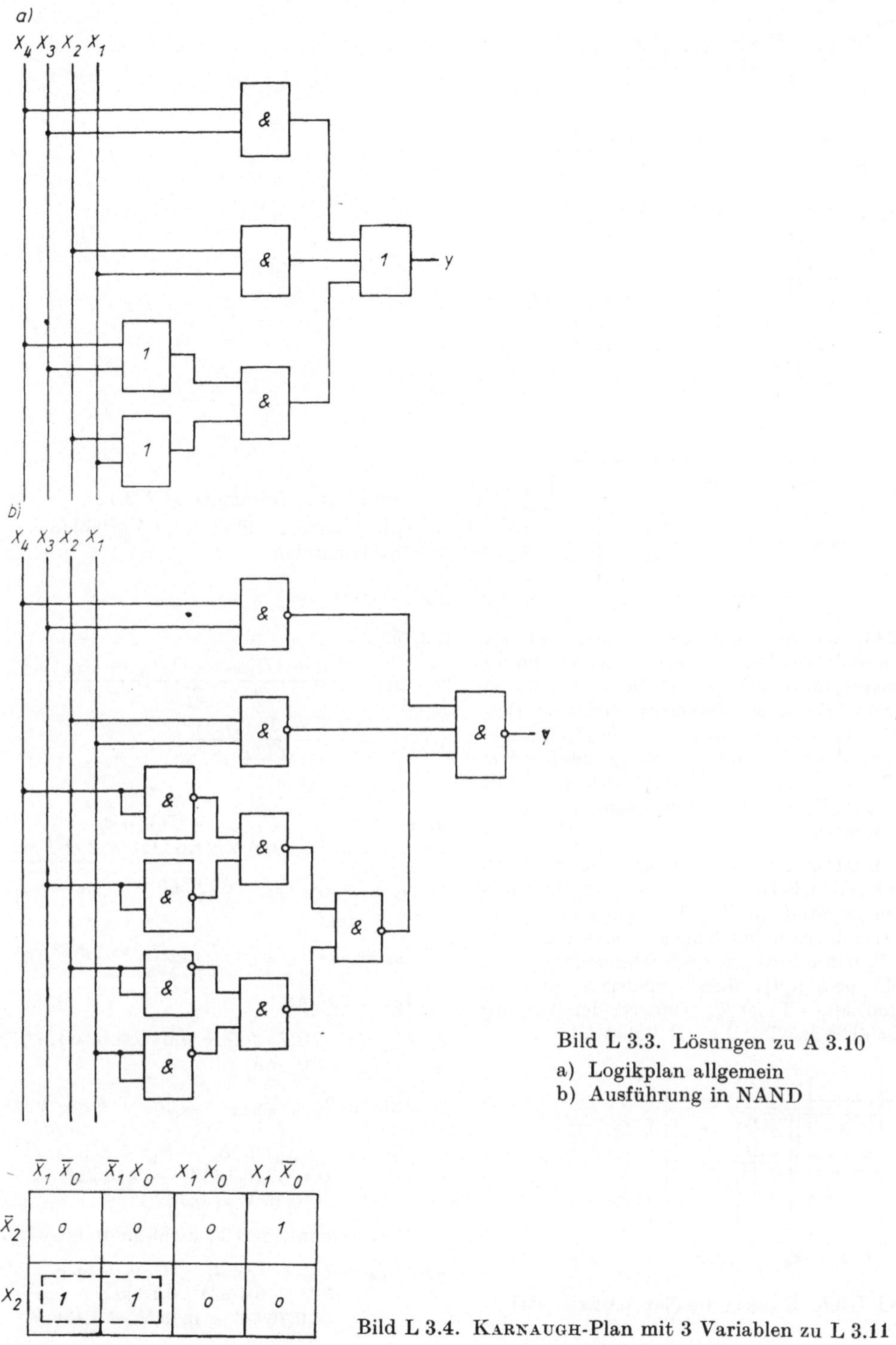

Bild L 3.3. Lösungen zu A 3.10
a) Logikplan allgemein
b) Ausführung in NAND

	$\bar{X}_1\,\bar{X}_0$	$\bar{X}_1\,X_0$	$X_1\,X_0$	$X_1\,\bar{X}_0$
$\bar{X}_2$	0	0	0	1
X_2	1	1	0	0

Bild L 3.4. KARNAUGH-Plan mit 3 Variablen zu L 3.11

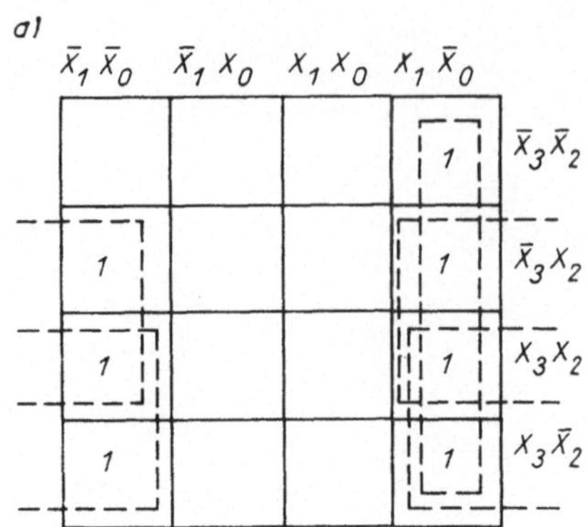

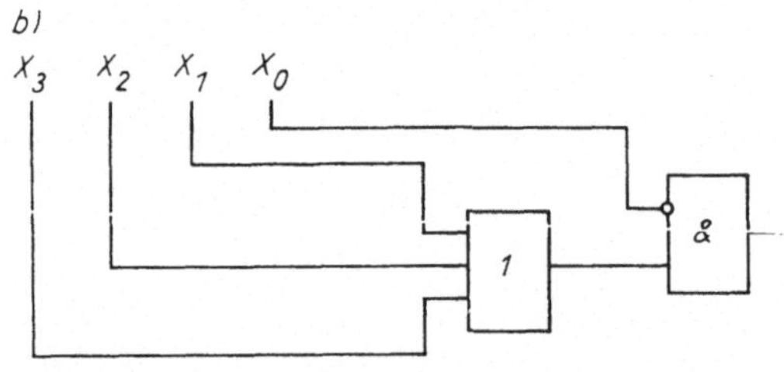

Bild L 3.5. Lösungen zu A 3.12
a) KARNAUGH-Plan mit 4 Variablen
b) Logikplan

L 3.14. a) Alle Eingänge liegen auf H-Potential: BE-Diode von T_1 gesperrt; hohes Basispotential an T_1; BC-Diode von T_1 in Durchlaßrichtung (inverser Transistorbetrieb); T_2 gesättigt; durch niedriges Kollektorpotential an T_2 und Spannungsabfall an D ist T_3 gesperrt; durch hohes Emitterpotential an T_2 ist T_4 gesättigt. Der Ausgang liegt auf L-Potential.

b) Mindestens ein Eingang liegt auf L-Potential: BE-Diode von T_1 leitend; niedriges Basispotential an T_1; T_1 gesättigt; T_2 gesperrt; durch hohes Kollektorpotential an T_2 ist T_3 leitend (wegen niederohmigem R_4 aber nicht gesättigt); durch niedriges Emitterpotential an T_2 ist T_4 gesperrt; der Ausgang liegt über R_4; T_3; D an H-Potential.

Bild L 3.6. KARNAUGH-Plan (Ausschnitt) zu L 3.13

L 3.15.

a) $$I_{B2} = \frac{U_B - (U_{BE2} + U_{BE4} + U_{BC1})}{R_1} = \frac{5\text{ V} - 3 \cdot 0{,}75\text{ V}}{4\text{ k}\Omega},$$
$$I_{B2} = \underline{0{,}688\text{ mA}}$$

b) $$I_{C2} = (U_B - U_{CES2} - U_{BE4})/R_2 = (5\text{ V} - 0{,}9\text{ V})/(1{,}6\text{ k}\Omega) = \underline{2{,}563\text{ mA}}$$

c) $$B_2 = m_2 I_{C2}/I_{B2} = 2 \cdot 2{,}563\text{ mA}/(0{,}688\text{ mA}) = \underline{7{,}45}$$

d) $$I_{B4} = I_{C2} + I_{B2} - U_{BE4}/R_3 = 2{,}563\text{ mA} + 0{,}688\text{ mA} - 0{,}75\text{ mA},$$
$$I_{B4} = \underline{2{,}5\text{ mA}}$$

e) $$I_{OL\,max} = B_4 I_{B4}/m_4 = 9{,}6 \cdot 2{,}5\text{ mA}/1{,}5 = \underline{16\text{ mA}}$$

f) Aus $I_{B3}R_2 + U_{BE3} = I_{C3}R_4 + U_{CE3}$ folgt mit $I_{C3} = -I_{OH}$
$$U_{CE3} = -I_{OH}(R_2/B_3 - R_4) + U_{BE3} = 0{,}4\text{ mA}(0{,}16\text{ k}\Omega - 0{,}13\text{ k}\Omega) + 0{,}75\text{ V} \approx \underline{0{,}762\text{ V}}$$
Man erkennt, daß T_3 nicht gesättigt wird.

g) $$U_{OH} = U_B + I_{OH}R_4 - U_{CE3} - U_F = 5\text{ V} - 0{,}4\text{ mA} \cdot 0{,}13\text{ k}\Omega - 0{,}762\text{ V} - 0{,}75\text{ V} = \underline{3{,}436\text{ V}}$$

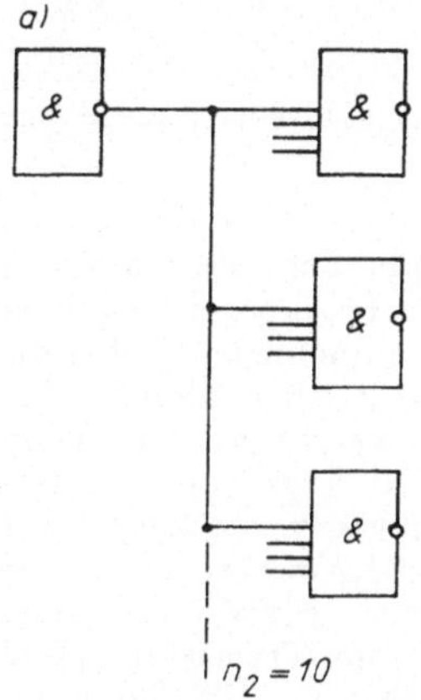

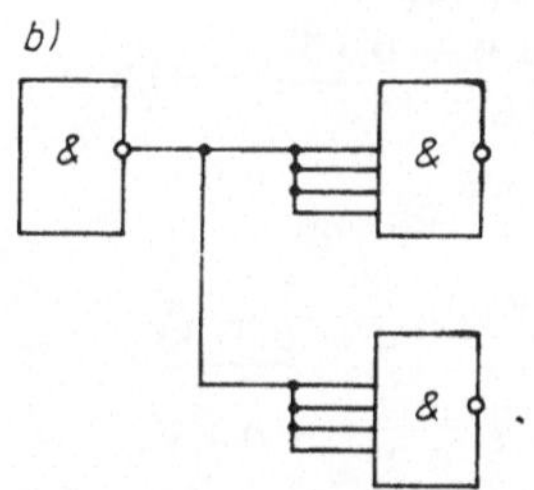

Bild L 3.7. Zusammschaltung von TTL-Standard-Gattern

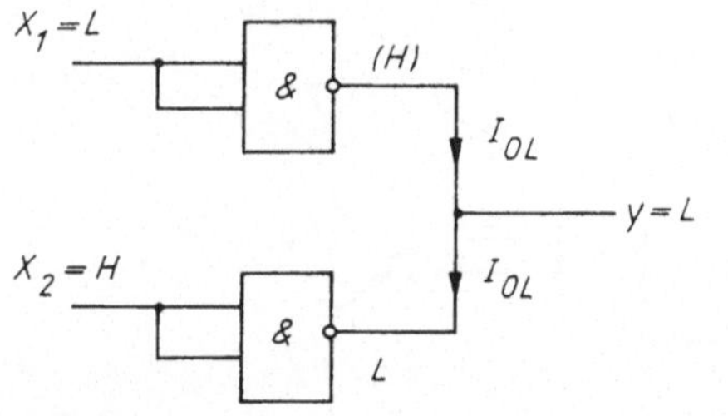

Bild L 3.8. Verbotene Pegelkombinationen bei Parallelschaltung von Gatterausgängen

L 3.16. a) $\underline{n_L} = N_O/N_I = 10/1 = \underline{10}$

b) $n_L = N_O/(4N_I) = 10/4 = 2{,}5; \quad \underline{n_L = 2}$

Bild L 3.7 veranschaulicht die Lösung.

L 3.17. Die Pegelkombinationen H/L bzw. L/H sind kritisch, da der auf H liegende Ausgang durch den auf L liegenden nahezu kurzgeschlossen wird (Bild L 3.8). Der Kurzschlußstrom wird zwar durch R_4 begrenzt (→ Bild 3.4), trotzdem tritt thermische Überlastung auf.

L 3.18. a) Bei $y = \mathrm{L}$ ist

$$R_v \geqq \frac{U_B - U_F - U_{OL\,max}}{I_{OL\,max} + 3\,I_{IL\,max}} = \frac{5\text{ V} - 0{,}75\text{ V} - 0{,}4\text{ V}}{16\text{ mA} - 3 \cdot 1{,}6\text{ mA}} = \underline{344\,\Omega}$$

Bei $y = \mathrm{H}$ verhindern die gegeneinander geschalteten Dioden (D_1 bzw. D_2 mit D im IS) einen Stromfluß am Gatterausgang (die Sperrströme können vernachlässigt werden). Damit ist

$$R_v \leqq \frac{U_B - U_{OH\,min}}{3I_{IH\,max}} = \frac{5\text{ V} - 2{,}4\text{ V}}{3 \cdot 0{,}04\text{ mA}} = \underline{21{,}7\text{ k}\Omega}$$

Wir wählen z. B. $R_v = \underline{470\,\Omega/\text{E6}}$

b) $\underline{U_{OyL}} = U_F + U_{OL\,max} = \underline{1{,}15\text{ V}}$ (!)

Der L-Pegel liegt nicht im TTL-Normpegelbereich (Nachteil!).

$$\underline{U_{OyH}} \approx U_B - 3\,I_{IH\,max}R_v = 5\text{ V} - 0{,}12\text{ mA} \cdot 0{,}47\text{ k}\Omega = \underline{4{,}9\text{ V}}$$

c)

y_1	L	H	L	H
y_2	L	L	H	H
y	L	L	L	H

Der Vergleich mit Tafel 3.1 ergibt <u>UND</u>. Somit ist $y = \overline{x_1x_2} \cdot \overline{x_3x_4}$ oder mit Gl. (3.7)

$$\underline{y = \overline{x_1x_2 \vee x_3x_4}}$$

L 3.19. a) Für die Ausgangskombinationen L/H bzw. H/L gilt:

$$I_C = I_{OL} + n_2 I_{IL} = I_{OL} - n_2\,|I_{IL}|$$

Durch das Ansetzen von $1 \times I_{OL}$ wird bei der Kombination L/L eine Überlastung der Gatterausgänge vermieden.

$$R_C = \frac{U_B - U_{OL}}{I_{OL} - n_2\,|I_{IL}|}$$

Unter Berücksichtigung der Toleranzbereiche gilt dann

$$\underline{R_C \geqq \frac{U_B - U_{OL\,max}}{I_{OL\,max} - n_2\,|I_{IL\,max}|}}$$

Für H am Ausgang gilt:

$I_C = n_1 I_{OH} + n_2 I_{IH}$; damit wird

$$R_C = \frac{U_B - U_{OH}}{n_1 I_{OH} + n_2 I_{IH}} \quad \text{und}$$

$$\underline{R_C \leqq \frac{U_B - U_{OH\,min}}{n_1 I_{OH\,max} + n_2 I_{IH\,max}}}$$

b) $R_C \geqq \dfrac{5\,V - 0{,}4\,V}{16\,mA - 2 \cdot 1{,}6\,mA} = 0{,}359\,k\Omega;$

$$R_C \leqq \frac{5\,V - 2{,}4\,V}{2 \cdot 0{,}25\,mA + 2 \cdot 0{,}04\,mA} = 4{,}48\,k\Omega$$

Im Interesse geringer Verzögerungszeiten und Flankensteilheiten wird R_C möglichst niedrig gewählt, z. B. $R_C = \underline{470\,\Omega/E6}$

c) Die logische Funktion ergibt sich aus L 3.18 und der nachfolgenden Negation zu

$\underline{y = x_1 x_2 \vee x_3 x_4}$

Man bezeichnet dies als «verdrahtete ODER-Funktion (wired OR)».

L 3.20.

a) $M_H = U_{OHmin} - U_{IHmin} = 2{,}4\,V - 2\,V = 0{,}4\,V;$

$M_L = U_{IL\,max} - U_{OL\,max} = 0{,}8\,V - 0{,}4\,V = 0{,}4\,V;$

$M = M_H = M_L = \underline{0{,}4\,V}$

b) Die Gerade unter 45° im Bild 3.7 schneidet die Kennlinie bei $U_s \approx \underline{1{,}3\,V}$

c) $M_{typL} = U_s - U_{OL} \approx 1{,}3\,V - 0{,}25\,V = 1{,}05\,V;$

$M_{typH} = U_{OH} - U_s \approx 3{,}6\,V - 1{,}3\,V = 2{,}3\,V.$

Es wird der niedrigste Wert angegeben: $M_{typ} = \underline{1\,V}$

L 3.21. a) Bei L kann der Gatterausgang bei Einhaltung der Logikpegel maximal $30 \cdot 1{,}6\,mA = 48\,mA$ aufnehmen, so daß die LED im «pull-down»-Betrieb direkt über R_v an U_B angeschlossen werden kann [Bild L 3.9a)]. Bei H kann der Gatterausgang bei Einhaltung der Logikpegel nur maximal $30 \cdot 40\,\mu A = 1{,}2\,mA$ abgeben. Die zusätzlich erforderliche Stromverstärkung kann durch einen npn-Transistor [Bild L 3.9b)] oder durch ein Treibergatter (z. B. 75492) realisiert werden [Bild L 3.9c)].

b) $\underline{R_{v1}} \geqq \dfrac{U_B - U_{F\,max} - U_{OL\,max}}{I_{F\,max}} = \dfrac{5\,V - 1{,}8\,V - 0{,}4\,V}{30\,mA} = \underline{93{,}3\,\Omega}$

$\underline{R_{v2}} \geqq \dfrac{U_{OH\,min} - U_{BE}}{I_{F\,max}} B_{N\,min} = \dfrac{2{,}4\,V - 0{,}7\,V}{30\,mA} \cdot 100 = \underline{5{,}67\,k\Omega}$

$\underline{R_{v3} < R_{v1}}$ wegen $U_{OL\,max} > 0{,}4\,V.$

L 3.22. a) Liegen alle Eingänge auf H, so sind T_{2A}; T_{2B} gesättigt, und es gilt $\bar{x} = L$;

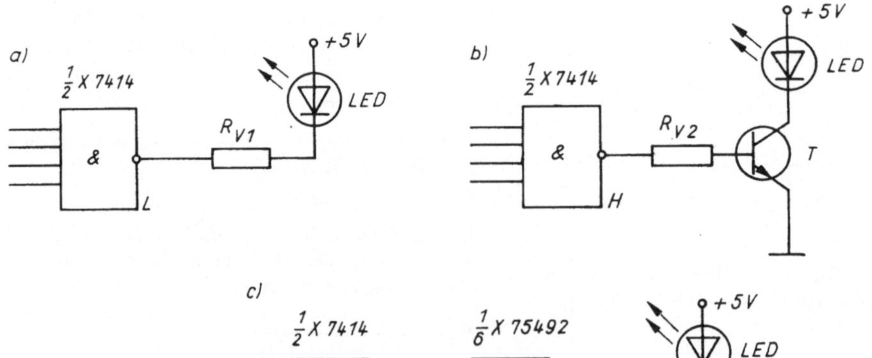

Bild L 3.9. Ansteuerung von LED durch TTL-IS
a) bei Anzeige von L b) bei Anzeige von H (mit Treibertransistor)
c) bei Anzeige von H (mit Treibergatter)

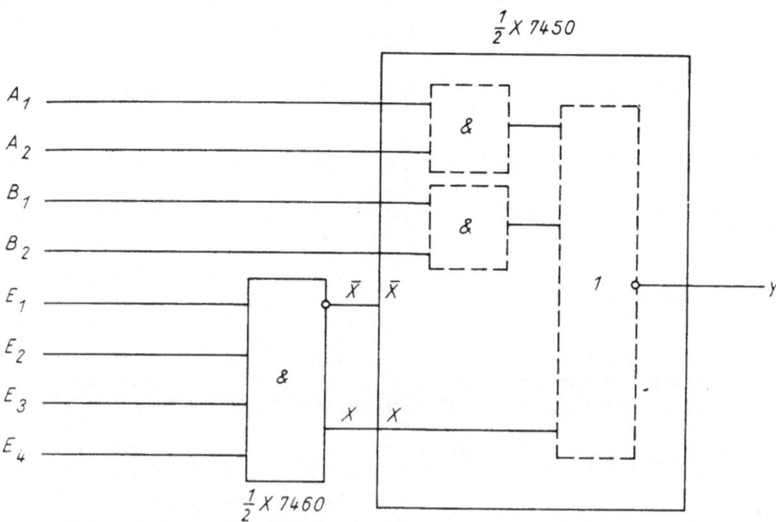

Bild L 3.10. Vergrößerte Einfächerung durch Expander

$x = H$. Wird mindestens ein Eingang von der A-Seite oder der B-Seite auf L gelegt, so ist T_{2A} oder T_{2B} gesperrt, und es gilt $\bar{x} = H$; $x = L$.
Werden alle Eingänge auf L gelegt, so verschieben sich lediglich die Pegel innerhalb des Toleranzbereiches, aber es bleibt bei $\bar{x} = H$; $x = L$. Folglich entsteht

$$x = A_1A_2 \vee B_1B_2 \quad \text{bzw.} \quad \bar{x} = \overline{A_1A_2 \vee B_1B_2}$$

b) Bei $x = H$; $\bar{x} = L$ wird $y = L$, bei $x = L$; $\bar{x} = H$ wird $y = H$.
Somit ist $y = \bar{x} = \overline{A_1A_2 \vee B_1B_2}$

Es handelt sich um eine AND/NOR-Verknüpfung.

L 3.23. a) Die Endstufe T_2 hat offene Kollektor- und Emitteranschlüsse. Funktionsfähig wird das Gatter erst, wenn $\bar{x}$ über R_v an U_B und x an Masse gelegt werden. Die Zusammenschaltung mit dem AND/NOR-Gatter (→ Bild 3.8) erfordert daher die Verbindung der gleichbezeichneten Anschlüsse $\bar{x}$; x miteinander. Die Logikfunktion lautet damit

$$y = \overline{A_1A_2 \vee B_1B_2 \vee x} \quad \text{mit} \quad x = E_1E_2E_3E_4$$

b) Bild L 3.10 zeigt den entsprechenden Logikplan.

L 3.24. a) $E_C = L$: D sperrt; $\bar{x}$ wird nicht angesteuert:

$$y = \overline{E_A \vee E_B}$$

$E_C = H$: D in Durchlaßrichtung; $\bar{x} = L$; damit wird zusätzlich zu T_4 noch T_3 (im Bild 3.4) gesperrt.
Der Ausgang wird hochohmig ($y \to \infty$).
Also lautet die Logikfunktion

$$y = \begin{cases} \overline{E_A \vee E_B} & \text{für } E_C = L \\ \infty & \text{für } E_C = H \end{cases}$$

Es entsteht neben L; H noch ein dritter logischer Zustand (tristate-Verhalten).

b) Bei n parallelen Gattern sind folgende Ausgangskombinationen zugelassen: n Ausgänge auf L oder n Ausgänge auf H. Sind nur n_L Ausgänge auf L, so müssen die anderen $n - n_L$ Ausgänge in den hochohmigen Zustand gesteuert werden.

L 3.25. a) Bei $E_1 = L$ fließt I_i über E_1, und T_2 ist gesperrt; der Ausgang liegt auf $A_1 = H$. Das Potential an A_2 ist nicht definiert. Bei $E_1 = H$ fließt I_i in die Basis von T_2, und T_2 wird gesättigt; die Ausgänge liegen auf $A_1 = A_2 = L$.
b) Negation für alle verdrahteten Ausgänge ($A_1 = \bar{E}_1$).

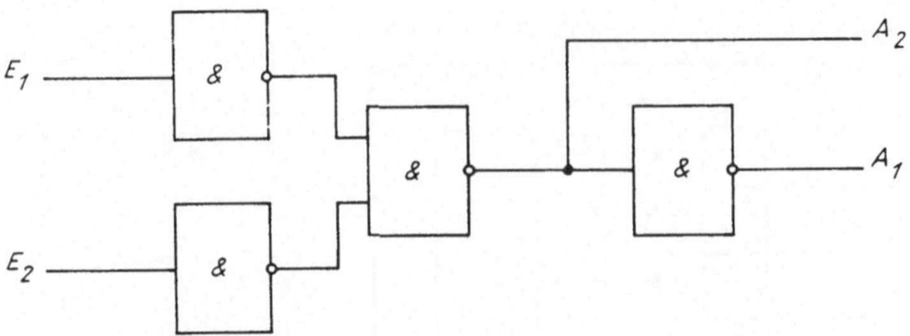

Bild L 3.11. I^2L-gerechte Logikdarstellung

L 3.26. a) Bereits ein H an den Eingängen E_1; E_2 zieht die verdrahteten Kollektorausgänge von $T_{2/1}$; $T_{2/2}$ auf L, und T_3 wird gesperrt. Der Ausgang geht (wenn verdrahtet) auf H. Nicht benötigte Kollektorausgänge bleiben offen.

E_1	L	H	L	H
E_2	L	L	H	H
A_2	L	H	H	H
A_1	H	L	L	L

Der Vergleich mit Tafel 3.1 ergibt Disjunktion.
Bezüglich A_2 liegt OR-Gatter- und bezüglich A_1 NOR-Gatter-Verhalten vor.

b) Bild L 3.11 zeigt die Lösung.

L 3.27. a) Disjunktion (→ L 3.26)

b) Wegen Stromteilung niedrigerer Strombedarf; durch Spannungsteilung ergibt sich eine höhere Speisespannung (ansonsten beträgt die Injektorspannung nur 0,5...0,8 V); durch unterschiedliche Injektorströme in den einzelnen Stapelebenen lassen sich die Verzögerungszeiten abstufen. Die untere Ebene ist am langsamsten, das schnellste Gatter liegt ganz oben.

L 3.28. a) $U_R = \dfrac{-0{,}75\text{ V} - 1{,}55\text{ V}}{2} = \underline{-1{,}15\text{ V}}$

b) $\underline{\Delta U_I} = U_{IH} - U_{IL} = -0{,}75\text{ V} + 1{,}55\text{ V} = \underline{0{,}8\text{ V}}$

Da die Werte von A_N; I_E; R_{C1} hier nicht bekannt sind, wird ΔU_O über die Eingangsmasche abgeschätzt; es gilt

$\underline{U_{O1L}} = U_{IH} + U_{CBX} \approx U_{IH} = \underline{-0{,}75\text{ V}}.$

Mit $U_{O1H} \approx 0$ wird $\underline{\Delta U_{O1}} = U_{O1H} - U_{O1L} \approx \underline{0{,}75\text{ V}}$

c) $M_H = U_{O1H} - U_{IH} = 0{,}75\text{ V}$;
$M_L = U_{IL} - U_{O1L} = -0{,}80\text{ V}$; also
$\underline{|M| \approx 0{,}75...0{,}80\text{ V}}$

d) Ein- und Ausgangspegel weichen erheblich voneinander ab (der L-Ausgangspegel fällt in den H-Bereich des Eingangspegels), so daß keine direkten Gatterzusammenschaltungen möglich sind.

L 3.29. a) Mit $\sum U = 0$ ergibt sich aus Bild 3.15:

$U_{O1} = U_{BE} + I_E R_E - U_B$ und
$U_O = I_E R_E - U_B$

Somit ist $\underline{\Delta U_O} = U_O - U_{O1} = \underline{U_{BE}}$

Mit $U_{BE} \approx 0{,}6$ V wird $\underline{U_{OH} \approx -0{,}6\text{ V}}$ und $\underline{U_{OL}} \approx -0{,}75\text{ V} - 0{,}6\text{ V} = \underline{-1{,}35\text{ V}}$

b) $M_H = -0{,}6\text{ V} + 0{,}75\text{ V} = 0{,}15\text{ V}$;
$M_L = -1{,}55\text{ V} + 1{,}35\text{ V} = -0{,}2\text{ V}$;

$\underline{|M| \approx 0{,}15...0{,}2\text{ V}}$; durch die Pegelverschiebung verschlechtert sich die Störsicherheit. Relativ zum Signalhub kann sie aber noch als ausreichend betrachtet werden.

L 3.30. a) Setzt man

$$-0{,}1\,\Delta U_O = \frac{-\Delta U_O}{1 + \exp(-v_1)} \quad \text{und}$$

$$-0{,}9\,\Delta U_O = \frac{-\Delta U_O}{1 + \exp(-v_2)} \quad \text{mit}$$

$v_1 = (U_{IL\,max} - U_R)/U_T$ und
$v_2 = (U_{IH\,min} - U_R)/U_T$, so wird
$w = (v_2 - v_1)\,U_T = U_T \ln 81 \approx \underline{130\text{ mV}}$

b) $U_{IH\,min} = U_R + w/2 = -1{,}15\text{ V} + 0{,}065\text{ V} = -1{,}085\text{ V}$;
$U_{IL\,max} = U_R - w/2 = -1{,}15\text{ V} - 0{,}065\text{ V} = -1{,}215\text{ V}$;
$\underline{U_{IL} = -5{,}2...-1{,}215\text{ V}}$;
$\underline{U_{IH} = -1{,}085...0\text{ V}}$;

$U_{OH\,min} = -0{,}1\,\Delta U_O = -0{,}075$ V;
$U_{OL\,max} = -0{,}9\,\Delta U_O = -0{,}675$ V;
$\underline{U_{OL} = -5{,}2 \ldots -0{,}675 \text{ V}}$;
$\underline{U_{OH} = -0{,}075 \ldots 0 \text{ V}}$

Auch hier trifft die Feststellung von L 3.28 d) zu.

L 3.31. a) Es ergeben sich folgende BOOLEsche Gleichungen:

$I_5 = x_3$; $I_6 = \bar{x}_3$; $I_3 = x_2 I_6$; $I_4 = \bar{x}_2 I_6$; $I_1 = x_1 I_4$; $I_2 = \bar{x}_1 I_4$; $I_{C1} = I_1 \vee I_3 \vee I_5$; $y = \bar{I}_2$.

Daraus folgt: $y = \bar{I}_2 = \overline{\bar{x}_1 I_4} = x_1 \vee \bar{I}_4 = x_1 \vee \overline{\bar{x}_2 I_6} = x_1 \vee x_2 \vee \bar{I}_6$, $\underline{y = x_1 \vee x_2 \vee x_3}$; es handelt sich um ein OR-Gatter.

b) Komplexe ECL-Schalter in Mehrebenen-Struktur weisen geringere Verlustleistungen und Verzögerungszeiten auf als vergleichbare Parallelstrukturen.

L 3.32. (1) a) Es sind zwei Betriebsspannungen $|U_{B1}| > |U_{B2}|$ erforderlich (höherer Aufwand). Das Lastelement (T_2) arbeitet im ohmschen Kennlinienbereich (lineare Lastkennlinie).
(1) b) Nur eine Betriebsspannung $|U_B|$ erforderlich. T_2 arbeitet im Abschnürbereich (nichtlineare Lastkennlinie; bei gesperrtem T_1 ist $|U_O| < |U_B|$). Gegenüber 1a) geringerer Signalhub und höhere Schaltzeiten.
(1) c) Wegen $U_{GS} = 0$ wird bei gesperrtem T_1 $|U_O| \approx |U_B|$, daher relativ großer Signalhub auch bei kleineren Betriebsspannungen. Gegenüber 1b) wesentlich besseres Schaltverhalten.
(2) a) p-Kanal: $U_B < 0$; b) n-Kanal: $U_B > 0$.
(3) a) Bei negativer Logik (z. B. H $\triangleq$ 0 V; L $\triangleq$ $-U_B$) ist für $x = $ H T_1 gesperrt und damit $y = $ L; für $x = $ L ist T_1 leitend und damit $y = $ H. b) Bei positiver Logik (z. B. H $\triangleq$ U_B; L $\triangleq$ 0 V) ist für $y = $ H T_1 leitend und damit $y = $ L; für $x = $ L ist T_1 gesperrt und damit $y = $ H.
Beachten Sie, daß Depletion-Transistoren in integrierten Schaltungen (bei nur einer zugelassenen Polarität) nicht sperrfähig sind (daher keine Anwendung als Logik- und Schalttransistoren).

L 3.33. $I_{D1/1} = (x_3 \vee x_4)\, x_1$; $I_{D1/2} = x_2 x_5$;
$I_D = I_{D1/1} \vee I_{D1/2}$
$I_D = (x_3 \vee x_4)\, x_1 \vee x_2 x_5$
$\underline{y = \bar{I}_D = (\bar{x}_3 \bar{x}_4 \vee \bar{x}_1)\,(\bar{x}_2 \vee \bar{x}_5)}$

L 3.34. Bei $x_s = $ H ist T_s leitend, und C_L übernimmt die an s_1 stehende Information. Wenn dabei $s_1 = $ H ist, wird C_L über $T_{2/1}$; T_s aufgeladen; wenn $s_1 = $ L ist, entlädt sich C_L über T_s; T_1 im Ga 1. Bei $x_s = $ L ist T_s gesperrt, g_2 ist von s_1 getrennt; C_L speichert kurzzeitig die vorher übernommene Information (Speicherzeit < 10 ms).

L 3.35. a) Die Funktionstabelle lautet:

x_s	x	y_1	y_2
L	L	L	L
L	H	H	L
H	L	L	L
H	H	L	H

Damit ist $y_1 = \bar{x}_s x$; $y_2 = x_s x$.
Mit Gl. (3.7a) wird $\underline{y_1 = \overline{x_s \vee \bar{x}}}$ und $\underline{y_2 = \overline{\bar{x}_s \vee \bar{x}}}$ [Bild L 3.12a)]

b) Mit zwei Schalttransistoren T_{s1}; T_{s2} und einem Inverter ergibt sich Bild L 3.12b).

L 3.36. a) Für $x = $ L sperrt T_s, und es ist $y = $ H; für $x = $ H leitet T_s, und es ist

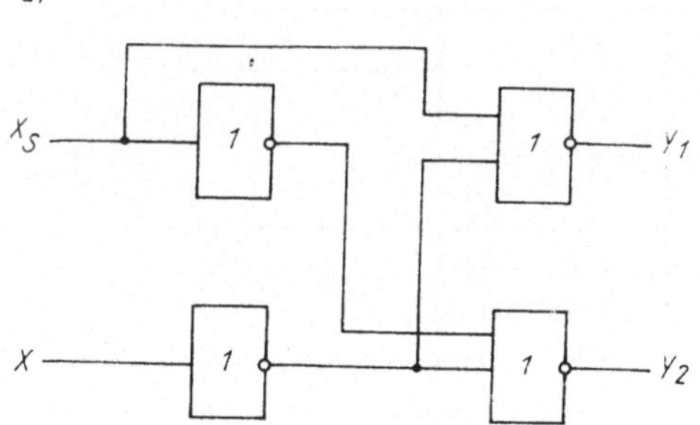

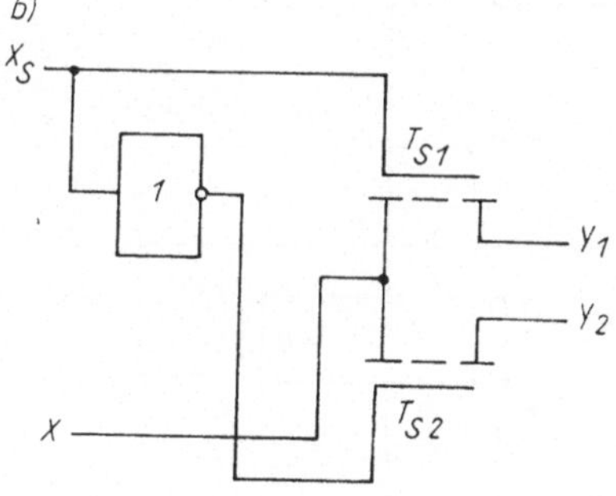

Bild L 3.12. 1:2-Demultiplexer
a) in NOR-Logik b) in MOS-gerechter Logik

$y = \mathrm{L}$. Also gilt $y = \bar{x}$.

b) $y_1 = \overline{x_1 \vee \bar{x}_2}$; $y_2 = \overline{\bar{x}_1 \vee \bar{x}_2}$;
$y_3 = \overline{\bar{x}_2 \vee x_3} = x_2\bar{x}_3$
$y_1 = \bar{x}_1 x_2$; $y_2 = x_1 x_2$;
$\underline{z_1} = y_1 \vee y_2 = \underline{\bar{x}_1 x_2 \vee x_1 x_2}$;
$\underline{z_2} = y_1 = \underline{\bar{x}_1 x_2}$; $\underline{z_3} = y_2 \vee y_3 =$
$\underline{x_1 x_2 \vee x_2 \bar{x}_3}$

L 3.37.

a) Mit $x_1 = Z_1 = 1$; $x_2 = Z_2 = 0$; $x_3 = z_3 = 1$ ergibt sich mit den Gln. (3.18):
$\underline{S} = 0 \vee 0 \vee 0 \vee 0 = \underline{0}$;
$\underline{\ddot{U}} = 0 \vee 0 \vee 1 = \underline{1}$

b) Beachten Sie, daß unbenutzte MOS-Eingänge nicht offen bleiben dürfen; sie sind stets auf ein definiertes Potential zu legen:

(a) -13 V $\triangleq$ L-Pegel $\triangleq$ 1.
Somit ist $\ddot{U} = x_1 x_2 \vee x_2 \vee x_1$. Mit Gl. (3.5a) wird daraus $\underline{\ddot{U} = x_1 \vee x_2}$; die Schaltung wirkt als OR-Gatter.

(b) 0 V = H-Pegel $\triangleq$ 0.
Somit ist mit $x_{3/2} = 0$:
$\underline{\ddot{U}_2} = S_1 \ddot{U}_1 = (x_1 x_2 x_3 \vee x_1 \bar{x}_2 \bar{x}_3 \vee \bar{x}_1 \bar{x}_2 x_3 \vee \bar{x}_1 x_2 \bar{x}_3 (x_1 x_2 \vee x_2 x_3 \vee x_3 x_1) = \underline{x_1 x_2 x_3}$;
die Schaltung wirkt als AND-Gatter.

L 3.38. a) Bei $x = \mathrm{H}$ ist T_1 leitend und T_2 gesperrt; am Ausgang liegt $y = \mathrm{L}$. Bei $x = \mathrm{L}$ ist T_1 gesperrt und T_2 leitend; am Ausgang liegt $y = \mathrm{H}$.

b) $U_{\mathrm{IH}} \geqq U_{\mathrm{B}} - |U_{\mathrm{T}}|$; $U_{\mathrm{OL}} \approx 0$ V
$\underline{U_{\mathrm{IL}} < U_{\mathrm{T}}; \; U_{\mathrm{OH}} \approx U_{\mathrm{B}}}$

L 3.39. a) $\Delta U_{\mathrm{O}} = U_{\mathrm{OH\,min}} - U_{\mathrm{OL\,max}} = \underline{4{,}9\ \mathrm{V}}$ (bei $U_{\mathrm{B}} = 5$ V)

b) $M_{\mathrm{H}} = U_{\mathrm{OH\,min}} - U_{\mathrm{IH\,min}} = 1{,}45$ V;
$M_{\mathrm{L}} = U_{\mathrm{IL\,max}} - U_{\mathrm{OL\,max}} = 1{,}45$ V;
$M_{\mathrm{H}} = M_{\mathrm{L}} = M = \underline{1{,}45\ \mathrm{V}}$

c) $w = U_{\mathrm{IH\,min}} - U_{\mathrm{IL\,max}} = \underline{2\ \mathrm{V}}$

d) Großer Signalhub ($\Delta U_{\mathrm{O}} \approx U_{\mathrm{B}}$), große statische Störsicherheit ($M \approx 30...40\%$ von U_{B}), große Übertragungsweite (Abstand der Signalpegel)

L 3.40. a) → Bild L 3.13a);
b) → Bild L 3.13b)

L 3.41. a) Mit den Gln. (3.19) ergibt sich $P_{\mathrm{vd}} = \underline{U_{\mathrm{B}}^2 C_{\mathrm{L}} f_{\mathrm{s}}}$

b) $f_{\mathrm{s\,max}} = P_{\mathrm{vd\,max}}/(U_{\mathrm{B}}^2 C_{\mathrm{L}}) = \underline{10\ \mathrm{MHz}}$

L 3.42. a) $\underline{y_2} = \overline{z \vee x_2}$; $w = \overline{x_1 \vee y_2} = \overline{x_1 \vee \overline{z \vee x_2}} = \bar{x}_1(z \vee x_2)$. Bei geschlossener Rückführung ist dann
$y_1^+ = \bar{x}_1(y_1 \vee x_2)$; wegen Symmetrie der Schaltung gilt $\underline{y_2^+ = \bar{x}_2(y_2 \vee x_1)}$

b) Mit $y_1 = \bar{y}_2$ und $y_1^+ = \bar{y}_2^+$ wird
$y_1^+ = \overline{\bar{x}_2(\bar{y}_1 \vee x_1)} = x_2 \vee \bar{x}_1 y_1$.
Koeffizientenvergleich ergibt:
$x_2 \vee \bar{x}_1 y_1 = \bar{x}_1 x_2 \vee \bar{x}_1 y_1$

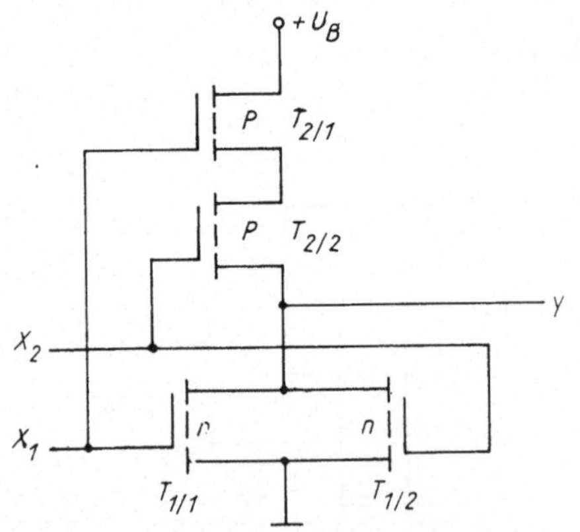

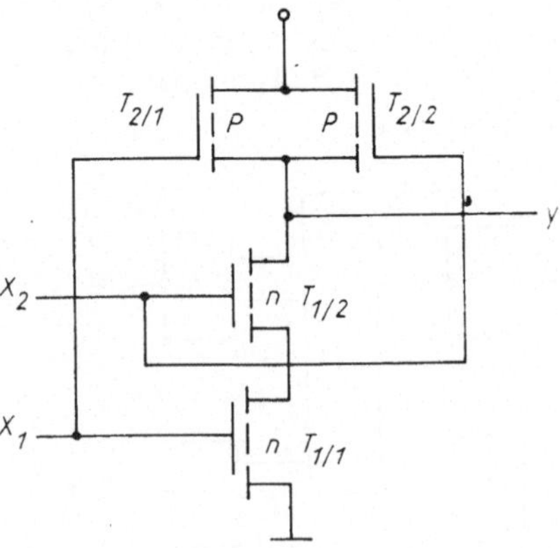

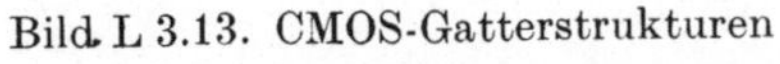
Bild L 3.13. CMOS-Gatterstrukturen
a) NOR b) NAND

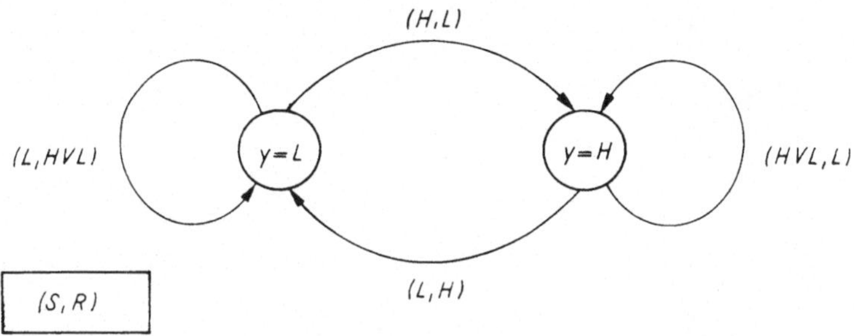

Bild L 3.14. Automatengraph des RS-Triggers

$\underline{x_2 = \bar{x}_1 x_2}$; die Funktionstabelle zeigt, daß diese Gleichung *nur* für $\underline{x_1 x_2 = \text{L}}$ gilt.

c) Mit den in b) hergeleiteten Gleichungen ergibt sich folgende Automatentabelle:

		x_1x_2		
	LL	LH	HH	HL
y_1 L	L	H	—	L
		(y_1^+)		
y_1 H	H	H	—	L

Mit «—» wird der verbotene Zustand «x_1x_2 = H» gekennzeichnet.
Durch Zusammenfassen gleicher Übergänge ($y_1 \to y_1^+$) entsteht die Übergangstabelle des RS-Triggers (→ Tab. 3.4). Mit v (variabel) wird die Kombination (H v L) abgekürzt.
Bei Betrachtung dieser Tabelle erkennt man:
H an x_2 setzt y_1 auf H; H an x_1 setzt y_1 auf L zurück, demnach ist $\underline{x_2 = S = \text{Setzeingang}}$ und $\underline{x_1 = R = \text{Rücksetzeingang}}$

d) Die zwei stabilen Zustände $z_1 = \text{L}$; $z_2 = \text{H}$ werden als Knoten, die möglichen Übergänge als Zweige im Graphen dargestellt (Bild L 3.14).

L 3.43. Für $x_1 = S$; $x_2 = R$; $y_1 = y$; $y_2 = \bar{y}$ ergibt sich das gleiche Schaltverhalten wie beim NOR-RS-Trigger:
$\underline{y^+ = S \vee \bar{R}y; \quad SR = \text{L}}$

L 3.44. a) $y^+ = S \vee \bar{R}y$; $SR = \text{L}$: Die Steuerfunktionen sind hier $S = x_1$; $R = \bar{x}_1 x_2$, damit wird $y^+ = x_1 \vee (x_1 \vee \bar{x}_2)\, y$, $\underline{y^+ = x_1 \vee \bar{x}_2 y}$

Kontrolle der Nebenbedingung: $SR = \text{L}$
$x_1 \bar{x}_1 x_2 = \text{L}$; $\underline{\text{L} = \text{L}}$

Die Nebenbedingung ist immer erfüllt; es gibt hier keine verbotenen Belegungen.

b)

x_1	x_2	y^+
L	L	y
H	L	H
L	H	L
H	H	H

c) Es handelt sich um eine Selbsthalteschaltung mit dominierendem Setzen (SL-Trigger).

L 3.45. Im Graphen [Bild L 3.15a)] werden 4 Automatenzustände unterschieden: $z = 1$: Ruhestand; $z = 2$: Alarm; $z = 3$: Alarm bei wieder geschlossenem Ruhestromkreis; $z = 4$: Alarm gelöscht. Aus dem Graphen ergibt sich die vollständige Automatentabelle:

z	x_1x_2			
	LL	LH	HH	HL
1	2/H	—	—	1/L
2	2/H	—	—	3/H
3	—	—	4/L	3/H
4	—	—	4/L	1/L
		z^+/y		

Nach Zusammenfassen verträglicher Zeilen (Zustände) zu den Zuständen $a = (1; 4)$ und $b = (2; 3)$ und deren Kodierung mit $a = \text{H}$ und $b = \text{L}$ entsteht die reduzierte Automatentabelle mit der für den KARNAUGH-Plan erforderlichen Form:

z	x_1x_2			
	LL	LH	HH	HL
H	L/H	—	H/L	H/L
L	L/H	—	H/L	L/H
		z^+/y		

Hieraus folgt:
$y = \bar{x}_1 \bar{x}_2 \vee \bar{z} \bar{x}_2$
$\underline{y = \bar{x}_2 (\bar{x}_1 \vee \bar{z})}$

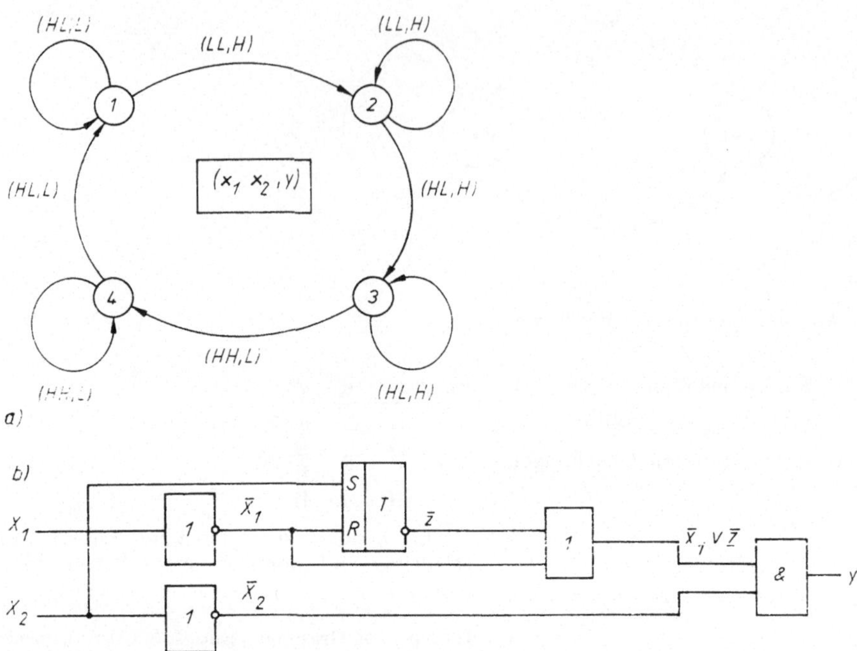

Bild L 3.15. Zu L 3.45
a) Automatengraph b) Logikschaltung

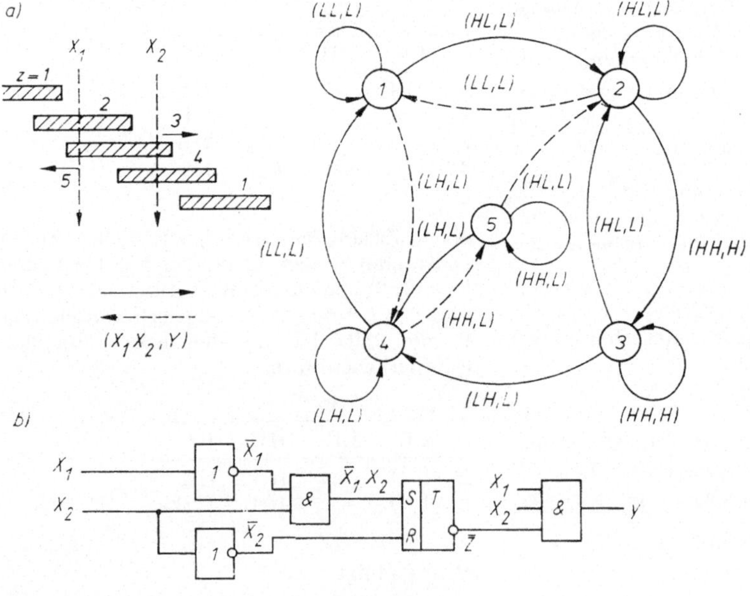

Bild L 3.16. Zu L 3.46
a) Automatengraph b) Logikschaltung

Aus den Übergängen z/z^+ ergeben sich mit Tab. 3.4 die erforderlichen Belegungen S; R:

z	x_1x_2			
	LL	LH	HH	HL
H	L; H	v; v	v; L	v; L
L	L; v	v; v	H; L	L; v
		S; R		

Unter Einbeziehung der variablen Belegungen (v) entstehen Viererblöcke für S und R:

$\underline{S = x_2}$; $\underline{R = \bar{x}_1}$

Die entstandene Lösung (Bild L 3.15b)] wird als «MEALY-Automat» bezeichnet [$y = f(x_i; z)$]. Andere Lösungsvarianten ergeben sich, wenn die Zustandsfestlegungen geändert werden, die Zustände anders kodiert werden und andere Triggerarten(→ Tab. 3.4) verwendet werden. In jedem Falle sind die Lösungen auf ihre Brauchbarkeit zu überprüfen.

L 3.46. Im Graphen [Bild L 3.16a)] sind die im gleichen Bild gezeigten 5 Zustände und die möglichen Übergänge bei beiden Bewegungsrichtungen dargestellt. Berücksichtigt wurde auch der Fall, daß die Teile unter den Lichtschranken ihre Bewegungsrichtung wieder verändern. Der Lösungsweg ist dem in L 3.45 analog:

Automatentabelle:

z	x_1x_2			
	LL	LH	HH	HL
1	1/L	4/L	—	2/L
2	1/L	—	3/H	2/L
3	—	4/L	3/H	2/L
4	1/L	4/L	5/L	—
5	—	4/L	5/L	2/L
		z^+/y		

Mit $a = (1; 2; 3)$ und $b = (4; 5)$ sowie der Kodierung $a = \mathrm{L}$ und $b = \mathrm{H}$ ergibt sich:

z	x_1x_2			
	LL	LH	HH	HL
L	L/L	H/L	L/H	L/L
H	L/L	H/L	H/L	L/L
		z^+/x		

Als Lösungen ergeben sich:

$\underline{y = x_1x_2\bar{z}}$; $\underline{S = \bar{x}_1x_2}$; $\underline{R = \bar{x}_2}$

Der MEALY-Automat ist im Bild L 3.16b) dargestellt.

L 3.47. a) Mit den zwei Zuständen «$y = \mathrm{H}$: Relais führt Strom; $y = \mathrm{L}$: Relais stromlos» ergibt sich nach Vereinfachung über KARNAUGH

$\underline{y^+ = \bar{x}_2(x_1 \vee y)}$

b) Das in L 3.42 praktizierte Verfahren der Auftrennung einer Rückführung ist hier ebenfalls anzuwenden. Bild L 3.17a) zeigt die Lösung.

c) Es handelt sich um einen statischen Selbsthaltekreis mit dominierendem Löschen (EL-Trigger), Bild L 3.17b).

L 3.48. a) $S = xc$; $R = \bar{x}c$.
Bei $c_1 = \mathrm{H}$: $S = x$; $R = \bar{x}$: $\underline{y^+} = S \vee \bar{R}y = \underline{x}$.

Jede Eingangssignaländerung führt zur gleichen Ausgangssignaländerung.
Bei $c_2 = \mathrm{L}$: $S = \mathrm{L}$; $R = \mathrm{L}$: $\underline{y^+} = S \vee \bar{R}y = \underline{y}$. Der Ausgangszustand bleibt gespeichert.

b) Das Ausgangssignal ist gegenüber dem Eingangssignal zeitverzögert (Verzögerungstrigger = D-Trigger), Bild L 3.18a).

c) Der Automatengraph einer getakteten Schaltung wird nur für den aktivierten Zustand ($c = \mathrm{H}$) gezeichnet [Bild L 3.18b)].

d) Wegen $SR = xc\bar{x}c = \mathrm{L}$ fallen die unbestimmten (verbotenen) Eingangsbelegungen des RS-Triggers weg; während der Taktimpulsdauer t_i darf sich die Information an D nicht ändern; Konstantes Delay (t_d) setzt phasenstarre Synchronisation zwischen D und c voraus.

L 3.49. a) Dynamisches NAND:

$x = \mathrm{L}$: $y = \mathrm{H}$
$x = \mathrm{H}$: $y = \mathrm{L}'$ (kurzer negativer Impuls)

Dynamischer RS-Trigger:

$x_1 = x_2 = \mathrm{L} : \bar{S} = \bar{R} = \mathrm{H} : y^+ = y$
$x_1 = \mathrm{H}$; $x_2 = \mathrm{L}$: $\bar{S} = \mathrm{L}'$; $\bar{R} = \mathrm{H}$: $y^+ = \mathrm{H}$
$x_1 = \mathrm{L}$; $x_2 = \mathrm{H}$: $\bar{S} = \mathrm{H}$; $\bar{R} = \mathrm{L}'$: $y^+ = \mathrm{L}$
$x_1 = x_2 = \mathrm{H}$: $\bar{S} = \mathrm{L}'$; $\bar{R} = \mathrm{L}'$: $y^+ = ?$

Daraus folgt: $y^+ = \bar{x}_2(x_1 \vee y)$; für $x_1x_2 = \mathrm{L}$ ist $\bar{x}_2x_1 = x_1$, somit wird $\underline{y^+ = x_1 \vee \bar{x}_2y}$ $\underline{= S \vee \bar{R}y}$

Das logische Verhalten wird durch die dynamische Taktung *nicht* geändert. Der Trigger schaltet jetzt aber auf der LH-Flanke (Flankensteuerung). Für eine zuverlässige Arbeitsweise sind steile Taktflanken erforderlich.

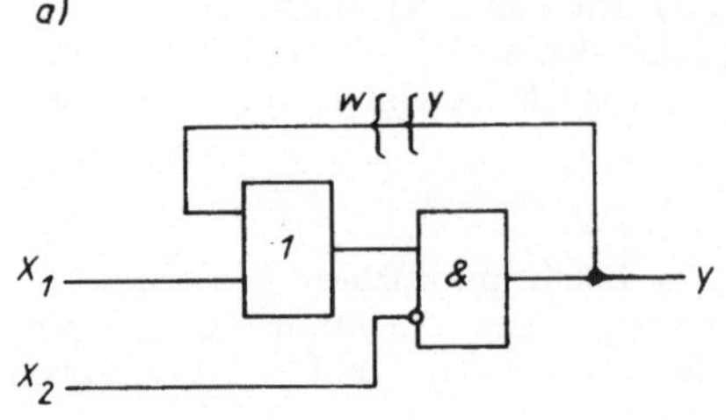

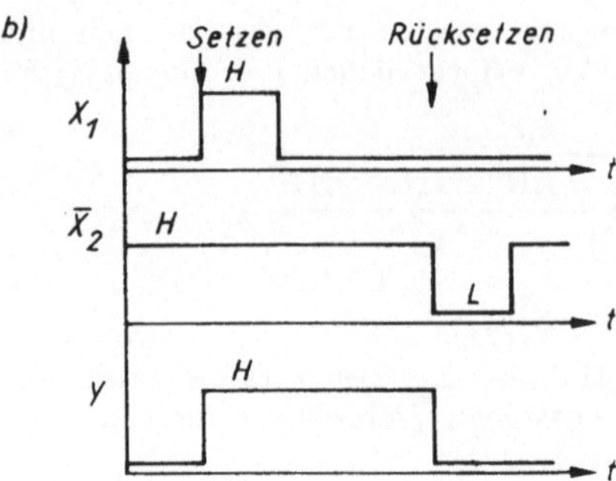

Bild L 3.17. Zu L 3.47
a) Logikschaltung b) Impulsdiagramm

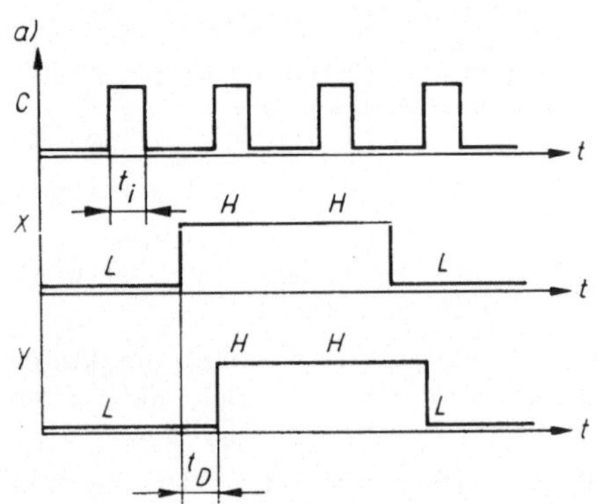

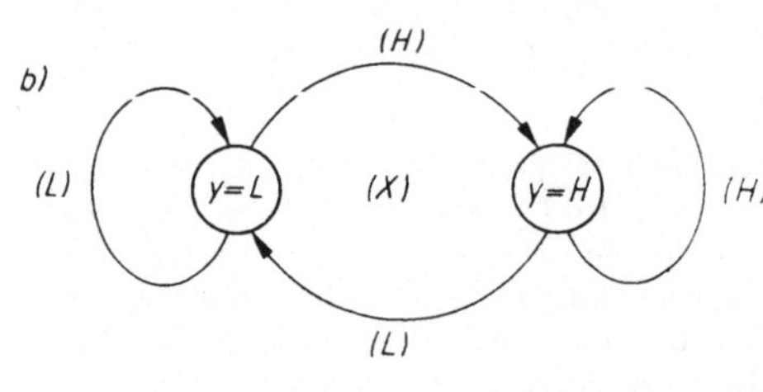

Bild L 3.18. D-Trigger
a) Impulsdiagramm b) Automatengraph

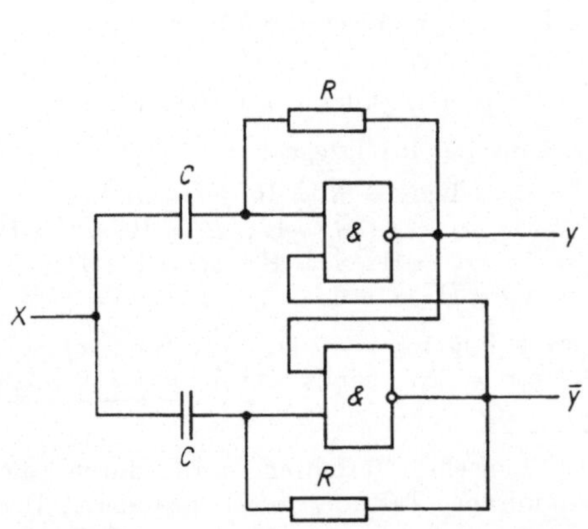

Bild L 3.19. Flankengesteuerter RS-Trigger für Amateurzwecke
TTL: $C = 47 \dots 220$ pF; $R = 10 \dots 47$ kΩ

Bild L 3.20. Automatengraph des JK-MS-Triggers

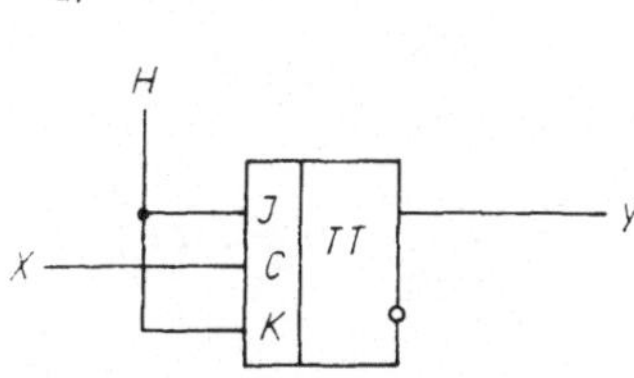

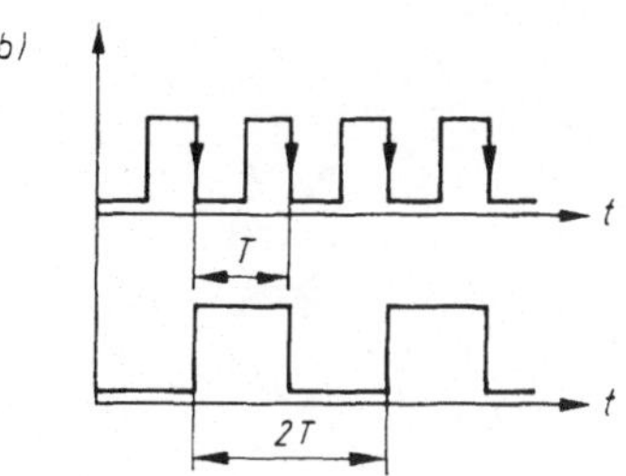

Bild L 3.21. Binärteiler
a) Schaltung b) Impulsdiagramm

b) $y^+ = x_1 \vee \bar{x}_2 y$; $x_1 = \bar{y}$; $x_2 = y$ ergibt $\underline{y^+ = \bar{y};\ x_1 x_2 = \text{L}}$. Durch diese Zusammenschaltung bereitet sich der Trigger selbst vor, und der unbestimmte Schaltzustand (?) ist ausgeschlossen. Bei jeder LH-Taktflanke kippt der Trigger in den entgegengesetzten Zustand. Anwendung als Binärteiler und damit als Zählerbaustein für 1 bit. Da die erforderlichen *CR*-Glieder nicht integrierbar sind, ist diese Schaltung diskret aufzubauen. Eine ähnliche, für Amateurzwecke geeignete Schaltung, die auf der HL-Taktflanke kippt, zeigt Bild L 3.19.

L 3.50. Bei 2 Triggern treten $2^2 = 4$ Zustandskombinationen auf: I: $z_1 z_2$ = LL; II: $z_1 z_2$ = HL; III: $z_1 z_2$ = HH; IV: $z_1 z_2$ = LH Der 1. Trigger (Master) übernimmt die anliegende JK-Belegung auf der LH-Flanke. Der 2. Trigger (Slave) übernimmt den im Master zwischengespeicherten Zustand auf der HL-Flanke. Während der Zwischenspeicherung dürfen die JK-Belegungen nicht invertiert werden. Bild L 3.20 zeigt die Lösung.

L 3.51. (1) a) $y^+ = S \vee \bar{R} y$; $S = \bar{y}$; $R = y$ ergibt $y^+ = \bar{y}$ bei $x = c =$ H.

Während des Taktzustandes H wird jeder Ausgangszustand fortwährend negiert. Die Phasendrehung in der Schleife beträgt 180°, die Schaltung stabilisiert sich im Übergangsbereich der Transferkennlinie (verbotener Logikpegelbereich).

b) $y^+ = J\bar{y} \vee \bar{K} y$; $J = \bar{y}$; $K = y$
$\underline{y^+ = \bar{y}\ \text{bei}\ c = x' = \text{H/L}}$

Durch die Zwischenspeicherung im Master entsteht bistabiles Kippverhalten mit definiertem logischem Gehalt (Anwendung als Binärteiler).

c) $y^+ = D$; $D = \bar{y}$
$\underline{y^+ = \bar{y}\ \text{bei}\ c = x' = \text{L/H}}$

Ebenfalls Anwendung als Binärteiler (Frequenzteiler 2:1).

(2) $y^+ = \bar{y}$ entsteht auch, wenn $J = K =$ H gewählt wird. Bild L 3.21 zeigt die Lösung. Bei TTL-IS können die *J*, *K*-Eingänge auch unbeschaltet bleiben. Allerdings verschlechtern sich damit die dynamischen Eigenschaften.

L 3.52. Bei einer getakteten Schaltung mit JK-MS-Trigger sind Übergänge nur während der HL-Flanken (H/L ↓) sichtbar. Bild L 3.22a) zeigt den Graphen mit der Zustandskodierung z_1 = L und z_2 = H. Aus dem Graphen ergibt sich folgende Übergangstabelle:

x'	z	z^+	y	J	K
H/L	L	H	H	H	H
L/H	H	H	L	H	H
H/L	H	L	L	H	H
L/H	L	L	L	H	H

Beachten Sie, daß bei $x' \triangleq$ L/H eine *JK*-Belegung anliegen muß, die während x' = H/L (also nach der Zwischenspeicherung) eine Zustandsänderung zz^+ = LH ∨ HL ermöglicht. Im Interesse einfacher Steuerbedingungen wählt man hier $J = K = H$. Mit $\underline{y = x\bar{z};\ J = K = \text{H}}$ ergibt sich Bild L 3.22b).

L 3.53.

a) *1*: T_1 gesperrt; T_2 gesättigt
2: T_1 aktiv; T_2 gesättigt
3: T_1 aktiv; T_2 aktiv
4: T_1 gesättigt; T_2 gesperrt
5: T_1 aktiv; T_2 aktiv

b) Mit den Gln. (3.22) wird $\underline{R_{C2}} \approx 12$ V/(5 mA) = 2,4 kΩ $\underline{(2{,}2\ \text{k}\Omega)}$; $\underline{R_{C1} \approx 22\ \text{k}\Omega}$;

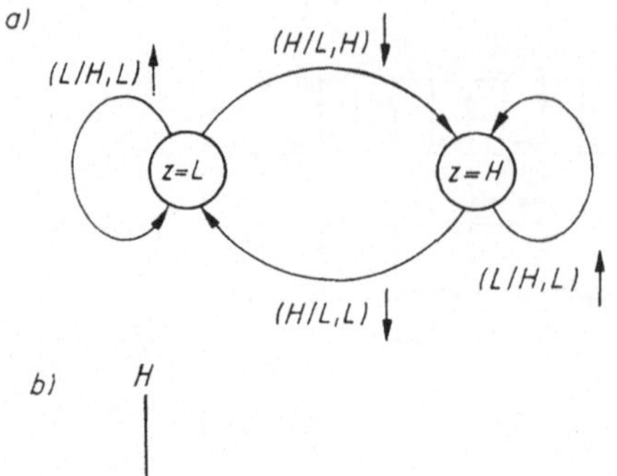

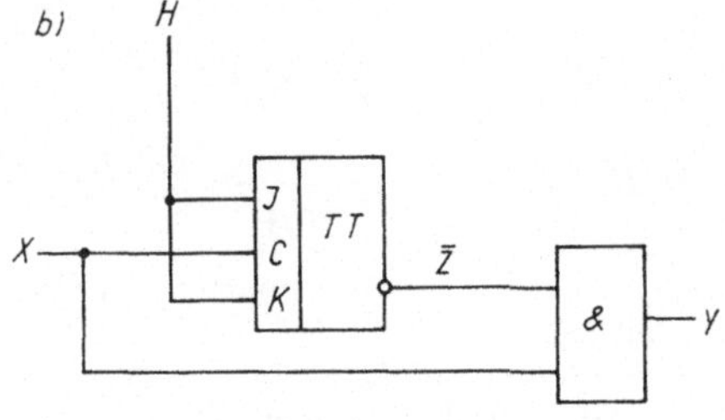

Bild L 3.22. Zu L 3.52
a) Graph b) Schaltung

$$R_E \leqq \frac{2{,}2\ k\Omega(2\ V - 0{,}2\ V)}{12\ V - 2\ V} = 396\ \Omega,$$

gewählt: $\underline{R_E = 100\ \Omega}$

c) Zustand *1*: $I_{C2\,max} = \dfrac{U_B - U_{CE\,sat}}{R_{C2} + R_E} \approx 5{,}1\ mA;$

$\underline{U_{IT1}} \approx U_{BEF} + I_{C2\,max}R_E = 700\ mV + 5{,}1\ mA \cdot 100\ \Omega = \underline{1210\ mV}$

Zustand *4*: $I_{C1\,max} = \dfrac{U_B - U_{CE\,sat}}{R_{C1} + R_E} \approx 0{,}53\ mA;$

$\underline{U_{IT2}} \approx U_{BEF} + I_{C1\,max}R_E = \underline{753\ mV};$

$\underline{U_H} = U_{IT1} - U_{IT2} \approx \underline{457\ mV}$

d) – Niederohmiger Quellwiderstand R_G gefordert (Spannungssteuerung). Im Beispiel ist bei $R_G = 10\ k\Omega$ noch $U_G \approx U_I$.
– Schaltschwellen sind temperaturabhängig.

L 3.54. (1) a) Der Übergang aus dem gesperrten Zustand setzt bei

$I_{IT1} = \dfrac{U_{BE} + U_F}{R_1} - I_{R0}$ ein. Damit ist

$$\underline{R_1} = \frac{U_{BE} + U_F}{I_{IT1} + I_{R0}} \approx \underline{10\ k\Omega}$$

b) gesättigter Zustand:

$$\underline{R_C} = \frac{U_B - U_{CEsat} - U_F}{I_{Csat}} \approx \underline{215\ \Omega}$$

(2) Mit $I_{IT2} + KI_{Csat} = I_{Csat}/B + (U_{BE} + U_F)/R_1$ ergibt sich $I_{IT2} = 0{,}092$ mA; $I_H = I_{IT1} - I_{IT2} = \underline{83\ \mu A}$

L 3.55. Mit Anwendung der KIRCHHOFFschen Gleichungen ergibt sich a) Einschaltschwelle: $U_{ITLH} = U_{iT} + I_iR_1 + (U_{iT} - U_{OL})\,R_1/R_2$

b) Ausschaltschwelle: $U_{ITHL} = U_{iT} + I_iR_1 - (U_{OH} - U_{iT})\,R_1/R_2$

c) Hysteresespannung $U_H = (U_{OH} - U_{OL}) \times R_1/R_2$

Somit ist

$$R_1/R_2 = \frac{U_H}{U_{OH\,min} - U_{OL\,max}} = \frac{2\ V}{12\ V - 1{,}4\ V} = \underline{0{,}189}$$

L 3.56. a) Lösung im Bild L 3.23 (2. und 3. Zeile)

b) Schwellspannungen $U_{T1} = 0{,}63\hat{U}_I$; $U_{T2} = 0{,}37\hat{U}_I$ sowie $t_i > 3\tau$ (Die Aufladung kann nach 3τ praktisch als beendet angesehen werden.)

c) Der Schwellwertschalter spricht bei $U_T/\hat{U} = 2{,}3\ V/(3{,}7\ V) \approx 0{,}63$ an. Damit kann ein Delay von $t_D \approx \tau = CR$ angenommen werden. $C \approx t_D/R = \underline{425\ nF}$

d) Lösung im Bild L 3.23 (4. Zeile). Der Tastgrad hat sich auf $\dfrac{t_i - t_D}{T}$ verkleinert.

e) Je nach Polung der Diode tritt das Delay nur auf der LH-Flanke oder nur auf der HL-Flanke auf (Bild L 3.23, 5. und 6. Zeile).

L 3.57. a) Eine differentiell kleine Störspannung am Eingang steuert wegen $KV > 1$ den Baustein zufallsbedingt in den positiven oder negativen Sättigungsbereich. Die Eingangsschwellspannungen ergeben sich aus den an R_1 liegenden Spannungsabfällen.

Fall *1*, $U_O = +U_{OS1}$: $\underline{U_{IT1} = \dfrac{R_1}{R_1 + R_2}\,U_{OS1}}$

Fall *2*, $U_O = -U_{OS2}$:

$$\underline{U_{IT2} = -\frac{R_1}{R_1 + R_2}\,U_{OS2}}$$

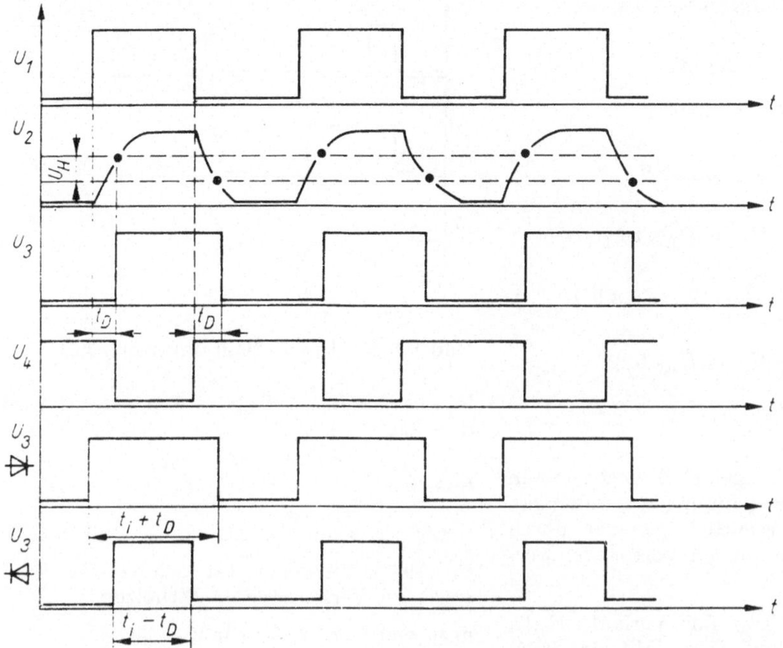

Bild L 3.23. Impulsverzögerung durch Integrierglieder und Schwellwertschalter

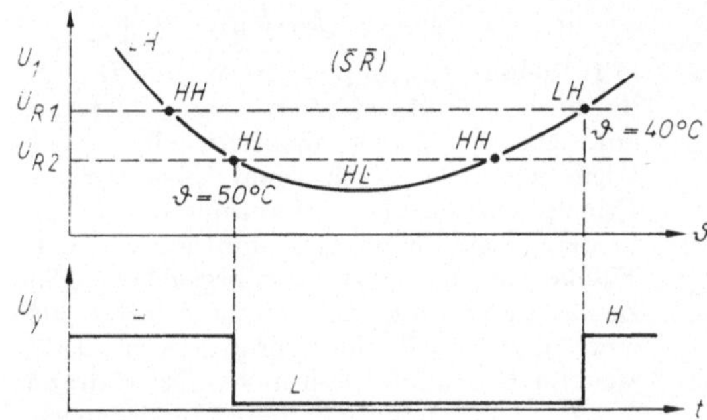

Bild L 3.24. Temperaturverlauf der Spannungen und Logikzustände (zu L 3.58)

Für $|U_{OS1}| = |U_{OS2}|$ ist

$$\underline{U_H = 2\,|U_{OS}|\,\frac{R_1}{R_1 + R_2}}$$

b) Mit $\sum U = 0$ ergibt sich:

$$U_{OS} - U_v - I(R_1 + R_2) = 0 \qquad (1)$$

$$U_{OS} - U_{IT1} - IR_2 = 0 \qquad (2)$$

Hieraus wird I eliminiert; es entsteht

$$\underline{U_{IT1} = U_{OS}\,\frac{R_1}{R_1 + R_2} + U_v\,\frac{R_2}{R_1 + R_2}}$$

Analog entsteht

$$\underline{U_{IT2} = -U_{OS}\,\frac{R_1}{R_1 + R_2} + U_v\,\frac{R_2}{R_1 + R_2}}$$

c) $1 + R_2/R_1 = 2\,|U_{OS}|/U_H = 14{,}5$;
$\underline{R_2/R_1 = 13{,}5}$;
$\underline{U_v} = (1 + R_1/R_2)\,(U_{IT1} - U_H/2) \approx \underline{4{,}3\ \mathrm{V}}$

L 3.58. a) Betrachtet man den Verlauf $U_1(t)$, so ergeben sich die im Bild L 3.24 dargestellten Steuersignalkombinationen. Aus Bild 3.42b) werden die zu den Schalttemperaturen gehörigen Widerstandswerte abgelesen und damit die Referenzspannungen berechnet:

$R_{2/1} = 2{,}1\ \text{k}\Omega$; $R_{2/2} = 2{,}8\ \text{k}\Omega$

$$U_{R2} = \frac{R_{2/1}}{R_{2/1} + R_1} U_B = 2{,}603\ \text{V}$$

$$U_{R1} = \frac{R_{2/2}}{R_{2/2} + R_1} U_B = 3{,}281\ \text{V}$$

Aus $\frac{R_4 + R_5}{R_4 + R_5 + R_3} U_B = U_{R1}$ folgt

$$R_4 + R_5 = \frac{U_{R1}/U_B}{1 - U_{R1}/U_B} R_3 = 2{,}8\ \text{k}\Omega.$$

Aus $\frac{R_5}{R_4 + R_5 + R_3} U_B = U_{R2}$ folgt

$\underline{R_5} = (R_4 + R_5 + R_3)\, U_{R2}/U_B = \underline{2{,}22\ \text{k}\Omega}$

$\underline{R_4 = 0{,}58\ \text{k}\Omega}$

b) Die Schwellspannungen sind *nicht* von den Ausgangs-Sättigungsspannungen abhängig, sondern können wesentlich genauer durch externe Referenzspannungen vorgegeben werden.

L 3.59. a) $\tau_1 = C_1R_1$ im Verlauf $U_1(t)$; $\tau_2 = C_2R_2$ im Verlauf $U_2(t)$. Mit den Gln. (3.24) wird für $u = U_T$:

$U_T = U_B \exp(-t_1/\tau)$;
$U_T = U_B[1 - \exp(-t_2/\tau)]$

Die Auflösung nach t_1; t_2 ergibt

$t_1 = -\tau \ln (U_T/U_B)$;
$t_2 = -\tau \ln (1 - U_T/U_B)$.

Die Haltezeit ist $t_H = t_1 + t_2$ und damit

$\underline{t_H = 2\tau \ln 2 \approx 1{,}39CR}$

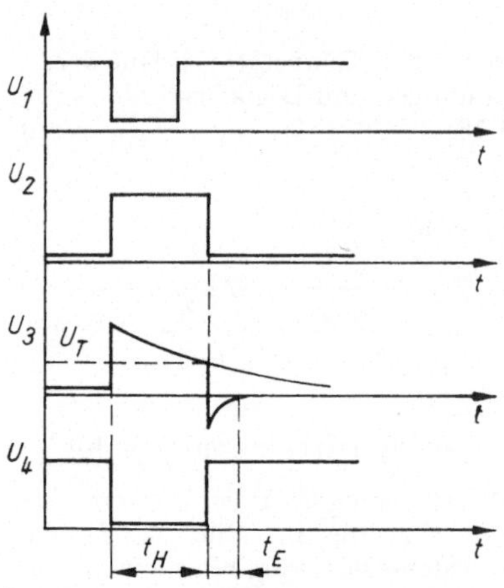

Bild L 3.25. Impulsdiagramm zu L 3.60

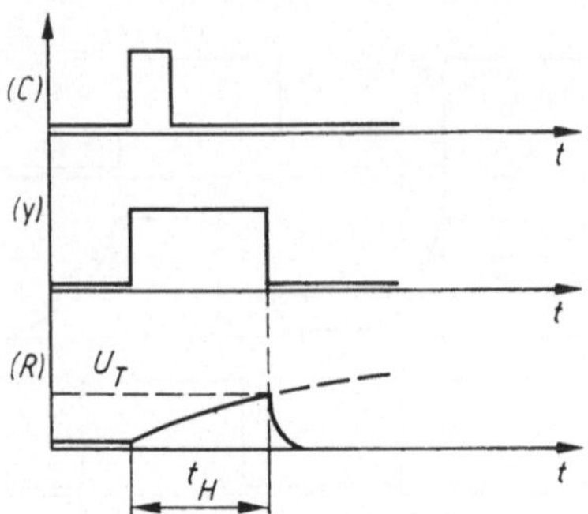

Bild L 3.26. Impulsdiagramm zu L 3.61

b) Aus $0{,}95U_B = U_B[1 - \exp(-t_3/\tau)]$ wird $t_3 \approx 3\tau$;

$t_E = t_3 - t_2 \approx 3\,\tau - (\ln 2)\,\tau$,

$\underline{t_E \approx 2{,}3CR}$

L 3.60. a) Impulsdiagramm → Bild L 3.25.

b) Als zusätzlicher Gateschutz für Ga 2 sowie zur Verkürzung der Erholzeit.

c) $t_H \approx \tau \ln 2$; $\tau \approx t_H/\ln 2 \approx \underline{29\ \mu\text{s}}$

L 3.61. a) Lösung im Bild L 3.26

b) $U_T = U_B[1 - \exp(-t_H/\tau)]$;
$t_H = -\tau \ln (1 - U_T/U_B) \approx \underline{0{,}69\,\tau}$

c) 1. Weitere Taktimpulse lesen auch $D = \text{H}$; da noch $y = \text{H}$ ist, tritt keine Änderung ein. Die Schaltung ignoriert eine Nachtriggerung. 2. Nach dem Master-Slave-Prinzip wird hier $D = \text{H}$ auf der H/L-Flanke in den Master eingelesen und auf der L/H-Flanke an den Slave weitergegeben. Eine Zustandsänderung am Ausgang setzt also eine L/H-Taktflanke voraus. Der Taktzustand H genügt allein nicht. Die Haltezeit t_H ist unabhängig von der Impulsdauer t_i des Taktes.

L 3.62. a) Gl. (3.26a) wird nach Trennung der Variablen integriert:

$$\int \frac{du_C}{U_{OS} - u_C} = \int \frac{dt}{CR}$$

$-\ln (U_{OS} - u_C) + \ln K = t/\tau$; $\tau = CR$

Mit Gl. (3.26b) wird $K = U_{OS}(1 + q)$ und

$u_C = U_{OS}[1 - (1 + q)\,e^{-t/\tau}]$

Für $u_C = qU_{OS}$ wird daraus

$$t_1 = \tau \ln \frac{1 + q}{1 - q}$$

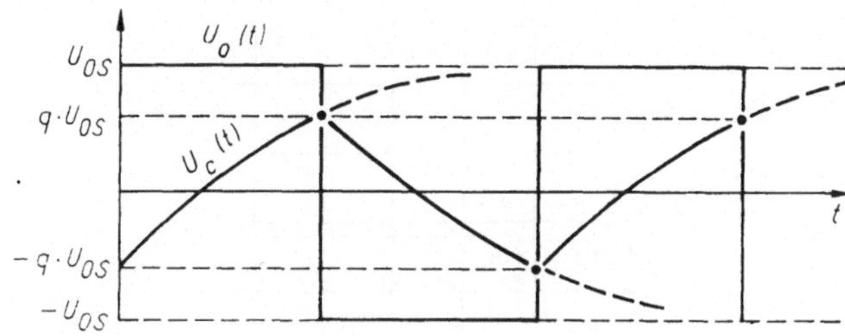

Bild L 3.27. Impulsdiagramm zu L 3.62

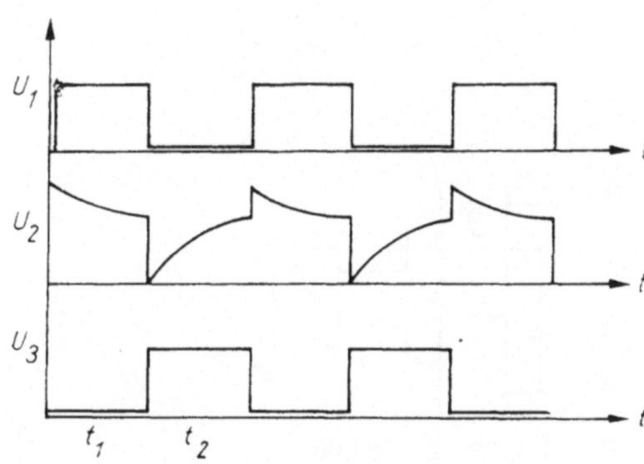

Bild L 3.28. Impulsdiagramm zu L 3.63

und

$$T = 2t_1 = 2\tau \ln \frac{1+q}{1-q}$$

b) $q = 0{,}5$ ergibt

$T = 2 \cdot 4{,}7 \cdot 10^{-9}$ A s/V $\cdot\, 10^3$ V/A $\cdot \ln 3$,

$T = 51{,}6\ \mu s$;

$f = 1/T = \underline{19{,}4\ \text{kHz}}$; beachten Sie Bild L 3.27.

L 3.63. a) Lösung im Bild L 3.28

b) 1. $r/R = 1$: die Diode ist in beiden Richtungen unwirksam; es gilt: $\tau_1 = \tau_2 = C(R + R_v)$

2. $\frac{t_i}{T} = \frac{t_1}{t_1 + t_2}$; $t_1 = \tau_1 \ln 2$;

$t_2 = \tau_2 \ln 2$;

$$\frac{t_i}{T} = \frac{\tau_1}{\tau_1 + \tau_2} = \frac{1}{1 + \tau_2/\tau_1};$$

$\tau_1 = C(r + R_v)$; $\tau_2 = C(R + R_v)$;

$$\frac{\tau_2}{\tau_1} = \frac{1 + R_v/R}{r/R + R_v/R} = \frac{1{,}5}{0 + 1{,}5} \ldots \frac{1{,}5}{1 + 1{,}5};$$

$$\frac{\tau_2}{\tau_1} = 1 \ldots 0{,}6;$$

$$\frac{t_i}{T} = \underline{0{,}5 \ldots 0{,}625}$$

c) $T = t_1 + t_2 = C \ln (r + R_v + R + R_v)$;
$T_a = T|_{r=R}$; $T_b = T|_{r=0}$
$\Delta T = T_a - T_b = \underline{CR \ln 2}$

L 3.64.

a) $\underline{s = \text{L (Masse)} : y = \text{L}}$

b) $\tau_L \approx (R + R_{4(\text{ga2})})\, C$
$= (270\ \Omega + 130\ \Omega)\, 10^{-6}$ A s/V $= \underline{0{,}4\ \text{ms}}$
$\tau_E \approx (R + R_{4(\text{ga1})})\, C = \underline{0{,}4\ \text{ms}}$

$$\frac{t_i}{T} = \frac{\tau_L}{\tau_E + \tau_L} = \frac{1}{2}$$

c) $f \approx 1/(3\tau) = \underline{833\ \text{Hz}}$

d) y führt im gesperrten Zustand L-Potential, der Kondensator ist auf etwa 2,4 V geladen. Die y-seitige Kondensatorbelegung muß negativ sein.

L 3.65.

a) $f_{rs} = \frac{1}{2\pi \sqrt{LC}} \to C = \frac{1}{(2\pi f_{rs})^2 L}$
$= \underline{0{,}015\ \text{pF}}$

b) $$f_{rp} = \frac{1}{2\pi \sqrt{L\left(\frac{CC_p}{C + C_p}\right)}}$$

$$= f_{rs}\sqrt{1 + \frac{C}{C_p}}$$

$$f_{rp} = 4194304\ \text{Hz} \cdot \sqrt{1 + 0{,}015/5{,}5}$$

$$\underline{f_{rp} = 4200019{,}6\ \text{Hz}}$$

c) Die Multivibratorschaltung erfordert einen niederohmigen Rückkopplungswiderstand (→ A 3.64). Bei Serienresonanz beträgt der Widerstand des Quarzes $R = 115\ \Omega$.

d) Aus Gl. (3.27) folgt

$$C_z \approx \frac{f_{rs}}{2\,\Delta f}\,C - C_p$$

$$= \frac{4194304 \cdot 0{,}015\ \text{pF}}{2 \cdot 1000\ \text{Hz}} - 5{,}5\ \text{pF}$$

$$\underline{C_z \approx 25{,}9\ \text{pF}}$$

L 3.66.

Die Funktionstabelle lautet:

x_3	x_2	x_1	x_0	y
H	L	H	L	H
H	L	H	H	H
H	H	L	L	H
H	H	L	H	H
H	H	H	L	H
H	H	H	H	H

Im KARNAUGH-Plan ergeben sich zwei 4er-Blöcke in H [Bild L 3.29a)]. Damit wird

$$y = x_3x_2 \vee x_3x_1$$

$$\underline{y = \overline{\overline{x_3x_2} \cdot \overline{x_3x_1}}}$$

Bild L 3.29b) zeigt die zugehörige Logikschaltung.

a)

	$\bar{x}_1\bar{x}_0$	$\bar{x}_1x_0$	x_1x_0	$x_1\bar{x}_0$
$\bar{x}_3\bar{x}_2$				
$\bar{x}_3x_2$				
x_3x_2	H	H	H	H
$x_3\bar{x}_2$			H	H

b)

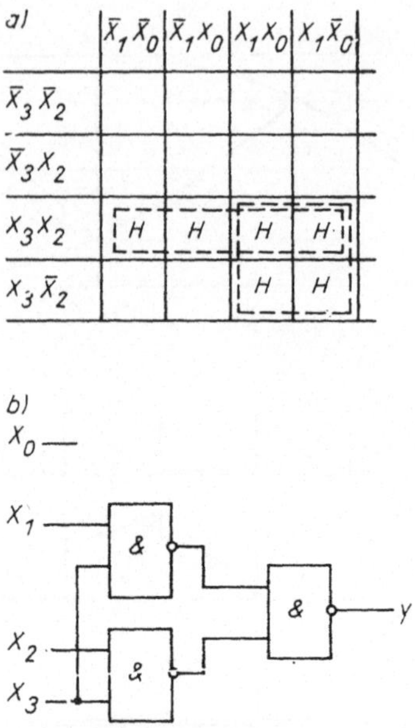

Bild L 3.29. Zu L 3.66
a) KARNAUGH-Plan b) Logikschaltung

L 3.67. a) Bild L 3.30a) zeigt die Diodenmatrix.

b) Aus Gl. (3.28) folgt

$m = \text{ld}\ 100 = \lg 100/\lg 2 = 6{,}64$ bit

$m_c = 7$ bit

Es werden demnach 7 Dualstellen benötigt. Mit Tab. 3.5 ergibt sich die BCD-Kodierung der Zahl 99:

$$99 \triangleq \underbrace{\text{HLLH}}_{9}\ \underbrace{\text{HLLH}}_{9}$$

Im BCD-Kode werden also 8 bit benötigt.

Bild L 3.30b) zeigt den Korrekturrahmen mit 4 Korrekturgliedern. Ähnlich aufgebaute Kodewandler-Netzwerke werden als integrierte Schaltkreise angeboten (z. B. 74184, 74185).

L 3.68. a) Aus Gl. (3.29) folgt bei tetradischen Kodes:

$R = 4 - \text{ld}\ 10 = \underline{0{,}68\ \text{bit}}$

1-aus-10:

$R = 10 - \text{ld}\ 10 = \underline{6{,}68\ \text{bit}}$

2-aus-5:

$R = 5 - \text{ld}\ 10 = \underline{1{,}68\ \text{bit}}$

Siebensegment:

$R = 7 - \text{ld}\ 10 = \underline{3{,}68\ \text{bit}}$

b)

Dez.	p	x_3	x_2	x_1	x_0
0	L	L	L	L	L
1	H	L	L	L	H
2	H	L	L	H	L
3	L	L	L	H	H
4	H	L	H	L	L
5	L	L	H	L	H
6	L	L	H	H	L
7	H	L	H	H	H
8	H	H	L	L	L
9	L	H	L	L	H

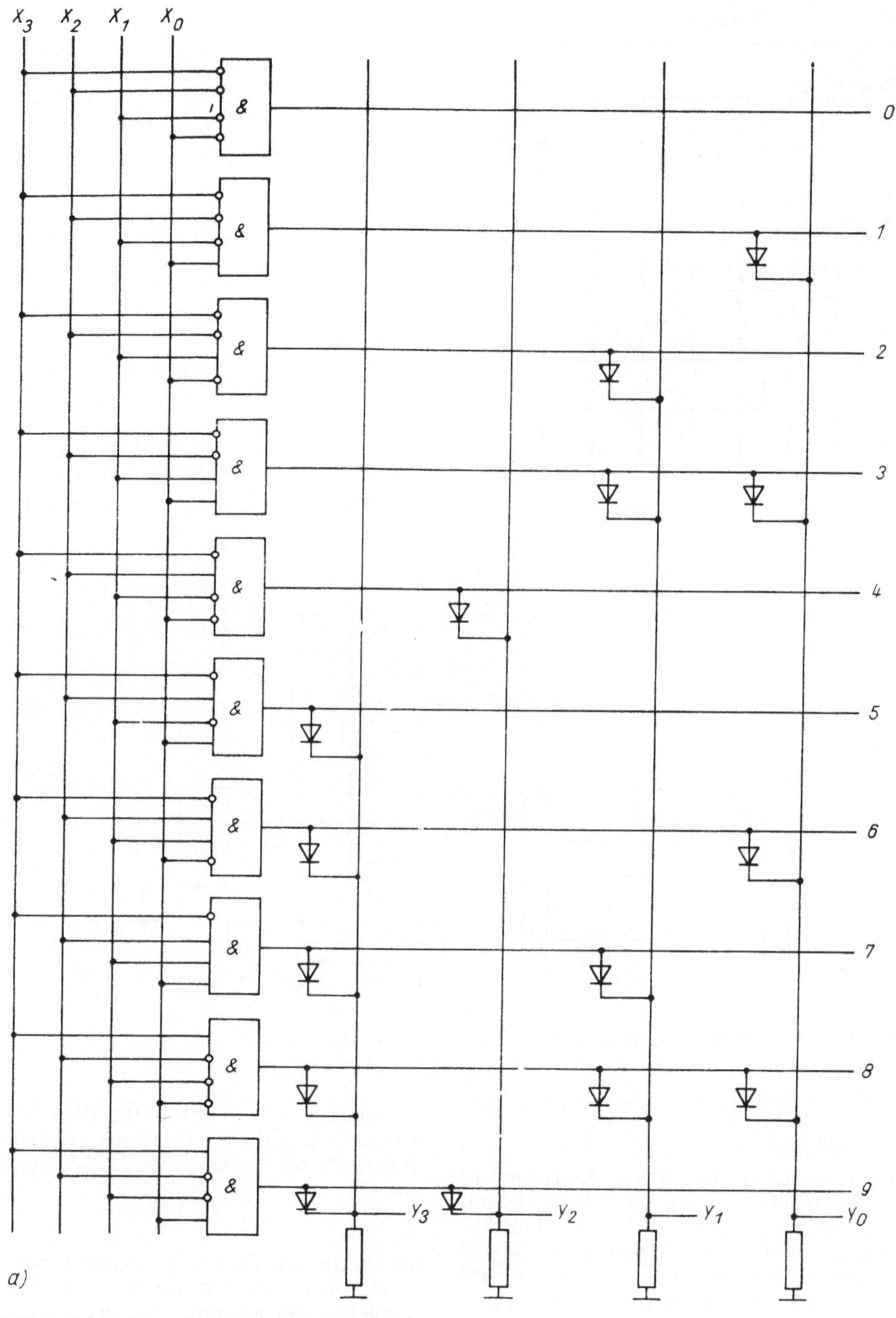

Bild L 3.30. Dual/BCD-Konvertierung
a) Diodenmatrix als Korrekturnetzwerk

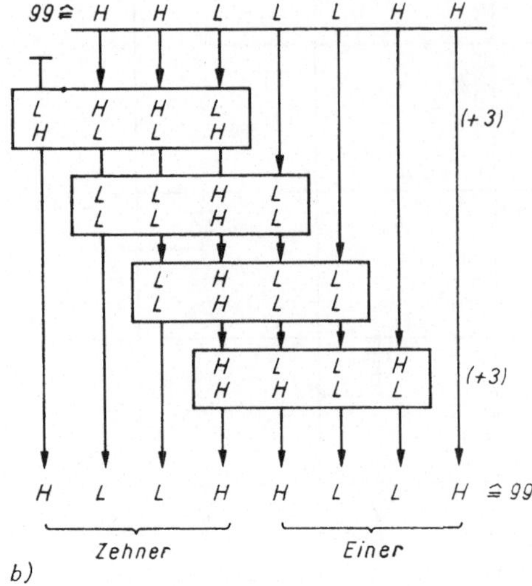

Bild L 3.30. Dual/BCD-Konvertierung
b) Korrekturrahmen für 7-bit-Dualzahlen

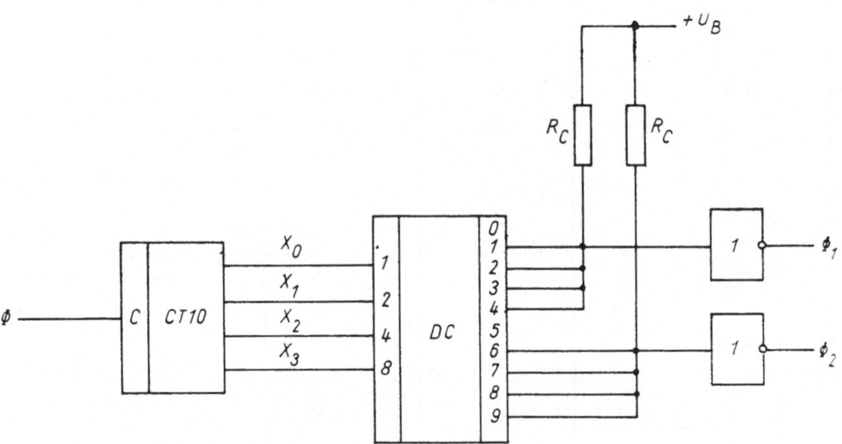

Bild L 3.31. Zweiphasen-Taktgeber

$R = 5 - \text{ld}\, 10$

$R = 1{,}68$ bit

Die Gesamtzahl der H im Kodewort ist gerade (gerade Parität). Im Fehlerfalle entsteht eine ungerade Zahl. Die Paritätsprüfung (parity check) soll dann $y = \text{H}$ ergeben. Aus Tafel **3.1** ist zu ersehen, daß die Prüfung mit Antivalenzgattern möglich ist (1 = H).

L 3.69. Durch Parallelschaltung der dem Taktdiagramm entsprechenden Dekoder-Ausgänge entstehen «verdrahtete ODER»-Verknüpfungen (→ L 3.19). Da die IS am Ausgang L-aktiv ist, müssen Negatoren nachgeschaltet werden. Bild L 3.31 zeigt die Lösung.

L 3.70. Jeweils zwei benachbarte Daten-Bit werden über Antivalenzgitter miteinander verglichen. Es entsteht eine Baumstruktur nach Bild L 3.32.

Integrierte Paritätsgeneratoren arbeiten nach diesem Prinzip: 8-bit–PG (TTL: 74180; CMOS: 4030); 12-bit-PG (CMOS: 14531).

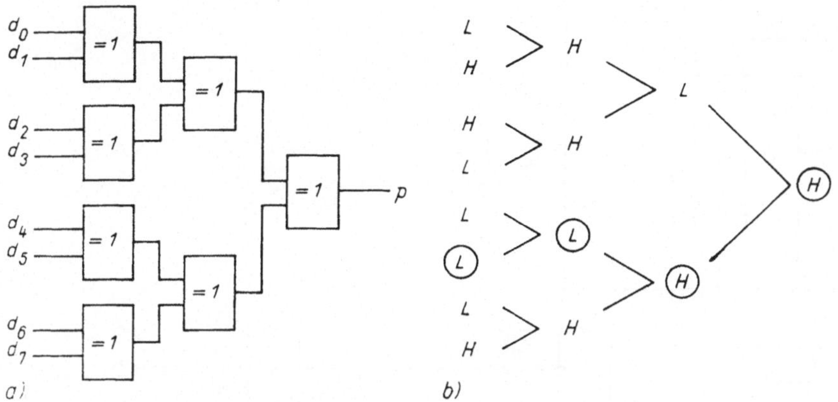

Bild L 3.32. Paritätsgenerator für 8 bit und gerade Parität

a) Logikschaltung b) Logikbaum für Einfachfehler bei d_5

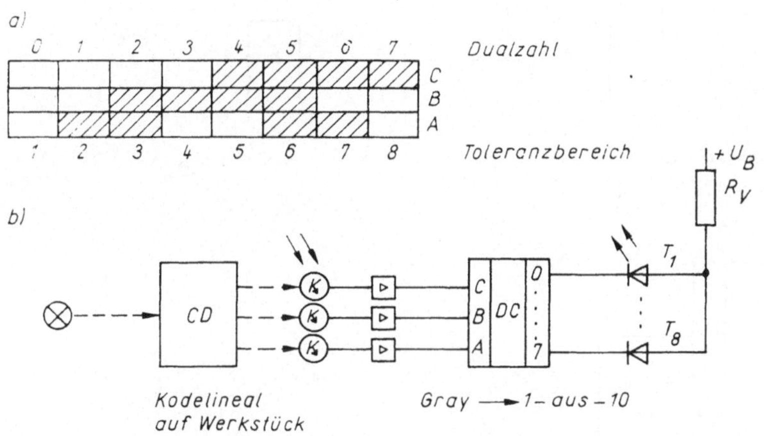

Bild L 3.33. Toleranzprüfung

a) Kodelineal (GRAY-Kode) b) Prinzipschaltung

L 3.71.

a) Der GRAY-Kode.

b) Das Kodelineal [Bild L 3.33a)] wird so verschoben, daß seine Position ein Maß für die Werkstücklänge ist.

c) Zur Anzeige der 8 Toleranzbereiche ist eine Dekodierung «1-aus-8» erforderlich. Mit einem «1-aus-10-Dekoder» ergibt sich die im Bild 3.33b) dargestellte Lösung (2 Ausgänge bleiben unbeschaltet).

L 3.72. a) Die Funktionstabelle lautet:

x_1	x_2	y_1 ($x_1 < x_2$)	y_2 ($x_1 = x_2$)	y_3 ($x_1 > x_2$)
L	L	L	H	L
L	H	H	L	L
H	L	L	L	H
H	H	L	H	L

Damit ergibt sich:

$\underline{y_1 = \bar{x}_1 x_2}$

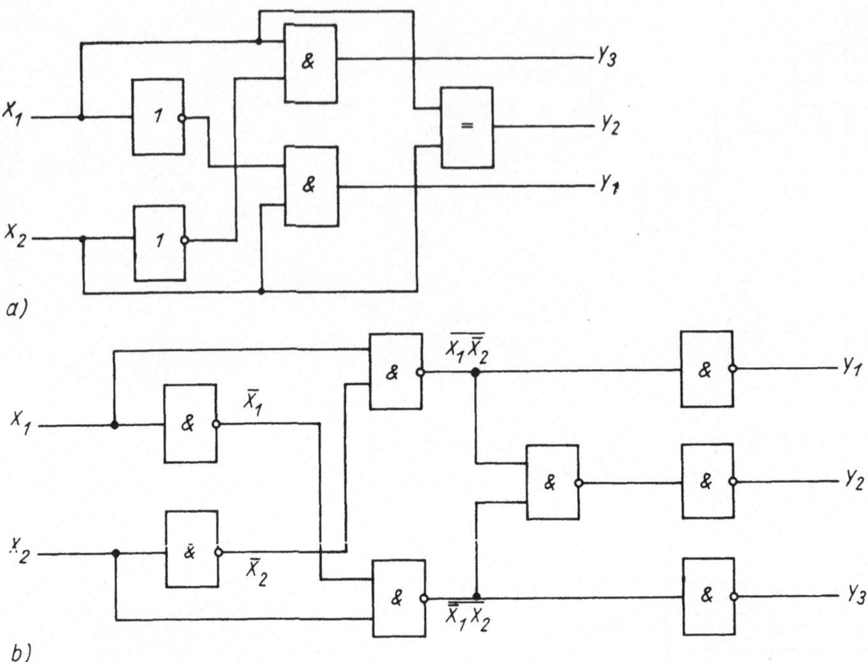

Bild L 3.34. 1-bit-Komparator
a) allgemein b) in NAND

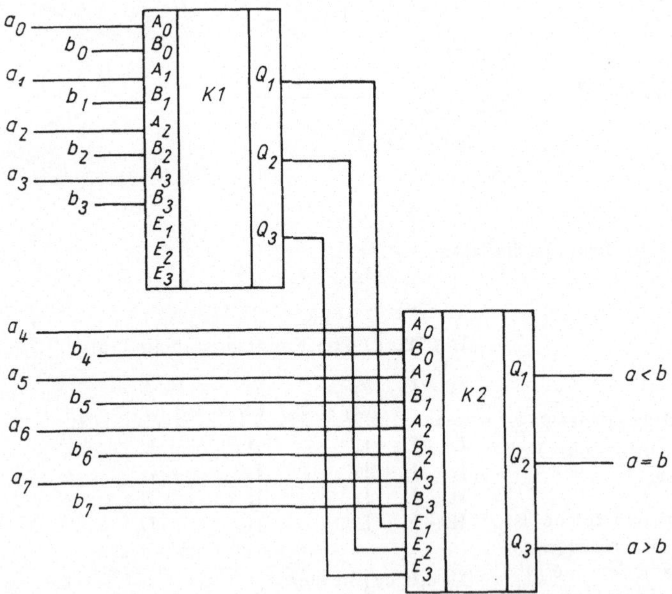

Bild L 3.35. Serielle Kaskadierung von Komparatoren (8-bit-Komparator)

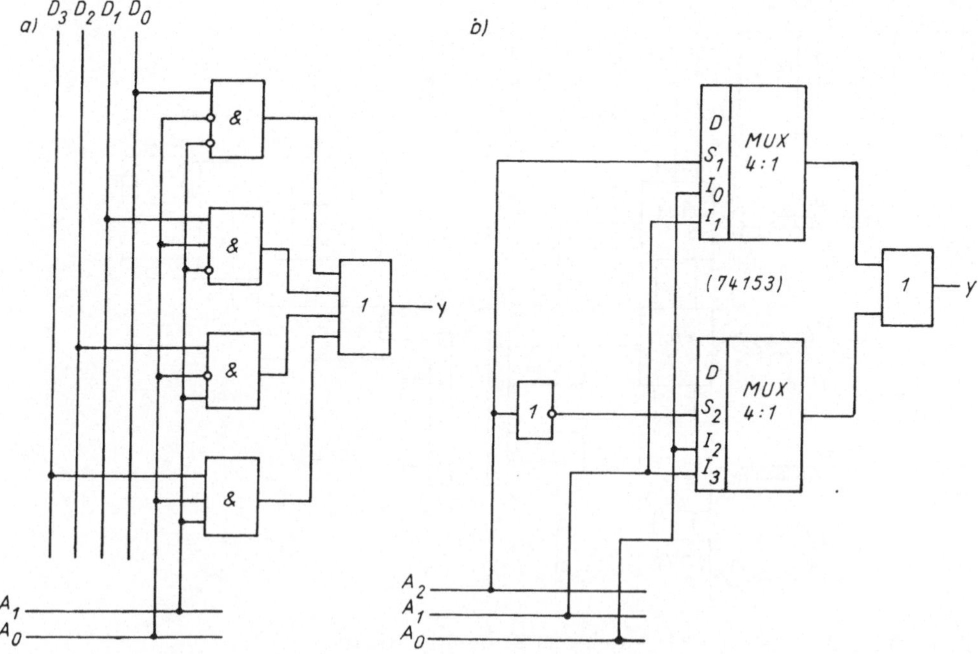

Bild L 3.36. 4-bit-Multiplexer
a) Logikplan b) Erweiterung auf 8 bit

$\underline{y_2 = \bar{x}_1\bar{x}_2 \vee x_1x_2}$ (Äquivalenz)

$\underline{y_3 = x_1\bar{x}_2}$

Bild L 3.34a) zeigt den Logikplan.

b) Zur Minimierung der NAND-Realisierung dient folgende Umformung:

$$\bar{y}_2 = \overline{\bar{x}_1\bar{x}_2 \vee x_1x_2} = \overline{\bar{x}_1\bar{x}_2} \cdot \overline{x_1x_2}$$
$$= (x_1 \vee x_2)(\bar{x}_1 \vee \bar{x}_2)$$
$$\bar{y}_2 = x_1\bar{x}_2 \vee x_2\bar{x}_1$$
$$\underline{y_2 = \overline{\overline{x_1\bar{x}_2} \cdot \overline{x_2\bar{x}_1}}}$$

Bild L 3.34b) zeigt die Lösung.

L 3.73. Die Ausgänge von K_1 werden mit den Erweiterungseingängen von K_2 verbunden (Bild L 3.35).

L 3.74. a) Bild L 3.36 zeigt die Lösung.
b) Entsprechend der Logikfunktion

$$y = D_0\bar{A}_0\bar{A}_1\bar{A}_2 \vee D_1A_0\bar{A}_1\bar{A}_2 \vee \ldots \vee D_7A_0A_1A_2$$

ist am Ausgang eine ODER-Verknüpfung herzustellen. Die vier Adreßeingänge I_0; I_1; I_2; I_3 der zwei IS müssen durch die 3-bit-Adresse (A_0; A_1; A_2) gesteuert werden. Dazu sind eine Umkodierung und eine Steuerlogik für Strobe erforderlich:

A_2	A_1	A_0	I_3	I_2	I_1	I_0	S_1	S_2
L	L	L	v	v	L	L	L	H
L	L	H	v	v	L	H	L	H
L	H	L	v	v	H	L	L	H
L	H	H	v	v	H	H	L	H
H	L	L	L	L	v	v	H	L
H	L	H	L	H	v	v	H	L
H	H	L	H	L	v	v	H	L
H	H	H	H	H	v	v	H	L

v = beliebig (H oder L)

Die Funktionstabelle zeigt:

$S_1 = A_2$; $S_2 = \bar{A}_2$; $I_1 = I_3 = A_1$;
$I_0 = I_2 = A_0$

Bild L 3.36b) gibt die Lösung an.

L 3.75. Die Leuchtsegmente werden über den Siebensegment-Dekoder im BCD-Kode angesteuert. Dazu sind 4 Datenbit erforderlich. Für jedes Datenbit ist ein 8-bit-Multiplexer notwendig, da 8 Anzeigestellen anzusteuern sind. Die 3-bit-Adressen werden

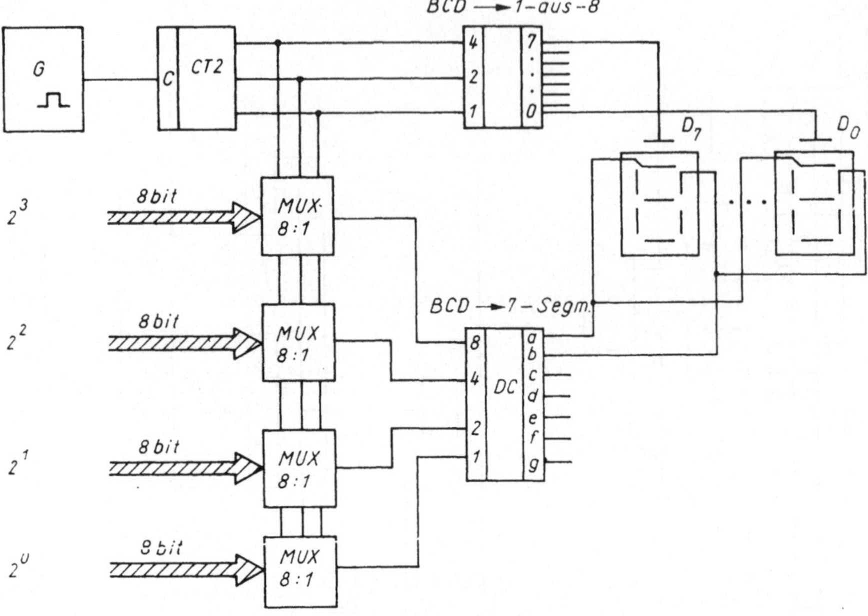

Bild L 3.37. Achtstellige LED-Anzeige im Zeitmultiplexbetrieb

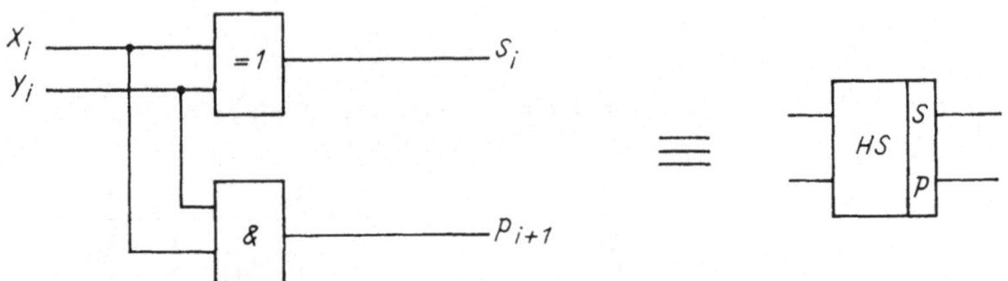

Bild L 3.38. Logische Struktur des Halbaddierers

von einem Binärzähler bereitgestellt, der gleichzeitig über den 1-aus-8-Dekoder die Anoden umschaltet. Bild L 3.37 zeigt die Lösung.

L 3.76.

x_i	y_i	s_i	p_{i-1}
0	0	0	0
0	1	1	0
1	0	1	0
1	1	0	1

Hieraus folgt:

$\underline{s_i = \bar{x}_i y_i \vee x_i \bar{y}_i}$; $\underline{p_{i+1} = x_i y_i}$

Bild L 3.38 zeigt die Lösung.

L 3.77. a) Aus Bild 3.55 folgt:

$$s_a = \bar{x}_i y_i \vee x_i \bar{y}_i \quad (1)$$
$$p_a = x_i y_i \quad (2)$$
$$s_i = \bar{s}_a p_i \vee s_a \bar{p}_i \quad (3)$$
$$p_b = s_a p_i \quad (4)$$
$$p_{i+1} = p_b \vee p_a \quad (5)$$

Aus (1) und (3) ergibt sich:

$$\underline{s_i = x_i y_i p_i \vee \bar{x}_i \bar{y}_i p_i \vee \bar{x}_i y_i \bar{p}_i \vee x_i \bar{y}_i \bar{p}_i}$$

Aus (1), (2) und (4) ergibt sich

$$p_{i+1} = (\bar{x}_i y_i \vee x_i \bar{y}_i)\, p_i \vee x_i y_i\,.$$

Nach der Vereinfachung über den KARNAUGH-Plan entsteht

$$\underline{p_{i+1} = (x_i \vee y_i)\, p_i \vee x_i y_i}$$

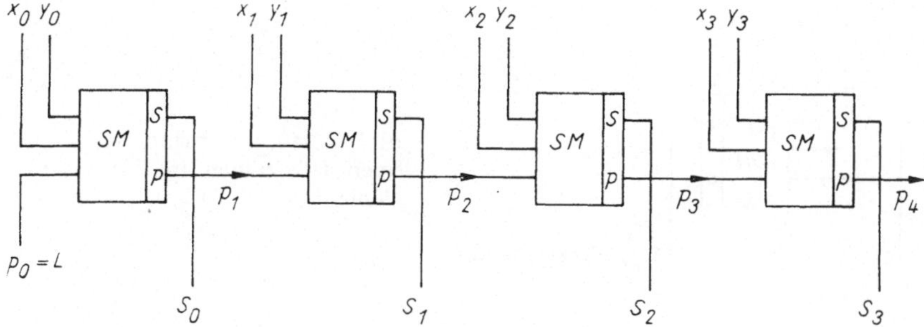

Bild L 3.39. 4-bit-Addierer mit seriellem Übertrag

b) Für die 1. Stelle (x_0; y_0) wird nur ein Halbaddierer benötigt. Der Volladdierer wird zum Halbaddierer für $p_i = \mathrm{L}$ (Bild L 3.39).

L 3.78. a) Mit den Gln. (3.31)...(3.33) bzw. den verbalen Regeln ergibt sich:

Dualzahl	Zweier-komple-ment	Einer-komple-ment	Vorzeichen-bit
11	0 1 1	0 1 1	0 1 1
10	0 1 0	0 1 0	0 1 0
1	0 0 1	0 0 1	0 0 1
0	0 0 0	0 0 0	0 0 0
−1	1 1 1	1 1 0	1 0 1
−10	1 1 0	1 0 1	1 1 0
−11	1 0 1	1 0 0	1 1 1

b) $53_{10} \triangleq 1\ 1\ 0\ 1\ 0\ 1_2$;
$\underline{-53_{10} \triangleq 0\ 0\ 1\ 0\ 1\ 1_2}$

Die Probe kann mit Gl. (3.30) ausgeführt werden:

$2^n = z^{(2)} + |z|$
$\quad 0\ 0\ 1\ 0\ 1\ 1 \triangleq z^{(2)}$
$+1\ 1\ 0\ 1\ 0\ 1 \triangleq |z|$
$\underline{1\ 0\ 0\ 0\ 0\ 0\ 0 \triangleq 2^n;\ n = 6}$

c) Die Subtraktion ergibt:

$10_2 - 11_2 = 10_2 + (-11_2)$
$\quad 0\ 1\ 0$
$+\ 1\ 0\ 1$
$\underline{(0)1\ 1\ 1 \triangleq -1_2}$

$11_2 - 10_2 = 11_2 + (-10_2)$
$\quad 0\ 1\ 1$
$+\ 1\ 1\ 0$
$\underline{(1)0\ 0\ 1 \triangleq 1_2}$.

Ignoriert man den Überlauf (1) in die 4-bit-Zahlenbreite, dann ist das Ergebnis wieder eine vorzeichenbehaftete Dualzahl im Zweierkomplement. Läßt man den Überlauf zu, dann ist (1); (0) zu negieren und kann danach als Vorzeichenbit betrachtet werden. Die Addition ergibt:

$-10_2 - 11_2 = -10_2 + (-11_2)$
$\quad 1\ 1\ 0$
$+1\ 0\ 1$
$\underline{1\ 0\ 1\ 1 \triangleq -101_2}$

Das höchste Bit 1 gibt jetzt direkt das Vorzeichen an.

d) Bei ungleichen Vorzeichen der Zahlen x_i; y_i (sign $x_i \neq$ sign y_i) ist p_{i+1} zu negieren. Bei gleichen Vorzeichen (sign x_i = sign y_i) ist p_{i+1} nicht zu negieren. Dies entspricht der Logikfunktion s_i eines 1-bit-Volladdierers [→ L 3.77]. Der 8-bit-Addierer ist also durch einen 1-bit-Addierer für die 9. Stelle zu ergänzen (Bild L 3.40).

L 3.79. a) Aus L 3.77 folgt

$p_{i+1} = p_b \vee p_a = s_a p_i \vee p_a$
$\underline{p_{i+1} = p_i{}^* p_i \vee g_i}$

b)
$i = 0: \quad p_1 = p_0{}^* p_0 \vee g_0 \qquad (1)$
$i = 1: \quad p_2 = p_1{}^* p_1 \vee g_1 \qquad (2)$
$i = 2: \quad p_3 = p_2{}^* p_2 \vee g_2 \qquad (3)$
$i = 3: \quad p_4 = p_3{}^* p_3 \vee g_3 \qquad (4)$

Durch sukzessives Einsetzen entsteht:

$\underline{p_2 = p_1{}^* p_0{}^* p_0 \vee p_1{}^* g_0 \vee g_1}$
$\underline{p_3 = p_2{}^* p_1{}^* p_0{}^* p_0 \vee p_2{}^* p_1{}^* g_0 \vee p_2{}^* g_1 \vee g_2}$
$\underline{p_4 = p_3{}^* p_2{}^* p_1{}^* p_0{}^* p_0 \vee p_3{}^* p_2{}^* p_1{}^* g_0}$
$\underline{\vee\ p_3{}^* p_2{}^* g_1 \vee p_3{}^* g_2 \vee g_3}$

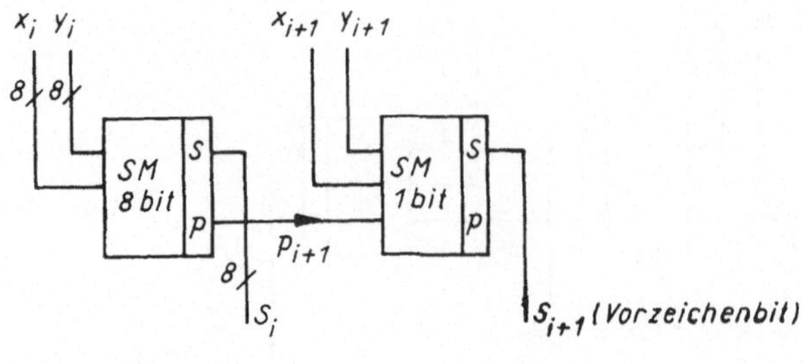

Bild L 3.40. Addition von relativen Dualzahlen im Zweierkomplement

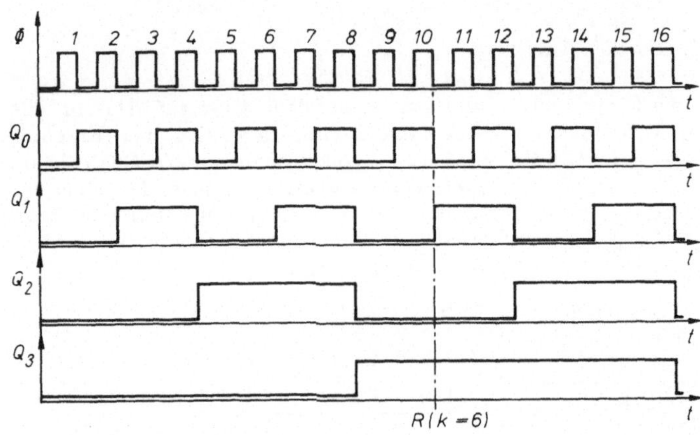

Bild L 3.41. Impulsdiagramm des 4-bit-Dualzählers

Trotz des höheren Verknüpfungsaufwandes ist eine größere Rechengeschwindigkeit möglich, da gemäß Gln. (1)...(4) alle Überträge $p_1 ... p_4$ nur aus zwei Grundverknüpfungen bestehen.

L 3.80. a) Mit Gl. (3.34) wird

$\underline{c} = 2^4 - 1 = \underline{15}$.

Der Zähler zählt von 0...15; es treten $c + 1 = 16$ verschiedene Zählerzustände auf.

b) Aus Gl. (3.34) folgt

1. $n \geqq \mathrm{ld}\,(c + 1) = \mathrm{ld}\,10 = 3{,}32$ bit $\underline{(n = 4)}$
2. $n \geqq \mathrm{ld}\,6 = 2{,}58$ bit $\underline{(n = 3)}$

c) Aus Gl. (3.35) ergibt sich

1. $\underline{k} = 2^n - m = 2^4 - 10 = \underline{6}$
2. $\underline{k} = 2^3 - 6 = \underline{2}$

L 3.81. a) Offene TTL-Eingänge liegen auf H. Für $J = K = \mathrm{H}$ folgt aus Tab. 3.4:

$z^+ = \mathrm{H}\bar{z} \vee \overline{\mathrm{H}}z = \bar{z} \vee \mathrm{L}z$

$\underline{z^+ = \bar{z}}$

Jede H/L-Flanke führt bedingungslos zum Kippen in den entgegengesetzten Zustand.

b) 1. Es ergibt sich Tab. 3.5: Die Zählerausgänge $Q_3, \ldots, Q_0$ haben die Wertigkeit 8; 4; 2; 1.
2. Bild L 3.41 zeigt die Lösung.

c) Aus Bild L 3.41 ergeben sich folgende Teilerverhältnisse

f_Q/f_Φ: $\underline{Q_0\text{: } 1:2}$; $\underline{Q_1\text{: } 1:4}$; $\underline{Q_2\text{: } 1:8}$
$\underline{Q_3\text{: } 1:16}$

Bei n Stufen ermöglicht ein Dualzähler Frequenzteiler-Verhältnisse von 1:2 bis $1:2^n$.

d) Mit dem 16. Impuls werden alle Stufen von H auf L zurückgestellt. Der 16. Impuls muß alle 4 Verzögerungsglieder seriell durchlaufen, bis die Rückstellung an Q_3 erfolgen kann. Demnach gilt

$t_{\mathrm{DHL}} = 4\, t_{\mathrm{dHL}} = \underline{100\ \mathrm{ns}}$

L 3.82. a) Aus Bild L 3.41 ist zu erkennen, daß das Rückstellsignal von der erstmalig auftretenden Kombination $Q_1 Q_3 = \mathrm{H}$ aus

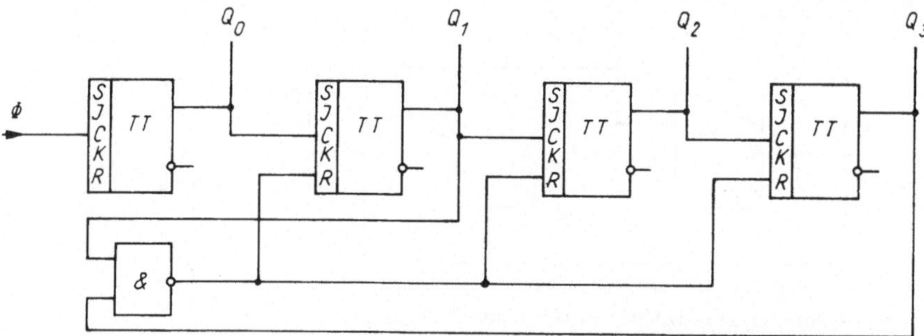

Bild L 3.42. Asynchroner Dezimalzähler mit Rückstellogik

gebildet werden kann. Das Rücksetzen von Q_1 und Q_3 auf L erfordert L an den R-Eingängen. Bild L 3.42 zeigt die Lösung.

b) Q_1 wird mit der Rückflanke des 10. Impulses zunächst von L auf H und unmittelbar danach wieder auf L zurückgesetzt. Es entsteht ein zusätzlicher Nadelimpuls (spike). Für eine sichere Arbeitsweise der Rückstelllogik müssen alle in Frage kommenden Zählerstufen gleichzeitig rückgestellt werden. Bei unterschiedlichen Verzögerungszeiten sind weitere Schaltungsmaßnahmen (z. B. Speicherschaltungen) notwendig.

L 3.83. a) Zunächst wird die Taktlogik nach nach Bild 3.57 untersucht (Var. *1*); es gilt

$c_3 = Q_2;\ c_2 = Q_1;\ c_1 = Q_0;\ c_0 = \Phi.$

Die folgende Tabelle berücksichtigt die vorgegebene Kodierung (→ Tab. 3.5) und die zu untersuchende Taktlogik.

Variante *1* ergibt bei Takt-Nr. 10 zwei Unstimmigkeiten:

(1) $c_1/c_1^+ = \mathrm{H/L}$ führt zum Kippen $Q_2/Q_2^+ = \mathrm{L/H}$,

(2) $c_3 = \mathrm{L}$ ermöglicht *nicht* das Kippen $Q_3/Q_3^+ = \mathrm{H/L}$.

Unstimmigkeit (1) wäre durch eine Vorbereitungslogik behebbar, Unstimmigkeit (2) ist nicht behebbar, daher muß eine andere Taktlogik gesucht werden.

Variante *2*: $c_3 = c_1 = Q_0;\ c_2 = Q_1;\ c_0 = \Phi$. Es treten nur noch behebbare Unstimmigkeiten auf: $c_3/c_3^+ = \mathrm{H/L}$ im Takt 2; 4; 6 sowie $c_1/c_1^+ = \mathrm{H/L}$ im Takt 10.

b) Unproblematisch sind die Trigger 0 und 2. Durch Wahl von $J_0 = K_0 = \mathrm{H}$ und $J_2 = K_2 = \mathrm{H}$ wird das Kippen bei jeder H/L-Flanke ermöglicht. Für die Trigger 1 und 3 folgt aus der Übergangstabelle (Tab. 3.4):

Takt	J_3	K_3	J_1	K_1
1	H	H	H	H
2	L	H	H	H
3	H	H	H	H
4	L	H	H	H
5	H	H	H	H
6	L	H	H	H
7	H	H	H	H
8	H	H	H	H
9	H	H	H	H
10	H	H	L	H

Takt	Q_3	Q_2	Q_1	Q_0	Q_3^+	Q_2^+	Q_1^+	Q_0^+	Var. *1* c_3	c_2	c_1	c_0	Var. *2* c_3
1	L	L	L	L	L	L	L	H	L	L	L/H	H/L	L/H
2	L	L	L	H	L	L	H	L	L	L/H	H/L	H/L	**H/L**
3	L	L	H	L	L	L	H	H	L	H	L/H	H/L	L/H
4	L	L	H	H	L	H	L	L	L/H	H/L	H/L	H/L	**H/L**
5	L	H	L	L	L	H	L	H	H	L	L/H	H/L	L/H
6	L	H	L	H	L	H	H	L	H	L/H	H/L	H/L	**H/L**
7	L	H	H	L	L	H	H	H	H	H	L/H	H/L	L/H
8	L	H	H	H	H	L	L	L	H/L	H/L	H/L	H/L	H/L
9	H	L	L	L	H	L	L	H	L	L	L/H	H/L	L/H
10	H	L	L	H	L	L	L	L	**L**	L	**H/L**	H/L	H/L

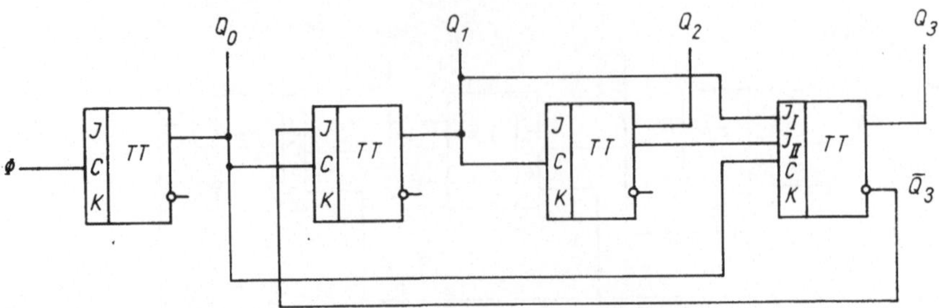

Bild L 3.43. Asynchroner Dezimalzähler mit Vorbereitungslogik

Für J_3 wird der KARNAUGH-Plan entwickelt. Es ergeben sich zwei 8er-Blöcke und ein 4er-Block:

$$J_3 = \bar{Q}_0 \vee Q_3 \vee Q_2 Q_1$$

Zur weiteren Vereinfachung wird überprüft, ob die Einzelterme bereits hinreichend sind. Es ergibt sich $\underline{J_3 = Q_2 Q_1}$, wobei dann bei Takt 10 die ebenfalls zulässige Kombination $J_3 = \text{L}$; $K_3 = \text{L}$ auftritt.

J_1 ist direkt ablesbar: $J_1 = \bar{Q}_0 \vee Q_1 \vee Q_2 \vee \bar{Q}_3$. Bei Takt 10 ist Q_3 und Q_0 erstmalig gleich H, so daß $J_1 = \bar{Q}_0 \vee \bar{Q}_3$ hinreichend ist. Bei Takt 9 und 10 ist $Q_3 = \text{H}$. Wegen $c_1/c_1^+ = \text{L}/\text{H}$ kann jedoch Trigger 1 nicht kippen; damit ist $\underline{J_1 = \bar{Q}_3}$ hinreichend.

Bild L 3.43 zeigt die Lösung. Beachten Sie, daß die einzelnen J- bzw. K-Eingänge eines Schaltkreises konjunktiv verknüpft sind: $J = J_I J_{II} J_{III}$; $K = K_I K_{II} K_{III}$.

L 3.84. Die Zählerübergangstabelle ergibt sich aus den Ziffern 0...4 im Dualkode:

Takt	Q_2	Q_1	Q_0	Q_2^+	Q_1^+	Q_0^+	J_1	K_1
1	L	L	L	L	L	H	L	v
2	L	L	H	L	H	L	H	v
3	L	H	L	L	H	H	v	L
4	L	H	H	H	L	L	v	H
5	H	L	L	L	L	L	L	v

Hieraus ergeben sich folgende Gleichungen:

$$Q_0^+ = \bar{Q}_2\bar{Q}_1\bar{Q}_0 \vee \bar{Q}_2 Q_1 \bar{Q}_0 = \bar{Q}_2\bar{Q}_0;$$

$$Q_1^+ = \bar{Q}_2\bar{Q}_1 Q_0 \vee \bar{Q}_2 Q_1 \bar{Q}_0;$$

$$Q_2^+ = \bar{Q}_2 Q_1 Q_0.$$

Der Koeffizientenvergleich mit $Q^+ = J\bar{Q} \vee \bar{K}Q$ ergibt die Ansteuerbedingungen:

$J_0\bar{Q}_0 \vee \bar{K}_0 Q_0 = \bar{Q}_2\bar{Q}_0$ ergibt $\underline{J_0 = \bar{Q}_2}$ (1)

$\underline{K_0 = \text{H}}$ (2)

$J_1\bar{Q}_1 \vee \bar{K}_1 Q_1 = \bar{Q}_2 Q_0 \bar{Q}_1 \vee \bar{Q}_2\bar{Q}_0 Q_1$ ergibt

$\underline{J_1 = \bar{Q}_2 Q_0}$ (3)

$\underline{K_1 = \overline{\bar{Q}_2\bar{Q}_0}}$ (4)

$J_2\bar{Q}_2 \vee \bar{K}_2 Q_2 = Q_1 Q_0 \bar{Q}_2$ ergibt

$\underline{J_2 = Q_1 Q_0}$ (5)

$\underline{K_2 = \text{H}}$ (6)

Bedingung (4) würde ein zusätzliches NAND-Gatter erfordern, deshalb wird eine Vereinfachung angestrebt: Versieht man die variable Belegung für K_1 im Takt 2 mit H, so entsteht über den KARNAUGH-Plan $K_1 = Q_0\bar{Q}_2$.

Auf heuristischem Wege ergibt sich weiter

$\underline{K_1 = J_1 = Q_0}$ (7)

Bild L 3.44 zeigt die Lösung.

L 3.85. a) 1 bit ≙ $N = 2:1$
2 bit ≙ $N = 4:1$
3 bit ≙ $N = 8:1$
4 bit ≙ $N = 16:1$

Mit Gl. (3.36) ergibt sich:

$\underline{f_I : f_O = \{5:1;\ 9:1;\ 17:1;\ 33:1\}}$

b) Nach Gl. (3.37) ist

$2N^* + 1 = 11$; daraus folgt $N^* = 5$.

Mit Gl. (3.36) ist $2N + 1 = 5$ und damit $\underline{N = 2}$.

Bild L 3.45 zeigt die Lösung.

L 3.86. Mit dem 9. Takt gehen Q_0 und Q_3 auf H. Damit kann der Übertrag a) asynchron aus

$\underline{\ddot{U} = \overline{Q_0 Q_3}}$

und b) synchron aus $\underline{\ddot{U} = \overline{c Q_0 Q_3}}$ gebildet werden [Bilder L 3.46a, b)]. Bei integrierten Zählerbausteinen werden die Überträge häufig bereits intern gebildet (z. B. Vorwärts-

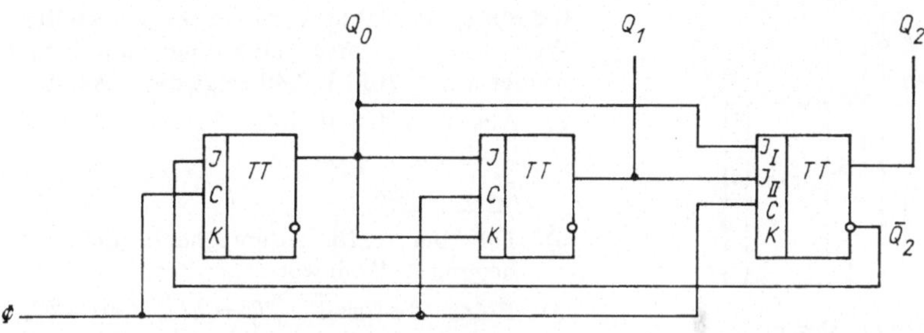

Bild L 3.44. Synchroner Modulo-5-Zähler

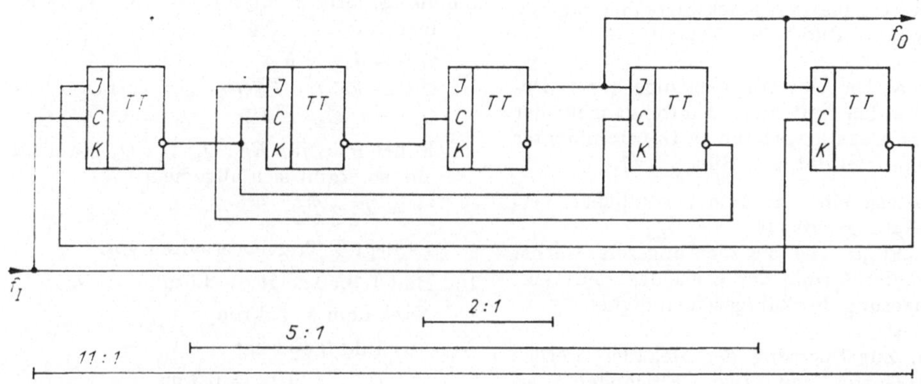

Bild L 3.45. 11:1-Teiler

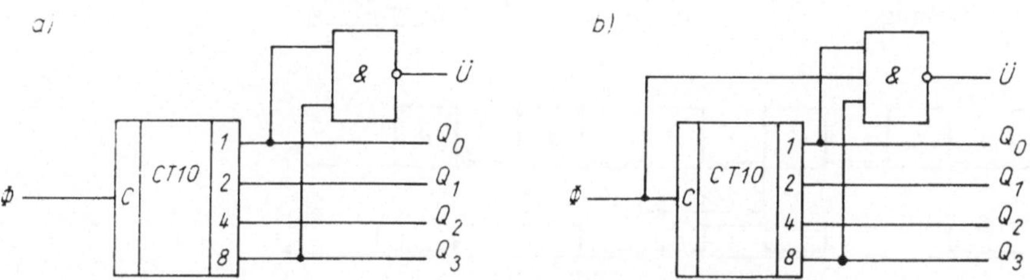

Bild L 3.46. Externe Übertragungsbildung bei Dezimalzählern

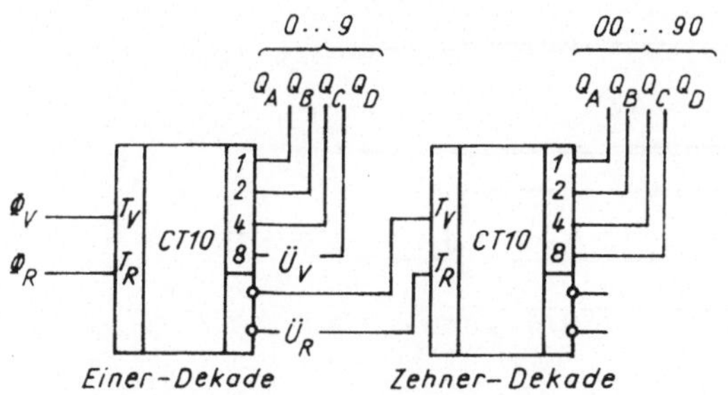

Bild L 3.47. Asynchroner Dezimalzähler mit seriellem Übertrag

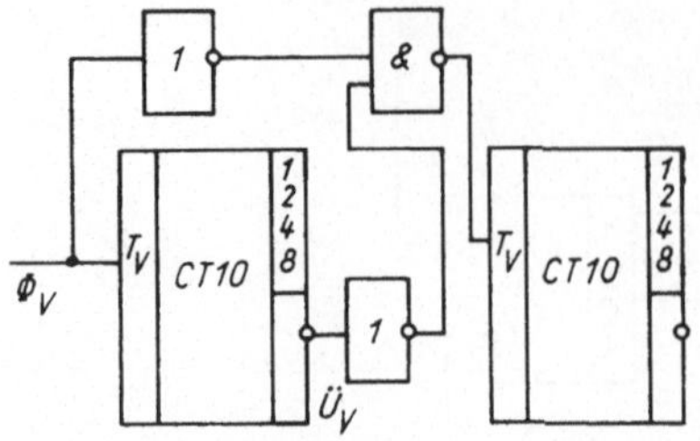

Bild L 3.48. Synchroner Dezimalzähler mit seriellem Übertrag

übertrag $Ü_V$ [carry]; Rückwärtsübertrag $Ü_R$ [borrow]), → Bild 3.59.

L 3.87. a) Die Übertragseingänge der 1. Dekade werden mit den Takteingängen der nächsten Dekade verbunden. In vereinfachter Darstellung ergibt sich Bild L 3.47.

b) Vorteil: einfach; kein zusätzlicher Verknüpfungsaufwand.
Nachteil: Die Verzögerungszeit wächst mit der Anzahl der Einzeldekaden; Verringerung der Zählgeschwindigkeit.

L 3.88. Zur Sperrung der Dekaden werden NAND-Gatter mit zwei Eingängen verwendet. Da der Übertrag ebenso wie die Taktung auf der H/L-Flanke erfolgt, sind zusätzliche Negationen erforderlich. Bild L 3.48 zeigt die Lösung.

L 3.89. a) Der Zähler von dem voreingestellten Wert 3 auf 0 zurück und springt dann sofort wieder auf 3. Bild L 3.49 zeigt die Lösung.

b) Aus Bild L 3.49 folgt $T_y/T_x = 3$, demnach ist

$\underline{f_y : f_x = 1:3}$

c) 1:1 bis 1:15 entsprechend dem anliegenden Kodewort.

d) Beim Tastgrad $t_i/T = 1:1$ wäre $T_{\min} = 2t_{i(L)}$ und damit $f_{\max} = 1/T_{\min} = 1/200 \text{ ns} = \underline{5 \text{ MHz}}$

L 3.90. a) Mit $z = Q$; $J_1 = ES$; $K_1 = \overline{ES}$ folgt aus

$z_1^+ = J_1\bar{z}_1 \vee \bar{K}_1 z_1$:

$Q_1^+ = ES\bar{Q}_1 \vee \overline{\overline{ES}}Q_1$; $Q_2^+ = Q_1\bar{Q}_2 \vee \bar{Q}_1Q_2$

$Q_3^+ = Q_2\bar{Q}_3 \vee \bar{Q}_2Q_3$; $Q_4^+ = Q_3\bar{Q}_4 \vee \bar{Q}_3Q_4$

Führt man für ES; Q_1; Q_2; Q_3 jeweils T ein, so ergibt sich allgemein

$\underline{z^+ = T\bar{z} \vee \bar{T}z}$

Es liegt T-Triggerverhalten vor.

b) Bild L 3.50 zeigt die Lösung.

c) Nach dem 4. Taktimpuls

d) Aus Bild 3.50 folgt

$t_v \geqq 3T_\Phi = 3/f_\Phi = \underline{0{,}3 \text{ ms}}$

Bei n Speicherzellen im Register ergibt sich

$\underline{t_v \geqq (n-1)\,T_\Phi}$

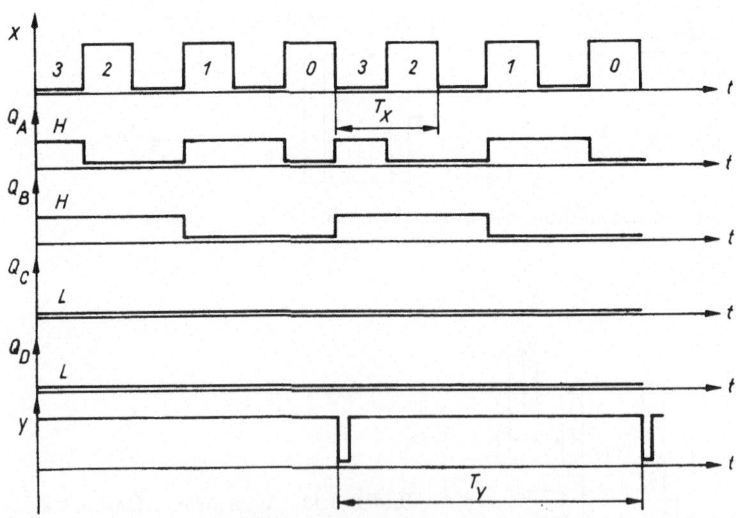

Bild L 3.49. Impulsdiagramm zu L 3.89

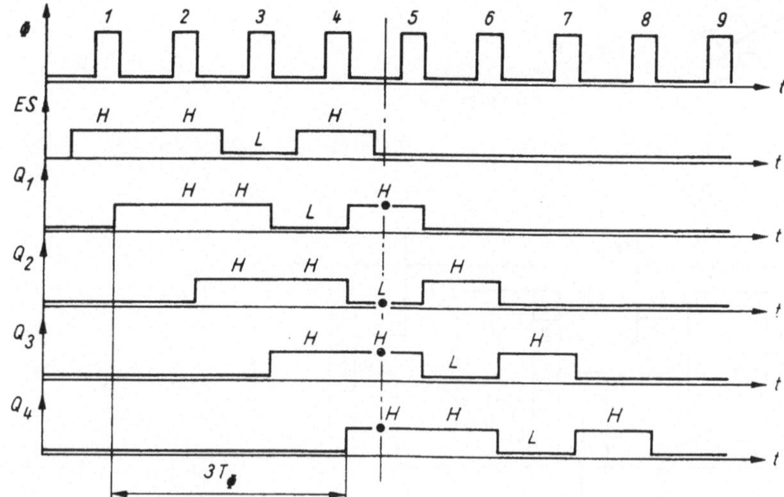

Bild L 3.50. Impulsdiagramm eines Schieberegisters

L 3.91. a) Die UND-Gatter wirken als Torschaltungen. 1. Für *MD* = L ist der Serieneingang *ES* aktiviert; 2. für *MD* = H sind die Paralleleingänge aktiviert.

b) Die gespeicherten Bits werden im Register nach links verschoben (Links-Schiebebetrieb).

c)

Φ	Q_D	Q_C	Q_B	Q_A		Dezimalzahl
0	0	1	1	0	$\triangleq$	6
←1	1	1	0	0	$\triangleq$	12
1→	0	0	1	1	$\triangleq$	3

Linksverschieben einer Binärstelle bedeutet Multiplikation mit 2, rechtsverschieben Division durch 2.

L 3.92. a)

Zustand z	y_1	y_2	y_3
0	L	L	L
1	H	L	L
2	L	H	L
3	L	L	H

Nach dem Starten (SET) muß sich z_1 ergeben. Das Fortschalten $z_1 \to z_2 \to z_3 \to z_1$ usw. erfolgt im Takt (z. B. durch LH-Taktflanke ↑). Aus allen Zuständen heraus kann Rückstellung (RESET) erfolgen. Bild L 3.51 a) zeigt den zugehörigen Graphen.

b) Ausgangssignal y wird im 1-aus-m-Kode benötigt. Prinzipiell wäre ein Modulo-m-Zähler (m kodierte Zustände) und ein nachgeschaltetes Dekodiernetzwerk (Dualkode → 1-aus-m-Kode) möglich. Der Verdrahtungsaufwand läßt sich jedoch bei niedrigem m durch einen Ringzähler auf Schieberegisterbasis wesentlich reduzieren. Für m Zustände werden dafür m Flip-Flop benötigt.

c) Bei D-FF sind (im Gegensatz zu JK-FF) nur die D-Eingänge mit den vorherliegenden Ausgängen zu verbinden. Der letzte Ausgang wird durch eine Rückführung mit dem ersten D-Eingang verbunden. Setzen und Rücksetzen sind unabhängig vom Takt durch H/L-Flanken möglich. Bild L 3.51 b) zeigt die Lösung.

L 3.93.

a) $C = 256 \cdot 8 \text{ bit} = 2048 \text{ bit}$
$\underline{C = 2 \text{ Kbit}}$

b) 1. $k = 256 + 8 = \underline{264}(!)$
2. $k = \text{ld } 256 + 8 = \underline{16}$
3. $k = \text{ld } 256 + \text{ld } 8 = 8 + 3 = \underline{11}$

c) Dekodierung: Binärkode (8 bit) → 1-aus-256-Kode.

L 3.94. a) Jede Speicherzelle liegt im Kreuzungspunkt zweier Koordinaten $(x_i; y_i)$, die von den Dekodern entsprechend den jeweiligen Adressen angesteuert werden. Über die Bitleitungen kann die Information sowohl eingeschrieben als auch ausgelesen

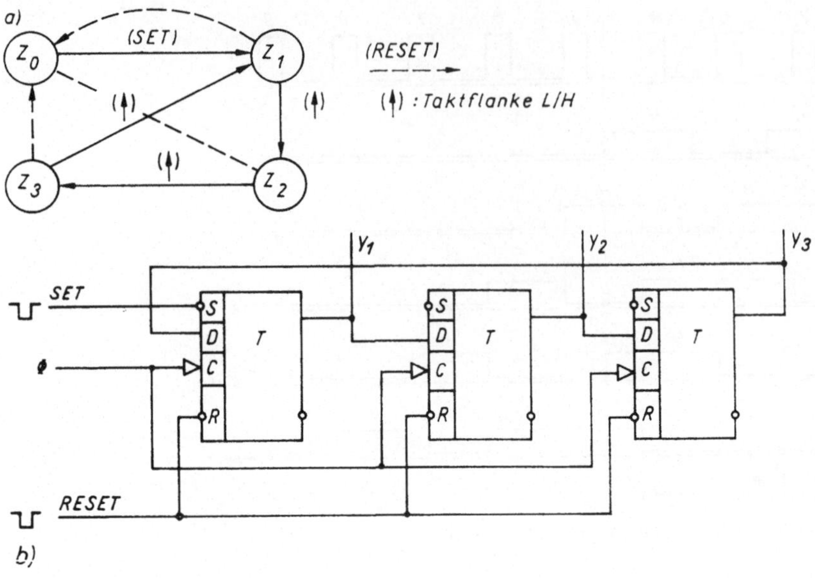

Bild L 3.51. Ringzähler
a) Automatengraph b) Schaltung aus D-Triggern

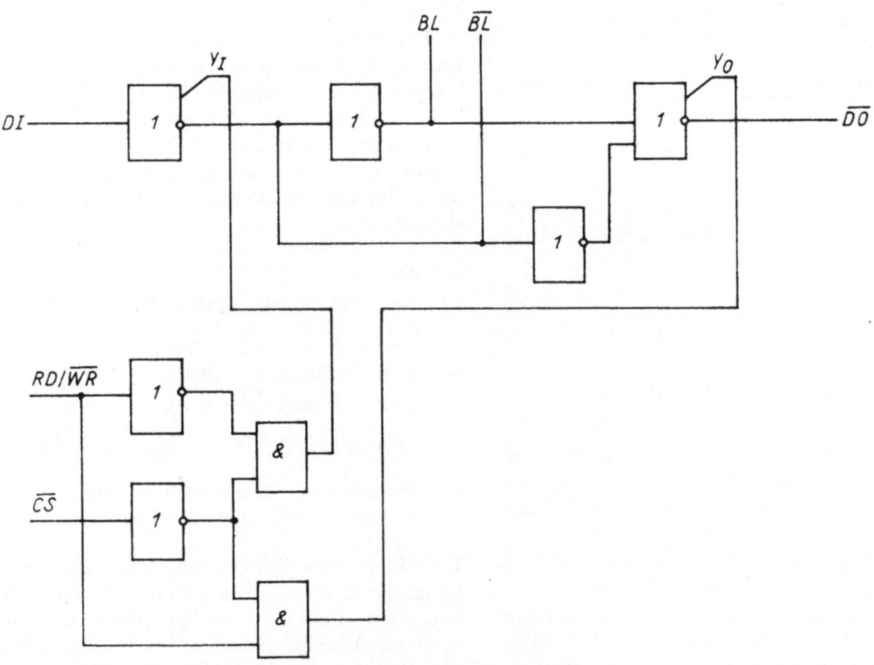

Bild L 3.52. Ein-Ausgabesteuerung eines RAM-Speichers

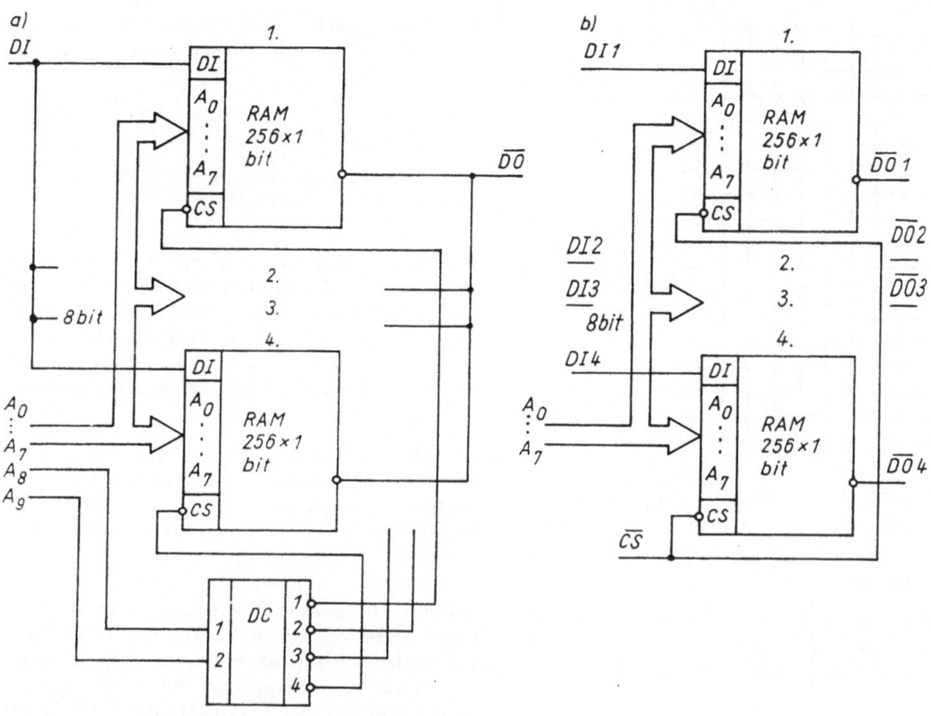

Bild L 3.53. Erweiterung der Speicherkapazität
a) mit gleicher Wortbreite
b) mit vergrößerter Wortbreite

werden. In positiver Logik sind die Transistoren T_5; T_6; T_7; T_8 bei $x_i = H$; $y_i = H$ leitend; die Zelle ist aktiviert [→ L 3.32 (3)].

b) Die Tri-state-Ausgänge des Schreibverstärkers bzw. des Leseverstärkers sind bei $y_I = L$ bzw. $y_O = L$ hochohmig. Aus der Aufgabenstellung folgt:

Zustand	$\overline{CS}$	$RD/\overline{WR}$	y_I	y_O
Blockieren	H	v	L	L
Schreiben	L	L	H	L
Lesen	L	H	L	H

Damit ergibt sich:

$$y_I = \overline{\overline{CS}} \wedge \overline{RD/\overline{WR}}; \quad y_O = \overline{\overline{CS}} \wedge RD/\overline{WR}$$

Bild L 3.52 zeigt die Lösung.

L 3.95. a) Die Ansteuerung der CS-Anschlüsse wird über einen Dekoder (Dual → 1-aus-4) vorgenommen. Der Adreßbus muß demzufolge um 2 bit erweitert werden [Bild L 3.53a)].

b) Adreß- und Selektionseingänge werden jeweils parallel geschaltet [Bild L 3.53b)].

L 3.96. a) Benötigt werden mindestens $C = 16 \times 7$ bit $= \underline{112 \text{ bit}}$. Da die PROM zumeist höhere Speicherkapazitäten aufweisen (z. B. 256 × 8 bit), füllt das vorliegende Programm nur einen Teil des Speichers aus.

b) In der Kodetabelle (→ Tab. 3.6) sind die Pseudotetraden zu ergänzen:

	a	*b*	*c*	*d*	*e*	*f*	*g*
10	L	L	L	L	H	H	L
11	L	L	L	L	H	H	L
12	L	L	L	L	H	H	L
13	L	L	L	L	H	H	L
14	L	L	L	L	H	H	L
15	H	H	H	H	H	H	H

Bild L 3.54 zeigt die schematische Lösung.

c) Festwertspeicher (ROM; PROM; EPROM) enthalten nur eine Speichermatrix; programmierbare logische Felder (PLA) be-

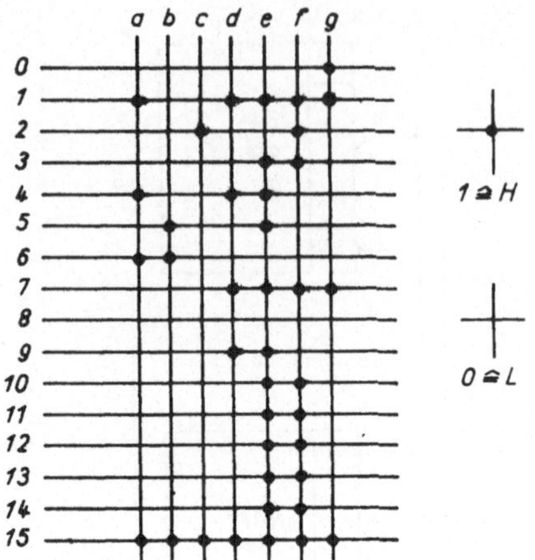

Bild L 3.54. Programmierte ROM-Matrix (schematisch)

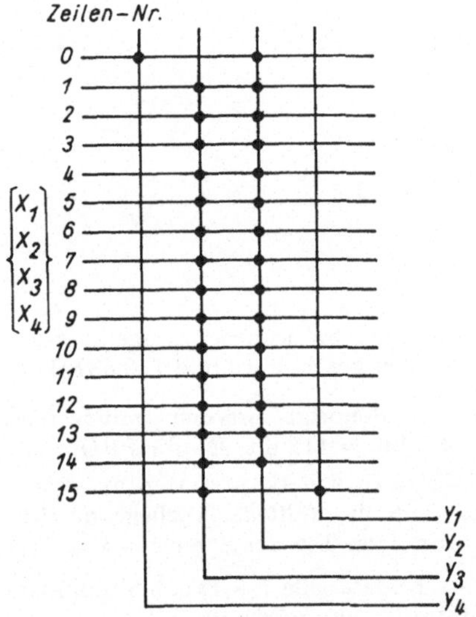

Bild L 3.55. Speicherprogramm zu L 3.97

stehen aus zwei Matrizen (UND-Matrix; ODER-Matrix). Im Festwertspeicher kann zu jeder Adresse eine Logikfunktion in kanonischer Form gespeichert werden. Im PLA ist die Anzahl der gespeicherten Worte zumeist wesentlich kleiner als die Adressenbreite. Ein PLA-Schaltkreis (z. B. DM 8575) hat 14 Adreßeingänge und 8 Datenausgänge. Es sind 96 8-bit-Worte speicherbar. Der Logikentwurf mit PLA ist besonders vorteilhaft, wenn viele (z. B. bis zu 14) Eingangsvariablen verknüpft werden müssen.

L 3.97. a) Nach Aufstellen der Funktionstabellen ergibt sich Bild L 3.55.

b) 8 Funktionen mit 8 Eingangsvariablen in kanonischer Normalform

L 3.98. a) Der Zeitrahmen der Bitmuster wird durch die Datenausgänge $D_0, \ldots, D_3$ des PROM bestimmt. Die Datenausgänge $D_4, \ldots, D_7$ ergeben den Amplitudenrahmen der Steuersignale $y_1, \ldots, y_4$. Bild L 3.56 zeigt schematisch die programmierte Speichermatrix.

b) Die Ausgangssignale (Steuersignale) sind *nur* von den inneren Zuständen des Automaten abhängig $[y = f(z)]$. Eine derartige Schaltung wird als «MOORE-Automat» bezeichnet.

L 3.99. Die Sequenz «erst x_1, dann x_2» wird durch das Setzen ($Q = \mathrm{H}$) des D-FF berücksichtigt. Bei der Sequenz «erst x_2, dann x_1» muß es rückgesetzt ($Q = \mathrm{L}$) bleiben. Außerdem ist das Schaltverhalten des D-FF zu beachten: Die Umschaltung erfolgt nur auf der L/H-Flanke. In der 7. Zeile der Matrix wird $D_1 = \mathrm{H}$ programmiert; $y = x_1 x_2 D_1$ wird somit nur dann gleich H, wenn $x_1 x_2 = \mathrm{H}$ ist und die 7. Zeile adressiert wurde.
Bild L 3.57 zeigt die Lösung. Die UND-Verknüpfung könnte auch entfallen; damit würde sich ein MOORE-Automat ergeben.

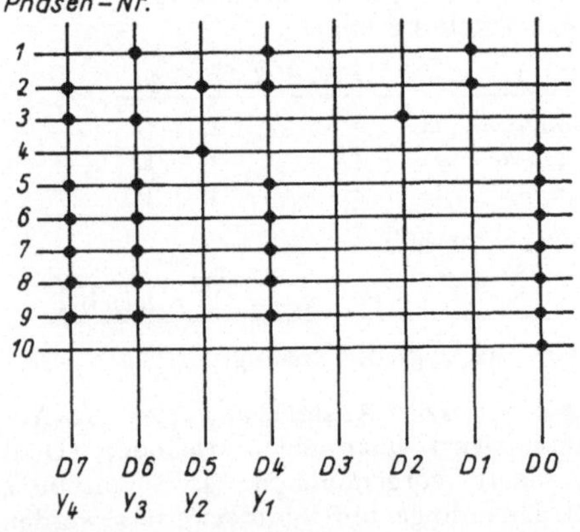

Bild L 3.56. Speicherprogramm zu L 3.98

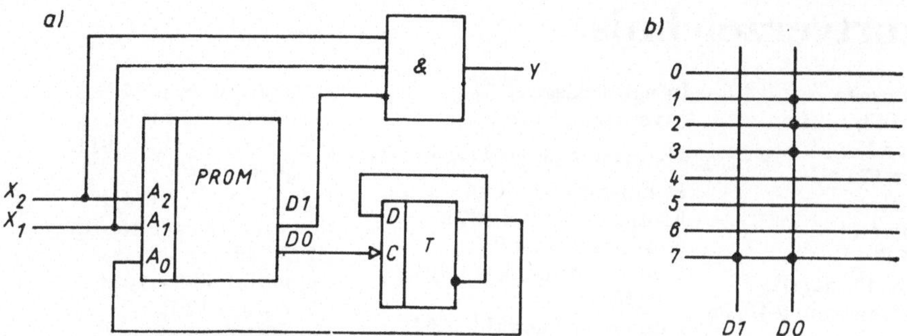

Bild L 3.57. MEALY-Automat
a) Schaltung b) Speicherprogramm

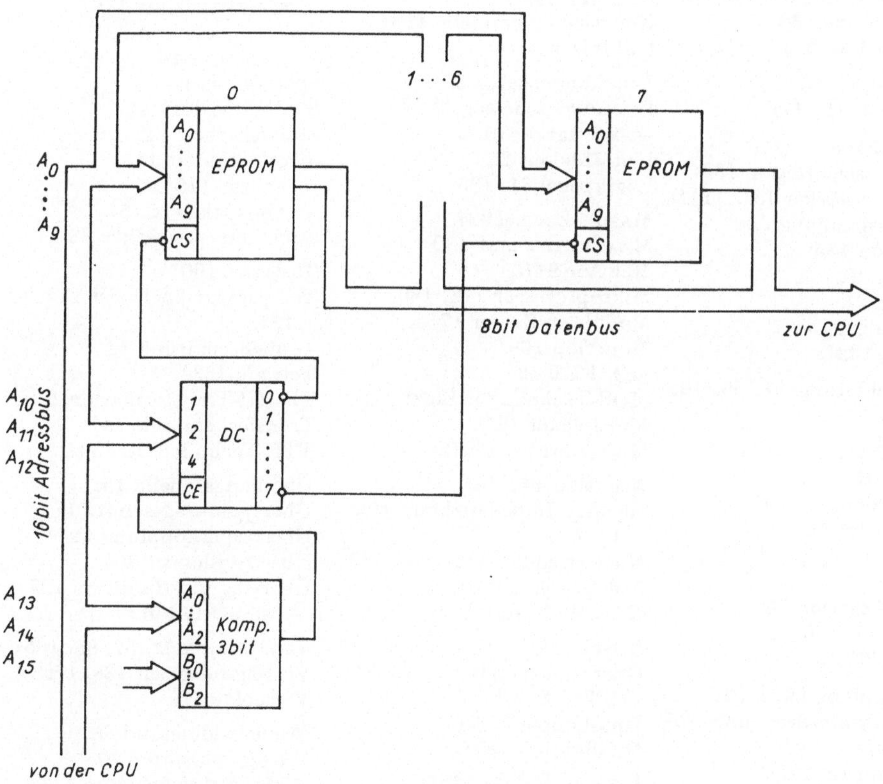

Bild L 3.58. EPROM-Anschluß an Mikrorechner-Bus

L 3.100. a) 1 Kbyte = 1 Kbit · 8 bit. Für 1 Kbit = 2^{10} bit werden 10 bit aus dem Adreßvorrat benötigt ($A_0, \ldots, A_9$). Da alle 8 EPROM parallel geschaltet werden (→ Bild L 3.53), entsteht dabei kein weiterer Adreßbedarf. Die 8 Ausgänge des Dekoders erfordern weitere 3 bit, der Komparator ebenfalls 3 bit. Somit werden 16 bit zur Adressierung benötigt. Die Aufgabe ist damit direkt lösbar.

b) Bild L 3.58 zeigt die Lösung.

Sachwortverzeichnis

Funktionssymbole in Schaltzeichen der Digitaltechnik

Oder (OR)	1
Und (AND)	&
Äquivalenz	=
Antivalenz (EX OR)	=1
Ein-Ausgabe	E/A
Matrix (N Zeilen, M Spalten)	N×M
Frequenzteiler $N:1$	N:1
Kodierer	CD
Dekodierer	DC
Kodewandler (allgemein)	x/y
Halbaddierer	HS
Volladdierer	SM
Bistabiles Kippglied (einstufig)	T
Bistabiles Kippglied (zweistufig)	TT
Dualzähler	CT2
Dezimalzähler	CT10
Schwellwertschalter (Schmitt-Trigger)	⊓⊔
Multiplexer	MUX
Demultiplexer	DEMUX
Paritätsgenerator	PG
Register	RG
Komparator	K
Festwertspeicher	ROM
Programmierbarer Festwertspeicher	PROM
Programmier- und löschbarer Festwertspeicher	EPROM
Schreib-Lesespeicher	RAM

Bezeichnungen der Eingänge in Schaltzeichen der Digitaltechnik

Takteingang	C
Setzeingänge	S; J
Rücksetzeingänge	R; K
Dateneingang	DI
Adreßeingang	A
Zähleingang	T
Vorwärts-Zähleingang	T_V
Rückwärts-Zähleingang	T_R
Wertigkeit der Eingänge D; C; B; A	8; 4; 2; 1
Dynamischer Eingang	—▷
Auswahl-Steuereingang (chip select)	CS
Freigabe-Steuereingang (chip enable)	CE

Bezeichnungen der Ausgänge in Schaltzeichen der Digitaltechnik

Datenausgang	DO
Summe (bei Addierern)	S
Übertrag (bei Addierern)	P
Ausgang eines bistabilen Kippgliedes oder Zählers	Q
Wertigkeit der Ausgänge Q_D; Q_C; Q_B; Q_A	8; 4; 2; 1
Übertrag (bei Zählern)	Ü
Vorwärtszähl-Übertrag (carry)	$Ü_V$
Rückwärtszähl-Übertrag (borrow)	$Ü_R$